石油教材出版基金资助项目

高等院校特色规划教材

化 工 图 学

（富媒体）

主　编　王　妍　周瑞芬　曹喜承
副主编　祝　娟　杨　蕊
主　审　杜秀华

石油工业出版社

内 容 提 要

　　本书是根据教育部高等学校工程图学教学指导委员会制定的《普通高等学校工程图学课程教学基本要求》,结合近几年教学改革实践经验,按照最新的国家标准和行业标准编写而成。全书共 11 章,包括:制图的基本知识和基本技能、正投影法基础、组合体、轴测图、机件的常用表达方法、标准件与常用件、零件图、装配图、化工设备图、化工工艺图、计算机绘图及附录。为便于学生学习,本书在相关章节知识点中融入了基于先进三维建模技术和成图技术的富媒体资源。

　　本书与祝娟、王妍主编的《化工图学习题集》配套使用。

　　本书可作为高等院校和高职高专院校过程装备类、化工类、油气储运类等专业制图课程的教材,也可供其他各专业学生、图学教育者和工程技术人员参考使用。

图书在版编目(CIP)数据

　　化工图学:富媒体/王妍,周瑞芬,曹喜承主编.
—北京:石油工业出版社,2022.8
　　高等院校特色规划教材
　　ISBN 978 - 7 - 5183 - 5482 - 5

　　Ⅰ.①化… Ⅱ.①王…②周…③曹… Ⅲ.①化工过程—工艺图—高等学校—教材②化工设备—工艺图—高等学校—教材 Ⅳ.①TQ02②TQ050.2

　　中国版本图书馆 CIP 数据核字(2022)第 120073 号

出版发行:石油工业出版社
　　　　　(北京市朝阳区安华里 2 区 1 号楼　100011)
　　　　　网　　址:www. petropub. com
　　　　　编辑部:(010)64250991　图书营销中心:(010)64523633
经　　销:全国新华书店
排　　版:北京密东文创科技有限公司
印　　刷:北京中石油彩色印刷有限责任公司

2022 年 8 月第 1 版　2022 年 8 月第 1 次印刷
787 毫米×1092 毫米　开本:1/16　印张:25
字数:636 千字

定价:48.00 元
(如发现印装质量问题,我社图书营销中心负责调换)

前言

本书依据教育部制定的《普通高等院校工程图学课程教学基本要求》，采用最新的国家标准和行业标准，参考国内外同类教材编写而成。全书融合了编者40多年的教学、教改实践经验，经过多次修订，力求贯彻理论联系实际和简洁精练的原则，加强学生对基本知识、基本技能的理解，致力于培养具备工匠精神、合作精神、创新能力的高素质应用型人才，满足高等院校化工制图课程教材的需求。

本书以先进性、科学性、实用性为目标，根据时代要求，在相关章节知识点中融入了基于先进三维建模技术和成图技术的富媒体资源，为广大师生提供了丰富的在线学习环境；在内容安排上，既突出了化工图学中化工设备图和化工工艺图的典型性和特殊性，还注重化工图学与机械制图知识的有机结合和计算机绘制化工图样的技巧，充分体现了图学学科与专业制图的结合与发展。

本书具有以下特点：

(1)专业性创新。本书既着重于化工设备图和工艺图的专业性和特殊性，又注重先进机械制图知识与技能的有机结合；既突出了传统手工制图的基本理论知识，又注重了最新现代计算机设计及绘图CAD技术的讲解。

(2)融合现代设计手段。将传统制图理论与现代设计手段资源相结合，将先进建模技术融入投影理论，使传统制图、专业制图与现代设计方法融为一体。

(3)实践性强。与本书配套的习题集包含大量经典题型，帮助学生深入掌握画图技能，提高绘图和识图能力。

(4)媒体资源丰富。本书按章节配有相应的富媒体资源，采用三维实体模型、轴测图、动画演示等多种形式，多角度观察立体的内外结构，有助于对知识的理解。学生可扫描二维码观看零件动画及必要的讲解音频、视频等内容，改变了传统纸质教材对于学生来说过于单一、封闭的现状。

(5)注重结合实际。本书面向学生工程能力培养，案例的选取中，充分考虑典型性、实用性和专业性及零件加工工艺、成形工艺等要素，加强学生设计能力的培养。

（6）新标准。本书全部采用我国最新颁布的《技术制图》和《机械制图》国家标准及相应的行业标准。

本书凝聚着东北石油大学制图教研室全体教师多年来教学改革的经验和体会，由东北石油大学王妍、周瑞芬和常熟理工学院曹喜承共同担任主编，东北石油大学祝娟、杨蕊任副主编。具体编写分工如下：曹喜承编写第一章、第四章、第五章，王妍编写第二章、第三章，祝娟编写第六章、第十章、附录1，杨蕊编写第七章、第八章、附录2、附录3，周瑞芬编写第九章、第十一章。全书由杜秀华教授主审。

本书在编写过程中，得到许多老师的帮助和支持，在此表示衷心感谢。

由于编者学识水平有限，书中难免存在缺点和不足，欢迎读者批评指正。

编者

2022 年 5 月

目录

第一章

制图的基本知识和基本技能

工程图样是产品设计、制造、安装和检验等过程中的重要技术资料，是工程界的语言，也是工程技术人员表达设计思想、进行信息交流的工具。因此，对图样绘制的内容、画法、格式等必须进行统一规定。工程技术人员须遵循相应的国家标准，在绘制图样时贯彻执行。

本章重点介绍国家标准《技术制图》和《机械制图》的一般规定，绘图工具及其使用方法，常用几何作图方法和平面图形的尺寸分析、画法等内容。

第一节　制图国家标准的基本规定

国家标准简称"国标"，以代号"GB"表示。如 GB/T 14689—2008，其中"T"表示推荐性标准，"14689"为标准顺序号，"2008"为标准颁布或修订的年份。

一、图纸幅面和格式（GB/T 14689—2008）

1. 图纸幅面

在绘制技术图样时，应根据实物的大小选择适当的比例，采用合适的图纸幅面。国家标准中优先采用表 1-1 规定的 5 种基本幅面。必要时，国家标准允许采用加长幅面，即图纸按基本幅面短边的整数倍适当加长，如图 1-1 所示。

表 1-1　基本幅面及图框尺寸　　　　　　　　　　　　　　mm

幅面代号		A0	A1	A2	A3	A4
幅面尺寸 $B \times L$		841×1189	594×841	420×594	297×420	210×297
周边尺寸	e	20			10	
	c	10			5	
	a	25				

2. 图框格式

在图纸上必须用粗实线画出图框，图框范围内为作图区域。图框格式分为不留装订边和留有装订边两种，但同一产品的图样只能采用一种格式。不留装订边的图样，其图框格式如图 1-2 所示；留有装订边的图样，其图框格式如图 1-3 所示。周边尺寸 a、c、e 见表 1-1。

3. 标题栏

每张图纸上都必须画出标题栏，标题栏用来填写图样上的综合信息，其格式和尺寸应符合 GB/T 10609.1—2008《技术制图　标题栏》的规定，如图 1-4 所示。标题栏一般位于图纸的右下角，如图 1-2 和图 1-3 所示。

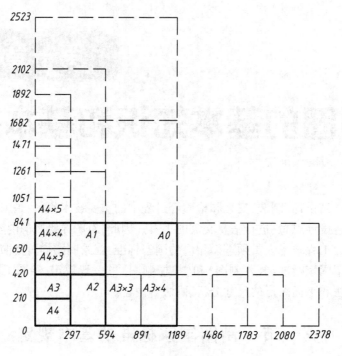

图 1-1　图纸的幅面尺寸

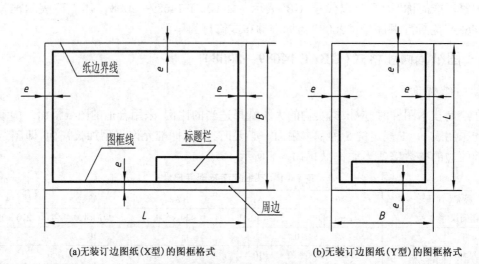

(a)无装订图纸(X型)的图框格式　　(b)无装订图纸(Y型)的图框格式

图 1-2　无装订边图纸的图框格式

标题栏的长边置于水平方向并与图纸的长边平行时,构成 X 型图纸;若标题栏长边与图纸的长边垂直时,则构成 Y 型图纸。为了利用预先印制的图纸,允许将 X 型图纸的短边置于水平位置使用,如图 1-5(a)所示;或将 Y 型图纸的长边置于水平位置使用,如图 1-5(b)所示。

4. 附加符号

1)对中符号

为复制和缩微摄影时定位方便,可在图纸各边的中点处分别画出对中符号。对中符号用粗实线绘制,线宽不小于 0.5mm,长度从图纸边界开始伸入至图框内约 5mm,如图 1-5 所示。当对中符号处在标题栏范围内时,伸入标题栏部分省略不画,如图 1-5(b)所示。

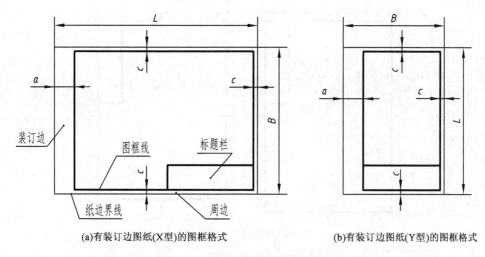

(a)有装订边图纸(X型)的图框格式　　　　　(b)有装订边图纸(Y型)的图框格式

图1-3　有订边图纸的图框格式

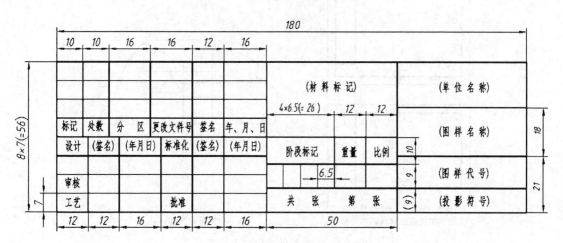

图1-4　标题栏的格式

2)方向符号

若使用预先印制的图纸,为明确绘图与看图时图纸的方向,应在图纸的下边对中符号处画出一个方向符号,如图1-5所示。方向符号是用细实线绘制的等边三角形,其大小和所处位置如图1-5(c)所示。

二、比例(GB/T 14690—1993)

比例是指图中图形与其实物相应要素的线性尺寸之比。比值为1的比例称为原值比例;比值大于1的比例称为放大比例;比值小于1的比例称为缩小比例。

绘制图样时,应尽可能按照机件的实际大小采用1:1比例绘制,也可根据机件大小和结构复杂度按需选用放大比例或缩小比例。但绘制同一机件的各个视图应采用相同的比例,并在标题栏"比例"一栏中填写;当某些图样的细节部分采用局部放大图表示时,则必须在该放大图附近标注比例。

需要按比例绘制图样时,应由国家标准规定的系列中选取适当的比例,如表1-2所示。绘图时应尽量选取不带括号的适当比例,必要时也允许选取带括号的比例。

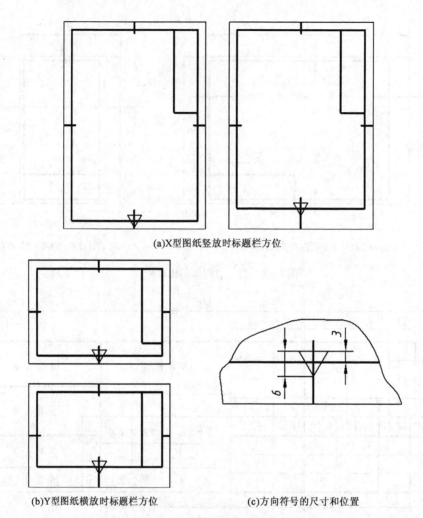

(a)X型图纸竖放时标题栏方位

(b)Y型图纸横放时标题栏方位　　　　　　(c)方向符号的尺寸和位置

图1-5　标题栏的方位和方位符号

表1-2　标准比例系列

原值比例	1:1								
缩小比例	(1:1.5)　1:2　(1:2.5)　(1:3)　(1:4)　1:5　(1:6)　$1:1\times10^n$　$(1:1.5\times10^n)$ $1:2\times10^n$　$(1:2.5\times10^n)$　$(1:3\times10^n)$　$(1:4\times10^n)$　$1:5\times10^n$　$(1:6\times10^n)$								
放大比例	2:1　(2.5:1)　(4:1)　5:1　$1\times10^n:1$　$2\times10^n:1$　$(2.5\times10^n:1)$　$(4\times10^n:1)$　$5\times10^n:1$								

注:n为正整数。

无论绘图比例采用放大比例还是缩小比例,图样中标注的尺寸数字均应为物体的实际尺寸,如图1-6所示。

三、字体(GB/T 14691—1993)

在图样上除了表示机件形状的图形外,还要用汉字、数字和字母等来说明机件的大小、技术要求和其他内容,它是图样的重要组成部分。字体规定了汉字、数字和字母的结构形式及基本尺寸。

(1)在图样中书写的字体必须做到:字体工整、笔画清楚、间隔均匀、排列整齐。

(2)字体高度(用h表示)公称尺寸系列为:1.8,2.5,3.5,5,7,10,14,20。单位为"mm"。

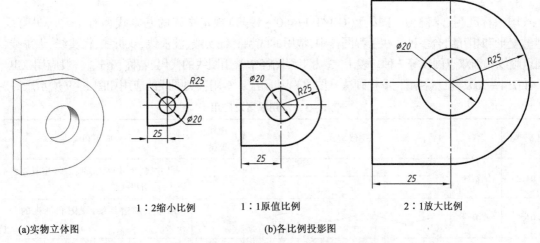

(a)实物立体图　　　　1∶2缩小比例　　　　1∶1原值比例　　　　2∶1放大比例　　　　(b)各比例投影图

图1-6　图形不同比例尺寸标注示例

(3)汉字应写成长仿宋体字,并应采用国家正式公布推行的简化字,高度 h 不应小于 3.5mm,其字宽一般为 $h/\sqrt{2}$。

书写长仿宋体的要领为:横平竖直、注意起落、结构匀称、填满方格,如图1-7所示。

10号字　　**字体工整　笔画清楚　间隔均匀　排列整齐**

7号字　　　横平竖直注意起落结构均匀填满方格

图1-7　长仿宋体汉字示例

(4)数字和字母分 A 型和 B 型。A 型字体的笔画宽度为字高的1/14,B 型字体的笔画宽度为字高的1/10。同一张图上,只允许选用一种形式的字体。各种字体书写如图1-8所示。

1 2 3 4 5 6 7 8 9 0　　　　*a b c d e f g h i j k l m*

(a)阿拉伯数字　　　　　　　　　　　(b)小写拉丁字母

A B C D E F G H I J K L M　　　　*αβγδεζηθικλμ*

(c)大写拉丁字母　　　　　　　　　　(d)小写希腊字母

I Ⅱ ⅢⅣ Ⅴ ⅥⅦⅧⅨ Ⅹ

(e)罗马数字

图1-8　数字和字母书写示例

(5)数字和字母可写成斜体或直体,常用斜体,斜体字字头向右倾斜,与水平基准线成75°角。

四、图线及其画法(GB/T 17450—1998、GB/T 4457.4—2002)

图形需采用国家标准规定的图线绘制,不同型式的图线具有不同的含义,用以识别图样的结构特征。

1.线型及其应用

国家标准《技术制图　图线》(GB/T 17450—1998)规定图线的基本线型有 15 种,另有线型的变形和相互组合多种。在工程图样中,常用的线型有细实线、波浪线、双折线、粗实线、细虚线、细点画线和细双点画线等 7 种。表 1-3 为工程图样中常用图线的代码、名称、型式、一般应用(GB/T 4457.4—2002《机械制图　图样画法　图线》)和画法。常用各类图线的应用如图 1-9 所示。

表 1-3　常用线型及应用

代码 No.	名称	图线型式	图线宽度	一般应用和画法
01.1	细实线	——————	约 $d/2$	尺寸线、尺寸界线、剖面线、重复要素表示线、引出线等
01.1	波浪线	〜〜〜〜	约 $d/2$	断裂处的边界线,视图和剖视的分界线
01.1	双折线	(4d, 24d, 6d, 30°)	约 $d/2$	断裂处的边界线,视图和剖视的分界线
01.2	粗实线	——————	d	可见轮廓线
02.1	细虚线	(12d, 3d)	约 $d/2$	不可见轮廓线 画长 $12d$,短间隔长 $3d$,长度比例为 4:1
04.1	细点画线	(24d, 6d)	约 $d/2$	轴线,对称中心线; 长画长 $24d$,短间隔长 $3d$,短画长 $6d$
05.1	细双点画线	(24d, 9d)	约 $d/2$	相邻辅助零件的轮廓线,可动零件的极限位置的轮廓线; 长画长 $24d$,短间隔长 $3d$,短画长 $9d$

注:d 是粗实线的宽度。

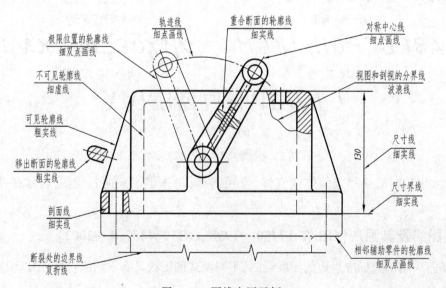

图 1-9　图线应用示例

2. 图线的宽度

图线按宽度可分为粗线和细线两种,其宽度之比为 2:1。

图线宽度 d 应按图样的类型和大小在数系 0.13mm、0.18mm、0.25mm、0.35mm、0.5mm、0.7mm、1mm、1.4mm、2mm 中选取。同一图样中,各类图线的宽度应一致。在机械图样中,粗线宽度一般取 0.5~2mm,手工绘图粗实线线宽一般选 0.7mm,计算机绘图粗实线线宽一般选 0.5mm。

3. 图线的画法

在绘图过程中,除正确掌握图线的标准用法以外,还应遵守以下原则:

(1)绘制圆的对称中心线时,圆心应为线段的交点。点画线和双点画线的首末两端应是线段而不是短画。在较小的图形上绘制细点画线或细双点画线有困难时,可用细实线代替。

(2)轴线、对称中心线、双折线和作为中断线的细双点画线,均应超出轮廓线 2~5mm。

(3)图线与图线相交时,应线段相交,不应有间隙。当虚线、点画线在粗实线的延长线时,在连接处需留有间隙。

五、尺寸注法(GB/T 4458.4—2003、GB/T 16675.2—2012)

图形绘制只能表达机件的形状,机件的真实大小必须通过尺寸标注进行确定。

1. 基本规则

(1)机件的真实大小应以图样上所注的尺寸数值为依据,与图形大小及绘图准确度无关。

(2)图样中(包括技术要求和其他说明)的尺寸,以 mm(毫米)为单位时,不需标注单位符号或名称,如果采用其他单位,则必须标明相应的单位符号(如 m、cm 等)。

(3)图样中所标注的尺寸为该图样所示机件的最后完工尺寸,否则应另加说明。

(4)机件的每一尺寸一般只标注一次,并应标注在反映该结构最清晰的图形上。

2. 尺寸组成

一个完整的尺寸一般应包括尺寸界线、尺寸线、尺寸终端和尺寸数字,如图 1-10 所示。

1)尺寸界线

尺寸界线用细实线绘制,并应由图形的轮廓线、轴线或对称中心线处引出,如图 1-10 中的尺寸 12 和尺寸 26 等。也可利用轮廓线、轴线或对称中心线作尺寸界线,如图 1-10 中的尺寸 5 和尺寸 ϕ21 等。

尺寸界线一般应与尺寸线垂直,必要时才允许倾斜。在光滑过渡处标注尺寸时,必须用细实线将轮廓线延长,从它们的交点处引出尺寸界线,如图 1-11 所示。

2)尺寸线

尺寸线必须用细实线绘制,不能用其他图线代替,也不能与其他图线重合或画在其延长线上。标注线性尺寸时,尺寸线必须与所标注的线段平行,如图 1-10 中尺寸 25 和尺寸 12 等。当有几条互相平行的尺寸线时,大尺寸要注在小尺寸线的外面,以免尺寸线与尺寸界线相交。两尺寸线或尺寸线与轮廓线间距 5~7mm 为宜,如图 1-10 中尺寸 25 和尺寸 65 等。在圆或圆弧上标注直径或半径尺寸时,尺寸线或其延长线一般应通过圆心,如图 1 – 10 中尺寸 $\phi21$ 和尺寸 R20。

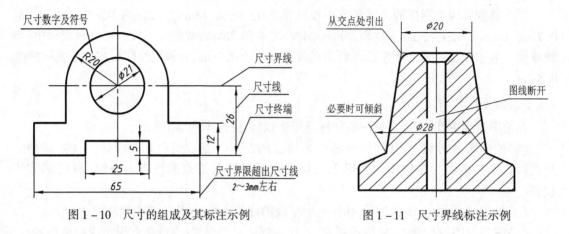

图 1 – 10 尺寸的组成及其标注示例　　　　　图 1 – 11 尺寸界线标注示例

3)尺寸线终端

尺寸线终端一般有箭头和斜线两种形式,如图 1 – 12 所示。箭头适用于各种类型的图样,一般机械图样中常采用箭头表示尺寸线的终端。斜线用细实线绘制,主要用于建筑图样。采用斜线形式标注时,尺寸线与尺寸界线必须互相垂直。同一张图样中只能采用一种尺寸线终端形式。当采用箭头时,在位置不够的情况下,允许用圆点或斜线代替箭头。

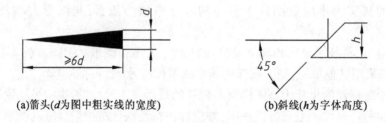

(a)箭头(d 为图中粗实线的宽度)　　　　(b)斜线(h 为字体高度)

图 1 – 12 尺寸线终端的两种形式

4)尺寸数字

尺寸数字表示机件尺寸的数值,尺寸数字应按国标要求书写,且同一张图样上字高一致。线性尺寸的尺寸数字一般应注在尺寸线的上方,也允许注写在尺寸线的中断处,当空间不够时也可以引出标注。尺寸数字不能被任何图线通过,否则必须把该图线断开,如图 1 – 11 中尺寸 $\phi28$ 所示。

线性尺寸数字应按图 1 – 13(a)中所示的方向注写,并尽可能避免在图示 30°范围内进行尺寸标注。当无法避免时可按图 1 – 13(b)所示形式标注,但同一图样中标注形式应统一。

图 1 – 14 给出了尺寸标注的正误对比。

3.尺寸注法示例

国家标准还规定了一些尺寸注法和简化注法,可参阅表 1 – 4。例如:在标注直径时,应在尺寸数字前加注符号"ϕ";标注半径时,应在尺寸数字前加注符号"R"。

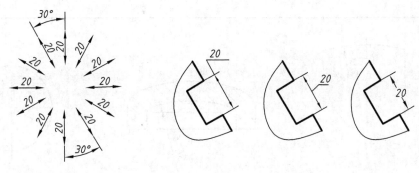

(a)尺寸数字的注写方向　　　　　　(b)向左倾斜30°范围内的尺寸数字的注写

图 1-13　线性尺寸数字的注写方法

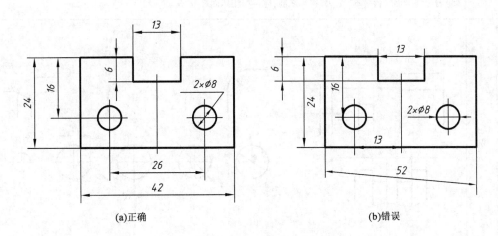

(a)正确　　　　　　　　　　　　(b)错误

图 1-14　尺寸线标注正误对比示例

表 1-4　各类尺寸的注法

<table>
<tr>
<td rowspan="2">圆及圆弧尺寸注法</td>
<td>图例</td>
<td>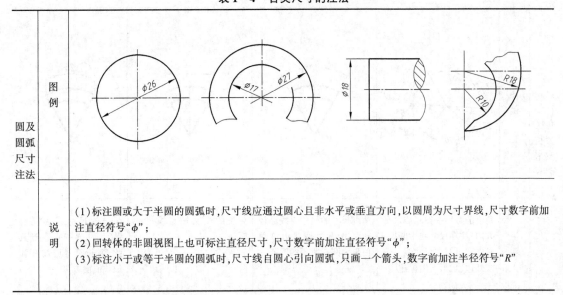</td>
</tr>
<tr>
<td>说明</td>
<td>(1)标注圆或大于半圆的圆弧时,尺寸线应通过圆心且非水平或垂直方向,以圆周为尺寸界线,尺寸数字前加注直径符号"φ";
(2)回转体的非圆视图上也可标注直径尺寸,尺寸数字前加注直径符号"φ";
(3)标注小于或等于半圆的圆弧时,尺寸线自圆心引向圆弧,只画一个箭头,数字前加注半径符号"R"</td>
</tr>
</table>

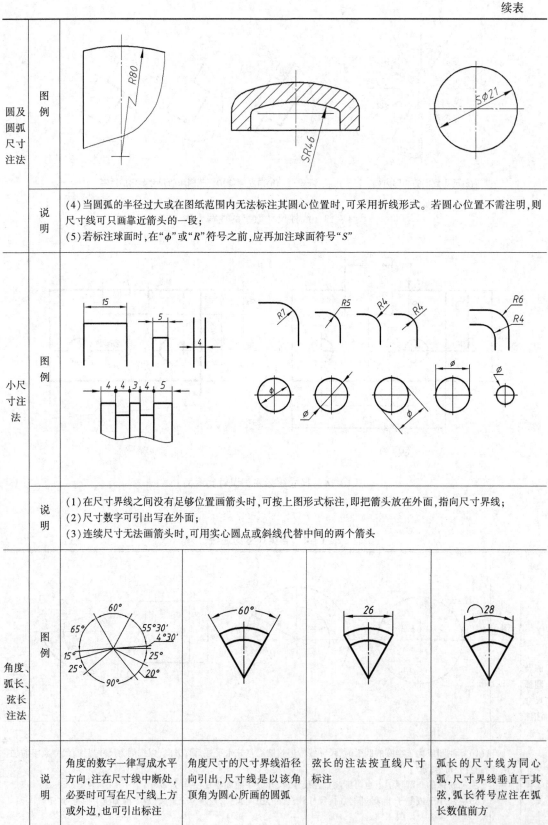

圆及圆弧尺寸注法	说明	(4)当圆弧的半径过大或在图纸范围内无法标注其圆心位置时,可采用折线形式。若圆心位置不需注明,则尺寸线可只画靠近箭头的一段; (5)若标注球面时,在"φ"或"R"符号之前,应再加注球面符号"S"
小尺寸注法	说明	(1)在尺寸界线之间没有足够位置画箭头时,可按上图形式标注,即把箭头放在外面,指向尺寸界线; (2)尺寸数字可引出写在外面; (3)连续尺寸无法画箭头时,可用实心圆点或斜线代替中间的两个箭头
角度、弧长、弦长注法	说明	角度的数字一律写成水平方向,注在尺寸线中断处,必要时可写在尺寸线上方或外边,也可引出标注	角度尺寸的尺寸界线沿径向引出,尺寸线是以该角顶角为圆心所画的圆弧	弦长的注法按直线尺寸标注	弧长的尺寸线为同心弧,尺寸界线垂直于其弦,弧长符号应注在弧长数值前方

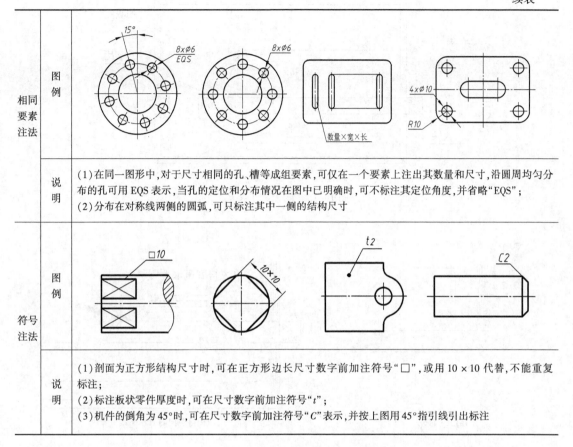

相同要素注法	图例	
	说明	(1)在同一图形中,对于尺寸相同的孔、槽等成组要素,可仅在一个要素上注出其数量和尺寸,沿圆周均匀分布的孔可用 EQS 表示,当孔的定位和分布情况在图中已明确时,可不标注其定位角度,并省略"EQS"; (2)分布在对称线两侧的圆弧,可只标注其中一侧的结构尺寸
符号注法	图例	
	说明	(1)剖面为正方形结构尺寸时,可在正方形边长尺寸数字前加注符号"□",或用 10 × 10 代替,不能重复标注; (2)标注板状零件厚度时,可在尺寸数字前加注符号"t"; (3)机件的倒角为45°时,可在尺寸数字前加注符号"C"表示,并按上图用45°指引线引出标注

第二节　绘图工具及其使用方法

绘图方法一般有仪器绘图、徒手绘图和计算机绘图。对于初学者来说,正确使用各种绘图仪器和工具是加快自己作图速度的前提和保障。常用的绘图仪器和工具有:图板、丁字尺、三角板、铅笔和圆规等。

一、图板和丁字尺

图板是用来铺放和固定图纸的垫板,要求表面平整光洁,左侧棱边为作图导边,必须平直,以保证与丁字尺内侧紧密接触,如图 1 – 15 所示。

丁字尺由尺头和尺身组成,是用来画水平线的长尺,要求尺头内侧边及尺身工作边必须垂直。绘图时,手扶住尺头,使其内侧边紧靠图板的左导边,执笔沿尺身工作边画水平线,笔尖紧靠尺身,笔杆略向右倾斜,自左向右匀速画线,如图 1 – 16 所示。

二、三角板

一副三角板有 45°和 30°/60°的直角板各一块,与丁字尺配合使用,可画垂直线和 15°倍角的斜线,如图 1 – 17 所示。画图时,保证尺头与图板左侧靠紧的情况下,左手按压住三角板和丁字尺,右手自下向上画出垂直线。

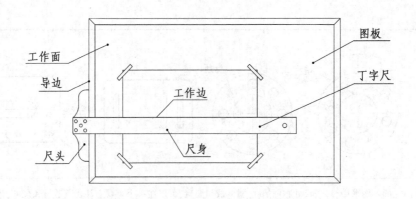

图 1-15　图板和丁字尺

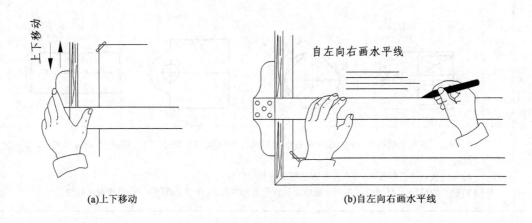

(a)上下移动　　　　　　　　(b)自左向右画水平线

图 1-16　水平线的绘制

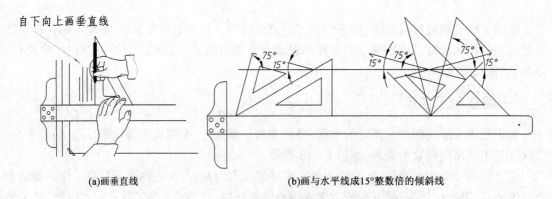

(a)画垂直线　　　　　(b)画与水平线成15°整数倍的倾斜线

图 1-17　用三角板配合丁字尺画垂直线和倾斜线

三、铅笔

　　铅笔是绘制图线的主要工具,按铅芯分软(B)、硬(H)和中性(HB)3 种。H 或 2H 铅笔通常用于画底稿;B 或 HB 铅笔用于加深图形;HB 铅笔用于写字。

用于画粗实线的铅笔和铅芯应磨成扁平状(铲状),其余的磨成圆锥状,如图 1 – 18 所示。

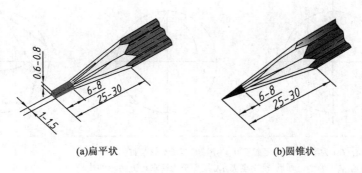

(a)扁平状　　　　　　　　　　　(b)圆锥状

图 1 – 18　铅笔的削法

四、圆规

圆规是画圆和圆弧的工具。使用前应调整针尖,使其略长于铅芯,如图 1 – 19 所示。

画图时,应使圆规沿前进方向适当倾斜,用力均匀,作等速转动,如图 1 – 20(a)所示。画大圆时可接上延长杆,如图 1 – 20(b)所示,尽可能使针尖和铅芯与纸面垂直,因此随着圆弧的半径不同应适当调整铅芯插腿和针脚。

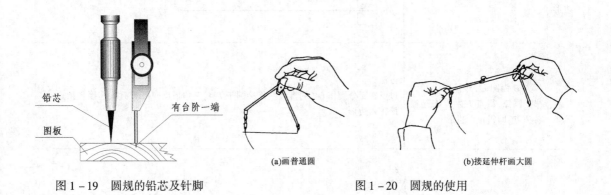

(a)画普通圆　　　　　　　　　　(b)接延伸杆画大圆

图 1 – 19　圆规的铅芯及针脚　　　　　　图 1 – 20　圆规的使用

第三节　几何作图

机件的形状虽然多种多样,但都是由简单的几何图形组成。因此,必须熟练掌握部分常用几何图形的作图方法和步骤。

一、正多边形画法

正多边形常采用外接圆多等分的方法作图,表 1 – 5 列出了正五边形、正六边形及任意正多边形(以正七边形为例)的作图方法和步骤。

表1-5　圆内接正多边形作图方法

形状	作图方法和步骤
正五边形	（1）以 A 为圆心，OA 为半径，画弧交圆于 B、C，连 BC 得 OA 中点 M； （2）以 M 为圆心，M1 为半径画弧，得交点 K，1K 线段长为所求正五边形的边长； （3）用 1K 长自 1 起截圆周得点 2、3、4、5，依次连接，即得正五边形
正六边形	**方法一：** 以 A、B 为圆心，外接圆半径为半径画弧，得点 1、2、3、4，连接各顶点，即得正六边形 **方法二：** 过点 2、5 分别作60°的直线交外接圆于 1、4，三角板反向求得3、6，连接各顶点，即得正六边形
正七边形	（1）将直径 AB 分成七等分（若作正 n 边形，可分成 n 等分）； （2）以 B 为圆心，AB 为半径，画弧交 CD 延长线于 K 及对称点 K'； （3）自 K 或 K' 与直径上的奇数点（或偶数点）连线，延长至圆周，即得各分点 Ⅰ、Ⅱ、Ⅲ、Ⅳ、Ⅴ、Ⅵ、Ⅶ，连接各顶点，即得正七边形

二、斜度和锥度

1. 斜度

斜度是指一直线(或平面)对另一条直线(或平面)的倾斜程度。其大小用两直线(或平面)间夹角的正切值来表示,并把比值写为 $1:n$ 的形式。

斜度图形符号按表 1－6 中绘制,斜度符号方向应与实际倾斜方向一致。斜度的定义、标注和作图方法如表 1－6 所示。

表 1－6　斜度的定义、标注及作图方法

定义及标注		
(a)斜度 = $\tan\alpha = H:L = 1:n$	(b)符号的画法(h = 字高)	(c)标注方法

作图方法			
(a)题目	(b)按长度 60 和高度 9 绘制已知线段	(c)作斜度为 1:6 的辅助线	(d)过高度 9 直线上部端点作斜度辅助线的平行线,交左侧已知线段于 A,完成作图

2. 锥度

锥度是指正圆锥底圆直径与圆锥高度之比。若为锥台,则为上、下底圆直径差与锥台高度之比。锥度也简化为 $1:n$ 的形式表示。

锥度图形和符号按表 1－7 中绘制,在标注时,该符号应配置在基准线上,锥度符号的方向应与实际锥度的方向一致。锥度的定义、标注和作图方法如表 1－7 所示。

表 1 - 7　锥度的定义、标注及作图方法

定义及标注 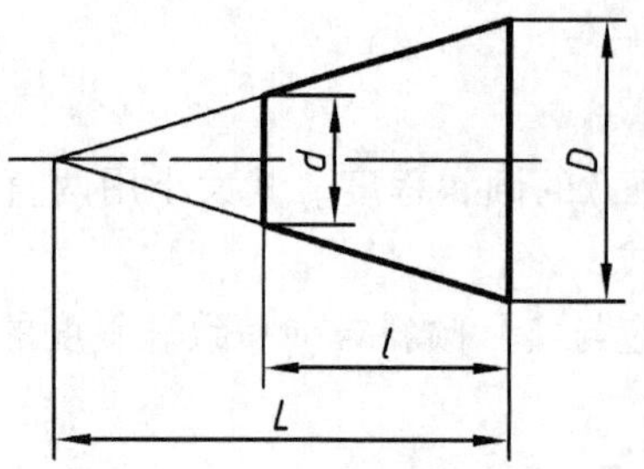 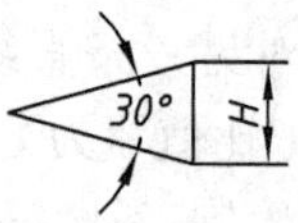 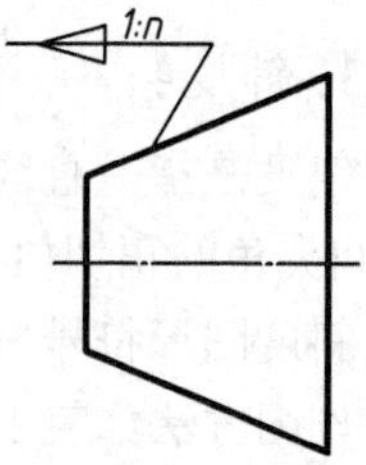		
(a)锥度 $= \dfrac{D}{L} = \dfrac{D-d}{l} = 2\tan\alpha$	(b)符号的画法($H = 1.4h$)	(c)标注方法

作图方法 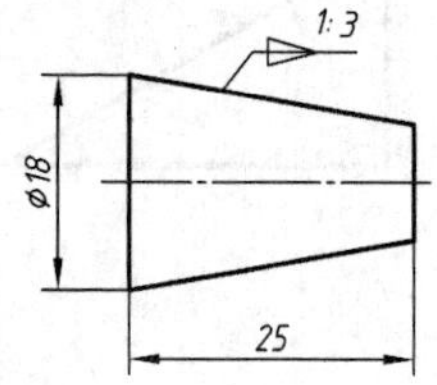 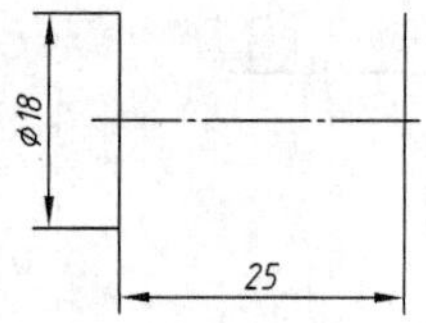 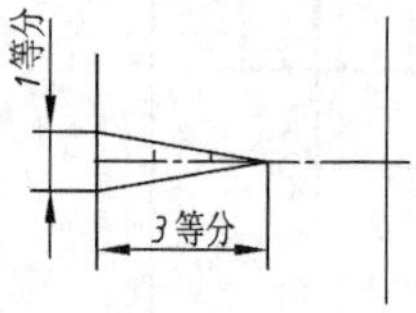 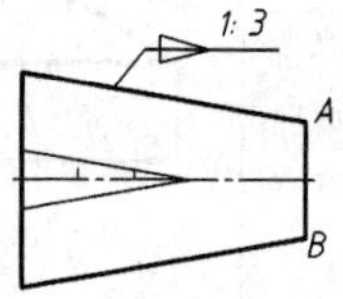			
(a)题目	(b)按长度 25 和直径 $\phi18$ 绘制已知线段	(c)作锥度为 1:3 的辅助圆锥	(d)过 $\phi18$ 线段端点分别作锥度辅助线的平行线,交右侧已知直线于 A 和 B,即完成作图

三、圆弧连接

用已知半径的圆弧光滑连接(即相切)两已知线段(直线或圆弧),称为圆弧连接。圆弧连接在零件中广泛应用,如图 1 - 21(a)所示。

圆弧连接中已知半径的圆弧称为连接弧,图 1 - 21(b)中 $R59$ 和 $R37$ 均为连接弧。画连接弧前,必须求出它的圆心和切点。

1. 圆弧连接的作图原理

(1)连接弧与已知直线相切。

圆心轨迹是一条直线,该直线与已知直线平行且距离为 R,自圆心向直线作垂线,垂足即为切点,如图 1 - 22(a)所示。

(2)连接弧与已知圆弧(圆心 O_1、半径 R_1)相外切。

圆心轨迹为已知圆弧的同心圆,半径 $R_{外} = R_1 + R$,切点为两圆弧连心线与已知圆弧的交点,如图 1 - 22(b)所示。

(3)连接弧与已知圆弧(圆心 O_1、半径 R_1)相内切。

圆心轨迹为已知圆弧的同心圆,半径 $R_{内} = |R_1 - R|$,切点为两圆弧连心线的延长线与已知弧的交点,如图 1 - 22(c)所示。

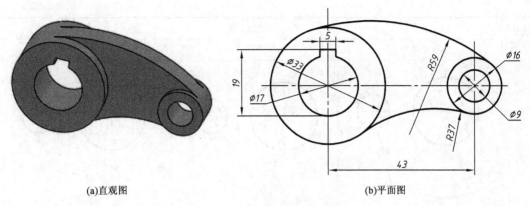

(a)直观图　　　　　　　　　　(b)平面图

图 1-21　圆弧连接图形实例

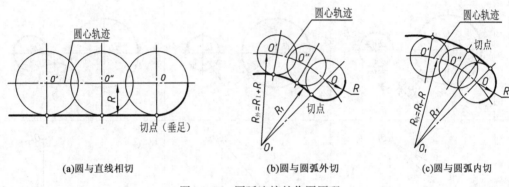

(a)圆与直线相切　　　(b)圆与圆弧外切　　　(c)圆与圆弧内切

图 1-22　圆弧连接的作图原理

2. 圆弧连接的作图方法

表 1-8 列举了用已知半径为 R 的圆弧连接两已知线段的五种典型情况。

表 1-8　典型圆弧连接作图方法

连接要素	作图步骤		
	求连接弧圆 O	求切 T_1、T_2	画连接圆弧
两直线			
直线和圆弧			

连接要素	作图步骤		
	求连接弧圆 O	求切 T_1、T_2	画连接圆弧
两圆↓内切			
两圆↓外切			
两圆弧↓内外切			

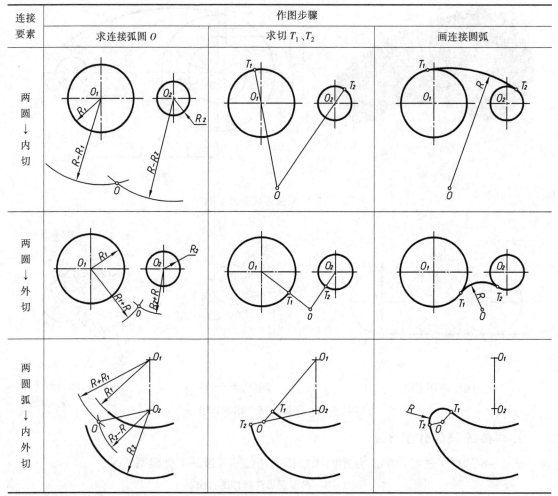

四、椭圆

椭圆的常用画法有同心圆法、共轭轴法和四心圆法等画法。较为常用的为四心圆法,即根据椭圆的长短轴,用四段圆弧完成椭圆绘制。作图过程如图 1-23 所示。

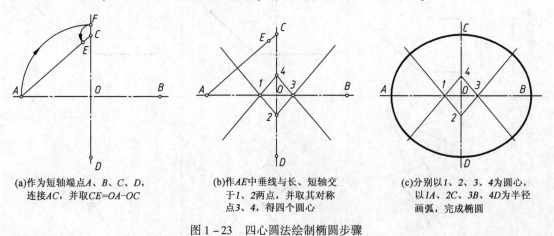

(a)作为短轴端点 A、B、C、D,连接 AC,并取 $CE = OA - OC$

(b)作 AE 中垂线与长、短轴交于 1、2 两点,并取其对称点 3、4,得四个圆心

(c)分别以 1、2、3、4 为圆心,以 $1A$、$2C$、$3B$、$4D$ 为半径画弧,完成椭圆

图 1-23　四心圆法绘制椭圆步骤

第四节 平面图形的尺寸分析及绘图方法

要正确绘制平面图形,必须掌握图形中各线段、圆弧和非圆曲线等基本元素的形状、大小和彼此之间的相互关系,合理地进行尺寸分析和线段分析能够提高绘图质量和速度。

一、平面图形的尺寸分析

平面图形中的尺寸按其作用可分为定形尺寸和定位尺寸两类。

1.定形尺寸

确定平面图形中各线段或线框形状大小的尺寸为定形尺寸。如图 1-24 中的线段长度尺寸 51、圆弧半径尺寸 $R7$ 和圆的直径尺寸 $\phi17$ 等。

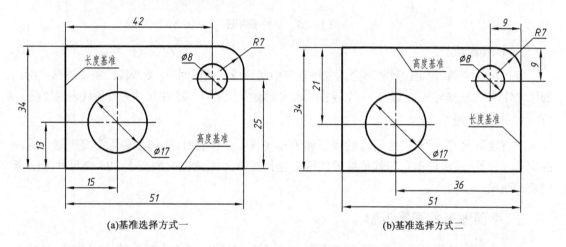

(a)基准选择方式一   (b)基准选择方式二

图 1-24 不同基准条件下的平面图形尺寸分析

2.定位尺寸

确定平面图形中各线段或线框相对位置的尺寸为定位尺寸。例如,图 1-24(a)中确定 $\phi17$ 圆心位置的尺寸 13 和尺寸 15;图 1-24(b)中确定 $\phi17$ 圆心位置的尺寸 36 和尺寸 21 等。

确定尺寸位置的几何元素(点、直线或平面)称为尺寸基准。尺寸标注时,必须预先确定基准。平面图形中,长度和高度方向至少各有一个主要基准。一般选择图形的对称中心线、较大的圆的中心线或图形主要轮廓线等作为基准。图 1-24(a)所示平面图形的长度基准为左边轮廓线,高度基准为底边轮廓线。若长度基准选为右侧轮廓线,高度基准选为顶部轮廓线,标注形式如图 1-24(b)所示。对比两图可知,定形尺寸标注方式不变,定位尺寸随着基准位置选择的不同将发生改变,在后面章节的学习中将不断学习合理选择尺寸基准的方法。

二、平面图形的线段分析

平面图形是由若干线段组成的。根据平面图形中所标注的尺寸和线段间的连接关系,平面图形中的线段可以分为已知线段、中间线段和连接线段三种。

1.已知线段

具有完整的定形尺寸和定位尺寸的线段称为已知线段。这类线段可根据图形中所注的尺寸将其完整地画出,如图1-25中尺寸15、$\phi20$、$\phi5$、$R15$、$R10$等所代表的线段。

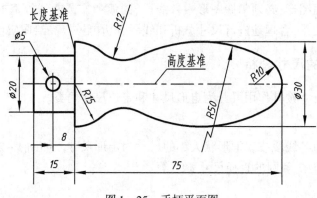

图1-25 手柄平面图

2.中间线段

定形尺寸完整,而定位尺寸不全的线段称为中间线段。作图时,这类线段除需要图形中标注的尺寸外,还需根据与其他线段的一个连接关系才能画出,如图1-25中尺寸$R50$所代表的线段。

3.连接线段

只有定形尺寸,没有定位尺寸的线段称为连接线段。作图时,这类线段除需要图形中标注的定形尺寸外,还需根据它与其他线段的两个连接关系才能画出。如图1-25中尺寸$R12$所代表的线段。

三、平面图形的画图步骤

对平面图形进行尺寸分析,确定平面图形的基准,在图纸中画出基准线和定位线;分析各线段或圆弧的性质,按先画已知线段,再画中间线段,最后画连接线段的顺序绘制平面图形。图1-25所示手柄平面图的绘图步骤如图1-26所示。

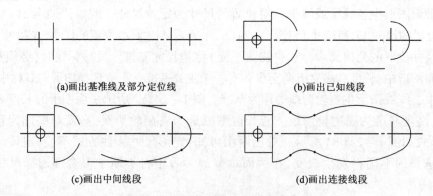

(a)画出基准线及部分定位线　　　　　(b)画出已知线段

(c)画出中间线段　　　　　(d)画出连接线段

图1-26 手柄平面图形的画图步骤

四、平面图形的尺寸标注

平面图形尺寸标注的基本要求是:正确、完整、清晰。

"正确"是指尺寸标注形式要符合国家标准的规定,也指尺寸标注数字要准确。

"完整"是指标注内容要齐全,不能遗漏尺寸。

"清晰"是指尺寸标注整体布局合理,标注清楚。

下面以图 1－27 为例说明平面图形尺寸标注的步骤。

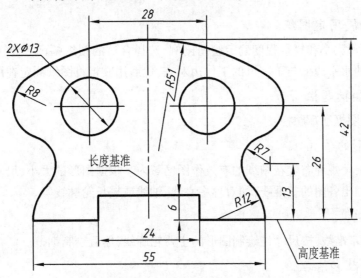

图 1－27　平面图形的尺寸分析与尺寸标注

1. 确定基准

由于图 1－27 为左右对称图形,因此将对称中心线确定为长度方向的尺寸基准;图形的底边轮廓线较长,且左右圆弧的圆心均在该直线上,故选择图形底边轮廓线作为高度方向的基准。

2. 标注尺寸

1) 标注定形尺寸

当图形具有对称中心线时,分布在对称中心线两边的相同结构,可只标注其中一侧的结构尺寸,如 R8、R7、R12 和 2×φ13 等;另外还需标注底边长方形通槽的长度尺寸 24、高度尺寸 6,以及上部圆弧定形尺寸 R51。

2) 标注定位尺寸

需要标注的定位尺寸有圆弧 R7 和 R51 的定位尺寸,以及两个对称圆孔 2×φ13 的长度定位尺寸 28 和高度定位尺寸 26。

3. 检查

检查标注的尺寸是否正确、完整、清晰,如有错误要及时修正。

第五节　绘图的基本方法和步骤

一、仪器绘图的步骤

要使图样绘制得又快又好,除了必须熟悉制图标准,准确掌握几何作图方法和正确使用绘图工具外,还需有一定的工作程序。

1. 绘图前的准备工作

准备图板、丁字尺、三角板、绘图仪器和其他工具、用品;将铅笔按线型要求削好,并调整圆规两脚长度。

2. 选择图幅,固定图纸

根据所绘图形大小和复杂程度确定绘图比例,选择合适的图纸幅面。将丁字尺尺头紧靠图板左边,图纸的水平边框与丁字尺的工作边对齐,然后用胶带将图纸固定在图板上。

3. 画图框和标题栏

按要求画出图框和标题栏。

4. 布置图形的位置

图形应匀称、美观地布置在图纸的有效作图区域内。根据图形的大小、尺寸标注和其他内容所占的位置,画出各图的基准线,如对称中心线、轴线或较长轮廓线等。

5. 绘制底稿

根据定好的基准线,按尺寸先绘制图形的主要轮廓线,然后绘制细节。

6. 检查、修改和清理

底稿完成后要仔细检查,改正图上的错误,擦除多余图线,清理图面。

7. 加深

加深是保证图面质量的重要环节。要求:线型正确、粗细分明、均匀光滑、深浅一致。最后,填写尺寸数字、文字、符号和标题栏。

二、徒手绘图的步骤

徒手绘制的图样称为草图,即绘图时不借助尺规绘图工具,主要依靠目测估计图形与实物的比例,按一定的画法徒手绘制的图形。在讨论设计方案、技术交流和现场参观时,受现场条件或时间限制,常采用徒手草图的方式来表达工程形体。因此,草图是工程技术人员表达设计思想的有力工具,徒手绘图是工程技术人员必须掌握的一项基本技能。

徒手绘图要求画图速度要快,目测比例要准,图面质量力求最好,尺寸标注必须齐全。徒手绘图时,手握笔的位置要比仪器绘图时稍高,以利于运笔和观察目标。绘制草图还必须掌握徒手绘制各种线条的基本手法。

1. 直线的画法

徒手画直线时握笔的手要放松,手腕靠着纸面,沿着画线方向轻轻移动,保证图线画得直。眼睛要注意终点方向,便于控制图线。画短线,常以手腕运笔,画长线则以手臂动作,如图 1 – 28 所示。

2. 角度线的画法

画与水平线成30°、45°、60°的斜线时,可利用两直角边的近似比例定出端点后,再连成直线,如图 1 – 29(a)、(b)和(c)所示。其余角度可按它与30°、45°和60°角的倍数关系画出。如画10°线时,可先画30°线再等分求得,如图 1 – 29(d)所示。

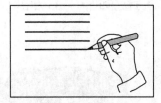 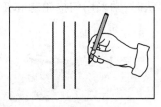 

(a)水平方向画线最为顺手，图纸可斜放　　(b)铅垂线要自上而下运笔　　(c)画倾斜线可转动图纸，使画
的线正好处于顺手方向

图 1－28　徒手画直线的方法

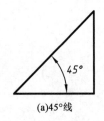 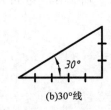 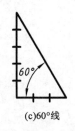 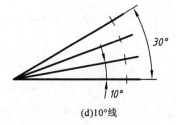

(a)45°线　　　　　　(b)30°线　　　　　　(c)60°线　　　　　　(d)10°线

图 1－29　徒手画角度线

3.圆的画法

画圆时先徒手作两条相互垂直的中心线,定出圆心,再根据直径大小,在对称中心线上截取四点,然后徒手将各点连接成圆,如图 1－30 所示。画较大圆时,可过圆心多画几条不同方向的直线,按半径找点后再连接成圆,如图 1－31 所示。

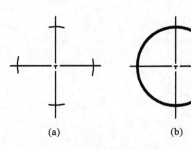 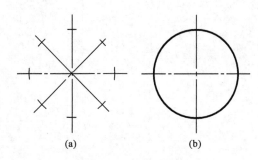

(a)　　　　　　　　(b)　　　　　　　　(a)　　　　　　　　(b)

图 1－30　徒手画小圆　　　　　　　　　图 1－31　徒手画大圆

4.椭圆的画法

先画出椭圆的长短轴,可利用椭圆的外切矩形画出椭圆,如图 1－32(a)所示;也可利用椭圆的外切菱形画四段圆弧构成椭圆,如图 1－32(b)所示。

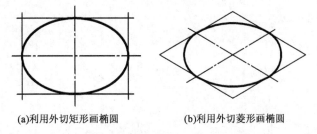

(a)利用外切矩形画椭圆　　　　　　(b)利用外切菱形画椭圆

图 1－32　徒手画椭圆的方法

当遇到较复杂平面轮廓的形状时,常采用勾描轮廓和拓印的方法,如图 1 – 33 和图 1 – 34 所示。

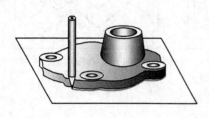

图 1 – 33　勾描画法

(a)零件底部涂彩色

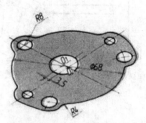

(b)对拓印图形勾画并标注尺寸

图 1 – 34　拓印画法

第二章

正投影法基础

第一节　投影法的基本概念

一、投影法的定义

如图 2-1(a)所示,设空间一平面 P 为投影面,不在 P 面上的定点 S 为投影中心(可想象成为光源)。从点 S 引出一条直线通过点 A,此直线称为投射线,它和平面 P 的交点为 a,点 a 就是空间点 A 在投影面 P 上的投影。用同样方法可作出空间点 B、C 在投影面 P 上的投影 b、c。直线 AB、BC、CA 的投影分别是 ab、bc、ca。$\triangle ABC$ 的投影是 $\triangle abc$。这种用投射线通过物体,向选定的面投射,并在该面上得到图形的方法称为投影法。

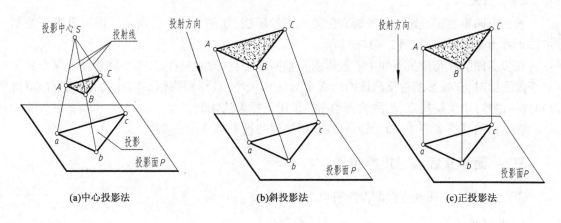

(a)中心投影法　　　　　(b)斜投影法　　　　　(c)正投影法

图 2-1　投影法及其分类

二、投影法的分类

1. 中心投影法

投射线汇交一点的投影方法称为中心投影法,所得到的投影称为中心投影图,如图 2-1(a)所示。中心投影图的度量性较差,一般不反映物体的真实形状,但它的立体感较强,如图 2-2(a)所示。主要用于绘制物体的透视图,特别是建筑物的透视图。

2. 平行投影法

当把投影中心 S 移到离投影面 P 无限远的地方,投射线可以看成是相互平行的,这种投射线互相平行的投影法称为平行投影法。平行投影法又分为斜投影法和正投影法两类。

1)斜投影法

投射方向倾斜于投影面的投影方法称为斜投影法,如图2-1(b)所示。斜投影法主要用于绘制物体的轴测图,如图2-2(b)所示。轴测图的直观性较好,并具有一定的立体感,因此,在工程上常作为辅助图样来说明机器的安装、使用与维修等情况。

(a)中心投影图　　　　　　　(b)斜投影图　　　　　　　(c)正投影图

图2-2　投影图

2)正投影法

投射方向垂直于投影面的投影方法称为正投影法,如图2-1(c)所示。用正投影法绘制的图形称为正投影图,如图2-2(c)所示。

正投影图的直观性虽不如中心投影图和轴测图,但它的度量性好,当空间物体上某个面平行于投影面时,正投影图能反映该面的真实形状和大小,且作图简便。因此,国家标准(GB/T 17451—1998)中明确规定,机件的技术图样采用正投影法绘制。

在本书的后续章节中,如无特别说明,所提到的投影都是指正投影。

三、平面和直线的正投影特点

正投影法中,平面和直线的投影有以下三个特点:

1. 实形性

平面(或直线)与投影面平行时,其投影反映实形(或实长)的性质,称为实形性,如图2-3(a)中的平面 P 和直线 AB。

2. 积聚性

平面(或直线)与投影面垂直时,其投影积聚为一条直线(或一个点)的性质,称为积聚性,如图2-3(b)中的平面 Q 和直线 CD。

3. 类似性

平面(或直线)与投影面倾斜时,其投影变小(或变短),但投影的形状仍与原来形状相类似的性质,称为类似性,如图2-3(c)中的平面 R 和直线 EF。

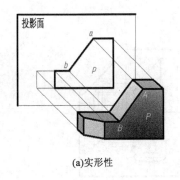
(a)实形性

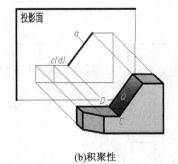
(b)积聚性

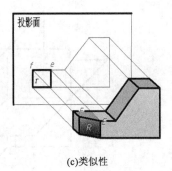
(c)类似性

图 2-3 平面和直线的正投影特点

第二节 点、直线、平面的投影

一、点的投影

一切几何形体都可看成是点、线、面的组合,画立体的投影关键是画立体表面各点、线的投影。点是最基本的几何元素,所以首先从点入手,研究点的投影性质。

如图 2-4(a)、(b)所示,点的空间位置确定后,其在投影面上的投影是唯一确定的。但若只有点的一个投影,则不能唯一确定点的空间位置。同理,如图 2-4(c)所示,对空间的某一立体,若只有一面投影,也不能完全表达该立体的空间形状,因此,工程图样中常采用多面投影来表达空间形体。

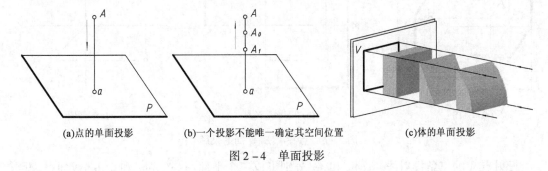

(a)点的单面投影　　　(b)一个投影不能唯一确定其空间位置　　　(c)体的单面投影

图 2-4 单面投影

对于互相垂直的两个投影面组成的两投影体系,虽然可确定点的空间位置,但若需解决某些复杂的几何关系或清晰表达物体的形状,往往需要三个或更多的投影。

1. 三投影面体系

以三个互相垂直的平面作为投影面,构成的投影面体系称为三投影面体系,如图 2-5(a)所示。三个投影面将空间分成八个角,我国标准规定工程图样采用第一角画法,如图 2-5(b)所示,将物体置于第一分角内,使其处于观察者与投影面之间而得到正投影图。

正立放置的投影面称为正立投影面,简称正面,用 V 表示;水平放置的投影面称为水平投影面,简称水平面,用 H 表示;侧立放置的投影面称为侧立投影面,简称侧面,用 W 表示。两投影面的交线称为投影轴,V 面与 H 面交于 OX 轴,H 面与 W 面交于 OY 轴,V 面与 W 面交于 OZ 轴,三轴交于原点 O。

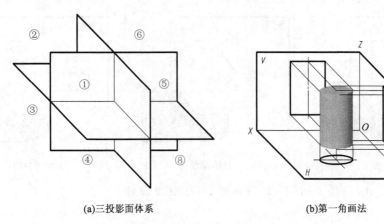

(a)三投影面体系　　　　　　　　(b)第一角画法

图2-5　三投影面体系与第一角画法

2.点在三投影面体系中的投影

1)点的三面投影

如图2-6(a)所示,在三投影面体系中,设有一空间点A,自点A分别作垂直于H、V、W面的投射线,得交点a、a'、a'',则a、a'、a''分别称为点A的水平投影、正面投影、侧面投影。在投影法中约定,凡空间点用大写字母表示,其水平投影用相应的小写字母表示,正面投影和侧面投影分别在相应的小写字母上加"$'$"和"$''$"以示区别。

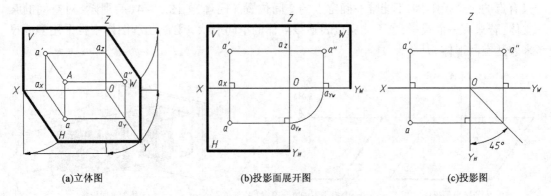

(a)立体图　　　　　　(b)投影面展开图　　　　　　(c)投影图

图2-6　点在V、H、W面的投影

投射点A的三条投射线Aa、Aa'和Aa''分别组成三个平面:aAa'、aAa''和$a'Aa''$,它们与投影轴OX、OY和OZ分别相交于点a_x、a_y和a_z。这些点和点A及其投影a、a'、a''的连线组成一个长方体。因此有:

$$Aa = a'a_x = a''a_y = a_zO; \qquad Aa' = a''a_z = aa_x = a_yO; \qquad Aa'' = aa_y = a'a_z = a_xO。$$

为了使点的三面投影画在同一图面上,规定V面不动,将H面绕OX轴向下旋转$90°$,将W面绕OZ轴向右旋转$90°$,使V、H、W三个投影面共面,此时,Y轴一分为二,跟H面旋转的OY轴用符号OY_H表示,跟W面旋转的OY轴用符号OY_W表示,如图2-6(b)所示。因为投影面可看成无限大的,因此,画图时一般不画出投影面的边界线,也不标出投影面的名称,如图2-6(c)所示。

2)点的投影规律

由此就可概括出点的投影规律:

（1）点的正面投影 a' 和水平投影 a 的连线垂直于 OX 轴，即 $a'a \perp OX$；

（2）点的正面投影 a' 和侧面投影 a'' 的连线垂直于 OZ 轴，即 $a'a'' \perp OZ$；

（3）点的水平投影 a 到 OX 轴的距离等于点的侧面投影 a'' 到 OZ 轴的距离，即 $aa_x = a''a_z$。

作图时，为了表示 $aa_x = a''a_z$ 的关系，常用过原点 O 的 45°辅助线或圆弧将点的水平投影 a 和侧面投影 a'' 联系起来，如图 2-6（b）、（c）所示。

若把图 2-6（a）所示的三个投影面视为坐标面，那么各投影轴就相当于坐标轴，三轴的交点 O 就是坐标原点。这样，空间点 A 到三个投影面的距离就等于它的三个坐标：

A 点到 W 面的距离等于 A 点的 X 坐标（$Aa'' = Oa_x$）；

A 点到 V 面的距离等于 A 点的 Y 坐标（$Aa' = Oa_y$）；

A 点到 H 面的距离等于 A 点的 Z 坐标（$Aa = Oa_z$）。

从图 2-6（c）可看出：由 A 点的 X、Y 两个坐标可以确定点 A 的水平投影 a；由点 A 的 X、Z 两个坐标可以确定点 A 的正面投影 a'；由点 A 的 Z、Y 两个坐标可以确定点 A 的侧面投影 a''。由此可见，已知一点的任意两面投影，即可求出该点的第三投影，当然根据点的三个坐标也可作出点的三面投影。

【例 2-1】 如图 2-7 所示，已知点 B 的水平投影 b 和正面投影 b'，求侧面投影 b''。

作图步骤：

（1）过 b' 作 OZ 轴的垂线 $b'b_z$。

（2）在 $b'b_z$ 的延长线上通过辅助线或者直接量取，使 $b''b_z = bb_x$，b'' 即为所求。

当空间点位于投影面内时，则它的三个坐标中必有一个为零。如图 2-8（a）中的 D 点，它位于 H 面内，$Z=0$。这里注意，当 W 面向右旋转重合于 V 面时，

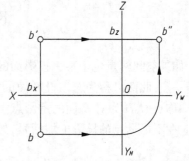

图 2-7 由点的正面、水平投影作侧面投影

因为 d'' 是 W 面上的投影，所以，d'' 应位于 OY_W 轴上，而不应位于 OY_H 轴上，如图 2-8（b）所示。

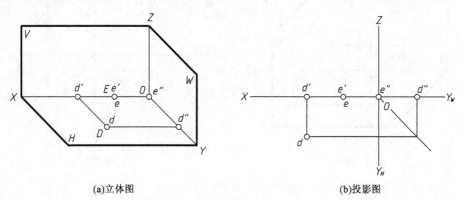

（a）立体图   （b）投影图

图 2-8 位于 H 面的点的三面投影

当空间点位于投影轴上时，则它的三个坐标中必有两个为零。如图 2-8（a）中的 E 点，它位于 OX 轴上，$Z=0$，$Y=0$。

3. 两点的相对位置和重影点

1）两点的相对位置

两点的相对位置是指空间两点的上下、左右、前后位置关系。如图 2-9 所示，点 A、B 对

投影面 W、V、H 的距离差,即为这两个的投影点沿 OX、OY、OZ 三个方向的坐标差,因此,两点的相对位置可以通过这两点在同一投影面上的投影之间的相对位置来判断。X 坐标大的点在左,Y 坐标大的点在前,Z 坐标大的点在上。图中表示点 A 在点 B 的左前下方。

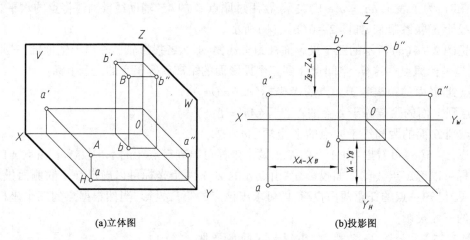

(a)立体图　　　　　　　　　　(b)投影图

图 2-9　两点的相对位置

2)重影点

如果空间两点位于某一投影面的同一条投射线上,则这两点在该投影面上的投影就会重合于一点,此两点称为对该投影面的重影点。如图 2-10 所示,点 C、D 的水平投影重合为一点,则称点 C、D 为对 H 面的重影点。它们即存在一点遮住另一点的问题,为了表示点的可见性,应在不可见点的投影上加括号,如图 2-10(b)所示。

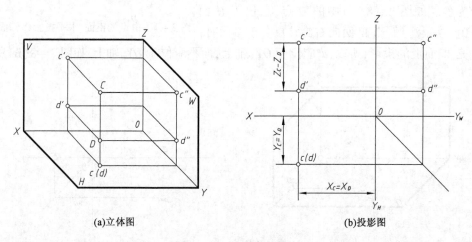

(a)立体图　　　　　　　　　　(b)投影图

图 2-10　重影点的投影

二、直线的投影

直线的投影一般仍为直线,特殊情况下可积聚成一点。由于两点确定一直线,故作直线的投影时,可将确定该直线的任意两点的同面投影相连接。直线的投影规定用粗实线绘制。

1.各种位置直线的投影

直线在三投影面体系中,按其与投影面的相对位置可把直线分为三种:一般位置直线、投影面平行线和投影面垂直线。投影面平行线和投影面垂直线统称为特殊位置直线,下面分别讨论这三类直线的投影特性。

1)一般位置直线

与三个投影面都倾斜的直线,称为一般位置直线,如图 2 - 11 所示。由于一般位置直线对三个投影面都是倾斜的,所以,其投影特性是:三个投影都倾斜于投影轴,且都小于实长。

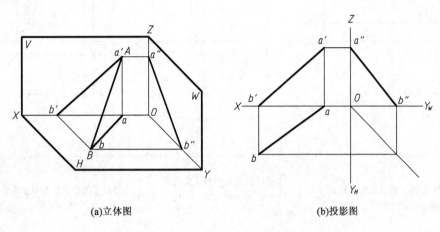

(a)立体图　　　　　　　　　　　　　　(b)投影图

图 2 - 11　一般位置直线的投影

2)投影面平行线

只平行于某一个投影面,而与另外两个投影面倾斜的直线,称为投影面平行线。其中只平行 H 面的直线,称为水平线;只平行 V 面的直线,称为正平线;只平行 W 面的直线,称为侧平线。规定直线或平面与 H 面、V 面和 W 面的夹角分别为 α、β 和 γ。

表 2 - 1 列出了三种投影面平行线的立体图、投影图及其投影特性。

表 2 - 1　投影面平行线的投影特性

名称	正平线($/\!/V$、$\angle H$、$\angle W$)	水平线($/\!/H$、$\angle V$、$\angle W$)	侧平线($/\!/W$、$\angle V$、$\angle H$)
立体图			

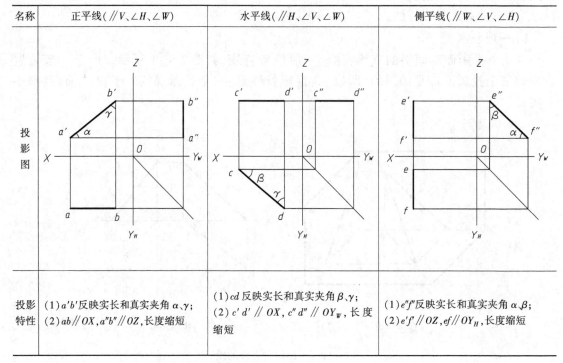

名称	正平线(∥V、∠H、∠W)	水平线(∥H、∠V、∠W)	侧平线(∥W、∠V、∠H)
投影图			
投影特性	(1)a'b'反映实长和真实夹角 α、γ; (2)ab∥OX,a"b"∥OZ,长度缩短	(1)cd 反映实长和真实夹角 β、γ; (2) c'd'∥OX, c"d"∥OY_W, 长度缩短	(1)e"f"反映实长和真实夹角 α、β; (2)e'f'∥OZ,ef∥OY_H,长度缩短

由表 2-1 可概括出投影面平行线的投影特性:

(1)在与线段平行的投影面上,其投影反映线段的实长和与其他两个投影面的真实夹角;

(2)其余两个投影分别平行于相应的投影轴,且都小于实长。

3)投影面垂直线

垂直于某一投影面的直线,称为投影面垂直线。其中垂直于 H 面的直线,称为铅垂线;垂直于 V 面的直线,称为正垂线;垂直于 W 面的直线,称为侧垂线。

表 2-2 列出了三种投影面垂直线的立体图、投影图及其投影特性。

表 2-2 投影面垂直线的投影特性

名称	正垂线 (⊥V、∥H、∥W)	铅垂线 (⊥H、∥V、∥W)	侧垂线 (⊥W、∥V、∥H)
立体图	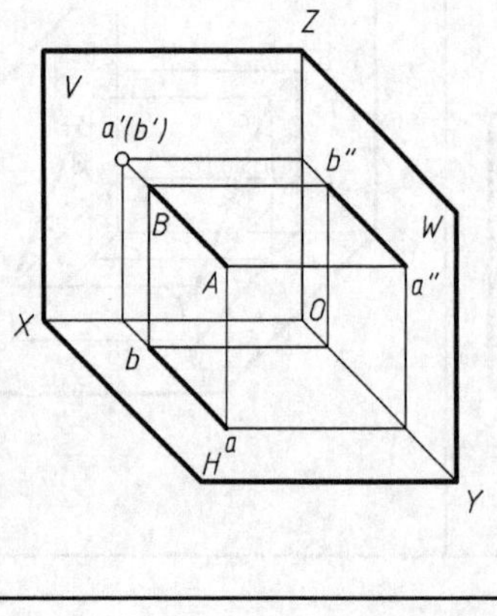	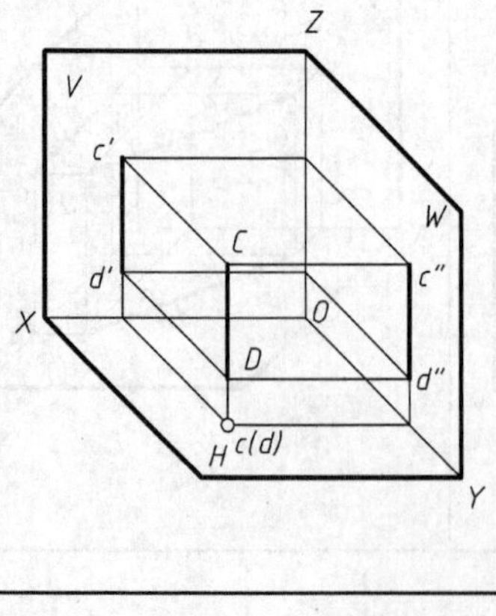	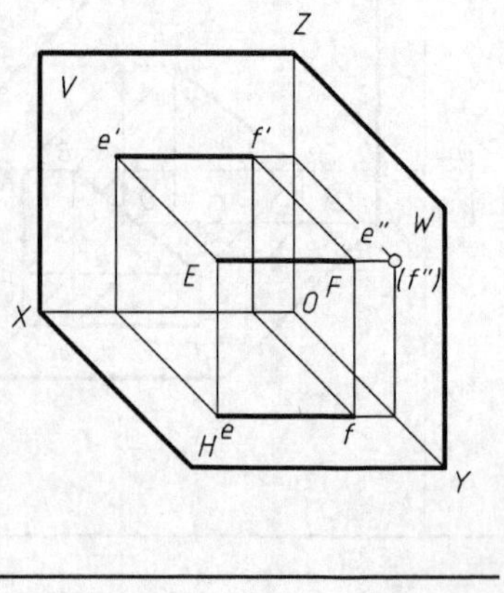

续表

名称	正垂线 ($\perp V$、$/\!/ H$、$/\!/ W$)	铅垂线 ($\perp H$、$/\!/ V$、$/\!/ W$)	侧垂线 ($\perp W$、$/\!/ V$、$/\!/ H$)
投影图			
投影特性	(1)$a'b'$积聚成一点; (2)$ab \perp OX$,$a''b'' \perp OZ$,都反映实长	(1)cd积聚成一点; (2)$c'd' \perp OX$,$c''d'' \perp OY_W$,都反映实长	(1)$e''f''$积聚成一点; (2)$ef \perp OY_H$,$e'f' \perp OZ$,都反映实长

由表 2-2 可概括出投影面垂直线的投影特性:

(1)在与线段垂直的投影面上,该线段的投影积聚为一点;

(2)其余两个投影分别垂直于相应的投影轴,且都反映实长。

2. 直线上的点

从图 2-12 可以看出,直线 AB 上的任一点 C 有以下投影特性:

(1)点在直线上,则点的投影必在该直线的各同面投影上;反之,若点的各个投影均在直线的同面投影上,则点必在该直线上,否则,点就不在该直线上。

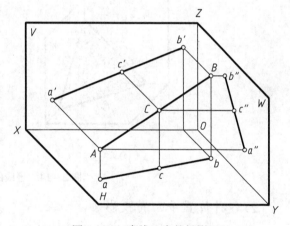

图 2-12 直线上点的投影

(2)点分线段之比,投影后保持不变,即 $AC:CB = ac:cb = a'c':c'b' = a''c'':c''b''$。

三、平面的投影

1. 平面的表示法

平面通常用确定该平面的几何元素的投影表示,也可用迹线表示。

1)几何元素表示法

由几何知识可知,不属于同一直线上的三个点确定一平面,由此引申,在投影图上可以用图 2-13 所示的任意一组几何元素的投影表示平面。

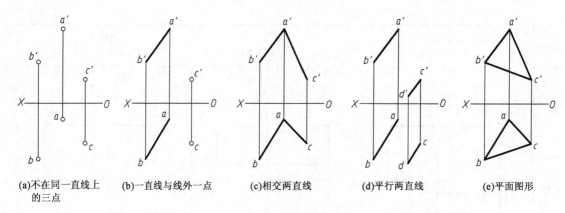

| (a)不在同一直线上的三点 | (b)一直线与线外一点 | (c)相交两直线 | (d)平行两直线 | (e)平面图形 |

图 2-13　用几何元素表示平面

2) 迹线表示法

空间的平面与投影面相交,其交线称为平面的迹线。平面与 H 面的交线称为水平迹线;平面与 V 面的交线称为正面迹线;平面与 W 面的交线称为侧面迹线。若平面用 P 标记,则其水平迹线用 P_H 标记,正面迹线用 P_V 标记,侧面迹线用 P_W 标记。且平面的迹线肯定相交,其交点落在投影轴上,如图 2-14 所示。

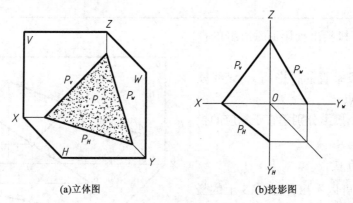

| (a)立体图 | (b)投影图 |

图 2-14　迹线的表示方法

2. 各种位置平面的投影

在三投影面体系中,按平面与投影面的相对位置,可将其分为三种:一般位置平面、投影面垂直面和投影面平行面。投影面垂直面和投影面平行面亦称为特殊位置平面,下面分别讨论这三类平面的投影特性。

1) 一般位置平面

与三个投影面都倾斜的平面,称为一般位置平面,如图 2-15 所示。一般位置平面的投影特性:三面投影都是比原形缩小的类似形,其投影具有类似性。

2) 投影面垂直面

垂直于一个投影面且倾斜于另外两个投影面的平面称为投影面垂直面。其中,只垂直于 H 面的平面,称为铅垂面;只垂直于 V 面的平面,称为正垂面;只垂直于 W 面的平面,称为侧垂面。

表 2-3 列出了三种投影面垂直面的立体图、投影图及其投影特性。

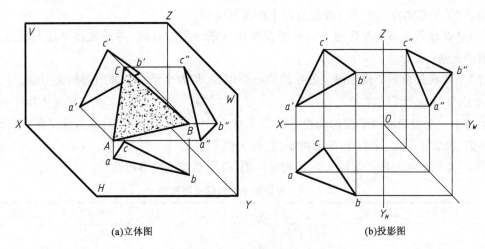

(a)立体图　　　　　　　　　　　　　　(b)投影图

图 2 – 15　一般位置平面

表 2 – 3　投影面垂直面的投影特性

名称	正垂面($\perp V$、$\angle H$、$\angle W$)	铅垂面($\perp H$、$\angle V$、$\angle W$)	侧垂面($\perp W$、$\angle V$、$\angle H$)
立体图			
投影图			
投影特性	(1)p'积聚成一条直线并反映真实夹角 α、γ； (2)p 和 p'' 都是类似形	(1)q 积聚成一条直线并反映真实夹角 β、γ； (2)q' 和 q'' 都是类似形	(1)r'' 积聚成一条直线并反映真实夹角 α、β； (2)r' 和 r 都是类似形

由表2-3可知投影面垂直面具有以下的投影特性：

(1)平面在所垂直的投影面上的投影积聚成一条倾斜的直线,并反映该平面与其他两个投影面的夹角;

(2)平面在其余两个投影面上的投影具有类似性,均为小于原平面图形的类似形。

3)投影面平行面

平行于一个投影面的平面称为投影面平行面。平行于 H 面的平面,称为水平面;平行于 V 面的平面,称为正平面;平行于 W 面的平面,称为侧平面。

表2-4列出了三种投影面平行面的立体图、投影图及其投影特性。

表2-4 投影面平行面的投影特性

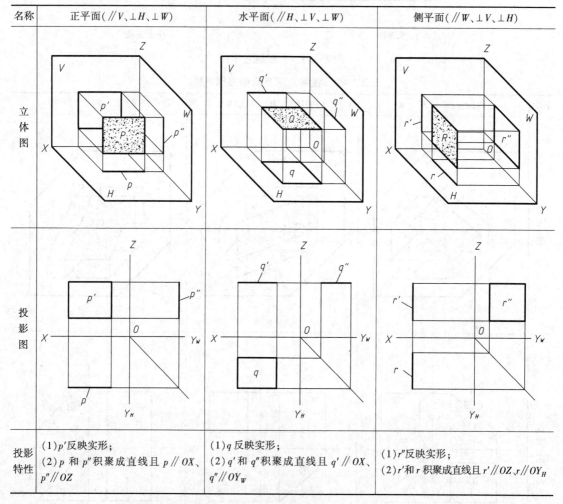

名称	正平面($/\!/V$ 、$\perp H$ 、$\perp W$)	水平面($/\!/H$ 、$\perp V$ 、$\perp W$)	侧平面($/\!/W$ 、$\perp V$ 、$\perp H$)
立体图			
投影图			
投影特性	(1) p' 反映实形; (2) p 和 p'' 积聚成直线且 $p /\!/ OX$ 、 $p'' /\!/ OZ$	(1) q 反映实形; (2) q' 和 q'' 积聚成直线且 $q' /\!/ OX$ 、 $q'' /\!/ OY_W$	(1) r'' 反映实形; (2) r' 和 r 积聚成直线且 $r' /\!/ OZ$ 、$r /\!/ OY_H$

由表2-4可知投影面平行面具有以下的投影特性：

(1)平面在所平行的投影面上的投影反映实形;

(2)平面在另外两个投影面上的投影均积聚成直线,且平行于相应的投影轴。

3.平面上的点和直线

1)平面内取点

点在平面上,必在平面内的某条已知线上。因此,在平面内取点,必须通过平面内的已知直线,其也是面上求线及立体投影的基础,如图 2-16 所示。

2)平面内取直线

直线在平面内必须具备下列条件之一:

(1)直线通过平面内的两点,如图 2-17(a)所示;

(2)直线通过平面内的一点且平行于平面内的另一直线,如图 2-17(b)所示。

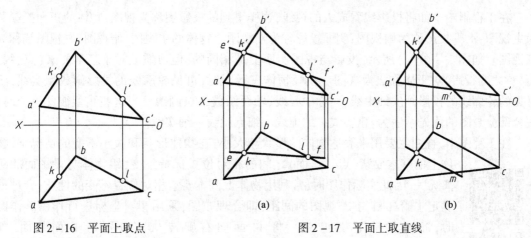

图 2-16 平面上取点   图 2-17 平面上取直线

【例 2-2】 已知△ABC 平面上点 K 的正面投影 k′和点 N 的水平投影 n,求作点 K 的水平投影和点 N 的正面投影,如图 2-18(a)所示。

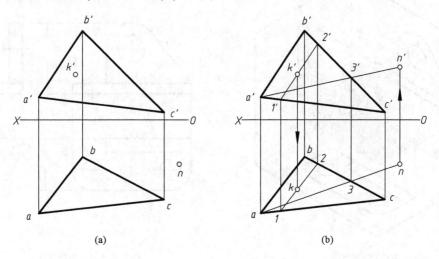

图 2-18 求作平面上点的另一投影

分析:点 K 及点 N 在△ABC 平面上,因此过点 K 及点 N 可以在平面上各作一辅助直线,这时点 K 及点 N 的投影必在相应辅助直线的同面投影上。

作图步骤[图 2-18(b)]:

(1)过 k′作辅助直线Ⅰ Ⅱ的正面投影 1′2′,求出其水平投影 12。再过 k′作投影连线交 12 于 k,即为点 K 的水平投影。

(2)过 n 点作辅助直线的水平投影 an,交 bc 于 3,求出Ⅲ点的正面投影 3′,并连接 a′3′,然后过 n 作投影连线与 a′3′的延长线交于 n′,即为点 N 的正面投影。

第三节　三视图的形成及投影规律

一、三视图的形成

在工程制图中如将投影线看成人的视线,这样得到的投影图称为视图;物体的正面投影称为主视图;水平投影称为俯视图;侧面投影称为左视图。物体的主视图、俯视图、左视图统称为三视图。如图2-19(a)所示,投影与视图实质上是相同的,但习惯上对于基本要素(点、线、面)称之为投影,对于体称之为视图。在画物体三视图时,可见轮廓线的投影画成粗实线,不可见的轮廓线的投影画成细虚线,对称中心线、轴线画成细点画线。当这些线型彼此重合时,重合部分画图的优先顺序为:粗实线—细虚线—细点画线—细实线。

图2-19讲解

在工程图中,视图主要用来表达物体的形状和大小,在物体形状和大小不变的情况下,物体上的基本要素(点、线、面)之间的相对位置保持不变,跟物体与投影面的距离无关,因此实际作图时,常利用物体上基本要素相对位置不变的性质,合理地确定主俯视图、主左视图的间距,即合理布图,采用相对坐标进行作图。作图时,将 H 面向下旋转90°,将 W 面向右旋转90°,分别与 V 面共面,如图2-19(b)所示。

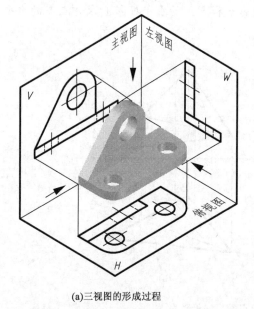

(a)三视图的形成过程

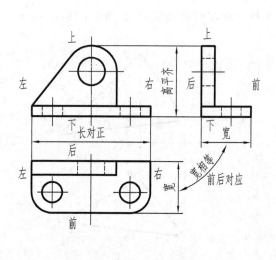

(b)三视图及其投影规律

图2-19　三视图的形成及投影规律

二、三视图的投影规律

如规定立体左右方向为长、上下方向为高、前后方向为宽的话,则三视图的投影规律为:

主、俯视图——长对正(同时反映了立体的长度)。

主、左视图——高平齐(同时反映了立体的高度)。

俯、左视图——宽相等(同时反映了立体的宽度)。

这个投影规律不仅适用于物体整体结构的投影,也适用于物体局部结构的投影。

图 2-19(b)所示立体上方立板,其三视图也符合此规律。物体的上下、左右、前后在三视图中的反映如图 2-19(b)所示。要特别注意判别物体与视图的前后对应关系。

画立体三视图时,按照先主后次的原则,应先确定立体上主要形体的作图基准线(一般为形体的对称中心线、轴线或较长轮廓线),再画主要形体,然后根据各形体基准间的距离,依次画其他形体,每个形体依据先整体后局部的顺序画图,不管是物体的整体还是局部,都要从反映其形状特征或有积聚性的视图入手。

第四节　立体的投影

立体的形状是各种各样的,但任何复杂立体都可以分析成是由一些简单的几何体组成,如棱柱、棱锥、圆柱、圆锥、球等,这些简单的几何体统称为基本几何体。

根据基本几何体表面的几何性质,它们可分为平面立体和曲面立体。

一、平面立体的投影

表面由平面组成的立体,称为平面立体。基本的平面立体只有两种:棱柱和棱锥。棱柱和棱锥是由侧棱面和底面围成的,相邻两侧棱面的交线称为棱线,底面和棱面的交线就是底面的边。

画平面立体的投影就是把围成平面立体的所有平面多边形和棱线的投影作出来。欲作出轮廓线(棱线)和平面(棱面)的投影,归根结底是作出平面立体各顶点的投影。因此,平面立体的投影是将围成平面立体的所有顶点的投影作出来,顶点之间是线的连接,可见的画粗实线,不可见的画细虚线,可见与不可见的线重合时画粗实线。

画图时先画出各视图的作图基准线,然后,从反映其形状特征或有积聚性的视图入手,再根据三视图的投影规律,画其余视图,最后检查、加深图线。

1. 棱柱

棱柱由两个底面和若干个侧棱面组成,各棱线互相平行,上、下底面互相平行。按棱线的数目,棱柱有三棱柱、四棱柱、五棱柱等。棱线与底面垂直的棱柱称为直棱柱;棱线与底面倾斜的棱柱称为斜棱柱;上下底面均为正多边形的直棱柱称为正棱柱。现以正六棱柱为例说明棱柱的投影特性。

1) 正六棱柱的投影

图 2-20 表示一个正六棱柱的三视图。作图时,先画顶面和底面的投影:水平投影反映实形且两面重合为一个正六边形;正面、侧面投影都积聚成水平方向的直线段,如图 2-20(b)所示。再画六条棱线的投影:水平投影积聚在六边形的六个顶点上;正面、侧面投影为反映棱柱高的直线段。在正面投影图中棱线 DD_1、EE_1 分别被棱线 BB_1、AA_1 挡住,故虚线省略不画。在侧面投影图中,棱线 CC_1 也被棱线 FF_1 挡住,故虚线省略不画,如图 2-20(c)所示。

2) 正六棱柱表面取点

【例 2-3】　已知属于正六棱柱面上的点 A、B、C 的一个投影,求它们的另外两个投影,如图 2-21(a)所示。**注意:点在立体表面上的可见性,由点所在表面的可见性来确定,当点落于有积聚性的投影上时,不判断可见性,认为可见。**

作图步骤[图 2-21(b)]:

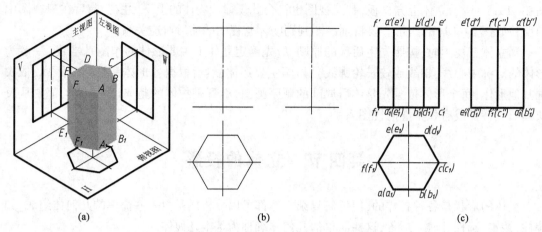

图2-20　正六棱柱及其三视图作图过程

（1）求点a、a'。由点a''可知，点A在棱柱的左、后棱面上，其水平投影a必积聚在六边形左、后边上。作图时，沿Y轴方向将侧面投影图中的距离$Y1$量取到水平投影上即可求得a，再按投影关系求得(a')。

（2）求点b、b''。由点b'可知，点B在六棱柱最前方的棱面上，该棱面为正平面，故将其投影至该面水平和侧面投影上即可得点b和b''。

（3）求点c'、c''。由点c可知，点C是在六棱柱的底面上，其正面、侧面投影必在该平面所积聚成的直线段上。c'可直接求出，c''根据宽相等来求得。

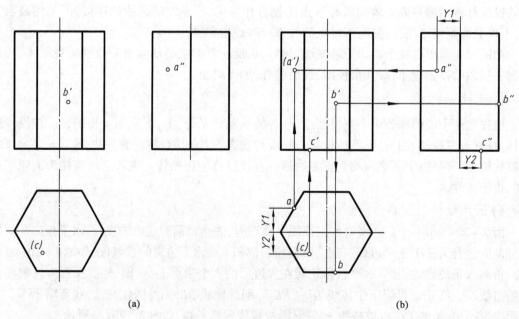

图2-21　正六棱柱表面取点

2.棱锥

棱锥是由一个底面和若干个侧棱面组成，各棱线交汇于一点，该点称为锥顶。按棱线的数目，棱锥也有三棱锥、四棱锥、五棱锥等。底面为正多边形，各侧棱面为等腰三角形的棱锥称为正棱锥。现以正三棱锥为例说明棱锥的投影特性。

1）正三棱锥的投影

如图 2-22 所示,正三棱锥的底面是正三角形且与 H 面平行,棱线 SA、SC 为一般位置直线,SB 为侧平线,侧棱面 SAC 为侧垂面。作投影图时,先画底面的投影:水平投影反映实形,正面及侧面投影都积聚为水平方向的直线段,如图 2-22(b)所示。再画锥顶 S 的投影:水平投影 s 在三角形 abc 的垂心上,对应水平投影 s 即可作出其正面投影 s' 及侧面投影 s''。最后将锥顶 S 和底面各顶点 A、B、C 连线,即得该三棱锥的三视图,如图 2-22(c)所示。

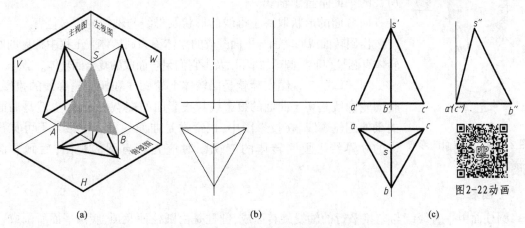

图 2-22　正三棱锥及其三视图作图过程

2）正三棱锥表面取点

【例 2-4】　如图 2-23(a)所示,已知正三棱锥的三面投影及其表面上的点 D 的一个投影 d',求 D 的另外两个投影。

作图步骤[图 2-23(b)]:

(1)求点 d。点 D 所在的棱面 SBC 为一般位置平面,作图时先在该平面上取过点 D 的直线 $S\,I$,点 d 必位于直线 $s1$ 上,即求得 d。

(2)求点 d''。根据宽相等的投影规律,即求出(d'')。也可求出 $s''1''$,进而求出(d'')。

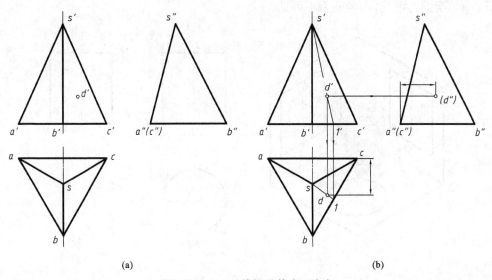

图 2-23　正三棱锥及其表面取点

二、回转体的投影

一动线（直线、圆弧或其他曲线）绕一定线（直线）回转一周后形成的曲面，称为回转面，如

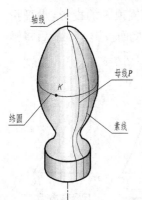

图 2-24 所示。该定线称为轴线，动线 P 称为母线，母线在回转面上的任意位置称为素线。在回转面形成过程中，母线上任意一点绕轴线旋转一周形成的圆，称为纬圆。纬圆的半径是点到轴线的距离，纬圆所在的平面垂直于轴线。

回转面的形状取决于母线的形状及母线与轴线的相对位置。

由回转面或回转面与平面围成的立体称为回转体。工程中常见的回转体有圆柱、圆锥、圆球、圆环以及由它们组合而成的复合回转体。

回转体的三视图实际就是回转体上轮廓线和转向轮廓线的投影。转向轮廓线是切于曲面的投影线与投影面的交点的集合，也就是曲面的最外围轮廓线，在投影图中，也常常是曲面的可见投影与不可见投

图 2-24 回转面的形成

影的分界线。画回转体的三视图时应先画有圆的视图，后画非圆视图。

1. 圆柱

圆柱面由一直线绕与它相平行的轴线旋转而成，圆柱是由圆柱面及顶、底两平面所围成。

1) 圆柱的投影

图 2-25 表示圆柱的三视图。由于圆柱的轴线为铅垂线，因此圆柱的俯视图积聚为一圆。圆柱的主视图和左视图为相同的矩形，上、下两边为圆柱顶面、底面的投影，长度等于圆柱的直径；主视图和左视图中的点画线表示圆柱轴线的投影。主视图矩形的左、右两边 $a'a_1'$、$b'b_1'$ 为圆柱面正视转向轮廓线 AA_1、BB_1 的投影，其侧面投影和点画线重合，画图时不需表示。它们把

图2-25动画

圆柱面分为前、后两半，主视图中，前半圆柱面可见，后半圆柱面不可见。左视图矩形的竖直两边 $c''c_1''$、$d''d_1''$ 是圆柱面上侧视转向轮廓线 CC_1、DD_1 的投影，其正面投影和点画线重合，画图时不需表示。它们将圆柱面分为左、右两半，左视图中左半面为可见，右半面为不可见。

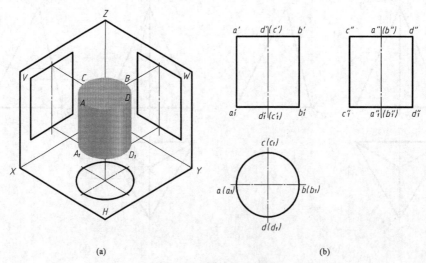

(a)   (b)

图 2-25　圆柱的三视图

2）圆柱表面取点

工程中，圆柱轴线一般处于投影面垂直线的位置，圆柱在与其轴线垂直的投影面上，投影积聚为圆。在圆柱面上取点时，可以利用这一特性进行作图。

【例2-5】　如图2-26（a）所示，已知属于圆柱面上的点A、B、C的一个投影，求它们的另外两个投影。

作图步骤［图2-26（b）］：

（1）求点a、a'。由点a''可知，点A其水平投影点a必积聚在左后1/4圆周上。作图时，沿Y轴方向将侧面投影图中的距离l_1量取到水平投影上即可求得a，再按投影关系求得（a'）。

（2）求点b、b''。由点b'可知，点B在圆柱的最前素线上，故其投影可直接求得。

（3）求点c'、c''。由点c可知，点C是在圆柱上顶面上，故点c'可直接求出。求c''时，将水平投影中的距离l_2量取到侧面投影图上即可得点c''。这里注意，c'、c''落在有积聚性的投影上，投影不加"（　）"。

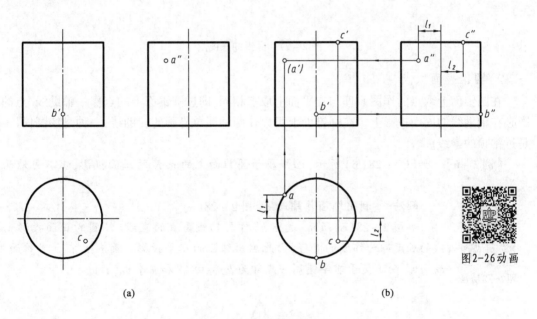

(a)　　　　　　　　　　　　　　　　(b)

图2-26　圆柱表面取点

图2-26动画

2.圆锥

圆锥面是由直线绕与它相交的轴线回转一周而成的，圆锥是由圆锥面及底圆平面所围成。

1）圆锥的投影

图2-27为圆锥的三视图。由于圆锥轴线为铅垂线，因此圆锥的俯视图为圆；主视图和左视图为等腰三角形，两腰分别为圆锥正视转向轮廓线SA、SB和侧视转向轮廓线SC、SD的投影。值得注意的是：圆锥面的三个投影图都没有积聚性。

图2-27动画

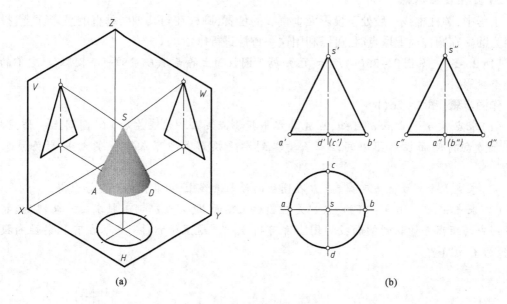

(a)

(b)

图 2 - 27　圆锥的三视图

2）圆锥表面取点

在圆锥面上取点的作图原理与在平面上取点相同，即过圆锥面上的点作一辅助线，点的投影必在辅助线的同面投影上。在圆锥面上可以作两种简单易画的辅助线，一种是纬圆，另一种是过锥顶的素线。

【例 2 - 6】　如图 2 - 28（b）所示，已知属于圆锥面上的点 K 的正面投影，求其另外两个投影。

图2-28动画

解法一： 利用纬圆作辅助线［图 2 - 28（a）］。

如图 2 - 28（c）所示，过点 k' 作与轴线垂直的直线（纬圆的正面投影），该线的长度即为纬圆的直径，由此画出纬圆的水平投影。因点 K 在前半锥面上，故由 k' 向下交于前半圆周一点即为 k，再由 k' 和 k 求出（k''）。

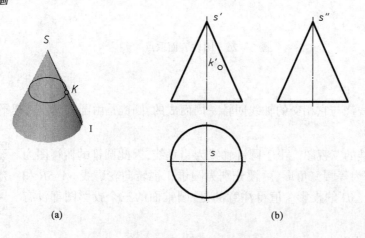

(a)

(b)

图 2 - 28　圆锥面上取点

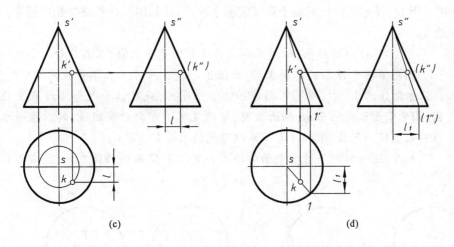

(c)   (d)

图 2-28 圆锥面上取点(续)

解法二:利用素线作辅助线[图 2-28(a)]。

如图 2-28(d)所示,过点 k′ 作直线 s′1′(即圆锥面上素线 S Ⅰ 的正面投影),再作出 S Ⅰ 的水平投影 s1 和侧面投影 s″1″,点 k 和(k″)必分别在 s1 和 s″1″上。

3. 圆球

圆球面是由半圆绕其直径回转一周而形成的。圆球是由圆球面所围成的立体。

1)圆球的投影

图 2-29 表示圆球的三视图均为大小相等的圆,其直径等于圆球的直径,它们分别是圆球的正视转向轮廓线 A、侧视转向轮廓线 B、俯视转向轮廓线 C 在所视方向上的投影。

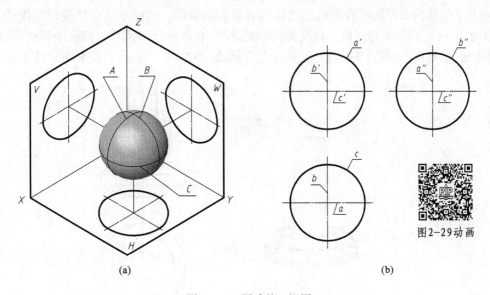

(a)   (b)

图 2-29动画

图 2-29 圆球的三视图

2)圆球表面取点

由于圆球是一种特殊的回转面,过球心的任意一直线都可作为回转轴,因此过其表面上一点可作无数个圆。但为了作图简便,求属于圆球表面上的点,常利用过该点并与相应投影面平行的纬圆为辅助线。

【例2-7】 如图2-30(a)所示,已知圆球面上的点 K 的水平投影,求其另外两个投影。

图2-30动画

利用平行于 H 面的纬圆求解,如图2-30(b)所示。由水平投影 k 可知,点 K 位于圆球的上、右、前1/8 圆球面上。作图时,先在水平投影上过点 k 作纬圆,由它求出该圆的正面、侧面投影,即两段水平方向的直线段,其长度等于所作圆的直径。然后,根据投影关系即可直接求得 k'、(k'')。

此外,还可利用平行于 V 面的纬圆和平行于 W 面的纬圆求解,读者可自行分析。

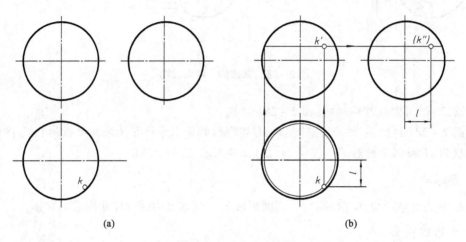

(a)　　　　　　　　(b)

图2-30　圆球面上取点

4.复合回转体

由几个回转曲面同轴组合而成的立体称为复合回转体。这种立体广泛应用在机械工程中。图2-31(a)所示是内燃机中排气阀门的简化图,它是由顶平面、外环面、小圆柱面、内环面、中平面、圆锥面、大圆柱面和圆球面同轴组合而成;图2-31(b)是其投影图。画图示这种

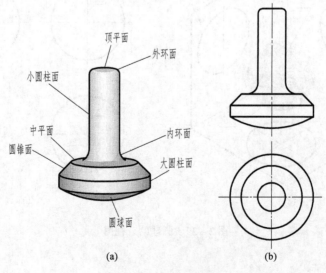

(a)　　　　　　　　(b)

图2-31　复合回转体

复合回转体时,要注意:当两种回转体表面相交时,要画出交线的投影,如图中大圆柱面分别与圆锥面和球面相交,其交线都为圆,该圆的正面投影为垂直于点画线(回转轴的投影)的直线段,在水平投影中重合在大圆柱面的投影上;当一回转面与另一回转面或平面相切时,该处立体表面呈现出圆滑过渡,故在投影图中不画出分界线,如图中外环面与小圆柱面及顶平面相切,在正面投影及水平投影中都不画分界线。

在工程实际中,各行业中均常见的轴类零件,化工行业中的各类管法兰、滚轮等(本书的后续章节),都属于复合回转体。

第五节　平面与立体相交

平面与立体相交,可看作是立体被平面所截,这个平面称为截平面,截平面与立体表面的交线称为截交线,如图2-32所示。

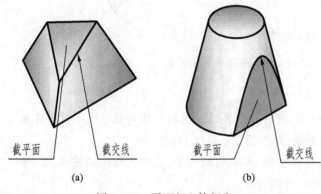

截平面　　　截交线　　　　　截平面　　　截交线　　　　图2-32动画

(a)　　　　　　　　　　(b)

图2-32　平面与立体相交

为了正确地画出截交线的投影,应掌握截交线的基本性质:

(1)截交线是截平面和立体表面交点的集合,截交线既属于截平面,又属于立体表面,是截平面和立体表面的共有线。

(2)立体是由其表面围成,所以截交线必然是由一条或多条直线或平面曲线围成的封闭平面图形。

求截交线的实质就是求出截平面和立体表面的共有点。

一、平面与平面立体相交

平面与平面立体相交,其截交线是由直线围成的多边形,多边形的顶点为平面立体上有关棱线(包括底面边线)与截平面的交点。求截交线的实质就是求这些交点及截平面与立体表面的交线。

求截交线的步骤如下:

(1)空间及投影分析。分析截平面与立体的相对位置,确定截交线形状;分析截平面与投影面的相对位置,确定截交线的投影特性。

(2)画出截交线。求截平面与被截棱线的交点并判断可见性;依次连接各顶点成多边形。

(3)完善轮廓。

【例2-8】　完成图2-33(b)所示立体的俯视图,画出左视图。

分析:图示立体可以看成从正三棱锥上部斜切去一块后形成的,如图2-33(a)所示。截平面是正垂面△ⅠⅡⅢ;在主视图中,截交线积聚成一线段,其与三条棱线投影的交点就是Ⅰ、Ⅱ、Ⅲ三点的正面投影。截交线的水平投影和侧面投影都是△ⅠⅡⅢ的类似形。

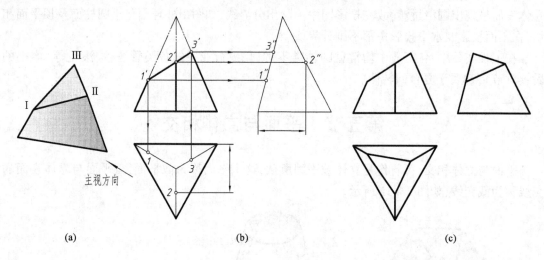

图2-33 三棱锥的截交线

作图步骤:

(1)先画出完整三棱锥的左视图,然后应用直线上点的投影特性,由△ⅠⅡⅢ各顶点的正面投影求得它们的水平投影和侧面投影,如图2-33(b)所示。

(2)由截平面的位置可知,截交线在俯、左视图均可见,用粗实线依次连接123和1″2″3″。

(3)擦去多余的棱线,加深,完成作图。

【例2-9】 求作图2-34(b)所示立体的左视图。

分析:图示立体可以看成正六棱柱上部斜切去一块后形成的,如图2-34(a)所示;截平面是六边形ⅠⅡⅢⅣⅤⅥ,六个顶点分别在六条棱线上;在主视图中,截交线积聚成一线段,它与六条棱线投影的交点就是六个顶点的正面投影。由于棱线都是铅垂线,截交线的水平投影就是已知的正六边形。

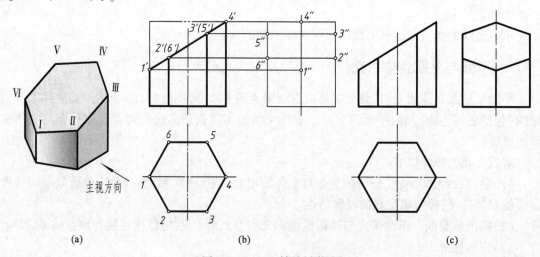

图2-34 正六棱柱被截头

作图步骤:

(1)画出完整六棱柱的左视图并求出截交线上各顶点的侧面投影,如图2-34(b)所示。在弄清每条棱线的三面投影的基础上,应用直线上点的投影特性,由各顶点的正面投影求得其侧面投影 $1''$、$2''$、$3''$、$4''$、$5''$、$6''$。

(2)依次连接各点,组成封闭多边形。截交线左视图可见,连成粗实线;点 $1''$、$4''$ 之间棱线由实线变为虚线。

(3)点 $3''$、$5''$ 之上,点 $4''$ 两侧,被截切掉,图线应擦去,如图2-34(c)所示。

截交线左视图与已知的俯视图均为六边形Ⅰ Ⅱ Ⅲ Ⅳ Ⅴ Ⅵ的类似形,据此可以检查作图是否正确。

【例2-10】 求作图2-35(b)所示立体的左视图。

分析:图示立体可以看成正六棱柱被三个平面挖去楔形体后形成的,如图2-35(a)所示;截平面是正垂面Ⅰ Ⅱ Ⅲ Ⅳ Ⅴ Ⅵ、侧平面Ⅲ Ⅳ Ⅶ Ⅷ和水平面三个平面,Ⅰ、Ⅱ、Ⅴ、Ⅵ四个顶点分别在四条棱线上,Ⅲ、Ⅳ、Ⅶ、Ⅷ四个点位于右前和右后两个侧棱面上;在主视图中,截交线均积聚在相应截平面上,俯视图中,八个顶点位于已画出的虚线端点处和六边形的四个顶点上。

作图步骤:

(1)画出完整六棱柱的左视图,求出截交线上各顶点的侧面投影如图2-35(b)所示。由各顶点的正面投影和水平投影,求其侧面投影 $1''$、$2''$、$3''$、$4''$、$5''$、$6''$、$7''$、$8''$,水平面左视图积聚成线,没有必要求出其各顶点。

(2)依次连接各点,组成封闭多边形。三条截交线左视图均可见,连成粗实线;水平面上方,点 $1''$、$6''$ 下方的棱线由实线变为虚线。

(3)水平面上方,点 $2''$、$5''$ 下方的棱线被截切掉应擦去,完成左视图,如图2-35(c)所示。

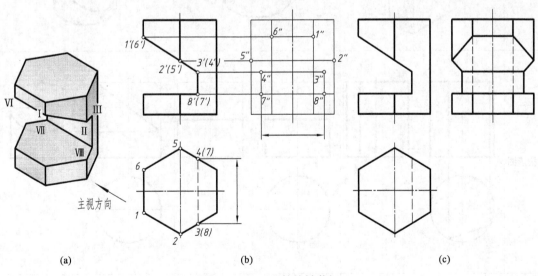

图2-35 正六棱柱被截切

二、平面与回转体相交

平面与回转体相交,其截交线具有以下两个性质:

(1)截交线一般都是封闭的平面曲线(封闭曲线或由直线和曲线围成),特殊情况下是平面多边形。

(2)截交线是截平面与回转体表面的共有线,截交线上的点是截平面与回转体表面的共有点。

求截交线的步骤:

(1)空间及投影分析。分析回转体的形状以及截平面与回转体轴线的相对位置,确定截交线的形状;分析截平面与投影面的相对位置,根据投影特性,找出截交线的已知投影,预见未知投影。

(2)画出截交线的投影。截交线的投影为非圆曲线时的一般画图步骤为:①先找特殊点,包括:转向点(转向轮廓线上的点)、极限位置点(最高、最低、最前、最后、最左、最右点)和椭圆长短轴端点;②补充一般点;③判断截交线的可见性;④光滑连接各点。

(3)完善轮廓。

1.平面与圆柱相交

平面与圆柱面相交,按截平面的不同位置,其截交线有三种形式,见表2-5。

表2-5　平面与圆柱面的截交线

截平面位置	平行于轴线	垂直于轴线	倾斜于轴线
截交线	矩形	圆	椭圆
立体图	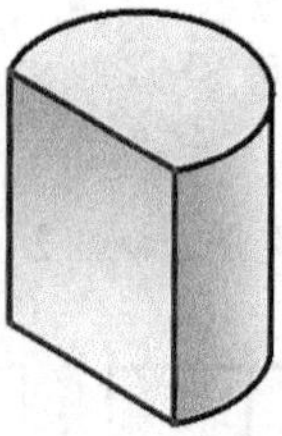	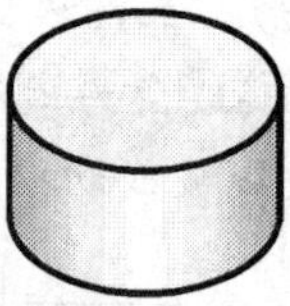	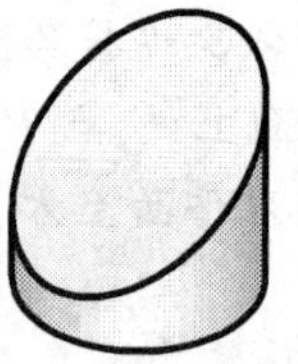
投影图	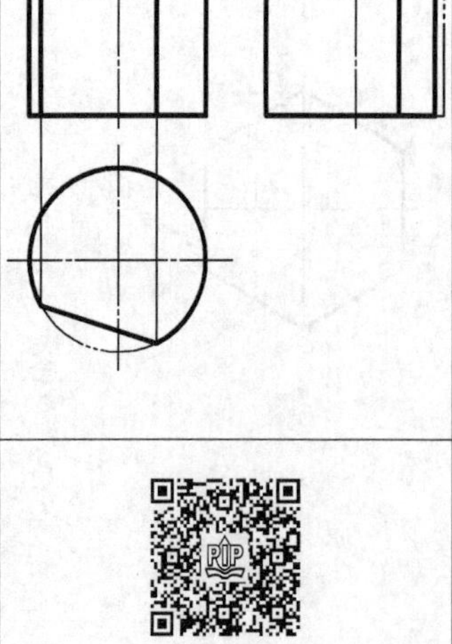	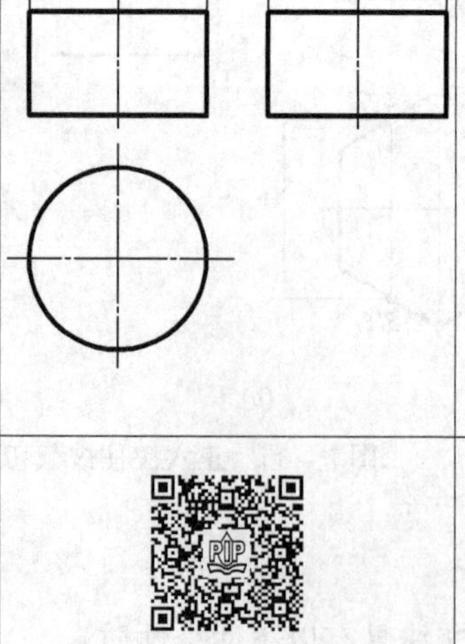	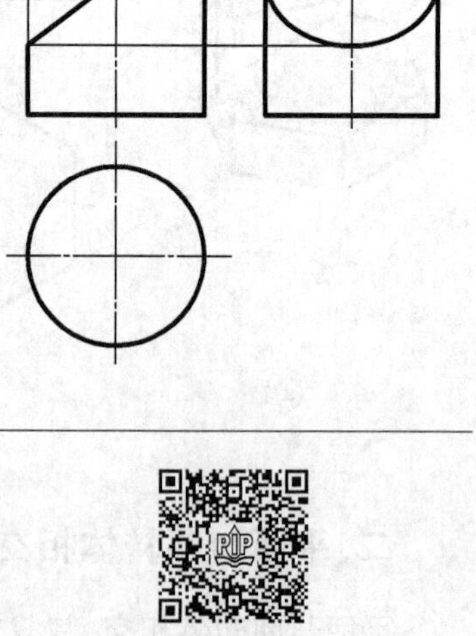
动画			

【例 2-11】 如图 2-36(b)所示,为圆柱被截切后的主俯视图,试画出它的左视图。

分析:如图 2-36(a)所示,圆柱的左上角被正垂面和侧平面截去一块,截平面分别与圆柱轴线倾斜和平行,由表 2-5 可知,其截交线应为椭圆和矩形。

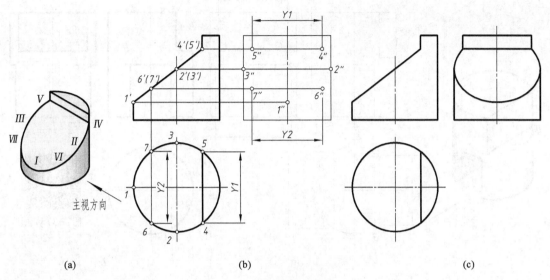

<table>
<tr><td>(a)</td><td>(b)</td><td>(c)</td></tr>
</table>

图 2-36 圆柱被截切

作图步骤[图 2-36(b)]:

(1)画特殊点。在椭圆弧上取特殊点 Ⅰ、Ⅱ、Ⅲ、Ⅳ、Ⅴ,Ⅰ点为最左、最低点和转向点,Ⅱ、Ⅲ为转向点和最前、最后点,该三点也为椭圆的长短轴端点,Ⅳ、Ⅴ为最高、最右点;主视图中,这些点都积聚在截平面上,俯视图中,都分布在圆周上,确定其正面投影和水平投影后,按照投影关系,求出各点的侧面投影,如图 2-36(b)所示。

(2)找一般点。任取位置找一般点 Ⅵ、Ⅶ,求出其水平投影和侧面投影。

(3)判断可见性,光滑连接。图示位置截交线的左视图均为可见,因此连接成粗实线的椭圆弧和直线。

(4)完善轮廓。左视图中外侧轮廓线在 2″、3″点之上被截掉了,将其擦去;同理,顶平面被截后长度缩短为 Y1 长度,加深图形,完成作图。

【例 2-12】 如图 2-37(a)所示,为一简化后的零件,试画出它的三视图。

分析:此零件为一直立圆柱,它的左上角被水平面 A 和侧平面 C 截去一块,它的中下部又被水平面 B 和侧平面 D、E 截去一块。由表 2-5 可知:A、B 面截交线为圆;C、D、E 面截交线为矩形。

作图步骤[图 2-37(b)]:

(1)画出圆柱的三视图。

(2)由于主视图反映了截切部分的形状特征并有积聚性,按截平面的实际位置首先画出主视图。截平面为水平面和侧平面,故其主视图积聚为水平线段和竖直线段。

(3)根据投影关系,作出各截平面的水平投影,注意可见性。

(4)根据两面投影求侧面投影。

①求各水平面的侧面投影:水平面 A 及 B 的侧面投影各积聚为一水平线段 1″2″(=12)和 5″6″(=56)。

②求各侧平面的侧面投影:侧平面 C 及 D 的侧面投影各为一矩形,宽度为 1″2″(=12)和 3″4″(=34);面 C 可见,面 D 不可见,所以,截平面 B 的左视图,在中间部分画成虚线;侧平面 E

的侧面投影与侧平面 D 的侧面投影重合。

(5)去掉多余的线,完成作图,如图2-37(c)所示。

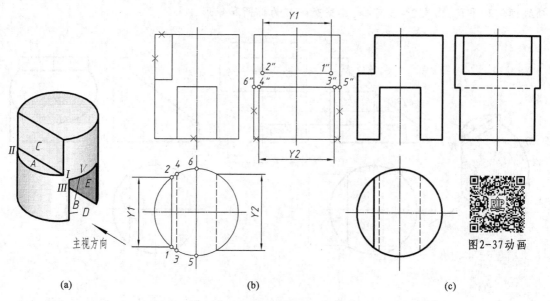

(a)　　　　　　　(b)　　　　　　　(c)

图2-37　圆柱形零件的三视图

【例2-13】　如图2-38(a)所示,作出开有方槽的空心圆柱的三视图。

分析:此零件为空心圆柱筒被三个平面从前向后挖去方槽所形成,根据截平面与圆柱轴线的相对位置可知,两个侧平面形成的截交线是平行两直线,水平面形成的是圆弧截交线,这里需要注意此零件为"空心"圆柱,因此,每个截平面都与内外圆柱同时相交,注意截交线的数量。

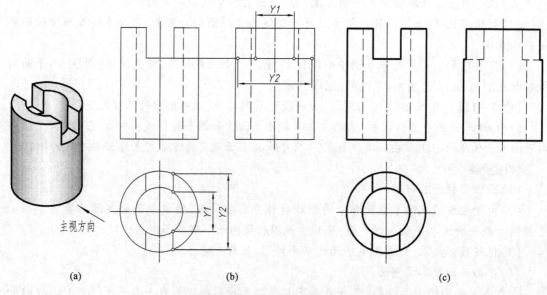

(a)　　　　　　　(b)　　　　　　　(c)

图2-38　空心圆柱被截切

作图步骤:

(1)画出完整的空心圆柱三视图。

（2）先画反映方槽形状特征的正面投影，再作方槽的水平投影，如图2-38(b)所示，根据宽相等作出侧面投影。

（3）完善轮廓。内外圆柱面的侧视转向轮廓线在方槽范围内的一段已被切去，这从主视图中可以看得很清楚，因此左视图上不能将这一段线画出，完成作图，如图2-38(c)所示。

2. 平面与圆锥相交

平面与圆锥面相交，按截平面的不同位置，其截交线有五种形式，见表2-6。

表2-6 平面与圆锥面的截交线

截平面 位置	与轴线垂直 $\theta=90°$	与全部素线相交 $\theta>\alpha$	平行于一条素线 $\theta=\alpha$	平行于轴线 $\alpha>\theta$ 或 $\theta=0°$	过锥顶
截交线	圆	椭圆	抛物线	双曲线	两条相交直线
立体图	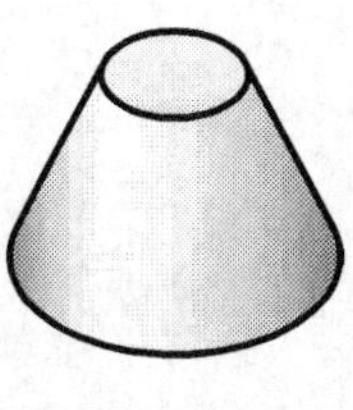	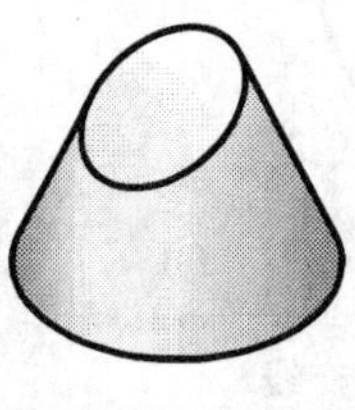	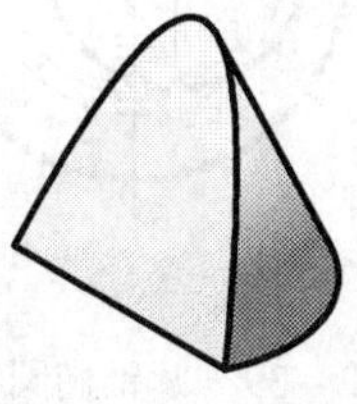	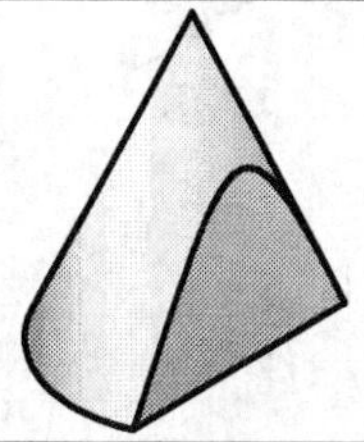	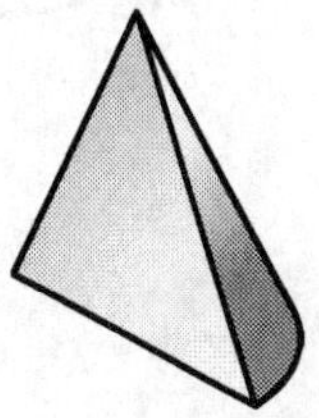
投影图	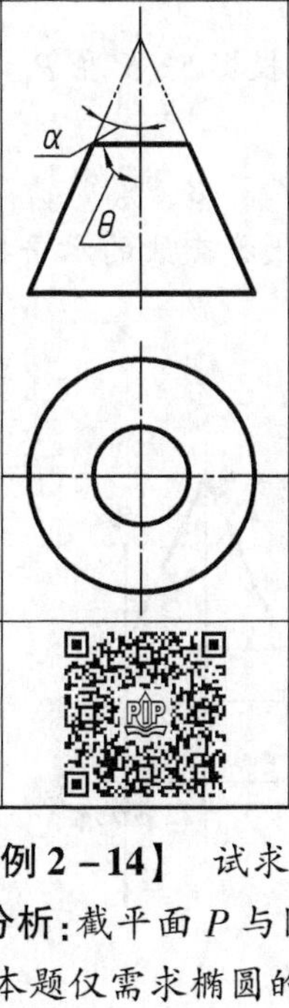	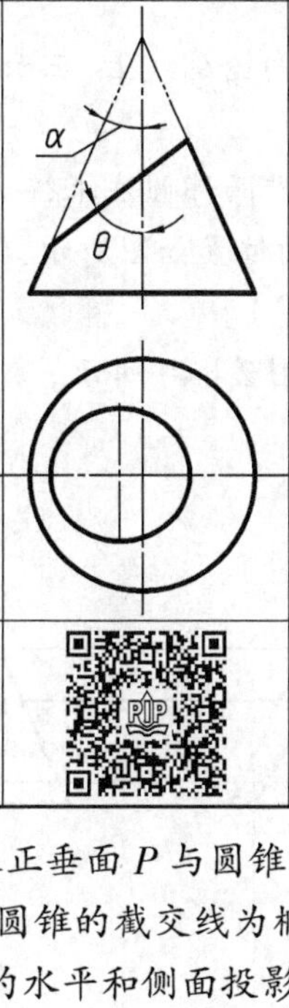	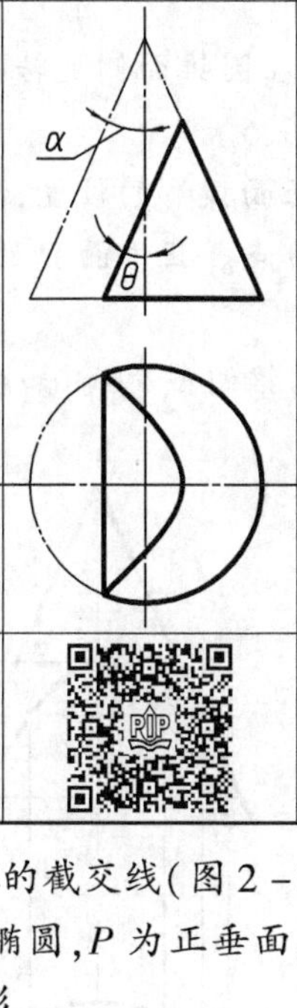	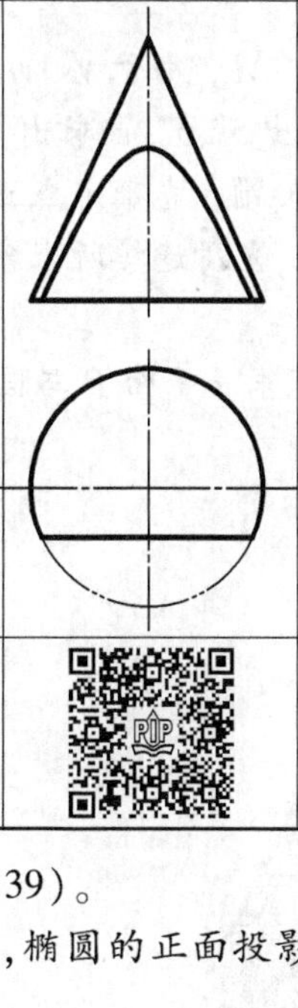	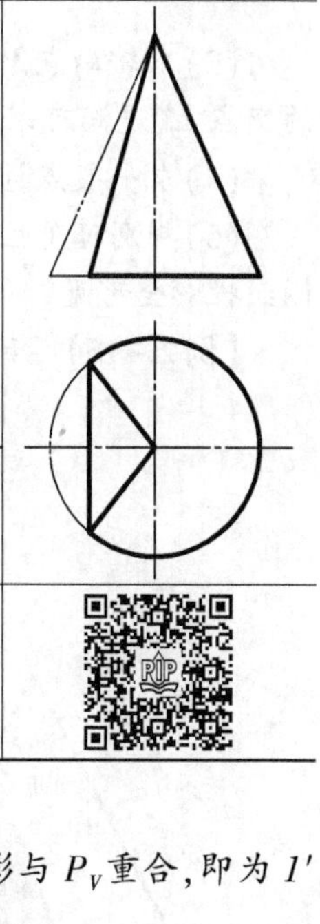
动画					

【例2-14】 试求正垂面 P 与圆锥的截交线（图2-39）。

分析：截平面 P 与圆锥的截交线为椭圆，P 为正垂面，椭圆的正面投影与 P_V 重合，即为 $1'$ $2'$，故本题仅需求椭圆的水平和侧面投影。

椭圆的长轴端点Ⅰ、Ⅱ处于圆锥面的正视转向轮廓线上，且长轴实长为 $1'2'$，根据椭圆长短轴互相垂直平分的性质，椭圆中心 O 应处于线段ⅠⅡ的中点（$1'2'$ 的中点）；椭圆短轴端点的正面投影 $3'$、$4'$ 与椭圆中心的投影 o' 重合，椭圆端点的水平投影，可用纬圆法求得。

作图步骤（图2-39(b)）：

（1）求椭圆长轴端点Ⅰ、Ⅱ。Ⅰ、Ⅱ是圆锥面上两条正视转向轮廓线上的点，根据投影关系可直接求出投影 1、$1''$ 和 2、$2''$。

（2）求椭圆短轴端点Ⅲ、Ⅳ。Ⅲ、Ⅳ的正面投影 $3'$、$(4')$ 位于 $1'2'$ 中点处，用纬圆法求出水平投影 3、4 和侧面投影 $3''$、$4''$。

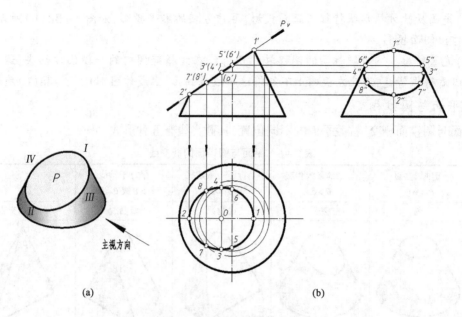

图 2 – 39　圆锥椭圆截交线

（3）求转向点 V、Ⅵ。由于 V、Ⅵ在圆锥面侧视转向轮廓线上，正面投影 $5'$、$6'$ 在 P_V 与轴线的交点上，进而可求出 $5''$、$6''$，再求出 5、6。

（4）求一般点 Ⅶ、Ⅷ。先确定点正面投影的位置，进而纬圆法求得 7、$7''$，8、$8''$。

（5）判别可见性，光滑连接所求各点。正垂面 P 的位置如图所示，故截交线的水平投影和侧面投影全可见。

【例 2 – 15】　试求正平面 P 与圆锥的截交线，如图 2 – 40 所示。

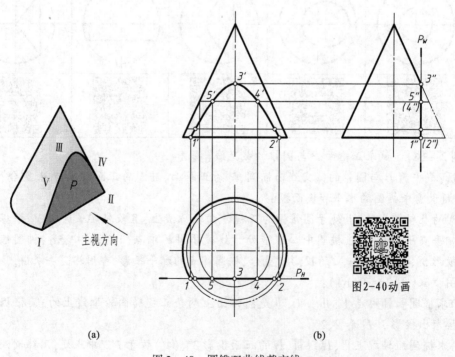

图 2–40 动画

图 2 – 40　圆锥双曲线截交线

分析:截平面 P 为正平面,且平行于圆锥轴线,故其截交线为双曲线,截交线的水平投影积聚在 P_H 上,侧面投影积聚在 P_W 上,只需求其正面投影。

截交线的最高点Ⅲ在侧视转向轮廓线上,最低点Ⅰ、Ⅱ在圆锥底平面上,均可直接求出。而一般点利用纬圆法求即可。

作图步骤[图 2-40(b)]:

(1)求双曲线最高点Ⅲ。侧面投影上 P_W 与侧视转向轮廓线的交点确定最高点的侧面投影 $3''$,按投影关系可求出 $3'$ 和 3。

(2)求最低点Ⅰ、Ⅱ。P_H 与底圆水平投影的交点确定最低点的水平投影 1、2,按投影关系可求出 $1'$、$2'$。

(3)求一般点Ⅳ、Ⅴ。任取一定高度,作水平线,求出其与 P_W 交点的投影 $4''$、$5''$,利用纬圆法,确定水平投影 4、5,按投影关系可求出 $4'$、$5'$。

(4)判别可见性,光滑连接各点。其正面投影全可见,画成粗实线。

【例 2-16】 如图 2-41(b)所示,画出圆锥被截切后的水平投影和侧面投影。

分析:图示立体可认为是圆锥被三个平面挖切掉左侧所形成的,如图 2-41(a)所示。三个截平面为正垂面、水平面和侧平面,相对于圆锥轴线的位置分别为过锥顶、垂直轴线和平行轴线,由表 2-6 可知,其截交线分别为三角形、圆弧和双曲线。

作图步骤[图 2-41(b)]:

(1)完成完整的圆锥俯视图和左视图。

(2)求点Ⅰ、Ⅱ。正垂面过锥顶截切圆锥,其截交线为三角形,此三角形的三个顶点之一为已知圆锥顶点,另两点Ⅰ、Ⅱ的正面投影位于截平面的正面投影上,根据纬圆法,可得到其水平投影 1、2 和侧面投影 $1''$、$2''$。

图2-41动画

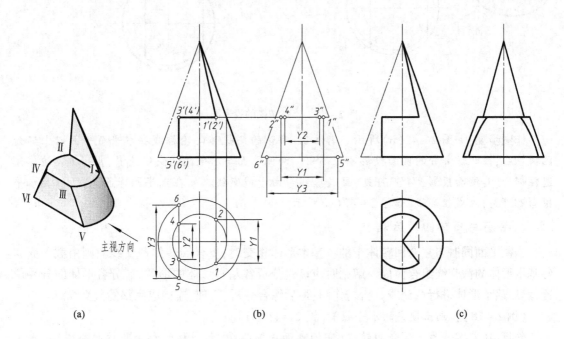

| (a) | (b) | (c) |

图 2-41 圆锥被截切

(3)求点Ⅲ、Ⅳ。水平面截切圆锥,其截交线为前后两段圆弧。根据点Ⅲ、Ⅳ正面投影 3′、4′,进而求得水平投影 3、4 和侧面投影 3″、4″。

(4)求点Ⅴ、Ⅵ。侧平面截切圆锥,其截交线为双曲线,侧面投影反映其实形。先求出Ⅴ、Ⅵ正面投影 5′、6′,水平投影落在底圆的水平投影上,然后求出侧面投影 5″、6″。亦可求出其上一系列一般点。

(5)判断可见性,连接各截交线。注意:截交线为曲线的要光滑。

(6)完善轮廓,加深,如图 2−41(c)所示。

3.平面与圆球相交

任何平面与圆球相交,其截交线均为圆,但这个圆的投影可能是圆、椭圆或直线,取决于截平面相对于投影面的位置。

【例 2−17】 试求半圆球切槽后的水平、侧面投影,如图 2−42(b)所示。

分析:半圆球被两个侧平面和一个水平面截切,其截交线均为圆弧,截交线的正面投影积聚在各截平面的直线段上。水平面切半圆球产生的圆弧其水平投影反映实形,即弧 13 和 24,而侧面投影积聚成直线段;两个侧平面切半圆球产生的圆弧其侧面投影反映实形,其水平投影积聚成直线段 12、34。

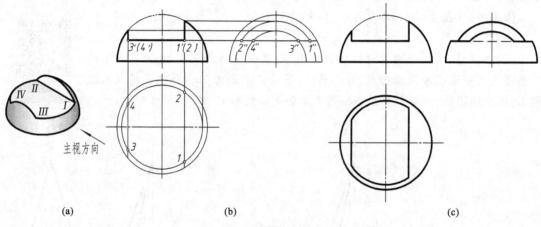

图 2−42　半球切槽的投影图

作图步骤:如图 2−42(b)所示。需注意:半球的侧视转向轮廓线在水平截平面以上部分已被切去,因此该部分的侧面投影不应画出。两侧平面与水平面的交线Ⅰ Ⅱ、Ⅲ Ⅳ被左边球体遮住部分,其侧面投影 3″4″不可见,画成虚线。由于截交线都处在上半圆球面上,所以其水平投影都可见,画成粗实线,如图 2−42(c)所示。

4.平面与复合回转体相交

当截平面同时与复合回转体中的各基本形体相交时,复合回转体截交线实则由截平面与各基本形体的截交线组合而成。解题时应该先分析各基本形体的形状,区分各形体的分界位置,然后逐个形体进行截交线分析与作图,最后综合分析、整理、连接成完整的截交线。

【例 2−18】 画出顶尖的水平投影[图 2−43(b)]。

分析:顶尖零件为一复合回转体(它的表面由圆锥面、大圆柱面和小圆柱面组成)被水平面所截而成。由于圆锥面上截交线为双曲线,圆柱面上截交线为平行两直线,所以复合回转体上截交线由双曲线和直线组成。这里需要注意大圆柱和小圆柱上两平行线的间距是不同的。

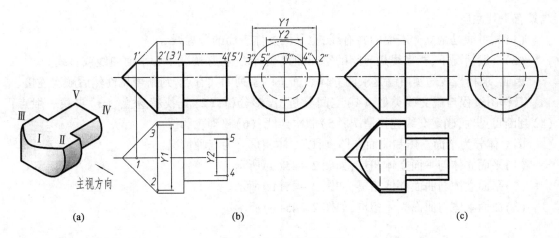

图 2 – 43　顶尖的截交线

作图步骤[2 – 43(b)]：

(1)作圆锥面上的截交线。水平面与圆锥面的截交线为一双曲线。它的水平投影反映实形；正面投影积聚在该截平面的正面投影上。先求截交线上特殊点Ⅰ、Ⅱ、Ⅲ的正面投影 $1'$、$2'$、$3'$，找出侧面投影，进而确定水平投影 1、2、3，连成双曲线。

(2)作圆柱面上的截交线。截平面与圆柱面截交线为平行两直线，它的正面投影也积聚在直线上；水平投影反映实形。

①与大圆柱形成的两直线，位置在点Ⅱ、Ⅲ处，直接可求。

②点Ⅳ$(4,4',4'')$和Ⅴ$(5,5',5'')$为小圆柱截交线位置，左视图在虚线圆上。

③过 2、3、4、5 分别作直线，即得截交线，如图 2 – 43(b)所示。

(3)判别可见性，完善轮廓。锥柱、柱柱相交部位，水平面之上被截切，其水平投影中相应的粗实线应擦除，画成虚线，如图 2 – 43(c)所示。

在机械行业中的各种六角头螺母、螺栓、螺钉和丝堵等零件上都可见到截交线，如图 2 – 44 所示。其中螺母和螺栓头均为六角头，其截交线均可看做为倒角处的圆锥面与六棱柱侧棱面产生的截交线，因此为双曲线；而内六角花形盘头螺钉的头部为圆球面，其截交线为六个侧棱面与球面的截交线。

(a)六角头螺母　　　　　(b)全螺纹六角头螺栓　　　　(c)内六角花形盘头螺钉

图 2 – 44　截交线的应用

第六节　两回转体相交

两个立体相交后形成的形体称为相贯体，其表面交线称为相贯线，如图 2 – 45 所示。相贯

线具有下列性质:

(1)相贯线是两立体表面的共有线,也是两立体表面的分界线。

(2)一般情况下,相贯线是封闭的空间曲线或折线,特殊情况下为平面曲线或直线。

因此,求相贯线的实质就是求两立体表面上一系列的共有点,判断可见性然后顺次连接。

其作图过程与截交线类似:(1)空间分析,投影分析;(2)先找特殊点;(3)再找一般点;(4)判断可见性,确定交线连接情况;(5)顺次连线;(6)整理轮廓线。

因立体分为平面立体和曲面立体,所以立体相贯分为三种情况:

(1)平面立体与平面立体相贯,如图2-45(a)所示。

(2)平面立体与曲面立体相贯,如图2-45(b)所示。

(3)曲面立体与曲面立体相贯,如图2-45(c)所示。

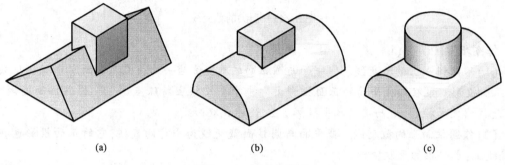

| (a) | (b) | (c) |

图2-45 两立体相交

本节着重讨论两曲面立体相贯中两圆柱正交(轴线垂直相交)相贯的情况。此种情况在化工装备与工艺中较常见,如各种储罐和处理器与接管、人孔、手孔等的表面交线,都是相贯线,如图2-46所示。

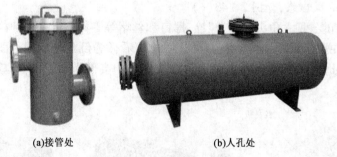

(a)接管处　　　　　　　(b)人孔处

图2-46 相贯线的应用

一、求相贯线的方法

求作回转体表面相贯线的基本方法有表面取点法、辅助平面法、辅助球面法三种,这里只介绍前两种方法。

1.表面取点法

当相交两立体表面某个投影具有积聚性时(如圆柱),相贯线的一个投影必积聚在这个投影上,即相贯线的一个投影为已知,求相贯线即归结为求其他两个投影的问题。这样就可利用积聚投影特性进行表面取点,直接求得相贯线的投影,这种方法称为表面取点法,也称为积聚性法。

【**例 2 – 19**】 求两轴线正交圆柱的相贯线,如图 2 –47 所示。

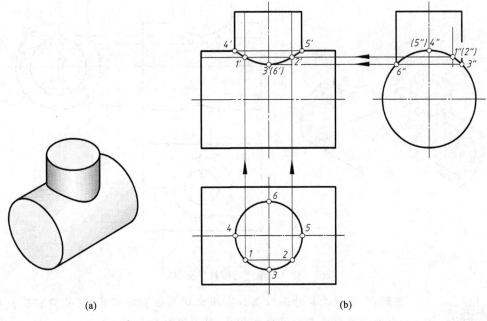

图 2 – 47　求两圆柱正交相贯线

分析:两圆柱轴线正交,小圆柱与大圆柱完全相贯,相贯线为前后和左右都对称的封闭空间曲线,如图 2 –47(a) 所示。相贯线的水平投影和侧面投影分别落在两个圆柱的积聚投影(圆)上,为已知投影,因此,只需求相贯线的正面投影。用已知两投影求得相贯线上若干点的正面投影,然后将这些点依次光滑连接即得相贯线的正面投影。

作图步骤[图 2 –47(b)]:

(1) 作出相贯线上的特殊点。

求点Ⅲ(3,3′,3″)和Ⅵ(6,6′,6″)。点Ⅲ为相贯线上的最前点、最低点和左右转向点;点Ⅵ为相贯线上的最后点、最低点和左右转向点。

求点Ⅳ(4,4′,4″)和点Ⅴ(5,5′,5″)。它们是相贯线上的最高点。其中点Ⅳ又为最左点和前后转向点,点Ⅴ为最右点和前后转向点。

(2) 作出相贯线上的一般点。1′、2′,即为相贯线上的一般点Ⅰ、Ⅱ的正面投影;其水平投影 1、2 和侧面投影 1″、2″ 分别积聚在水平投影圆上和侧面投影圆上。

需要时,还可求得相贯线上其他一般点的投影。

(3) 判别可见性,顺次光滑地连接各点。由于相贯体前后对称,相贯线正面投影前一半曲线 4′ – 3′ – 5′ 与后一半曲线 5′ – (6′) – 4′ 重合,用实线画出;交点 4′、5′ 为该曲线可见与不可见的分界点。

(4) 将两圆柱看作一个整体,补上或去掉有关部分的转向轮廓线。两圆柱的正视转向轮廓线的正面投影均画到 4′、5′ 为止。相贯线一旦产生,转向轮廓线即被融合掉了。

【**例 2 – 20**】 求两空心圆柱正交相贯线,如图 2 –48 所示。

分析:在上例基础上,两圆柱同时挖空,因此其相贯线除了已有两外圆柱面形成的空间曲线,水平和垂直两空心圆柱在内部、垂直空心圆柱孔与水平外圆柱面都要形成相贯线,如图 2 –48 (a)所示。其各部分相贯线的求法与例 2 –19 相同,注意判别可见性,如图 2 –48(b)所示。

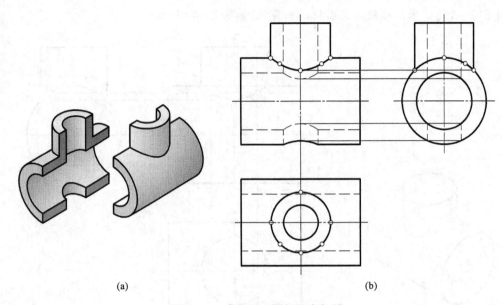

(a)　　　　　　　　　　　(b)

图 2－48　求两空心圆柱正交相贯

图2-49动画

　　注意：内圆柱面与外圆柱面只有在出口处会形成相贯线(孔口相贯)，除此之外，内外圆柱面均不会产生相贯线，读者可自行分析。

　　作图步骤：略。

　　从上面两例不难看出，两轴线垂直相交的圆柱体相贯一般有三种形式，如图 2－49 所示。

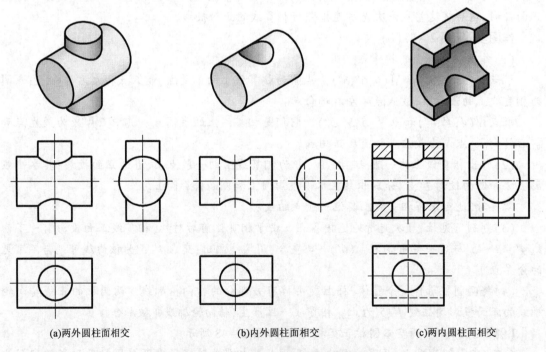

(a)两外圆柱面相交　　　　(b)内外圆柱面相交　　　　(c)两内圆柱面相交

图 2－49　两圆柱面相交的三种形式

　　不论它们是哪种形式，其相贯线的形状和作图方法都是相同的。

【例2－21】　求轴线垂直交叉两圆柱的相贯线,如图2－50所示。

分析:由于小圆柱轴线垂直 H 面和大圆柱轴线垂直 W 面,故相贯线的水平投影积聚在 H 面的小圆上,侧面投影积聚在 W 面的一段大圆弧上。所以只需求出相贯线的正面投影。由于两圆柱偏心相贯,其相贯线没有前后对称性,故相贯线的正面投影前后不重合。

图2-50动画

作图步骤[图2－50(b)]:

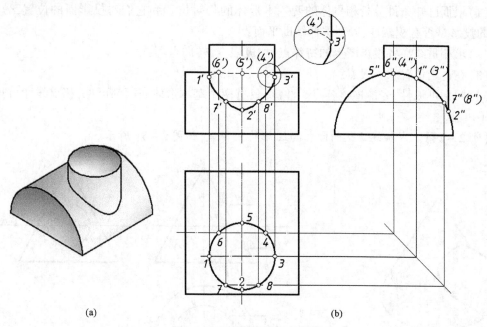

图2－50　两圆柱偏交相贯线

(1)作出相贯线上的转向点。

先确定小圆柱正视转向线上点Ⅰ、Ⅲ的水平投影 1、3 及侧面投影 $1''$、$3''$,再按投影关系求出正面投影 $1'$、$3'$。同样,确定小圆柱上点Ⅱ $(2,2'')$、Ⅴ $(5,5'')$,从而求出正面投影 $2'$、$5'$。然后确定大圆柱上面一条正视转向轮廓线上点Ⅵ $(6,6'')$、Ⅳ $(4,4'')$,从而求出正面投影 $(6')$、$(4')$。

(2)求出相贯线上的一般点。

任取相贯线上两点Ⅶ、Ⅷ,先确定水平投影 7、8 和侧面投影 $7''$、$(8'')$,进而求出正面投影 $7'$、$8'$。根据具体情况可求出相贯线上足够数量的一般点。

(3)顺次光滑连接各点的正面投影,并判别可见性。

相贯线上Ⅰ—Ⅱ—Ⅲ段在小圆柱的前半圆柱面上,故其正面投影 $1'$—$2'$—$3'$ 可见;而Ⅰ—Ⅴ—Ⅲ段在后半圆柱面上,故其正面投影 $1'$—$5'$—$3'$ 不可见,画成虚线。$1'$、$3'$ 为相贯线正面投影可见与不可见部分的分界点。

(4)去掉或补上部分转向轮廓线。

两圆柱前后转向线正面投影的详细画法见右上角的局部放大图:小圆柱转向线的正面投影画到 $3'$,并与曲线相切,全部可见,画成实线。大圆柱转向线的正面投影画到 $(4')$、$(6')$,也与曲线(虚线)相切,因为被小圆柱挡住,所以应画成虚线。由于Ⅵ、Ⅳ两点间不存在大圆柱的正视转向线,故 $(6')$、$(4')$ 之间不能画线。

2. 辅助平面法

辅助平面法是利用三面共点的原理,求两个回转体表面的若干个共有点,从而求出相贯线的方法。假想用一个辅助平面截切相交的两立体,此辅助平面会分别与两立体形成截交线,这两条截交线的交点即为三个面的共有点,当然,也是相贯线上的点。当两立体不是柱柱正交相贯情况时,辅助平面法是求相贯线的常用方法。

辅助平面的选取要遵循截平面与两立体截切后所产生的交线简单易画的原则,一般使截交线的投影为圆或直线。为此,常选投影面平行面或投影面垂直面为辅助面。

用辅助平面法求相贯线,一般按如下步骤进行:

(1)根据已知条件分析相贯体的两基本形体的相对位置和它们对投影面的位置,分析相贯线的投影是否有积聚性,以利选择辅助平面;

(2)求相贯线在各投影图上的特殊点,如极限点、转向点等;

(3)在适当位置求一般点;

(4)判别可见性,光滑连接各点。注意:只有两个基本形体表面都可见,相贯线才可见,否则为不可见。

【例2-22】 求轴线正交的圆柱与圆锥的相贯线,如图2-51所示。

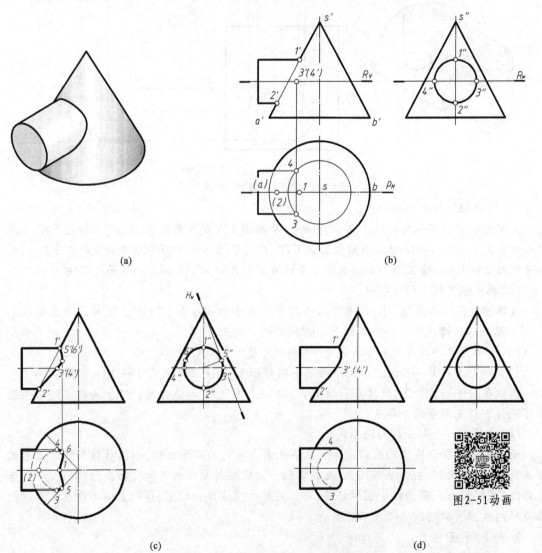

图2-51 圆柱与圆锥的相贯线

分析:圆柱面轴线为侧垂线,相贯线的侧面投影积聚在圆上,采用一系列的水平面或过锥顶的侧垂面作为辅助平面均可求出相贯线的正面投影和水平投影。

作图步骤:

(1)作出相贯线上的特殊点。

过锥顶作正平面 P,与圆锥交于两条正视转向轮廓线 SA、SB,与圆柱也交于两条正视转向轮廓线,两者交于点Ⅰ、Ⅱ,即为相贯线上的最高点、最低点,如图2-51(b)所示。

再作水平面 R,与圆柱交于两条俯视转向轮廓线,与圆锥交于一水平圆,两者交于点Ⅲ、Ⅳ,即为相贯线的上下转向点,如图2-51(b)所示。

作侧垂面与水平圆柱相切,与圆锥交于两直线,与圆柱切于一直线,两者交于Ⅴ点,即为相贯线上的最右点,Ⅵ点为其前后对称点,也为最右点,如图2-51(c)所示。

(2)作出相贯线上的一般点。

根据需要,选取任意位置的水平面作为辅助平面,可求出相贯线上足够数量的一般点。本例省略。

(3)判别可见性,顺次光滑连接各点。

相贯线前后对称,所以正面投影重合为一条曲线,用实线画出。在上半圆柱面上的相贯线其水平投影可见,即 $3-1-4$ 段可见,而 $3-2-4$ 段不可见,画成虚线。圆锥面有部分底圆被圆柱面挡住,其水平投影也应画成虚线。

(4)将圆柱与圆锥看成一个相贯的整体,去掉或补上部分转向轮廓线。如图2-51(d)所示,正面投影图中,点 $1'$、$2'$ 间不能画线;水平投影图中,圆柱面俯视转向轮廓线的水平投影应画到点3、4。

【例2-23】 求圆锥与半圆球的相贯线,如图2-52所示。

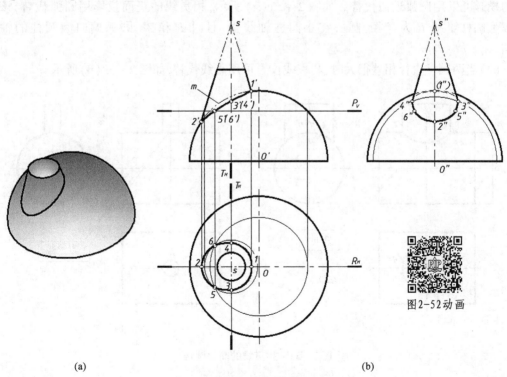

(a)　　　　　　　　　　　　(b)

图2-52 圆锥与半圆球的相贯线

分析:由于圆锥面及半球面的三面投影均无积聚性,故相贯线的三面投影均需求出。

作图步骤[图2−52(b)]:

(1)作出相贯线上的特殊点(转向点)。

过锥顶 S 作正平面 R,与圆锥面交于左右两条素线,与半球面交于前后转向线,两者相交于Ⅰ、Ⅱ两点,即为相贯线上最高、最右和最低、最左点。

再过锥顶 S 作侧平面 T,与圆锥面交于两条前后两条素线,与半球面交于平行于 W 面的半圆,两者交于Ⅲ、Ⅳ两点,即为相贯线上的侧视转向点。

(2)作出相贯线上的一般点。

在点Ⅱ与点Ⅲ、Ⅳ之间作一水平面 P,与圆锥面交于一水平圆,与半球面也交于一水平圆,两者交于Ⅴ、Ⅵ两点,即为相贯线上的两个一般点。根据需要,可求出相贯线上足够数量的一般点。

(3)顺次光滑连接各点,并判别可见性。

由于相贯线前后对称,故相贯线的正面投影重合为一条曲线,用实线画出。相贯线的水平投影全部可见,画成实线。在左半圆锥面上的相贯线、其侧面投影可见,即 $3''-2'-4''$ 段可见,画成实线,而 $3''-(1'')-4''$ 段不可见,画成虚线。半球面有部分侧视转向线被圆锥面挡住,其侧面投影也应画成虚线。

(4)去掉或补上部分外视转向线。如图2−52所示,在正面投影图中,在 $1'$ 与 $2'$ 之间不应画圆弧线;在侧面投影图中,圆锥面侧视转向线的侧面投影应画到 $3''$、$4''$ 两点。

二、相贯线的简化画法

(1)当两圆柱正交且直径不等时,其相贯线在与两圆柱轴线所确定的平面平行的投影面上的投影可以用圆弧近似代替。如图2−53(a)所示,相贯线的正面投影用圆弧代替,该圆弧以大圆柱半径 R 为半径,圆心在小圆柱轴线上,且过 $1'$ 和 $2'$,圆弧偏向大圆柱的轴线方向。

(2)当两圆柱直径相差很大时,相贯线投影可用直线代替,如图2−53(b)所示。

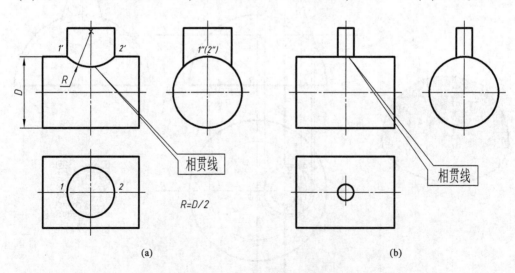

(a)　　　　　　　　　　　　　　　　(b)

图2−53　相贯线的简化画法

三、相贯线的特殊情况

两曲面立体的相贯线,一般情况下为封闭的空间曲线,特殊情况下可能为平面曲线或直线,且可以直接作出。下面介绍几种常见的相贯线的特殊情况。

(1)当两个回转体相贯且同时外切于一个球面时,其相贯线为两个椭圆。如果两轴线同时平行于某投影面,则这两个椭圆在该投影面上的投影为相交两直线,如图 2 - 54 所示。

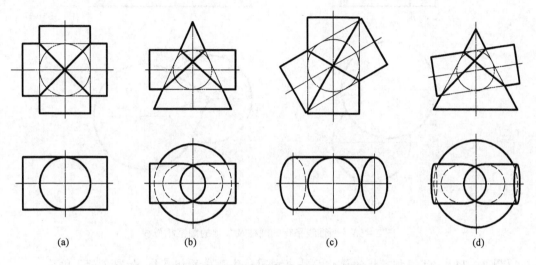

(a)   (b)   (c)   (d)

图 2 - 54 两个回转体外切于一个球面

(2)当两回转体同轴相交时,相贯线为垂直于回转体轴线的圆。如果轴线垂直于某投影面,相贯线在该投影面上的投影为圆;在与轴线平行的投影面上的投影为直线,如图 2 - 55 所示。

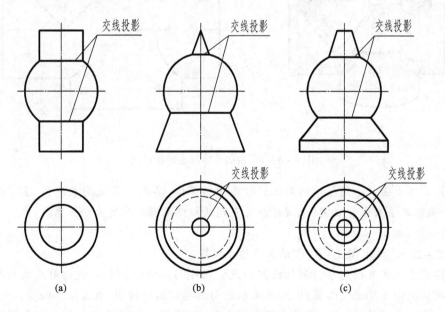

(a)   (b)   (c)

图 2 - 55 同轴回转体相交的相贯线

(3)两轴线平行的圆柱相交及共顶的圆锥相交,其相贯线为直线,如图2-56所示。

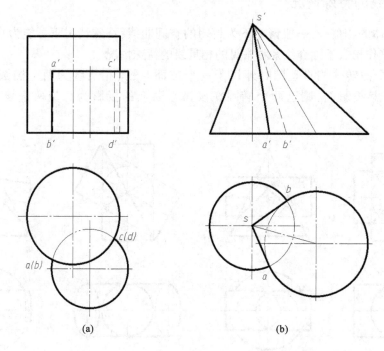

图2-56 两轴线平行的圆柱及共顶的圆锥相贯线

【例2-24】 试用相贯线的简化画法求由圆柱体形成的相贯线,如图2-57所示。

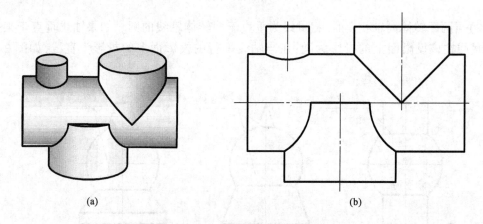

图2-57 求由圆柱体形成的相贯线

分析:立体是由四个圆柱体两两正交组成的相贯体,其表面交线均可用2-53(a)所示的相贯线的简化画法来求。注意:求解时应首先判断相交两圆柱体的大小关系。

作图步骤:略。

【例2-25】 试求图2-58所示立体的左视图。

分析:图示立体可以想象为圆柱被挖切产生,如图2-58(a)所示,挖切前立体为实心圆柱Ⅰ,首先被从上向下挖出空心圆柱Ⅱ,其次从前向后挖圆柱槽Ⅲ,最后从前向后挖通孔Ⅳ,从主、俯视图可以看出,圆柱Ⅱ和Ⅳ其直径相同。所以,该题左视图关键是要画出各圆柱表面形成的相贯线,需要注意相贯线的可见性及偏向方向。

作图步骤:

(1)补全完整圆柱Ⅰ的左视图,当被挖切圆柱Ⅱ后,由于其轴线互相平行,因此不产生相贯线。

(2)从前向后挖半圆柱槽Ⅲ,前后两端将碰到圆柱Ⅰ,形成的相贯线可见且偏向主体圆柱轴线;中心部位将与圆柱Ⅱ相交,相贯线不可见且向上偏(偏向半圆柱槽Ⅲ的轴线),如图所示。

(3)从前向后挖圆柱Ⅳ,前后两端将碰到圆柱Ⅰ,形成相贯线可见且仍然偏向主体圆柱轴线;中心部位将与圆柱Ⅱ相交,相贯线不可见,且由于其直径相等,相贯线投影为互相垂直两直线,如图2-58(b)所示。

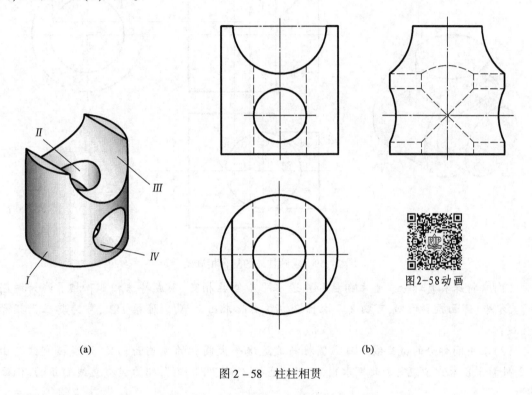

(a)   (b)

图2-58动画

图2-58 柱柱相贯

四、复合相贯线

前面介绍了两个回转体相交时,相贯线的作图方法。实际工程上的机件还会出现多个立体相交的情况,三个或三个以上立体相交时形成的表面交线称为复合相贯线。复合相贯线虽然相对复杂一些,但各段相贯线分别为两个立体表面的交线。各段相贯线的共有点称为结合点,结合点是相交的三个表面的共有点,也是各段相贯线的分界点。

求作复合相贯线时,应首先判断由哪些基本体相交,分析它们的相对位置关系,各相邻的两立体相交产生的相贯线的形状如何,然后分别求出各相邻两个立体的相贯线。

【例2-26】 图2-59所示为三个回转体相交的情况,试求其相贯线。

分析:直立圆柱与左端水平圆柱的直径相等,它们的相贯线为特殊相贯线,由于两者是部分相交,故相贯线是一段椭圆弧,其正面投影为一直线段,水平投影积聚在直立圆柱的水平投影(圆)上,其侧面投影积聚在左端水平圆柱的侧面投影(圆)上;直立圆柱的直径小于右端水平圆柱的直径,其相贯线是一段空间曲线,该曲线的正面投影向水平圆柱轴线方向弯曲,其水

图2-59动画

平、侧面投影分别积聚在直立圆柱的水平投影(圆)、右端水平圆柱的侧面投影(圆)上；直立圆柱与水平大圆柱的左端面相交,截交线为平行于直立圆柱轴线的两直线。综上可知,三个回转体的相贯线是由特殊相贯线(椭圆弧)、两条直线、一段空间曲线组成。该相贯线前后对称。

作图步骤[图2-59(b)]：

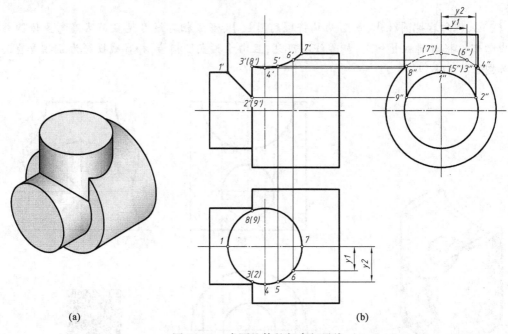

(a)   (b)

图2-59　求圆柱体的复合相贯线

(1)求特殊相贯部分。直立圆柱和左边水平小圆柱相交,形成特殊相贯。相贯线为椭圆弧,其水平、侧面投影已知,可由2、9求出2″、9″,由此求出2′、9′。连接1′2′,即为其正面投影(直线)。

(2)求中间部分的截交线。直立圆柱与右边水平大圆柱的左端面相交,形成截交线。由水平投影3、8求出3″、8″,由此可求出3′、8′。连接2′3′、3″2″、8″9″,即为该截交线的正面、侧面投影。

(3)求出右边的一般相贯线。右边水平圆柱与直立圆柱部分相贯。由该段相贯线的水平、侧面投影可求出其正面投影,也可用相贯线的简化画法来求。

第三章

组合体

组合体是机器零件部分工艺结构简化后的理想化的几何模型,通常可以看作是由若干个基本体,通过一定的组合方式而形成的立体。本章将应用前述的基本投影理论,运用形体分析和线面分析等方法,重点介绍组合体三视图的画法、组合体的尺寸标注和组合体三视图的读图方法。

第一节　组合体的分析方法

一、组合体的组合方式

组合体按其形成的方式,可分为叠加、切割和两者综合三类。

叠加型组合体是由若干个基本体堆砌或合拼而成。如图 3 – 1(a)所示的立体是由矩形板Ⅰ、Ⅱ和Ⅲ叠加而成的。

图3-1讲解

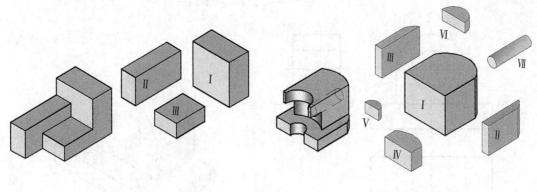

(a)叠加　　　　　　　　　　　　　　　(b)切割(包括穿孔)

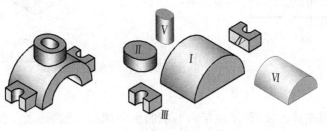

(c)叠加与切割综合

图 3 – 1　组合体的组合方式

切割型组合体是由一个基本体被切割或挖切掉某些简单形体而形成,如图3-1(b)所示的立体是由柱体Ⅰ逐步切掉Ⅱ、Ⅲ、Ⅳ、Ⅴ、Ⅵ五个部分后,再从左向右挖去一个圆柱Ⅶ所形成的。

综合型组合体是由基本体叠加和切割两种方式的综合体,如图3-1(c)所示的立体是由半圆柱Ⅰ、长圆柱Ⅱ及两个对称的底板Ⅲ、Ⅳ叠加后再挖去形体Ⅴ、Ⅵ形成的。

1.叠加

叠加式组合体的表面存在三种连接关系:叠合、相切和相交。

1)叠合

叠合是指两基本体的表面互相重合。当两基本体叠合后,有公共表面(共平面或共曲面)时,即为平齐共面,在视图中两个基本体间不可画出分界线,如图3-2所示;反之,若两基本叠合后,无公共表面,在视图中两个基本体间必须画出分界线,如图3-3所示。

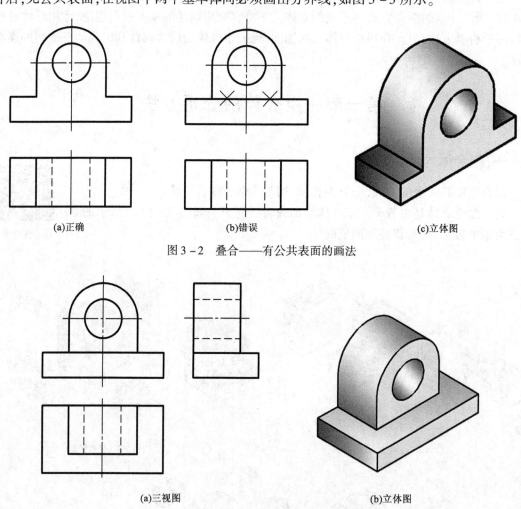

(a)正确　　　　　　　　　(b)错误　　　　　　　　　(c)立体图

图3-2　叠合——有公共表面的画法

(a)三视图　　　　　　　　　　　(b)立体图

图3-3　叠合——无公共表面的画法

2)相切

相切是指两基本体的表面(平面与曲面或曲面与曲面)光滑过渡。如图3-4所示,相切处不存在轮廓线,所以在视图上不画分界线。

注意:当曲面与曲面(如两圆柱面)相切,且公共切面垂直于某一投影面时,在该投影面的

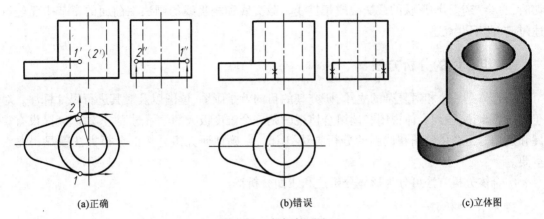

| (a)正确 | (b)错误 | (c)立体图 |

图 3 - 4　相切的画法

投影上应画出相切处的转向轮廓线的投影,如图 3 - 5(a)所示;除此以外的任何情况均不应画出切线,如图 3 - 5(b)所示。

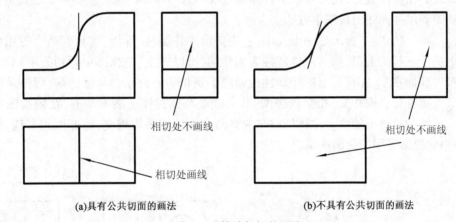

(a)具有公共切面的画法　　　　　(b)不具有公共切面的画法

图 3 - 5　特殊相切的画法

3) 相交

当两形体邻接表面相交时,在相交处一定会产生交线,应画出交线的投影,如图 3 - 6 所示。

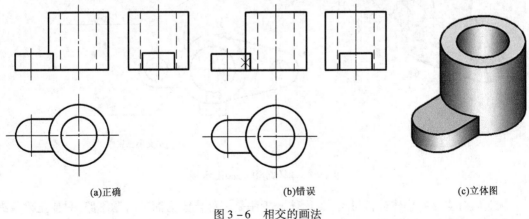

| (a)正确 | (b)错误 | (c)立体图 |

图 3 - 6　相交的画法

2. 切割

当基本体被平面或曲面截切后会产生不同形状的截交线或相贯线,当基本体被穿孔或挖切时,也会产生不同形状的截交线或相贯线。截交线和相贯线的画法在前面的章节中已经讲述过,在此不再叙述。

二、组合体的分析方法

组合体是一个相对复杂的立体,研究其的目的就是画图、读图以及对其进行尺寸标注。对于初学者来说,画组合体视图和读组合体视图是一个难度极大的学习过程,其原因就是没有掌握和运用好组合体绘图和读图的分析方法,因此,正确地研究组合体的分析方法就显得尤为重要。

组合体分析方法可分为形体分析法和线面分析法。

1. 形体分析法

组合体是由若干个基本体,通过一定的组合方式而形成的立体,因此,在绘制和阅读组合体视图的过程中,可以假想地把组合体分解成若干个基本体,并分析和确定这些基本体的形状、组合方式和相对位置等,这种分析组合体的方法称为形体分析法。形体分析法是进行组合体画图、读图和尺寸标注的最基本方法。

图3-7动画

图3-7所示是一个支座,它主要由主体圆柱、耳板、底板和凸台等组成。由于底板的前、后面与主体圆柱表面相切,所以在主、左视图中相切处不画线;底板顶面在主、左视图上的积聚性投影应画到相切处为止。耳板的前、后面及底面与圆柱体表面相交,相交线必画;其上表面与圆柱体上表面平齐,在俯视图中分界线的投影不能画。主体圆柱与前方凸台内外表面均相交,将产生相贯线,相贯线在左视图中的投影可用简化画法画出。

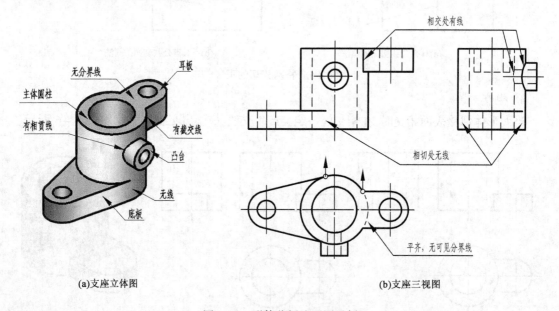

(a)支座立体图   (b)支座三视图

图3-7　形体分析法画图示例

从上面对支座的形体分析可看出,形体分析法是一种化繁为简的解题思路,只要正确掌握和运用好形体分析法,任何复杂的组合体,其画图、读图和尺寸标注的问题都将变得相对简单和容易。

2.线面分析法

线面分析法是指在绘制或阅读组合体视图时,对比较复杂的组合体通常在采用形体分析法的基础上,对不宜表达或读懂的局部,还要结合线、面的投影分析,如分析形体的表面形状,形体上面与面的相对位置、表面交线等,来帮助表达或读懂这些局部的形状。

综上所述,在分析组合体时,一般采用形体分析为主、线面分析为辅的解题思想,将组合体由繁化简、由难化易,最终达到组合体的绘图、尺寸标注以及读图的目的。

第二节 组合体三视图的画法

一、叠加类型为主的组合体三视图的画法

下面以图3-8所示的轴承座为例,说明组合体三视图的画图方法与步骤。

1.形体分析与线面分析

首先把组合体分解为几个基本形体,并确定形体间的组合方式、表面交线和相对位置等。

图3-8(a)所示的轴承座可以分解为五个基本体:Ⅰ—底板、Ⅱ—套筒、Ⅲ—支撑板、Ⅳ—肋板和Ⅴ—凸台,如图3-8(b)所示。这五个部分是按叠加方式组合在一起的。凸台与套筒是两个正交相贯的空心圆柱体,在它们的内外表面上都有相贯线;底板、支撑板和肋板是不同形状的平板;支撑板的两个侧面在上端与套筒的外圆柱面相切,在下端与底板的左、右侧面相交,支撑板后面与底板后面共表面,即平齐;肋板的左、右侧面与套筒的外圆柱面相交。

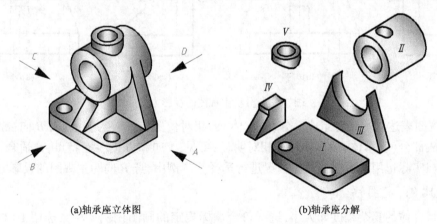

(a)轴承座立体图   (b)轴承座分解

图3-8 轴承座的形体分析与线面分析

2.视图的选择

在三视图中,主视图最为重要。选择主视图,就是要解决组合体的放置和投影方向两个问题。

主视图一般应较明显地反映出组合体在形状和结构上的主要特征,通常是将最能反映组合体形状特征和位置特征的视图作为主视图,其余的视图选择应在完整、清晰的前提下进行。按照此原则,主视图的选择方式如下:

(1)位置——选择工作位置或自然安放位置。

人们习惯于从物体的自然摆放位置去观察,物体的摆放一般遵循稳定性原则。对组合体

而言,通常选择底板(面积大、稳定性好)在下,或回转体的轴线垂直于投影面等位置。由此,应排除倒置和横放的各种位置,而获得如图3-8(a)所示的摆放方案,这符合组合体的位置特征原则。

(2)方向——选择形状特征及各形体间相对位置突出的方向。

使组合体主要组成部分的主要平面平行于投影面,或轴线垂直于投影面,主要平面平行于投影面后,将使投影获得实形。由此,可排除轴承座的主要组成部分套筒的前、后端面不平行于投影面或轴线不垂直于投影面的各种倾斜位置,而获得如图3-8(a)所示的 A、B、C、D 四个方向选择,这符合组合体的形状特征原则。

(3)使视图中的细虚线尽可能少。

图3-9动画

视图中的细虚线尽可能少,也是组合体的形状特征原则的体现。A、B、C、D 四个方向对应的主视图如图3-9所示。将 B 向与 D 向视图作比较,D 向视图细虚线较多,不如 B 向视图清晰,选择 B 向;将 A 向和 C 向视图作比较,两个方向都能将轴承座的结构层次表达清楚,即轴承座各组成部分的相对位置特征比较明显,从理论上效果相同。但是,当 C 向作为主视图,其左视图细虚线较多,使得左视图不符合清晰的原则,选择 A 向。

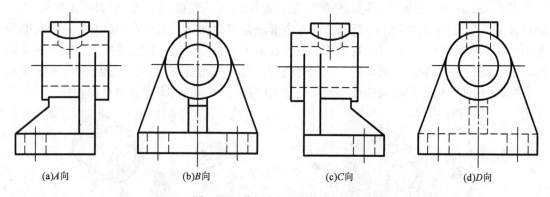

(a)A向　　　　　(b)B向　　　　　(c)C向　　　　　(d)D向

图3-9　分析主视图的投影方向

A 向视图表达轴承座各组成部分(基本体)的相对位置特征较为明显,而 B 向视图表达轴承座各组成部分(基本体)的形状特征相对明显,可见,A 向和 B 向各有特点,都适合作为主视图,因此,在实际选用时可根据具体情况进行选择。本例中,选 B 向为主视图的投影方向。

3.选比例,定图幅

根据组合体的复杂程度和大小,选择符合国标规定的画图比例。尽量选用1:1的比例,以便于画图,并可由视图直接估量组合体的大小。根据所选比例和组合体的大小,并考虑在视图间留出适当的距离以标注尺寸,据此来选取标准图幅。

4.画底稿

对于叠加类型为主的组合体,为迅速而正确地画出组合体三视图,应将该组合体进行形体分析分解,而后逐一画出各基本体。

各基本体的画图顺序一般为:先主(主要基本体)后次(次要基本体)。对轴承座而言,底板和套筒均可作为主要的基本体,本例选择底板为主要的基本体。画图顺序为:底板、套筒、支撑板、肋板,最后为凸台。

对某一特定的基本体画图时,首先画出基本体的基准,然后采取先整体后局部,先外(外部轮廓)后内(内部轮廓)的画图顺序。

底板的画图顺序应为:

(1)画底板的基准,如图3-10(a)所示;

(2)画长方体三视图(整体);

(3)画圆角(局部);

(4)最后画两圆孔(局部或内部),如图3-10(b)所示。

套筒的画图顺序应为:

(1)画套筒的基准;

(2)画外部圆柱三视图;

(3)画内部圆柱三视图,如图3-10(c)所示。

对支撑板、肋板和凸台的绘制,如图3-10(d)~(f)所示,其绘图顺序也应遵循:定基准,先整体后局部、先外后内的绘图顺序。

在逐个画基本体时,应同时画出该基本体的三个视图,这样既能保证各基本体之间的相对位置和投影关系,又能提高绘图速度。

注意:各基本体(套筒、支撑板、肋板和凸台)与主要基本体(底板)间,同方向基准之间的直接或间接尺寸,即为轴承座后续尺寸标注时各基本体在该方向上的定位尺寸。如套筒后端面与底板的后端面之间的距离,恰是套筒的宽度基准和底板的宽度基准之间的距离,此尺寸就是套筒在宽度方向的定位尺寸;套筒高度方向的基准(轴线或套筒的上下对称中心线)与底板高度方向的基准(底板的下端面)之间的尺寸,即为套筒高度方向的定位尺寸;套筒的长度方向基准与底板长度方向基准重合(左右对称线),此时不必标注长度方向定位尺寸。

在进行形体分析的同时,对形状较复杂的局部,适当地结合线面分析,帮助想象和表达。例如,支撑板的两个侧面与套筒相切,在相切处为光滑过渡,所以切线(12,$1''2''$)不应画出,如图3-10(d)所示;肋板与套筒外表面是相交关系,所以交线(平面与圆柱面的截交线)的侧面投影$5''6''$一定要准确画出,如图3-10(e)所示;又由于套筒与肋板及支撑板融合成一体,所以在左视图中,套筒外表面的最下素线只剩前、后的两小段,如图3-10(d)所示,而在俯视图中肋板和支撑板相接处的细虚线(67)不应画出,如图3-10(e)所示;套筒外表面与支撑板相融处的最左素线(ab)和最右素线(cd)不应画出,如图3-10(d)所示。

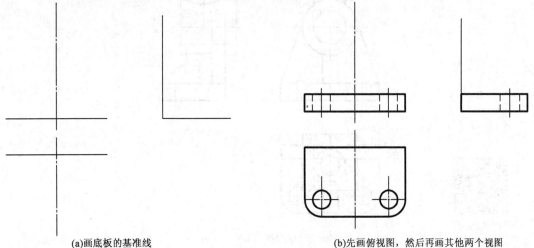

　　　　(a)画底板的基准线　　　　　　　　　　(b)先画俯视图,然后再画其他两个视图

图3-10　组合体的画图方法

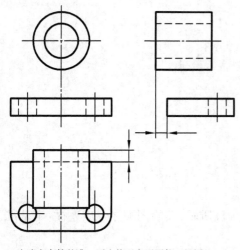

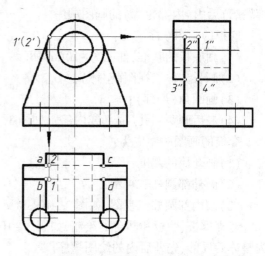

(c)先确定套筒基准，再由外而内画圆柱三视图

(d)画支撑板的三视图，注意支撑板与套筒相切和融合处

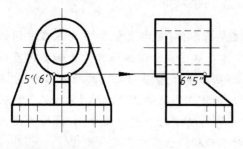

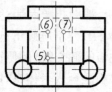

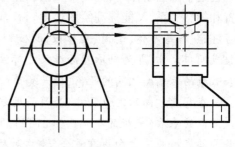

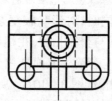

(e)画肋板时，要注意肋板与套筒的交线(5″6″)，
取代套筒的最下素线：点6、7间不能连线

(f)画凸台的三视图

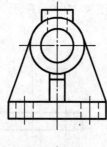

图3-10讲解

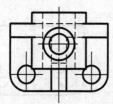

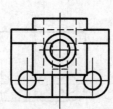

(g)校核、加深

图3-10 组合体的画图方法(续)

5. 检查、加深

底稿画完后,按形体逐个仔细检查,看每部分形体的投影是否画全;彼此之间的相对位置是否正确;各基本体之间的组合方式(叠合、相切、相交)是否表达无误;投影面垂直面、一般位置面的投影是否符合投影规律等。校核完毕,修改并擦去多余的线条后,就可按国标规定的线型进行加深。当几种图线重合时,按"粗实线—细虚线—细点画线—细实线"的顺序取舍,如图 3 – 10(g)所示。

二、切割类型的组合体三视图的画法

以图 3 – 11(a)所示组合体为例说明切割类型组合体三视图画图步骤。

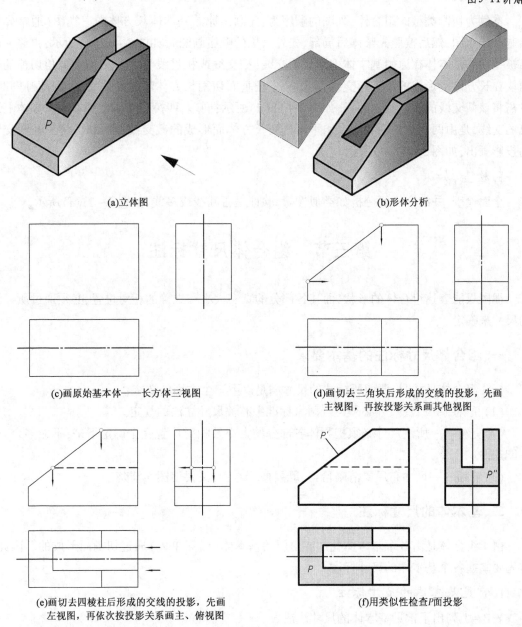

(a)立体图   (b)形体分析

(c)画原始基本体——长方体三视图   (d)画切去三角块后形成的交线的投影,先画主视图,再按投影关系画其他视图

(e)画切去四棱柱后形成的交线的投影,先画左视图,再依次按投影关系画主、俯视图   (f)用类似性检查P面投影

图 3 – 11 切割类型组合体的三视图

1.形体分析

图3-11(a)所示的组合体可以看作是由长方体切去左上方的三角块,又从左到右对中挖去一个四棱柱而成,如图3-11(b)所示。

2.视图选择

选择图3-11(a)中箭头所指方向为主视图投影方向。

3.选比例,定图幅

以1:1的比例确定图幅。

4.画底稿

本例为切割类型的组合体,画图的顺序为:先画出原始基本体长方体的三视图(通常先画出基准线布图,然后按照先整体后局部、先外后里的顺序画图),如图3-11(c)所示;再逐一画出被挖切的基本体在原始基本体上形成的交线(截交线或相贯线)的投影,如左上角切掉的三角块在长方体上形成的长方形交线,是由一个正垂面切割长方体形成的截交线,因此画图时,只需将该截交线的投影画出即可,如图3-11(d)所示;同理,四棱柱在原始基本体长方体上形成的交线,是由两个正平面和一个水平面截切长方体而形成的截交线,画图时,将三处截交线的投影画出,如图3-11(e)所示。

5.检查,加深

全面检查,并结合线面分析如类似性等,验证是否漏线或多线,如图3-11(f)所示。

第三节　组合体尺寸标注

视图只能表达组合体的形状,而其各部分的真实大小和准确的相对位置,必须通过所标注的尺寸来确定。

一、组合体尺寸标注的基本要求

标注组合体尺寸时,要使所标注的尺寸满足以下三个方面的要求:

(1)正确——所注尺寸必须符合国家标准中有关尺寸注法的规定。

(2)完整——所注尺寸必须把物体各部分的大小及相对位置完全确定下来,不能多余,也不能遗漏。

(3)清晰——尺寸布局要清晰恰当,既要便于看图,又要使图面清楚。

二、基本体的尺寸标注

由于组合体是由各个基本体叠加或由原始基本体(或简单体)通过切割而形成的。因此,首先要掌握各个基本体的尺寸标注。

1.常见基本体的尺寸标注

表3-1列出了常见基本体的尺寸注法。

表 3 – 1　常见基本体的尺寸注法

尺寸数量	一个尺寸	两个尺寸	三个尺寸
回转体尺寸标注	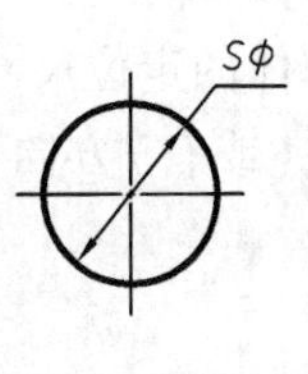 $S\phi$	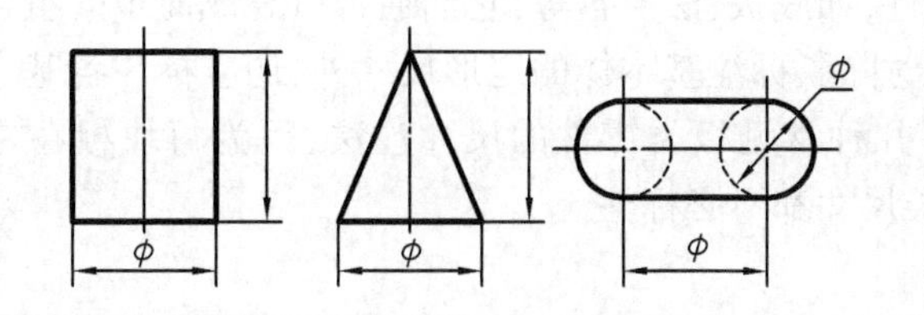 ϕ　　ϕ　　ϕ	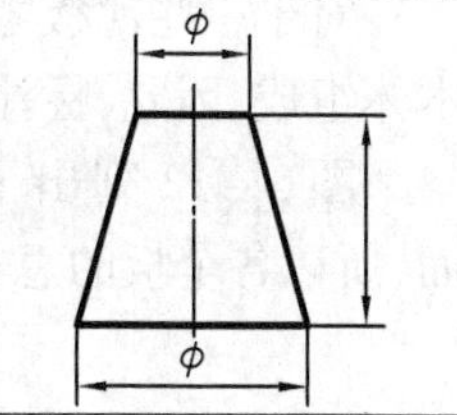 ϕ　ϕ

尺寸数量	两个尺寸	三个尺寸	四个尺寸
平面立体尺寸标注	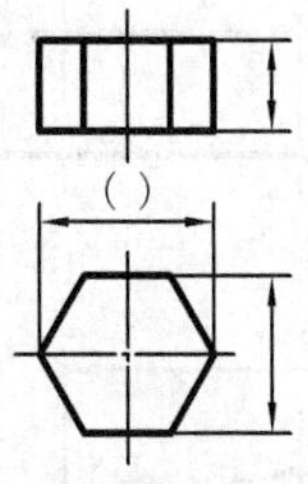 ( )	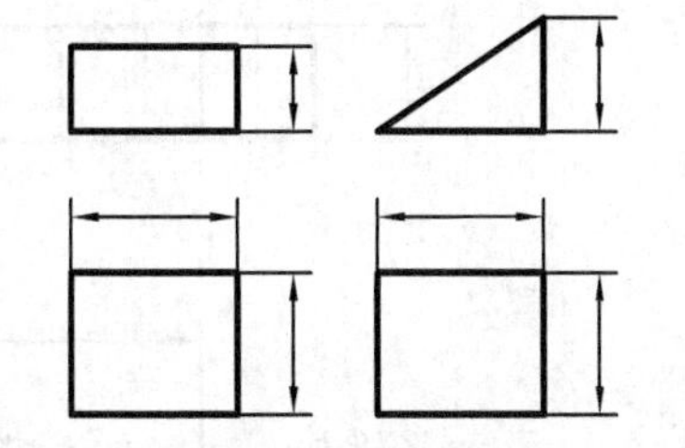	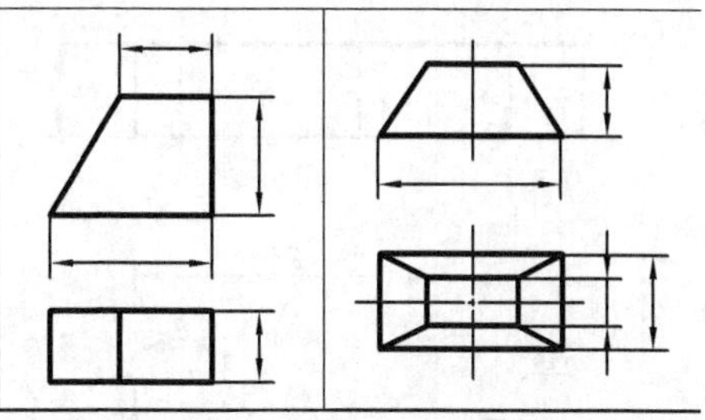

2. 截切和相贯体的尺寸标注

当基本体被截切(包括带有缺口的基本体)或是基本体相贯,在其表面产生交线时,不要直接标注交线的尺寸,而应标注截面的定位尺寸和产生交线的各形体之间的定位尺寸,这是因为,只要把截面的位置和相贯的各个基本体之间的相对位置确定,截交线或相贯线的形状便唯一确定,与截交线和相贯线上所标注的尺寸大小无关。

常见的球、圆柱被平面截切后的形体以及两圆柱体相贯的相贯体尺寸标注正误对比见表 3 –2。

表 3 –2　截切和相贯体尺寸标注正误对比

正确	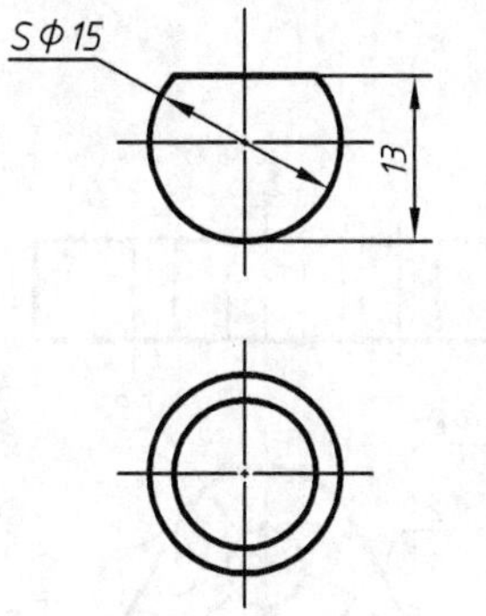 $S\phi15$　13	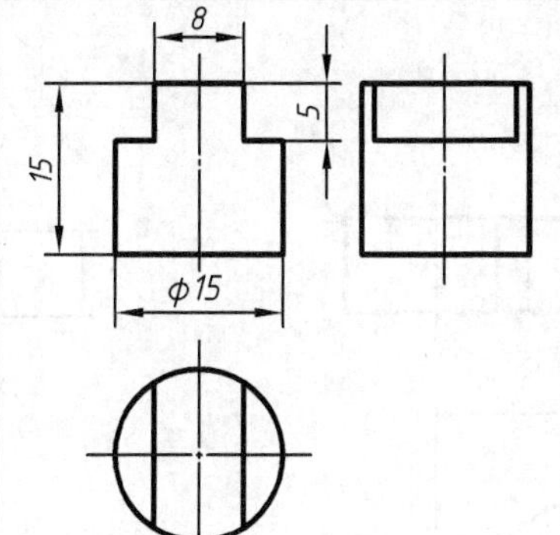 8　5　15　$\phi15$	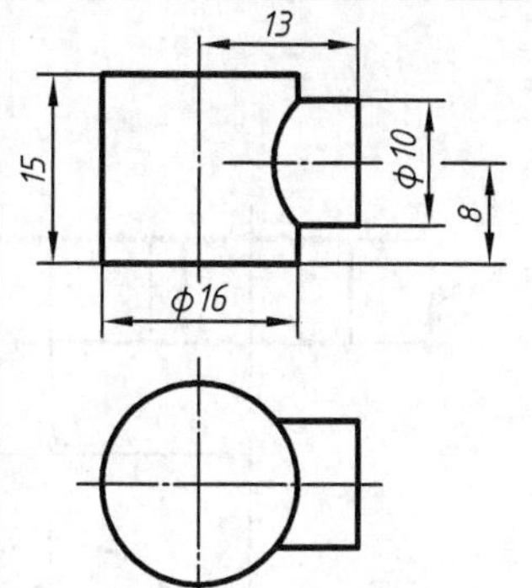 13　$\phi10$　8　15　$\phi16$
错误	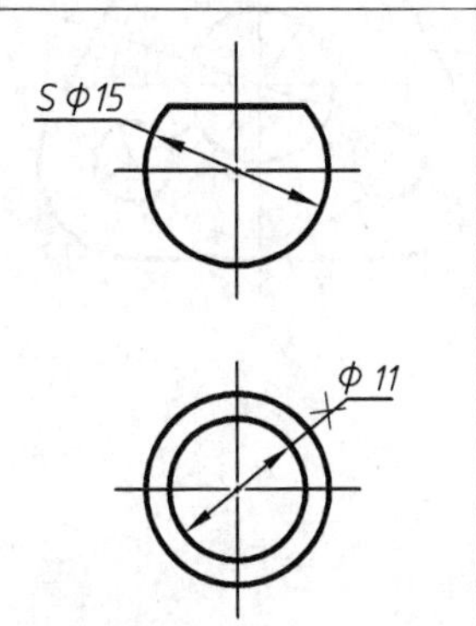 $S\phi15$　$\phi11$	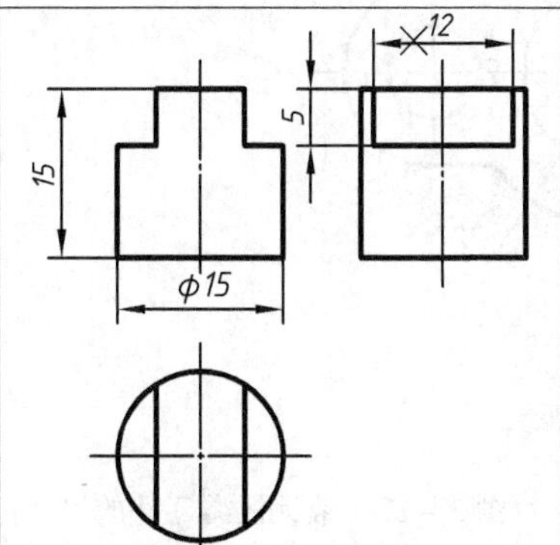 12　5　15　$\phi15$	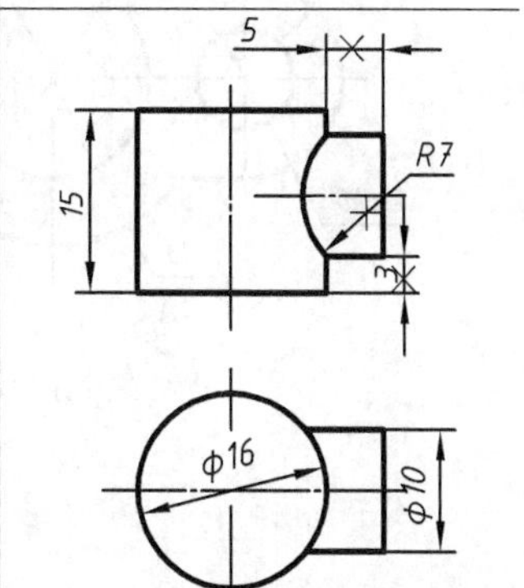 5　$R7$　3　15　$\phi16$　$\phi10$

3.常见板类零件的尺寸标注

对于一些薄板零件,如底板、法兰盘等,它们通常可看成简单的组合体,即由两个以上的基本体组成,因此,标注时除了标注基本体的定形尺寸外,还应标注各基本体的定位尺寸。

图3-12列出了几种常见板类零件的尺寸注法,因为每块板在左(或右)方向都有回转面,所以各个板的总长尺寸都不必标注。

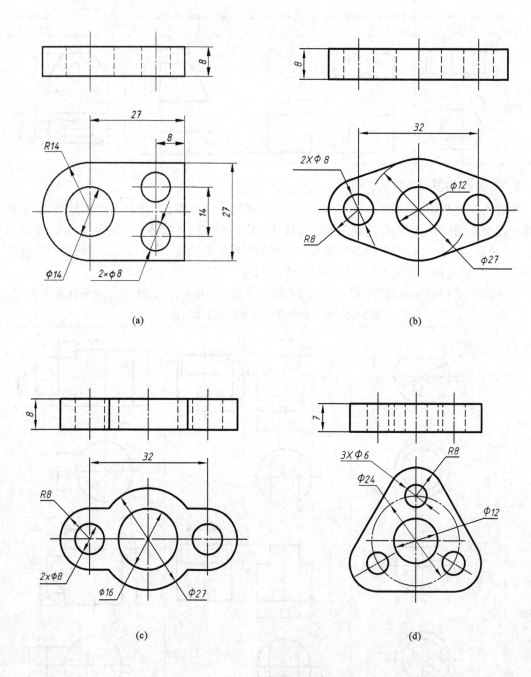

图3-12 常见板类零件的尺寸标注

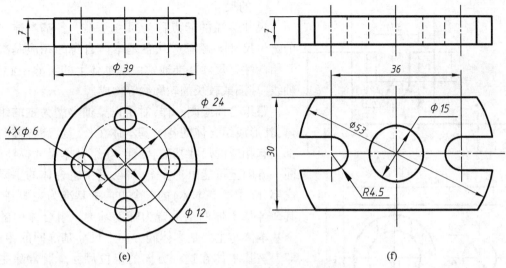

(e)　　　　　　　　　　　　　　(f)

图 3 – 12　常见板类零件的尺寸标注(续)

三、组合体的尺寸标注的要求

1.尺寸标注要完整

在图样上,一般要标注三类尺寸,即定形(大小)尺寸、定位尺寸和总体尺寸。

1)定形(大小)尺寸

确定组合体中各个形体的形状及大小的尺寸称为定形(大小)尺寸,如图 3 – 13 中物体的长、宽、高尺寸,圆的直径、半径尺寸和角度尺寸等。由于各基本几何形体的形状特点各异,所以定形(大小)尺寸的数量也不相同。

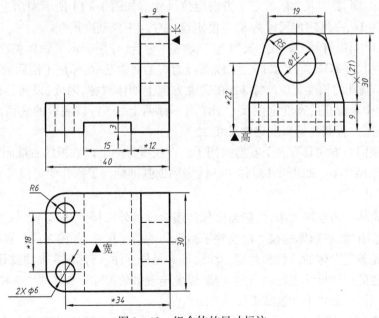

图 3 – 13　组合体的尺寸标注

2)定位尺寸

确定组合体中各基本体之间相对位置的尺寸称为定位尺寸,如图 3 – 13 和图 3 – 14 中带有"＊"的尺寸。

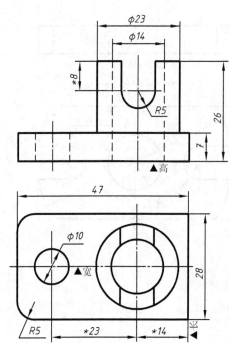

图 3－14　定位尺寸与尺寸基准

图3-14讲解

尺寸标注的起点称为尺寸基准。各基本体之间的定位尺寸一般都应从各基本体自身的相应基准处开始标注。尺寸基准通常由基本体上的对称中心线、轴线、端面或较长的轮廓线等构成。

跟组合体绘图一样,对于以叠加类型为主的组合体,其形成组合体的各个基本体在长、宽、高各方向上都应有相应的尺寸基准,因此,在组合体尺寸标注时,同一方向上可能出现多个基准,其中组合体的主要组成部分(主要基本体)的三个方向的基准为主要基准;其余各基本体的基准皆为辅助基准。组合体中的各个基本体与主要基本体同方向上尺寸基准间的距离,即为该基本体在这一方向的定位尺寸。通常除主要基本体外,各基本形体在长、宽、高方向上都有一个定位尺寸,即长度方向定位尺寸、宽度方向定位尺寸和高度方向定位尺寸。主要基准是组合体尺寸标注的参照体系,因此主要基本体的定位尺寸不必标注。

对于切割类型的组合体,原始的基本体(被切割的基本体)在长、宽、高三个方向上的基准即为主要尺寸基准。被截切的基本体只在原始的基本体上产生截交线,因此在标注时,只需将截平面的位置确定即可,见表 3 –2;对于回转体形成的孔或槽,标注时可将这些孔或槽看成实体(或基本体)来处理,跟叠加类型组合体的各个基本体定位尺寸标注相同,具有长、宽、高三个方向定位尺寸。如图 3 – 14 所示图形上端的 U 形槽,长度定位尺寸为14,高度定位尺寸为8,宽度定位尺寸与主要基准重合。

在图 3 –13 中,用符号"▲"与"长""宽"或"高"组合,分别表示了物体长度方向、宽度方向和高度方向的尺寸基准。长度方向上,以底板的右端面为基准,标注了前后通槽的长度定位尺寸12,两个小圆孔的长度定位尺寸34;在宽度方向上物体对称,因此,以物体前后对称面为基准,标注了两个小圆孔的宽度定位尺寸18(而不标两个"9");以底板的底面为高度方向的尺寸基准,标注了立板圆孔的高度定位尺寸22。

图 3 – 14 是同一方向具有多个基准的例子。在长度方向上以底板的右端面为主要基准标注了圆柱的定位尺寸14,又以圆柱对称中心线为辅助基准标注了圆孔的定位尺寸23。

3) 总体尺寸

为了解组合体所占空间大小,一般需要标注组合体的外形尺寸,即总长、总宽和总高尺寸,称为总体尺寸。有时,各形体的尺寸就反映了组合体的总体尺寸,如图 3 –13 和图 3 –14 中底板的长和宽就是该组合体的总长和总宽,此时,不必另外标注。否则,在加注总体尺寸的同时,就需要对已标注的形体尺寸进行适当的调整,以免出现多余尺寸。如图 3 –13 中,当加注物体的总高尺寸30 后,就去掉了立板高度尺寸21。

特殊情况下,为了满足加工要求,既要标注总体尺寸,又要标注定形尺寸。如图 3 –15 中,底板的四个圆角可能与小孔同心[图 3 –15(a)],也可能不同心[图 3 –15(b)],但标注尺寸时,孔的定位尺寸、圆角的定形尺寸及板的总体尺寸都要标注出来。当圆角与小孔同心时,这样标注就产生了多余尺寸,此时一定要确保所标注的尺寸数值没有矛盾。此外,底板上直径相同的孔,注尺寸时只注一次,而且要注上数量,如 $4 \times \phi 8$;相同的圆角也只注一次,可标注数量也可不注,如图中的 $R6$(也可标注为 $4 \times R6$)。

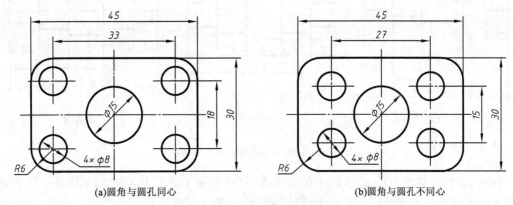

(a)圆角与圆孔同心　　　　　　　　　　　(b)圆角与圆孔不同心

图 3 – 15　尺寸标注的特殊情况

当组合体的一端或两端不是平面而是回转面时,该方向上一般不直接标注总体尺寸,而是标注回转面轴线位置的定位尺寸和回转面的定形尺寸(ϕ 或 R),如图 3 – 16 中立板的尺寸注法。

2. 尺寸标注要清晰

(1)每一形体的尺寸,应尽可能集中标注在反映该形体特征最明显的视图上。如图 3 – 13 中,底板的尺寸,除了高度和前后通槽的尺寸标注在主视图上,其余尺寸都集中标注在反映形位特征明显的俯视图上;立板的大部分尺寸则集中标注在反映它的形状特征明显的左视图上。

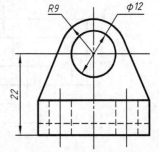

图 3 – 16　顶部为回转面的立板

(2)尺寸应尽量标注在视图外部,如图 3 – 17 所示。与两视图有关的尺寸尽量注在两相关视图之间,如图 3 – 17(a)中的尺寸 100。图 3 – 17(b)中尺寸 100 标注得不清晰。

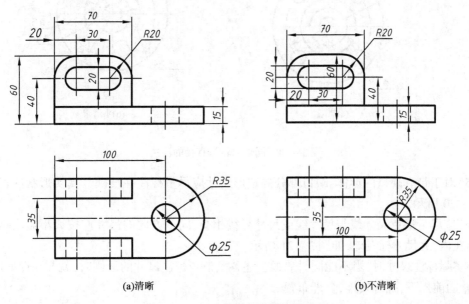

(a)清晰　　　　　　　　　　　　　　　　(b)不清晰

图 3 – 17　尺寸尽量标注在图形外部

（3）同一方向上连续的几个尺寸尽量布置在一条线上，如图 3 - 18 所示。

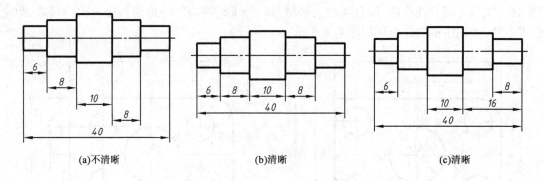

(a)不清晰　　　　　　　　(b)清晰　　　　　　　　(c)清晰

图 3 - 18　同一方向连续尺寸的注法

（4）同轴回转体的直径 ϕ 尽量注在非圆视图中（底板上的圆孔除外），如图 3 - 19 所示。而圆弧的半径 R 一定要标注在投影为圆的视图上，如图 3 - 20 所示。

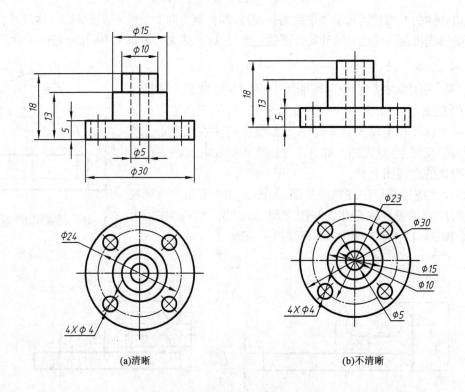

(a)清晰　　　　　　　　　　　　　(b)不清晰

图 3 - 19　同轴回转体直径的注法

（5）对于带有缺口的形体，缺口部分的定形尺寸应尽量标注在反映其真实形状的视图上，如图 3 - 20 所示。

（6）应尽量避免尺寸线与尺寸线或尺寸界线相交，同一方向的尺寸应按大小顺序标注，小尺寸标在内，大尺寸标在外，如图 3 - 21 所示。

　　在实际标注尺寸时，当不能同时兼顾上述各条清晰标注尺寸的原则时，就要在保证尺寸正确、完整的前提下，统筹安排，合理布置。

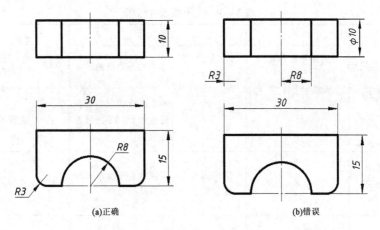

图 3 - 20 带有圆弧缺口的注法

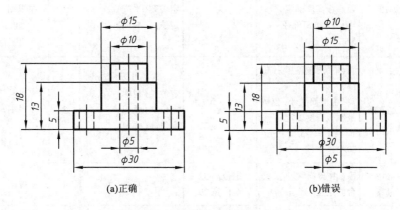

图 3 - 21 尺寸界线尽量不与尺寸线相交

四、组合体尺寸标注的方法和步骤

1. 以叠加类型为主的组合体尺寸标注的方法和步骤

标注组合体尺寸时,首先要对组合体进行形体分析,选出组合体主要组成部分(主要基本体),并将其三个方向的尺寸基准作为组合体的三个方向的主要尺寸基准,将其余各基本体的三个方向的尺寸基准作为组合体间接尺寸基准,然后逐个标注出各形体的定形和定位尺寸,最后调整总体尺寸。

注意:基本体的间接尺寸基准与同方向的主要基本体的主要尺寸基准之间的直接或间接的距离尺寸,即为各基本体在该方向上的定位尺寸。

下面以图 3 – 8(a)所示轴承座为例,具体说明标注组合体尺寸的步骤。

1)形体分析

首先对组合体进行形体分析,把它分解为几个部分,了解和掌握各个部分的空间形状和彼此之间的相对位置,然后从空间角度的"立体"出发,初步判断要限定各形体的大小及位置需要几个定形尺寸、几个定位尺寸。本例的轴承座可以分解为五个部分:Ⅰ—底板、Ⅱ—套筒、Ⅲ—支撑板、Ⅳ—肋板及 Ⅴ—凸台。各部分的形状及定形尺寸、定位尺寸如表 3 – 3 和图 3 –22(a)所示。

表3-3 轴承座尺寸分析

各基本形体	定形尺寸		定位尺寸		尺寸数量	多数尺寸集中标注位置	参考图例
	必须标注的尺寸	不必注的重复尺寸	必须标注的尺寸	不必注或重复的尺寸			
I 底板	长90、宽60、高15 圆角$R15$ 小孔$2 \times \phi16$	无	孔定位长60 定位宽45	整个底板的三个方向的定位尺寸(在尺寸基准上)	7	俯视图	图3-22(b)
II 套筒	内径$\phi30$ 外径$\phi50$ 筒长50	无	定位高65 定位宽10	定位长(轴线在长度定位基准上)	5	左视图	图3-22(c)
III 支撑板	厚度12	长(=底板长) 高(由圆筒大小、位置及底板高度确定) 半径(=圆筒外径50/2)	无	定位长(对称) 定位宽(平齐) 定位高(叠加)	1	左视图	图3-22(c)
IV 肋板	厚度14 打折处宽23 高20	宽(=底板宽-支撑板厚) 高(由圆筒大小、位置及底板高度确定) 半径(=圆筒外径50/2)	无	定位长(对称) 定位宽(叠加) 定位高(叠加)	3	左视图	图3-22(d)
V 凸台	内径$\phi18$ 外径$\phi28$	高(由圆筒大小及凸台的定位高确定)	定位高32 定位宽29	定位长(对称)	4	主视图	图3-22(d)
调整总体尺寸	总长=底板长90(无须再注) 总宽=底板宽60+圆筒定位宽10=70(不注,因为60和10是生产上直接要用的尺寸,有利于底板的定形和圆筒的定位) 总高=圆筒定位高65+凸台定位高32=97(需加注,并去掉凸台定位高32) 如图3-22(e)所示				综上所述,轴承座的尺寸总数为7+5+1+3+4+1-1=20个,如图3-22(f)所示		

2)选择尺寸基准

尺寸基准包括主要尺寸基准和辅助尺寸基准。尺寸标注时,首先选择主要尺寸基准,然后选择辅助尺寸基准。主要尺寸基准为组合体的主要组成部分(主要基本体)的基准,辅助尺寸基准为除主要基本体以外的各基本体的尺寸基准。对于轴承座,主要的基本体可以选择套筒,也可选择底板,本例选择底板为主要的基本体。对底板进行形状分析可知,底板左右对称,所以选择左右对称中心线为长度方向的主要尺寸基准;前后不对称,理论上前后任一端面作为主要宽度基准都可以,但是在画底板三视图时,为了方便布图,选择底板后端面作为宽度基准,因此在尺寸标注时,基准的选择应尽可能地与绘图时选择的基准相同,因此选用底板的后端面作为宽度方向的主要基准;底板上、下各一个端面,选择下端面作为高度方向的尺寸基准,理由同上。主要基准的选择,如图3-22(b)所示。辅助基准的选择跟轴承座各基本体绘图时选择的基准相同,不再赘述。

3)逐个标注各形体的定形及定位尺寸

根据步骤1形体分析的结果,按照"先主后次"的顺序,逐个在视图中标注各形体的定形及定位尺寸。标注时要考虑其中有无重复或不必标注的尺寸;各形体尺寸在视图中的标注位置是否清晰、明了(多数尺寸要按"集中标注在形状特征明显的视图中"这一原则进行布置)。本例中各形体的尺寸分析见表3-3,尺寸标注情况如图3-22(b)、(c)、(d)所示。

4)调整总体尺寸

标注完各基本形体的尺寸后,整个组合体还要考虑总体尺寸的调整。除特殊情况(如本例中的总长(已标注),总宽(不必标注)),一般情况下都需进行调整(如本例中的总高),如表3-3及图3-22(e)所示。

5)检查

按正确、完整、清晰的要求对已注尺寸进行检查,如有不妥,则作适当修改或调整,这样才完成了尺寸标注的全部工作,如图3-22(f)所示。

图3-22讲解

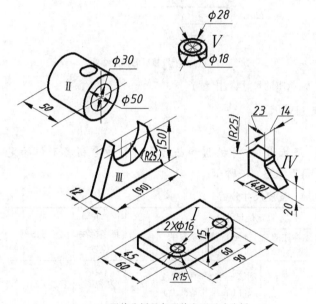

(a)形体分析及各形体定形尺寸分析

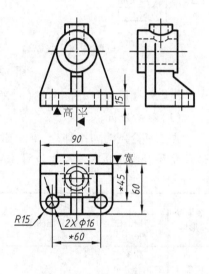

(b)确定主要基准,标注底板的尺寸

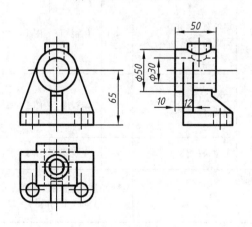

(c)标注套筒及支撑板的尺寸

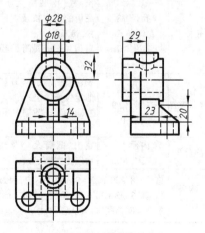

(d)标注肋板及凸台的尺寸

图3-22 轴承座的尺寸标注

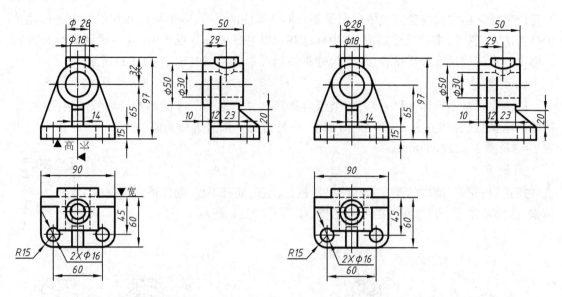

(e)调整总体尺寸(总高)　　　　　　　　　(f)校核后的标注结果

图3-22　轴承座的尺寸标注(续)

【例3-1】　标注图3-23(a)所示支座的尺寸。

(1)形体分析。

支座可分解为四个部分:直立圆筒Ⅰ、底板Ⅱ、右耳板Ⅲ和凸台Ⅳ。初步分析各形体的定形尺寸和形体间的定位尺寸如图3-23(b)及表3-4所示。

表3-4　支座尺寸分析

各基本形体	定形尺寸		定位尺寸		尺寸数量	多数尺寸集中标注位置	参考图例
	必须标注的尺寸	不必注的重复尺寸	必须标注的尺寸	不必标注或重复的尺寸			
圆筒Ⅰ	高35 内径φ20 外径φ30	无	无	圆筒三个方向的定位尺寸(在尺寸基准上)	3	左视图	图3-23(c)
底板Ⅱ	孔径φ8 左圆角R8 高度10	长、宽(由圆筒大小、底板的定位长及左圆角R8确定) 右圆角(=圆筒外径30/2)	定位长30	定位宽(对称) 定位高(平齐)	4	俯视图	图3-23(d)
右耳板Ⅲ	孔径φ8 右圆角R9 高度10	长(由圆筒大小、耳板的定位长确定) 左圆角(=圆筒外径30/2)	定位长22	定位宽(对称) 定位高(平齐)	4	俯视图	图3-23(d)
凸台Ⅳ	内径φ6 外径φ12	宽(由圆筒大小及凸台定位宽确定)	定位宽20 定位高23	定位长(对称)	4	左视图	图3-23(e)
调整总体尺寸	总长=8+30+22+9=69(不注,因为两端皆为回转面) 总宽=30/2+20=35(不注,因为一端为回转面) 总高=圆筒高=35(无须再注)				综上所述,支座的尺寸总数为3+4+4+4=15个,如图3-23(f)		

(2)选择尺寸基准。

因为圆筒是支座的主要组成部分(主要基本体),因此圆筒的基准即为主要基准,其他各基本体的基准均为辅助基准。由于圆筒左右对称、前后对称,所以选择左右对称线、前后对称线作为长度方向和宽度方向的主要尺寸基准;圆筒上下各一个端面,选择下端面(底面)作为高度方向主要尺寸基准。主要尺寸基准的选择如图3-23(c)中所示。其他各基本形体的各方向上的基准均为辅助尺寸基准,基准的选择不再赘述,同一方向上的辅助尺寸基准与主要尺寸基准直接或间接的距离尺寸即为各基本体在该方向上的定位尺寸。

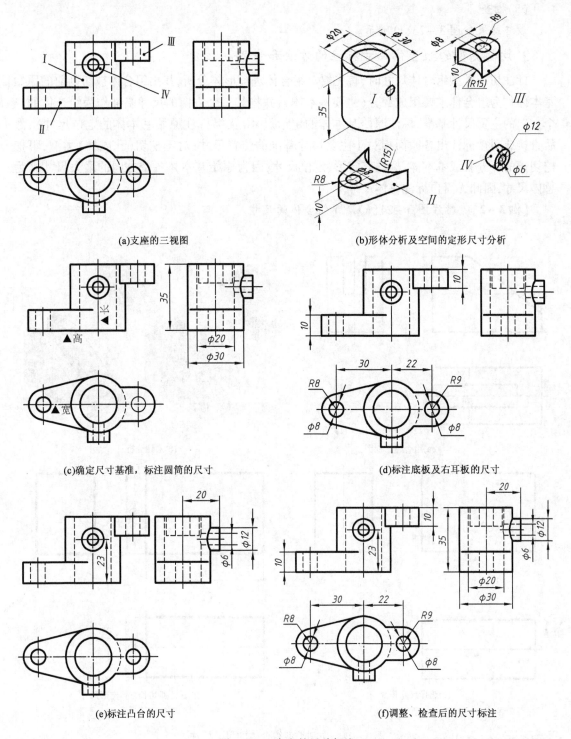

(a)支座的三视图　　　　　　　　　(b)形体分析及空间的定形尺寸分析

(c)确定尺寸基准,标注圆筒的尺寸　　　　(d)标注底板及右耳板的尺寸

(e)标注凸台的尺寸　　　　　　　　(f)调整、检查后的尺寸标注

图3-23　支座的尺寸标注

(3)逐个标注各形体的定形尺寸和定位尺寸。

各形体的定形尺寸和定位尺寸标注如表3-4及图3-23(c)、(d)、(e)所示。

(4)调整总体尺寸。

本例中的总体尺寸无需调整,表3-4所示。

(5)检查。

最终结果如图3-23(f)所示。

2.切割类型的组合体尺寸标注的方法和步骤

标注切割类型组合体尺寸时,首先要对组合体进行形体分析,找出组合体被切割前的原始基本体作为组合体主要组成部分(主要基本体),并将其三个方向的尺寸基准作为组合体的三个方向的主要尺寸基准,标注原始基本体的定形尺寸(无需标注原始基本体的定位尺寸),然后直接或间接标注出各截面相对于主要尺寸基准的位置尺寸;对于挖切(孔或槽)类型,可把挖切掉的部分看成基本体,标注其定形、定位尺寸;因为原始基本体各个方向的最大尺寸即为总体尺寸,因此无需再标注总体尺寸。

【例3-2】 标注图3-24(a)所示组合体的尺寸。

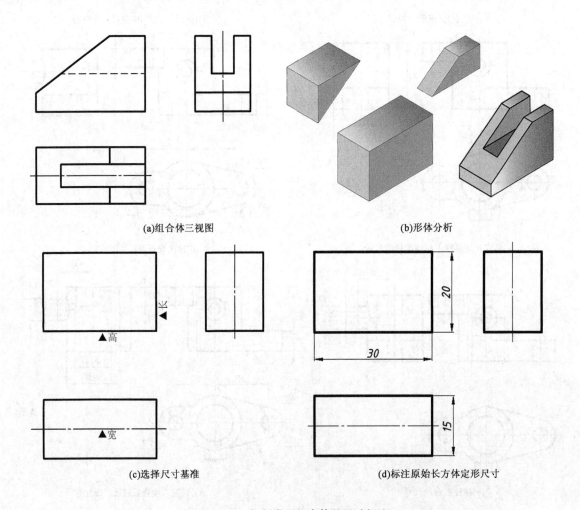

(a)组合体三视图　　　　　　　　(b)形体分析

(c)选择尺寸基准　　　　　　　　(d)标注原始长方体定形尺寸

图3-24　切割类型组合体的尺寸标注

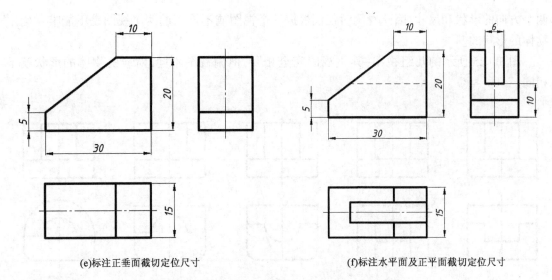

(e)标注正垂面截切定位尺寸　　　　　　　　(f)标注水平面及正平面截切定位尺寸

图3－24　切割类型组合体的尺寸标注(续)

(1)形体分析。

组合体可分解为三个部分:原始基本体Ⅰ——长方体、左上切割三角块Ⅱ和中上部切割四棱柱Ⅲ,如图3－24(b)所示。

(2)选择尺寸基准。

因为原始形体为长方体,故长方体尺寸基准即为组合体主要基准,如图3－24(c)所示。

(3)标注原始形体的定形尺寸。

原始形体尺寸标注如图3－24(d)所示。

(4)标注截面定位尺寸。

左上角三角块截切处需标注正垂面的高度定位尺寸5和长度定位尺寸10;中上部四棱柱截切处需标注各截面的高度定位尺寸10,和宽度定位尺寸6,如图3－24(e)和(f)所示。

(5)调整总体尺寸。

截切类型组合体的总体尺寸无需调整。

(6)检查。

最终结果如图3－24(f)所示。

第四节　看组合体三视图的方法和步骤

看图和画图是学习本课程的两个重要环节。画图是把空间的物体用正投影的方法表达在平面上;而看图则是运用正投影的方法,根据已画好的平面视图想象出空间物体的结构形状。要想正确、迅速地读懂视图,必须掌握读图的基本要领和基本方法,培养空间想象能力和空间构思能力,反复实践,逐步提高看图水平。

一、看图的基本要领

1.把几个视图联系起来分析

物体的形状往往需要两个或两个以上的视图共同来表达,一个视图只能反映三维物体两个方向的形状和尺寸,因此看图时仅仅根据一个视图或不恰当的两个视图是不能唯一确定物体的形状的。

图 3－25 所示的几组视图,其主视图完全相同,但俯视图不同,对应的物体的形状就不相同。

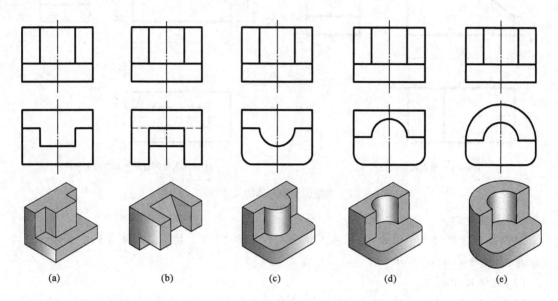

(a) (b) (c) (d) (e)

图 3－25 一个视图不能唯一确定物体的形状

如图 3－26(a)和(b)所示,虽然主、左视图都一样,但随着俯视图的不同,物体的形状也不同,如图 3－25(a)和(c)中的立体图。

由此可见,看图时必须几个视图联系起来进行分析,才能准确确定物体的空间形状。

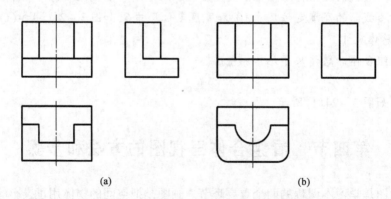

(a) (b)

图 3－26 两个视图不能唯一确定物体的形状

2. 抓住特征视图

所谓的特征视图,就是把物体的形状特征和位置特征反映得最充分的那个视图。一般来说,主视图最为反映物体的形状和位置特征,因此读图时一般先从主视图入手,再结合其他几个视图,能较快地识别出物体的形状。但是,物体的形状千变万化,组成物体的各个形体的形状特征,也不是总集中在一个视图中,可能分布在各个视图中,如图 3－26(a)和(b)的俯视图所示的方形和半圆形,它们在俯视图中反映出了形状特征,读图时再结合其他视图,就可以很快地想象出该局部的形状。如图 3 - 27 所示的支架是由四个形体叠加而成的,主视图反映形体Ⅰ、Ⅳ的特征,俯视图反映形体Ⅲ的特征,左视图反映形体Ⅱ的特征。在这种情况下,如果要看整个物体的形状,就要抓住反映形状特征较多的视图(本例为主视图),而对于每个基本形体,则要从反映各自形状特征的视图着手。

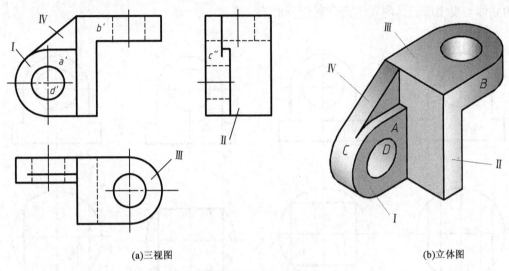

(a)三视图　　　　　　　　(b)立体图

图 3 - 27　特征视图分析

3. 明确视图中的封闭线框和图线的含义

1) 视图中封闭线框的含义

视图中的每一个封闭线框,都表示物体上一个不与该投影面垂直的面的投影,这个面可为平面、曲面,也可为曲面及其切平面,甚至可能是一个通孔。如图 3 - 27所示,视图中的封闭线框 a′表示物体上的平面 A 的正面投影;封闭线框 b′、c″分别代表物体上两个圆柱面及其切平面 B、C 的投影;而图中的圆形线框 d′则表示圆柱通孔 D 的投影。

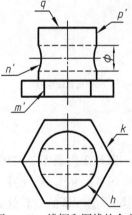

视图上相邻的封闭线框,通常表示错开(上下、前后或左右)的相邻面或相交面,如图 3 - 27(a)所示的线框 a′和 b′。若线框内仍然有线框,通常表示两个面凹凸不平或具有通孔,如图 3 - 27(a)所示的 a′和 d′,以及图 3 - 28 中的线框 k 和 h,这就是常说的"框中有框,非凸即凹"的情形。

2) 视图中图线的含义

以图 3 - 28 为例,视图中图线的含义有以下三种:

图 3 - 28　线框和图线的含义

(1)表示两个表面交线的投影。主视图中的直线 m′是六棱柱两侧面交线的投影;图中的 n′是竖直圆柱面与圆柱通孔的交线——相贯线的投影;q′是竖直圆柱面与顶面交线的投影。

(2)表示与该投影面垂直的一个面的积聚性投影。俯视图中 k 是六棱柱侧棱面(铅垂面)的积聚性投影;h 是竖直圆柱面的积聚性投影。而主视图中的 q′还可代表竖直圆柱顶面的积聚性投影。

(3)表示曲面的转向轮廓线的投影。主视图中的 p′即为竖直圆柱面的正视转向轮廓线的投影。

4.善于进行空间构思

1)构思是一个不断修正的过程

掌握正确的思维方法,不断把构思结果与已知视图对比,及时修正有矛盾的地方,直至构想的立体与视图所表达的立体完全吻合为止。

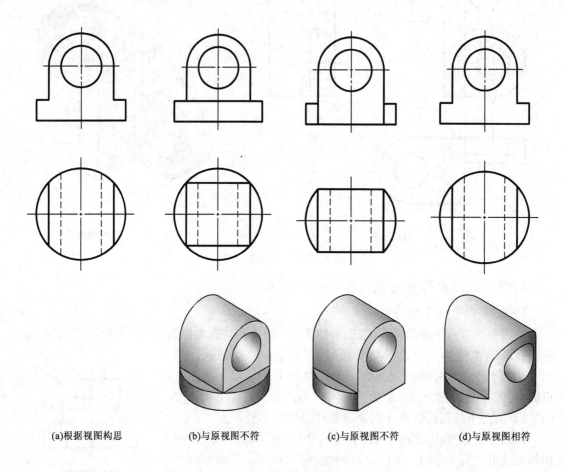

(a)根据视图构思　　(b)与原视图不符　　(c)与原视图不符　　(d)与原视图相符

图3-29　构思形体的过程

例如在想象图3-29(a)所示的组合体的形状时,可先根据已知的主、俯视图进行分析,想象成图3-29(b)或(c)所示的立体,再默画所想立体的视图,与已知视图对照是否相符,不符合,则根据二者的差异修改想象中的形体,直至想象形体的视图与原视图相符。由此可见,图3-29(d)所示才是已知视图所表达的立体。

这种边分析、边想象、边修正的方法在实践中是一种行之有效的思维方式。

2)构思的立体要合理

构思出的立体应具有一定的强度和工艺性等,下面列举几种不合理的构思情况。

(1)两个形体组合时要连接牢固,不能出现点接触或线接触,如图3-30(a)、(b)、(c)所示;也不能用假想的面连接,如图3-30(d)所示。

(2)不要出现封闭的内腔,封闭的内腔不便于加工造型,如图3-30(e)所示。

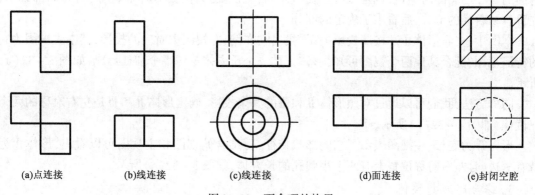

(a)点连接　　　　　(b)线连接　　　　　(c)线连接　　　　　(d)面连接　　　　(e)封闭空腔

图 3 – 30　不合理的构思

二、看图的基本方法和步骤

1. 形体分析法

看图与画图类似,仍以形体分析和线面分析为主要方法。一般从反映物体形状特征较多的主视图入手,分析该物体由哪些基本形体所组成,然后运用投影规律,逐个找出每个基本形体在其他视图中的投影,从而想象出各个基本体的形状、相对位置及组合形式,最后综合想象出物体的整体形状。

下面以座体的三视图(图 3 – 31)为例,说明看图的具体步骤。

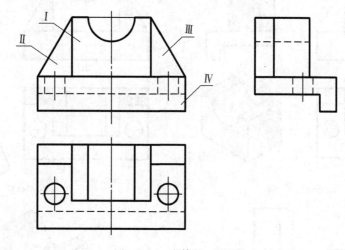

图 3 – 31　座体的三视图

1)看视图,分线框

一般情况下,主视图是反映组合体形状特征和位置特征较明显的视图。因此在读图时,通常从主视图入手,结合其他视图,将主视图划分为几个主要的封闭线框,每个封闭线框均为组合体的组成部分——基本体的投影。

如图 3 – 31 所示,从反映座体形状特征较多的主视图入手,对照其他视图,可把该座体分为 Ⅰ、Ⅱ、Ⅲ、Ⅳ四个部分。

2)对投影,定形体

按照投影规律,分别找出各基本形体在其他视图中对应的投影,想象出各基本体的形状。

看图的顺序与画图时类似,也是先看主要形体,后看次要形体;先看外部轮廓,后看局部细节;先看容易看懂的部分,后看难于确定的部分。

本图中,先看形体Ⅰ。按照投影关系,找出它在俯、左视图中对应的投影,其中主视图为它的特征视图,配合其他两个视图可知,形体Ⅰ是一个长方体挖切半个圆柱形成,如图3-32(a)所示。

同样方法,我们可以通过对照形体Ⅱ和Ⅲ的其余投影,确定形体Ⅱ和Ⅲ是左右对称的两个三棱柱,如图3-32(b)所示。

形体Ⅳ为底板,左视图表示了它的形状特征,再结合俯视图和主视图可以看出,形体Ⅳ为带有弯边,且左右对称位置上有两个小圆孔的长方体,如图3-32(c)所示。

3)综合起来想整体

所有基本形体的形状都确定后,再根据已知的三视图,判断各个形体的组合方式(叠加或挖切)和相对位置(上或下、左或右、前或后),把各基本形体的形状、位置信息综合起来,整个组合体的形状就清楚了。

图3-32动画

本例中,形体Ⅰ在最上方,三棱柱Ⅱ和Ⅲ分别位于形体Ⅰ的左右两侧,且从俯视图和左视图均可看到三个形体后表面平齐,形体Ⅳ为底板,位于最下面,其后表面也与其他形体是平齐关系。这样综合起来,即能想象出组合体的整体形状,如图3-32(d)所示。

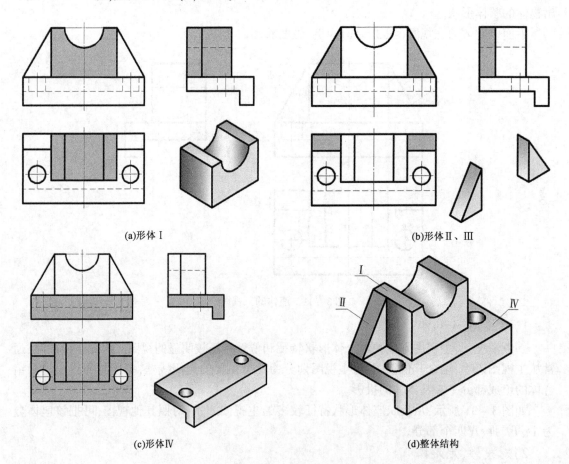

(a)形体Ⅰ

(b)形体Ⅱ、Ⅲ

(c)形体Ⅳ

(d)整体结构

图3-32 座体的看图方法——形体分析法

2. 线面分析法

对于复杂组合体,在应用形体分析法的基础上,对不易表达或难于读懂的局部,还应结合线、面的投影,分析物体表面的形状、物体面与面的相对位置及物体的表面交线等,来帮助表达或读懂这些局部,这种方法称为线面分析法。

1) 分析面的形状

图3-33(a)中有一个"L"形的铅垂面,图3-33(b)中有一个"⊥"形的正垂面,图3-33(c)中有一个"凹"字形的侧垂面,它们的投影除了在一个视图中积聚为一条直线外,在其他两个视图中都为空间实形"L""⊥""凹"字的类似形。图3-33(d)中梯形是一个一般位置平面,它在三个投影面上的投影皆为梯形。

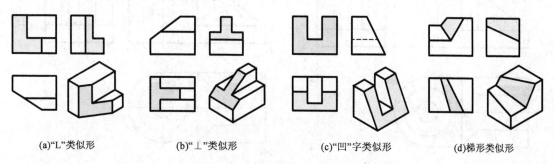

(a)"L"类似形   (b)"⊥"类似形   (c)"凹"字类似形   (d)梯形类似形

图3-33 斜面的投影为类似形

2) 分析面的相对位置

如前所述,视图中每个封闭线框都代表组合体上的一个面的投影,相邻的封闭线框通常表示物体的两个表面的投影,这两个面一般是有层次的,或相交、或平行;而嵌套的封闭线框表示两个面非凸即凹(包括通孔)。两个面在空间的相对位置还要结合其他视图来判断。下面以图3-34为例说明。

在图3-34(a)中,比较面 A、B、C 和 D。由于俯视图中所有图线都是粗实线,所以只可能是 D 面凸出在前,A、B、C 面凹进在后;再比较 A、C 和 B 面,由于左视图中有细虚线,结合主、俯视图,则可判断是 A、C 面在前,B 面在后。左视图的右边是条斜线,因此 A、C 面是斜面(侧垂面);细虚线是条竖直线,因此它表示的 B 面为正平面。判断出面的前后关系后,即能想象出该组合体的形状,如图3-34(b)所示。

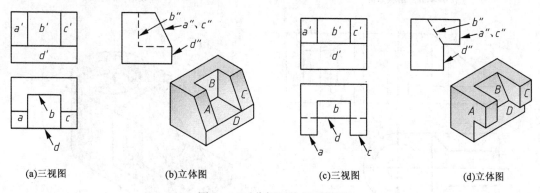

(a)三视图   (b)立体图   (c)三视图   (d)立体图

图3-34 分析面的相对位置

在图3-34(c)中,由于俯视图左、右出现细虚线,中间有两段粗实线,所以可判定 A、C 面在 D 面之前,B 面在 D 面的后面。又由左视图中有一条倾斜的细虚线可知,凹进去的 B 面为一斜面,且与 D 面相交。图 3－34(d)所示为该形体的立体图。

【例 3－3】 已知图 3－35(a)所示滑块的三视图,试分析其空间形状。

图3-35动画

运用形体分析法,从滑块的主视图和左视图可以看出,它的外形轮廓基本上是一矩形,俯视图左端是矩形,右端为半圆,因此滑块的原始形体可看成是由长方体与半个圆柱体所组成,然后经过逐步切割而形成的,整个形体前后具有对称性。其具体结构,需要进行线面分析。首先分析主视图中的五个封闭线框 Ⅰ、Ⅱ、Ⅲ、Ⅳ、Ⅴ所表示的物体表面的形状。

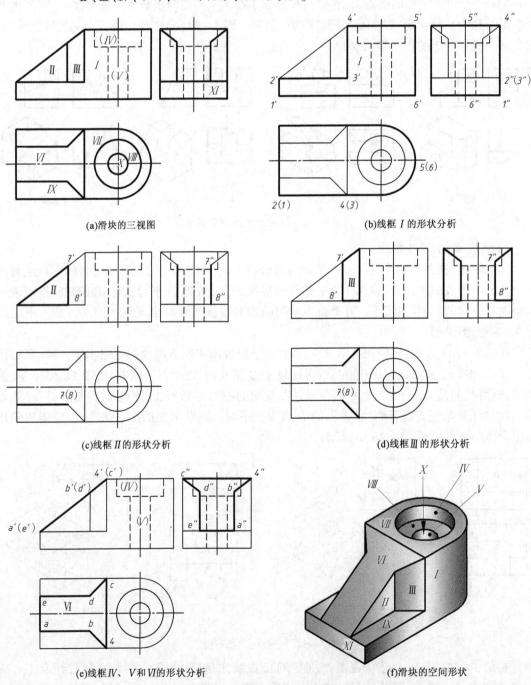

(a)滑块的三视图

(b)线框 I 的形状分析

(c)线框 II 的形状分析

(d)线框Ⅲ的形状分析

(e)线框Ⅳ、Ⅴ和Ⅵ的形状分析

(f)滑块的空间形状

图 3－35　看滑块三视图步骤

图 3-35(b)中,主视图中的封闭线框Ⅰ即多边形1′2′3′4′5′6′,与俯视图中的两条前后对称的水平直线及半圆相对应(图中只标注出前一半),由此可判断线框Ⅰ是一个由半圆柱面及两个与之相切的正平面组成的 U 形曲面。

图 3-35(c)中,主视图中的线框Ⅱ是三角形,与俯视图中的两条水平线、左视图中的两条竖直线相对应,所以线框Ⅱ表示两个前后对称的正平面,主视图中的线框Ⅱ反映该面实形。

图 3-35(d)中,主视图中的线框Ⅲ与俯视图中的两条斜线、左视图中的两个同主视图类似的四边形相对应,故线框Ⅲ表示两个前后对称的铅垂面,主视图及左视图中的四边形皆为该面的类似形。图中的线段ⅦⅧ(78,7′8′,7″8″)是一条铅垂线,是线框Ⅱ、Ⅲ面的交线。

图 3-35(e)中,主视图中的线框Ⅳ、Ⅴ与俯视图中的同心圆、左视图中的虚线线框相对应,所以它们表示的是两个同轴阶梯孔。俯视图中的线框Ⅵ即多边形 $ab4cde$,与主视图中的斜线 $a′4′$ 、左视图中的线框 $a″b″4″c″d″e″$ 相对应,表示一个六边形的正垂面,俯、左视图中的多边形皆为其空间实形的类似形。

除此之外,滑块上还有三个水平面Ⅶ、Ⅷ、Ⅸ,如图 3-35(a)所示,俯视图上反映它们的实形。侧平面Ⅺ,左视图中反映其实形。俯视图中的封闭线框Ⅹ表示的是一通孔,即线框Ⅴ所对应形体。

各个面的形状分析清楚之后,还要判断各表面的相对位置。

封闭线框Ⅶ表示的水平面位置最高,其次是Ⅷ、Ⅸ;平面Ⅶ的左面是正垂面Ⅵ,这两个平面的交线是一条正垂线,在主视图上积聚为一个点,在俯视图中是一条直线 $4c$ 。

综合上述分析,即可以想象出滑块的空间形状,如图 3-35(f)所示。

在看图和画图的过程中,形体分析法和线面分析法要结合起来应用。此外,已知组合体的两个视图,补画其第三视图,是画图与看图的综合应用,可提高空间想象能力和空间分析能力。

【例 3-4】 如图 3-36 所示,已知架体的主、俯视图,想象其整体形状,并补画左视图。

(1)形体分析及线面分析。

已知的主、俯视图外轮廓都是矩形,故可断定这是一个长方体经切割和穿孔后所形成的立体。从主视图入手,可分出 $a′$ 、$b′$ 、$c′$ 三个线框,对照俯视图,这三个线框所表示的面可能与俯视图中的 a 、b 、c 相对应,如图 3-37 所示,该结论是否成立,还需进一步判断。对照主、俯视图按投影关系可知,架体分成前、中、后三层,在主视图中 $b′$ 面上有一个小圆,与俯视图中终止于 b 面的细虚线相对应,说明小圆是一个从中层到后层的通孔,且 B 面是中层的前端面;又因前层上挖掉一个半圆柱槽,俯视图上为可见轮廓线,而且前层没有小孔的投影细虚线,所以 A 面是前层的前端面;故 C 面是后层的前端面。假设 C 面在 A 面之前,是否正确?如该假设成立,架体上部挖的半圆通孔在俯视图中的投影应是从后到前连续的粗实线,这与已给俯视图不符,所以该假设不成立。因此,我们前述的分析是正确的,由此可想象出架体的空间形状,如图 3-38(e)所示。

(2)补画左视图。

根据形体分析,按照挖切顺序,逐一补画架体的左视图,如图 3-38(a)~(f)所示。

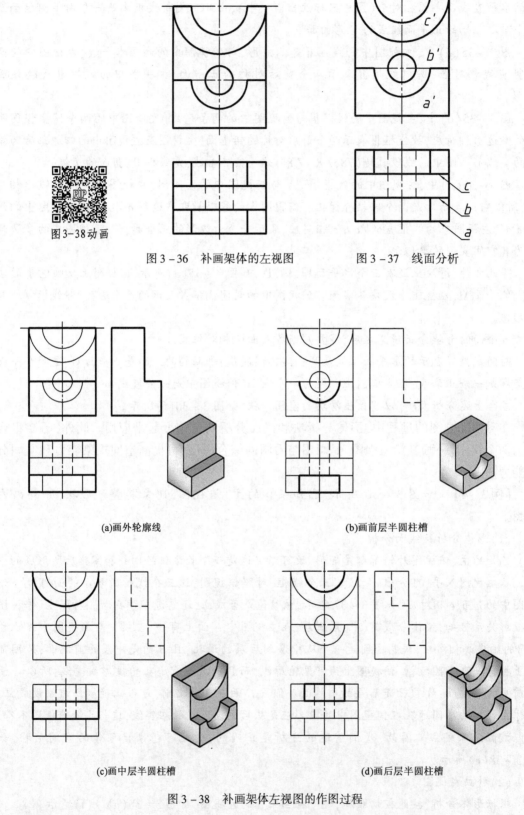

图3-38动画

图3-36　补画架体的左视图　　　　图3-37　线面分析

(a)画外轮廓线　　　　　　　　　　(b)画前层半圆柱槽

(c)画中层半圆柱槽　　　　　　　　(d)画后层半圆柱槽

图3-38　补画架体左视图的作图过程

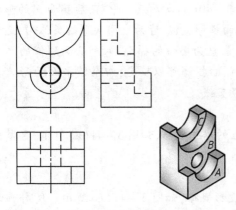
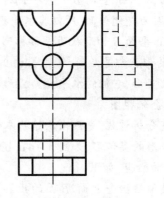

(e)画中、后层的圆柱通孔　　　　　　　(f)完整的三视图

图3-38　补画架体左视图的作图过程(续)

【例3-5】　如图3-39所示,已知物体主、左视图,想象其整体形状,并补画俯视图。

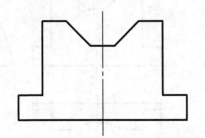
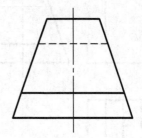

图3-39　看懂组合体,补画俯视图

(1)形体分析。

由图3-39可见,主视图只有一个封闭线框,该形体有可能是图示形状的十二棱柱,如图3-40(a)所示。对照投影关系从左视图可知,此棱柱的前后两端被两个侧垂面各切去一部分,形体分析过程如图3-40(b)所示。

图3-40动画

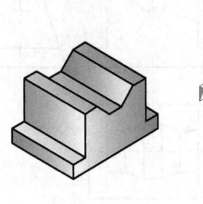

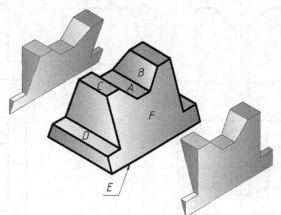

(a)十二棱柱　　　　　　　　　　　　(b)形体分析

图3-40　形体分析过程

(2)线面分析。

为准确地画出俯视图,还需进行线面分析。包络该立体的表面有六个水平面A、C、D、E,

四个侧平面,两个正垂面 B 和两个侧垂面 F,如图 3-40(b)所示。其中前、后端面 F 的形状为十二边形,因为是侧垂面,所以其水平投影应与正面投影类似,皆为空间实形的类似形,是十二边形;两个正垂面 B 的形状为等腰梯形,其水平投影也为类似的梯形;六个从高到低的水平面 C、A、D、E 的形状都是矩形,其边长由正面投影和侧面投影可以确定;四个侧平面的形状在左视图中反映实形,它们的水平投影皆为积聚性的竖直线。

(3)补全俯视图。

按上述分析过程,先画出原始基本体十二棱柱的水平投影,如图 3-41(a)所示;再做出侧垂面十二边形的类似形,如图 3-41(b)所示。

(4)全面检查,加深。

根据类似性检查 F 面、B 面的投影是否符合投影规律,如图 3-41(c)所示。所补画的四条一般位置直线是侧垂面 F 和正垂面 B 的四条交线。

加深,如图 3-41(d)所示。

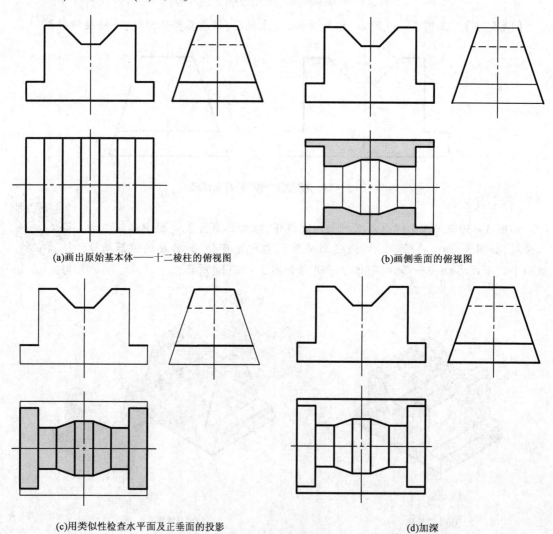

(a)画出原始基本体——十二棱柱的俯视图　　　　　(b)画侧垂面的俯视图

(c)用类似性检查水平面及正垂面的投影　　　　　(d)加深

图 3-41　补画俯视图

【例3-6】　如图 3-42 所示,已知物体主、左视图,分析其空间结构,并补画俯视图。

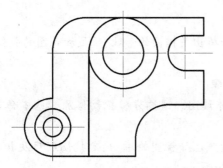
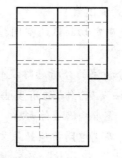

图 3 - 42 分析组合体,并补画俯视图

（1）形体分析。

按照形体分析法的分析步骤,首先对特征视图分线框,再分别按照投影规律确定各形体结构,最后综合起来构思立体总体形状。

图3-43讲解

（2）补全俯视图。

按各部分形体结构,逐一补画第三视图,注意绘图顺序:先主后次,先外部轮廓,后局部细节。

（3）全面检查,加深。

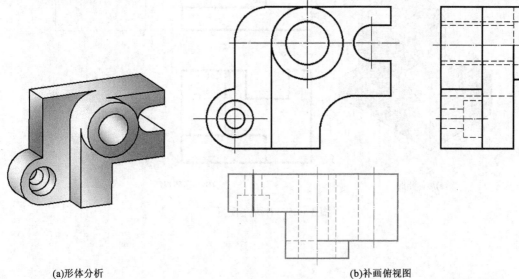

(a)形体分析

(b)补画俯视图

图 3 - 43 补画俯视图

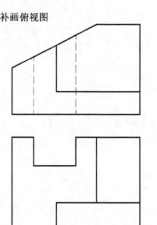

【例3-7】 如图3-44所示,已知挖切体主、俯视图,试分别用线面分析法和形体分析法分析其空间结构,并补画左视图。

（1）线面分析法的分析思路及作图步骤。

线面分析法是从"面"和"线"的角度去分析和读图。它是基于物体是由表面包罗而成,所以只要把每个面的形状、相对投影面的位置,以及彼此之间的相对位置、面与面的交线想清楚,那么整个立体的形状自然就出来了。

分析思路:确定围成组合体关键的、有特征的重要面的位置及形状,特别是面的类似形的对应关系,它往往是

图3-44 分析组合体,并补画左视图

画图看图时的关键图素。

作图时,先确定切割体的空间结构,分析出关键面的形状、位置和作图的关键切入点,再针对其他图素补充完善。

(2)形体分析法的分析思路及作图步骤。

形体分析法是从"体"的角度去分析并读图。通过分析挖切体原始基本体及挖切掉的立体结构和顺序,逐步构思最终形体。

分析思路:确定挖切前原始基本体,按照已知视图轮廓,确定挖切顺序及挖切掉的基本体结构,逐一挖切及完善立体构型。

图3-45讲解

作图时,先确定原始基本体和挖切基本体,按照挖切顺序,每一步作图都一一对应该步挖切的立体形态,详细分析立体的变化及视图的局部细节,修改并完善。具体分析和作图步骤如图3-45所示媒体资源。

(3)全面检查,加深。

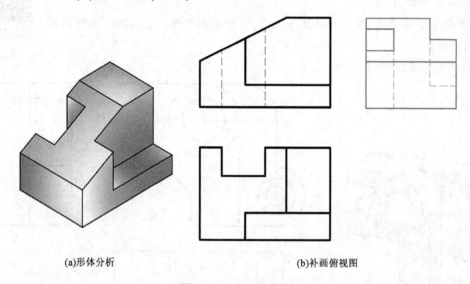

(a)形体分析　　　　　　　　　　(b)补画俯视图

图3-45　补画左视图

第四章

轴测图

工程上一般采用多面正投影图表达立体,它可以完整、准确地表达出零件各部分的形状和尺寸,且作图简便。但正投影图样直观性差,需要具备一定读图知识的技术人员才能分析清楚。为此,工程上可采用富有立体感的轴测投影图进行辅助表达。

正投影图是工程上应用最广的图样,它能够准确地表达出物体的形状和大小,如图4-1(a)所示。但该类图形缺乏立体感,通常需要对照几个视图,再运用正投影原理进行阅读,才能想象出物体的形状。轴测图是将物体连同其参考直角坐标系,沿不平行于任一坐标面的方向,用平行投影法将其投射在单一投影面上所得到的图形,如图4-1(b)所示。该类图形能同时反映物体正面、水平面和侧面的形状,有较强的立体感,易于识图,但度量性较差,作图较繁琐。因而在工程上仅用来作为辅助图样,说明产品的结构和使用情况。三视图与轴测图效果对比如图4-1所示。

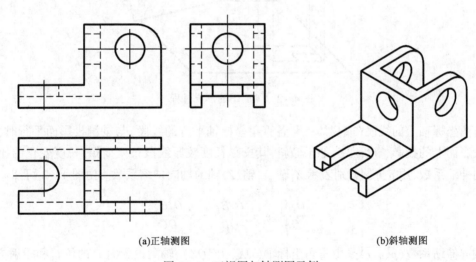

(a)正轴测图   (b)斜轴测图

图4-1 三视图与轴测图示例

第一节 轴测图的基本知识

一、轴测图的形成和基本概念

物体轴测图的形成过程如图4-2所示。在适当位置设置一个投影面 P,将物体连同其直角坐标系,沿不平行于任一坐标平面的方向,用平行投影法将其投射在该投影面上,获得的具有立体感的图形称为轴测投影,又称轴测图。

1. 轴测投影面

获得轴测投影的平面称为轴测投影面,如图4-2中的面P。

2. 轴测轴

空间直角坐标系OX轴、OY轴和OZ轴在轴测投影面上的投影O_1X_1、O_1Y_1和O_1Z_1称为轴测投影轴,简称为轴测轴。

3. 轴间角

轴测图中,轴测轴之间的夹角称为轴间角,即$\angle X_1O_1Y_1$、$\angle X_1O_1Z_1$和$\angle Y_1O_1Z_1$。

4. 轴向伸缩系数

轴测轴上的单位长度与空间直角坐标轴上的单位长度之比,称为轴向伸缩系数。

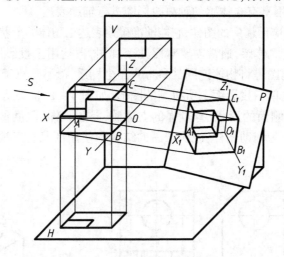

图4-2 轴测图的形成过程

直角坐标轴上的线段(或物体上与各直角坐标轴平行的线段)与轴测投影面平行时,其在轴测投影面上的投影长度不变;如果倾斜,其投影长度较原线段长度变短,长度变化的比值称为轴向伸缩系数,用p、q、r分别表示X_1轴、Y_1轴、Z_1轴的轴向伸缩系数。由图4-2可知:

$$p = \frac{O_1A_1}{OA}, q = \frac{O_1B_1}{OB}, r = \frac{O_1C_1}{OC}$$

轴向伸缩系数(p、q、r)是由直角坐标轴(OX、OY、OZ)、轴测投影面P的位置和投射方向S决定的,直接影响物体轴测图的形状和大小。

轴间角和轴向伸缩系数是画物体轴测图的作图依据。

二、轴测投影的基本性质

轴测投影采用的是平行投影法,所以它仍保持平行投影的性质:

(1)物体上平行于坐标轴的直线段的轴测投影仍与相应的轴测轴平行。

(2)物体上相互平行的线段的轴测投影仍相互平行。

(3)物体上两平行线段或同一直线上的两线段长度之比,在轴测投影后保持不变。

三、轴测投影的分类

轴测投影图按照投射方向与轴侧投影面的相对位置可分为正轴测投影图和斜轴测投影图两大类。当投射方向垂直于轴测投影面时,称为正轴测图,如图 4 – 3(a)所示;当投射方向倾斜于轴测投影面时,称为斜轴测图,如图 4 – 3(b)所示。

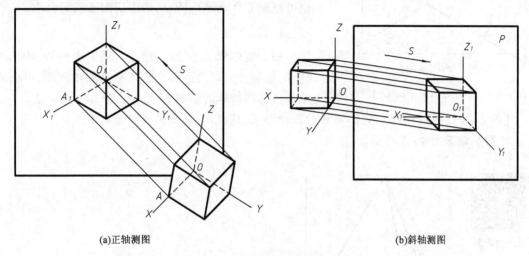

(a)正轴测图　　　　　　　　　　　　　(b)斜轴测图

图 4 – 3　轴测图的分类

正轴测图和斜轴测图按三个轴向伸缩系数是否相等而分为三种:

(1)正(或斜)等轴测图,$p_1 = q_1 = r_1$,简称为正(或斜)等测;

(2)正(或斜)二等轴测图,$p_1 = q_1 \neq r_1$,或 $p_1 \neq q_1 = r_1$,或 $p_1 = r_1 \neq q_1$,简称为正(或斜)二测;

(3)正(或斜)三轴测图,$p_1 \neq q_1 \neq r_1$,简称为正(或斜)三测。

轴测图的种类很多,采用较多的是正等轴测图(简称为正等测)和斜二轴测图(简称为斜二测)。

画物体的轴测图时,应先选择轴测图的种类,从而确定各轴向伸缩系数和轴间角。轴测轴可根据已确定的轴间角,按表达清晰和作图方便来安排,Z 轴通常画成铅垂位置。在轴测图中,应用粗实线画出物体的可见轮廓。为了使画出的图形清晰,通常不画出物体的不可见轮廓,但在必要时,可用虚线画出物体的不可见轮廓。

第二节　正等轴测图

一、轴间角和轴向伸缩系数

如图 4 – 3(a)所示,使三条坐标轴对轴测投影面处于倾角相等的位置(倾角为35°16′),也就是将图中立方体过 O 点的对角线放成垂直于轴测投影面的位置,并以该对角线的方向为投射方向,所得到的轴测图就是正等轴测图。

如图 4 – 4 所示,正等测的轴间角都是120°,各轴向伸缩系数都相等,通过计算 $p = q = r = \cos35°16′ \approx 0.82$。为便于作图,常采用简化系数,即 $p = q = r = 1$。采用简化系数作图时,沿各轴向的所有尺寸都用真实长度量取,所画出的图形沿各轴向的长度都分别放大了 $1/0.82 \approx 1.22$ 倍。

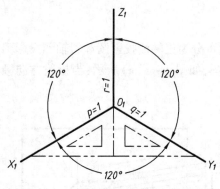

图4-4　正等测轴间角及轴向伸缩系数

二、平面立体的正等测画法

用简化系数画物体的正等测，作图非常方便。因此，在一般情况下常用正等测来绘制物体的轴测图。

绘制平面立体轴测图的最基本的方法是坐标法，也可根据立体的结构特点，采用切割法或组合法。

1.坐标法

根据物体形状的特点，选定合适的坐标轴，画出轴测轴，然后按坐标关系画出物体各点的轴测图，进而连接各点即得物体的轴测图，这种方法称为坐标法。

【例4-1】　根据图4-5(a)所示的三棱锥主、俯视图，画出其正等轴测图。

作图步骤如图4-5所示。

图4-5讲解

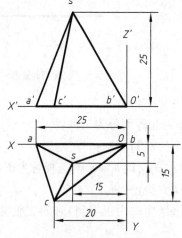

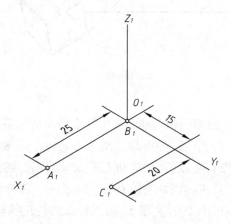

(a)在视图上定坐标轴　　(b)画轴测轴，根据 A、B、C 三点的坐标值，定出 A_1、B_1 和 C_1

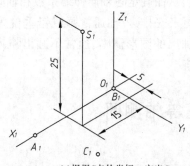

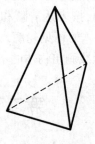

(c)根据 S 点的坐标，定出 S_1　　(d)用直线连接各点，完成全图

图4-5　三棱锥的正等测画法

图4-6讲解

【例4-2】　根据图4-6(a)所示正六棱柱的主、俯视图，画出其正等轴测图。

作图步骤如图4-6所示。

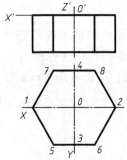

(a)在视图上定坐标轴

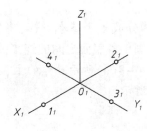

(b)画轴测轴,并根据俯视图定
轴上1_1、2_1、3_1、4_1各点

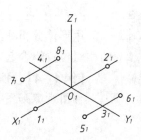

(c)过3_1、4_1绘制直线平行X轴得
5_1、6_1、7_1、8_1各点

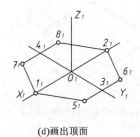

(d)画出顶面

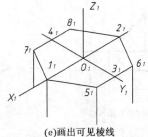

(e)画出可见棱线

(f)连接底边,完成全图

图4-6 正六棱柱的正等测画法

2.切割法

对于某些带有缺口的组合体,可先画出它的完整形体轴测图,再按形体形成
的过程逐一切去多余的部分而得到所求图形。

【例4-3】 根据图4-7(a)所示垫块的主、俯视图,画出其正等轴测图。
作图步骤如图4-7所示。

图4-7讲解

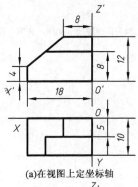

(a)在视图上定坐标轴

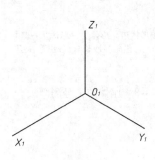

(b)画出轴测轴

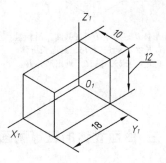

(c)沿轴量取长18、宽10和高12,绘制长方体

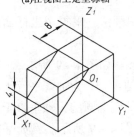

(d)沿轴量取长8、高4,切去
左上角三棱柱,得正垂面

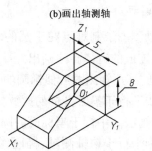

(e)沿Y轴量取宽5,由上向下切;
沿Z轴量高8,由前向后切,两
面相交切去右前角四棱柱

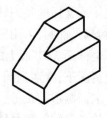

(f)擦去多余图线,加深,完成全图

图4-7 垫块的正等测画法

3.组合法

用形体分析法将物体分成多个基本形体,将各部分的轴测图按照它们之间的相对位置组合起来,并画出各表面之间的连接关系,即得物体的轴测图。

图4-8讲解

【例4-4】 根据图4-8(a)所示座体的主、左视图,画出其正等轴测图。作图步骤如图4-8所示。

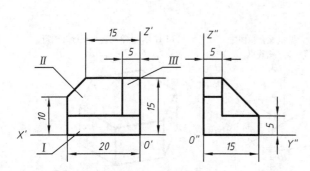
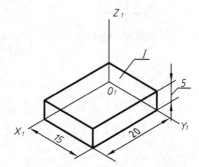

(a)在视图上定坐标轴,并将组合体分解为3个基本体　　(b)画轴测轴,沿轴量取长20、宽15、高5,画出形体 I

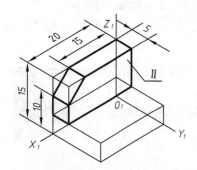
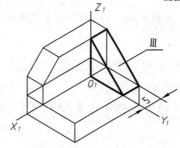
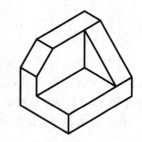

(c)形体II与形体 I 三侧共面,沿轴量取长20、宽5、高15,画长方体,再量取长15、高10,画出形体II　　(d)形体III与形体 I、形体II 右侧共面,沿轴量取长5,画出形体III　　(e)擦去多余图线,加深,完成全图

图4-8 座体的正等测画法

三、曲面立体的正等测画法

1.平行于坐标面的圆的正等测画法

曲面立体最常用的是回转体,其轴测图绘制难点在于圆的轴测图画法。平行于坐标面的圆,其正等测都是椭圆,可用四段圆弧连成的近似画法画出。

以平行坐标面 XOY 面上的圆为例,其正等测图近似椭圆的作图步骤如图4-9所示。

在一般情况下,常遇到圆柱体轴线平行于投影坐标的摆放位置,图4-10为轴线平行于不同坐标轴时端面圆形的正等轴测投影画法。平行于坐标面的圆的正等测椭圆的长轴垂直于与圆平面垂直的坐标轴的轴测轴;短轴则平行于该轴测轴,椭圆作法如图4-9所示。例如平行坐标面 XOY 的圆的正等测椭圆的长轴垂直于 Z_1 轴,而短轴则平行于 Z_1 轴。用各轴向简化系数画出的正等测椭圆,其长轴约等于 $1.22d$(d 为圆的直径),短轴约等于 $0.7d$。

(a)在视图上定坐标轴，
画出圆的外切正方形，
切点为1、2、3、4

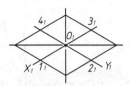

(b)画轴测轴，沿轴量R得
1_1、2_1、3_1、4_1，绘制外
切正方形的轴测菱形及
对角线

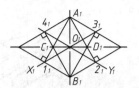

(c)连接$A_1 1_1$、$A_1 2_1$，分别
与菱形对角线交于C_1、D_1。
A_1、B_1、C_1、D_1即为四段
圆弧圆心

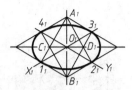

(d)以A_1、B_1为圆心，$A_1 1_1$为
半径，画$\widehat{1_1 2_1}$、$\widehat{3_1 4_1}$；以
C_1、D_1为圆心，$C_1 1_1$为半
径，画$\widehat{1_1 4_1}$、$\widehat{2_1 3_1}$

图4-9 近似椭圆的画法

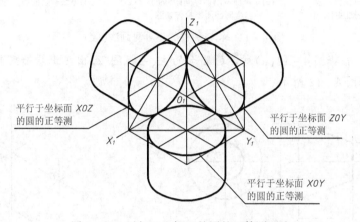

平行于坐标面 XOZ
的圆的正等测

平行于坐标面 ZOY
的圆的正等测

平行于坐标面 XOY
的圆的正等测

图4-10 平行于坐标面的圆的正等测画法

【例4-5】 根据图4-11(a)所示的切口圆柱的主、俯视图，画出其正等轴测图。

按切割法先做出圆柱的正等轴测图，再进行切口切割绘制，作图步骤如图4-11所示。

图4-11讲解

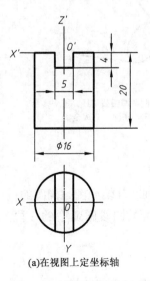

(a)在视图上定坐标轴

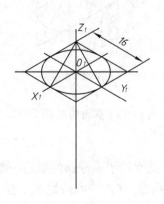

(b)画轴测轴和上顶面菱形，定圆心，
绘制顶面椭圆

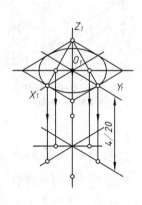

(c)将4段圆弧的圆心、切点沿Z_1轴向
下平移距离4和20

图4-11 切口圆柱的正等测画法

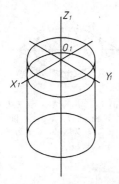 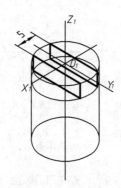 

(d)画中间和底面的椭圆弧,及
其公切线,绘出圆柱主体

(e)在顶面做出切口间距5的平行线,
并向中间截面做拉伸切除

(f)擦去多余的线,加深,完成全图

图4-11　切口圆柱的正等测画法(续)

【例4-6】　根据图4-12(a)所示的圆台的主、左视图,画出其正等轴测图。

作图步骤如图4-12所示。

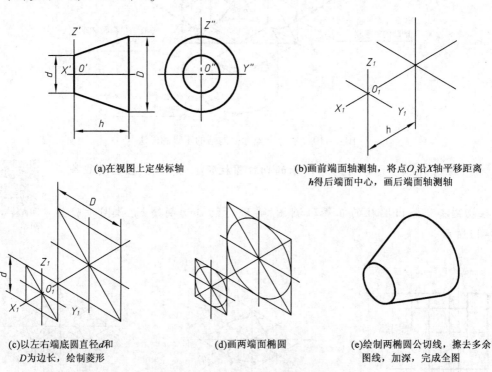

(a)在视图上定坐标轴

(b)画前端面轴测轴,将点O_1沿X轴平移距离
h得后端面中心,画后端面轴测轴

(c)以左右端底圆直径d和
D为边长,绘制菱形

(d)画两端面椭圆

(e)绘制两椭圆公切线,擦去多余
图线,加深,完成全图

图4-12　圆台的正等测画法

2. 圆角的正等测画法

平行于坐标面的圆角,实质上是平行于坐标面的圆的一部分。因此,其轴测图是椭圆的一部分。特别是常见的1/4圆周的圆角,其正等测恰好是上述近似椭圆的四段圆弧中的一段。图4-13为圆角的简化画法。

3. 相贯线的正等测画法

绘制回转体间的相贯线正等轴测图需要求出相贯线上一系列点,然后光滑连接,一般可采用坐标法或辅助平面法绘制。坐标法是先在相贯线上取一系列的点,根据坐标做出这些点的

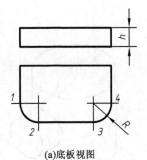

(a)底板视图

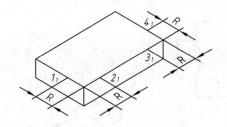

(b)画底板轴测图,并根据圆角的半径R,
在棱线上找出切点1_1、2_1、3_1、4_1

(c)过1_1、2_1绘制其相应棱线的垂线,
得交点O_1。过3_1、4_1绘制相应棱
线的垂线得交点O_2

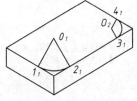

(d)以O_1为圆心,$O_1 1_1$为半径画$\widehat{1_1 2_1}$;
以O_2为圆心,$O_2 3_1$为半径画$\widehat{3_1 4_1}$,
即得底板上顶面圆角的轴测投影

(e)将圆心O_1、O_2下移厚度h,再用与
上顶面圆弧相同的半径分别画圆弧,
即得平板下底面圆角的轴测投影

(f)在右端绘制上、下小圆弧的公切线,
并擦去多余图线,加深,完成全图

图4-13 圆角的正等测画法

轴测投影,然后光滑连接。两者在绘制时可根据不同的已知条件进行选择使用。下面举例说
明两种不同的绘制方法。

【例4-7】 根据图4-14(a)所示相贯体的三视图,分别采用坐标法和辅
助平面法绘制正等轴测图。

图4-14讲解

方法一: 采用坐标法,作图步骤如图4-14所示。

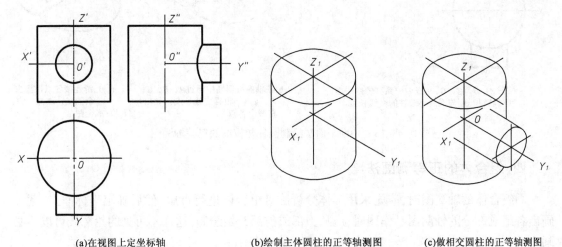

(a)在视图上定坐标轴

(b)绘制主体圆柱的正等轴测图

(c)做相交圆柱的正等轴测图

图4-14 坐标法绘制圆柱相贯线的正等轴测图

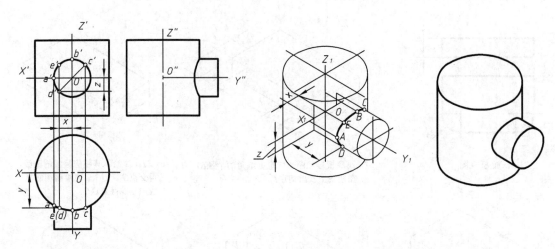

(d)在主、俯视图相贯线上找到对应的
A、B、C、D、E点,可确定各点的
x、y、z坐标

(e)在正等轴测图中按点的坐标
逐一确定各点位置

(f)光滑连接各点,擦去多余的
线,加深,完成全图

图4-14 坐标法绘制圆柱相贯线的正等轴测图(续)

图4-15讲解

方法二:采用辅助平面法,在做完相交两圆柱轮廓后,具体作图步骤如图4-15所示。

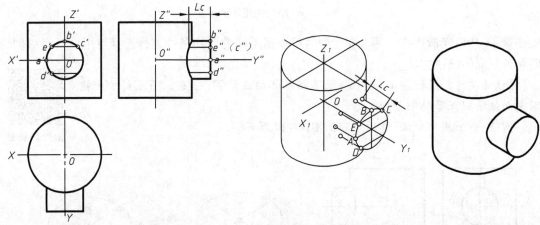

(a)过A、B、C、D、E点做一系列辅助平面,
可获得平面与横向小圆柱的交线长度

(b)在轴侧投影图中通过A、B、C、
D、E点,根据交线长度,做出相
贯线上各点

(c)光滑连接各点,擦去
多余的线,加深,完
成全图

图4-15 辅助平面法绘制圆柱相贯线的正等轴测图

四、组合体的正等测画法

画组合体的轴测图时,应先采用形体分析法对组合体进行拆解,然后确定坐标原点,逐一画出各组成部分的轴测图。作图时,应从上部或前部开始绘制,这样不可见的轮廓线可以不必画出。

【例4-8】 根据图4-16(a)所示的轴承座的三视图,画出其正等轴测图。

作图步骤如图4-16所示。

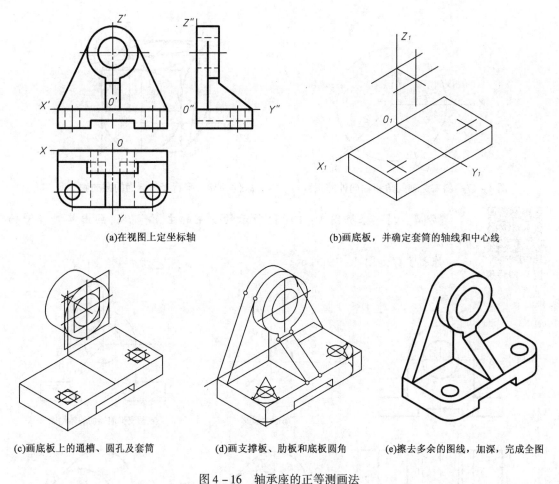

(a)在视图上定坐标轴　　　　　　　　　　(b)画底板，并确定套筒的轴线和中心线

(c)画底板上的通槽、圆孔及套筒　　(d)画支撑板、肋板和底板圆角　　(e)擦去多余的图线，加深，完成全图

图4－16　轴承座的正等测画法

第三节　斜二等轴测图

如图4－3(b)所示，将坐标轴 OZ 放成铅垂位置，并使坐标面 XOZ 平行于轴测投影面，当投射方向与三个坐标轴都不相平行时，则形成斜轴测图。轴测轴 X_1 和 Z_1 为水平方向和铅垂方向，轴向伸缩系数 $p=r=1$，物体上平行于坐标面 XOZ 的直线、曲线和平面图形在正面轴测图中都反映实长和实形；而轴测轴 Y_1 的方向和轴向伸缩系数 q，则随着投射方向的变化而变化，当取 $q\neq1$ 时，即为正面斜二测。

本节重点介绍斜二等轴测图(简称为斜二测)，其参数如图4－17所示，$\angle X_1O_1Z_1=90°$，$\angle X_1O_1Y_1=\angle Y_1O_1Z_1=135°$;$p=r=1,q=1/2$。

图4－18为平行于坐标面的圆的斜二等轴测图，平行于坐标面 XOZ 的圆的斜二测，仍是大小相同的圆；平行于坐标面 XOY 和 YOZ 的圆的斜二测是形状、大小相同的椭圆，其长轴方向分别与 X_1 轴和 Z_1 轴倾斜7°左右。这些椭圆通常采用近似画法，但作图都很繁琐。因此，当物体上只有一个坐标面上有圆时，采用斜二测最有利。当物体上两个或三个坐标面上都有圆时，则最好避免选用斜二测画椭圆，而以选用正等测为宜。

画物体斜二测的方法与作正等测相同，仅是它们的轴间角和轴向伸缩系数不同。

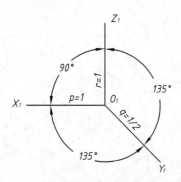

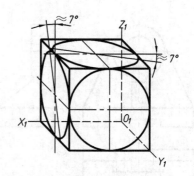

图 4 – 17　斜二测轴间角和轴向伸缩系数　　　　图 4 – 18　平行于坐标面的圆的斜二测

图4-19讲解

【例 4 – 9】　根据图 4 – 19(a)所示的支架的主、俯视图,画出其斜二等轴测图。

作图步骤如图 4 – 19 所示。

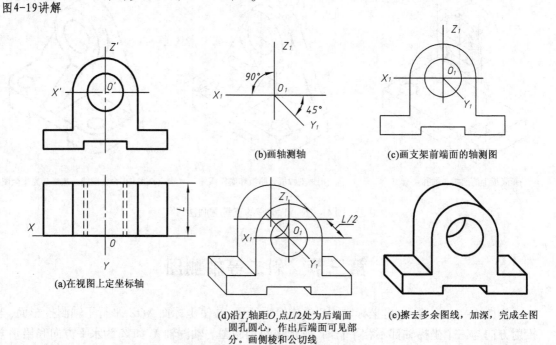

(a)在视图上定坐标轴

(b)画轴测轴

(c)画支架前端面的轴测图

(d)沿Y_1轴距O_1点$L/2$处为后端面圆孔圆心,作出后端面可见部分。画侧棱和公切线

(e)擦去多余图线,加深,完成全图

图 4 – 19　支架的斜二等轴测图画法

第四节　轴测剖视图

在轴测图中,同样可以应用剖切画法,假想地用剖切平面将物体的一部分剖去,以表达剖切后的内部结构,这种轴测图称为轴测剖视图。

一、轴测剖视图的断面表示

轴测剖视图一般用两个互相垂直的轴测坐标面(或其平行面)剖切,能较完整地显示其零件的内、外形状,如图 4 – 20(a)所示。尽量避免用一个剖切平面剖切整个零件,如图 4 – 20(b)所示,同时也要避免选择不正确的剖切位置,如图 4 – 20(c)所示。

(a)正确剖切方式　　　　(b)尽量避免一个剖面剖切　　　　(c)不正确的剖切位置

图 4 – 20　轴测图的剖切方法

　　轴测剖视图中剖切断面也用剖面线表示,剖面线应画成间隔均匀的细实线。正等轴测图轴向伸缩系数均为1,其剖面线间距相等,如图 4 – 21(a)所示;斜二等轴测图由于 Y 轴的轴向伸缩系数为 0.5,间距不同,如图 4 – 21(b)所示。

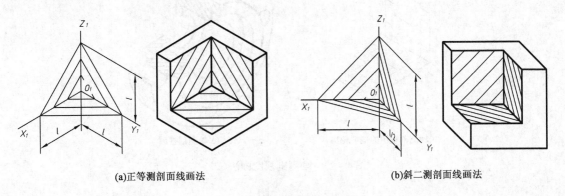

(a)正等测剖面线画法　　　　　　　　(b)斜二测剖面线画法

图 4 – 21　轴测图的剖面线画法

二、轴测剖视图的画法

轴测剖视图一般有两种画法:

(1)先把物体完整的轴测图画出,然后沿轴测轴方向用剖切平面剖开,如图 4 – 22 所示。这种方法初学时较容易掌握。

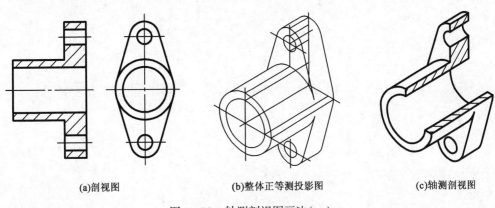

(a)剖视图　　　　　(b)整体正等测投影图　　　　　(c)轴测剖视图

图 4 – 22　轴测剖视图画法(一)

（2）先画出剖面的轴测投影，然后画出可见轮廓线，这样可减少不必要的作图线，使作图更为迅速。这种作图方法对内外结构较复杂的零件更为合适，如图4-23所示。

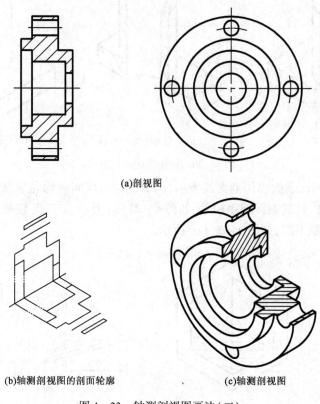

(a)剖视图

(b)轴测剖视图的剖面轮廓　　　　　　　　(c)轴测剖视图

图4-23　轴测剖视图画法（二）

第五章

机件的常用表达方法

前面章节介绍了正投影的基本原理和用三视图表达物体形状的基本方法。但在生产实际中,机件的形状是多种多样的,为了完整、清晰地表达各种机件的形状和结构,国家标准《技术制图》和《机械制图》规定了机件的多种表达方法,包括视图、剖视图、断面图、局部放大图、简化画法和规定画法等。本章介绍了机件的常用表达方法,应重点掌握其画法、图形配置和标注方法等,在作图时,针对不同机件结构形状和特点,要做到灵活运用,准确表达。

第一节 视 图

视图主要用来表达机件外部结构形状,分为基本视图、向视图、局部视图和斜视图。视图中,一般只用粗实线画出机件的可见轮廓,必要时才用细虚线画出其不可见轮廓。

一、基本视图

物体向基本投影面投射所得的视图为基本视图(GB/T 17451—1998《技术制图 图样画法 视图》、GB/T 14692—2008《技术制图 投影法》)。

基本投影面为正六面体的六个面,在前面学习的正立投影面、水平投影面和侧立投影面基础上,增加三个对面。形成的基本视图除了前面已经介绍过的主视图、俯视图和左视图外,还包含由右向左投影得到的右视图,由下向上投影得到的仰视图,以及从后向前投影得到的后视图,如图 5 - 1(a)所示。将六面体的正立投影面保持不变,其余投影面按图 5 - 1(b)箭头所指的方向旋转,展开后的各视图位置如图 5 - 1(c)所示,此位置称为六个视图的基本位置。

图5-1动画

六个基本视图按照基本位置配置时,不必标注,且各视图间仍符合"长对正、高平齐、宽相等"的投影关系,如图 5 - 1(d)所示。

在运用基本视图表达机件形状时,不必将六个基本视图全部画出,而是在明确表示物体的前提下,视图数量最少为宜。如图 5 - 2 所示,法兰连接接头的视图表达选择了主、左、右视图的方案。用主视图可以清楚表达其主体圆柱,其他视图对此不需重复表达。对于两侧法兰,在主视图中可以表达厚度和孔的通透性,但形状特征需要通过左视和右视方向说明。在左、右两个视图中可省略不必要的细虚线。

在选用基本视图表达物体时,一般优先选用主、俯、左三个视图。但任何机件表达,都必须有主视图。

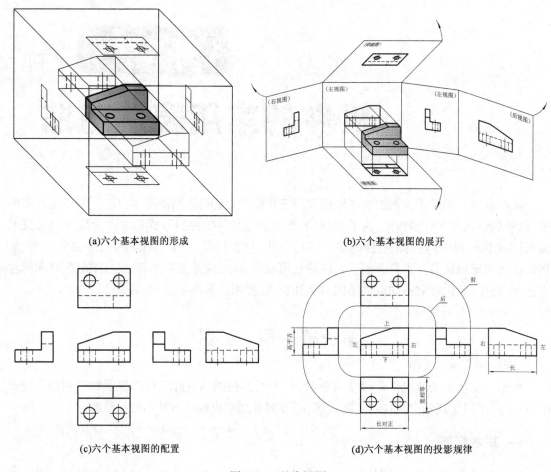

(a)六个基本视图的形成 　　　　　　　　(b)六个基本视图的展开

(c)六个基本视图的配置 　　　　　　　　(d)六个基本视图的投影规律

图 5-1　基本视图

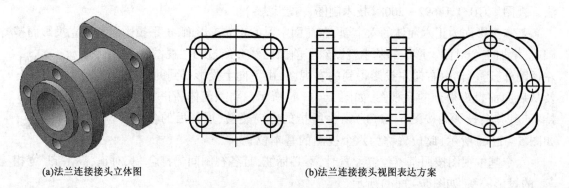

(a)法兰连接接头立体图 　　　　　　　　(b)法兰连接接头视图表达方案

图 5-2　基本视图的选用

二、向视图

向视图是可自由配置的视图(GB/T 17451—1998《技术制图　图样画法　视图》)。

在实际作图过程中,由于受其他条件限制,基本视图不能按照基本位置配置,可采用向视图配置。向视图应按规定进行标注,在向视图上方标注"×"("×"为大写拉丁字母,如 A、B、C 等),在相应视图附近,用箭头指明投射方向,并标注相同的字母,如图 5-3 所示。

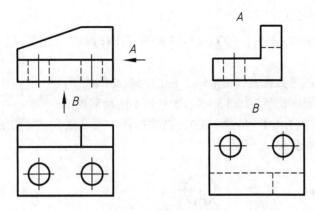

图 5 - 3　向视图及其标注

三、局部视图

局部视图是将物体的某一部分向基本投影面投射所得的视图（GB/T 17451—1998《技术制图　图样画法　视图》）。

当机件尚有局部形状没有表达清楚，而又没有必要画出完整的基本视图或向视图时，可采用局部视图来表达。

1.局部视图的画法

如图 5 - 4(a)所示机件，用主视图和俯视图两个基本视图表达后，两侧的凸台和其中一侧的肋板厚度尚未表达清楚。如果再分别画出左视图和右视图，对中间的主体结构属于重复表达。为此，只需画出 A 向和 B 向的局部视图，就可以将两侧凸台的形状和肋板的厚度表达清楚，如图 5 - 4(b)所示。

画局部视图时，其断裂边界用波浪线或双折线绘制，如图 5 - 4(b)中的 A 向局部视图。绘制波浪线时，注意波浪线不应超出断裂机件的轮廓线，也不应画在机件的中空处。当所表示的局部结构外轮廓呈完整的封闭图形时，其断裂边界线省略不画，如图 5 - 4(b)中的 B 向局部视图。

图5-4动画

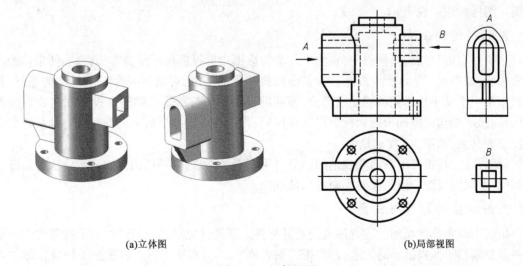

(a)立体图　　　　　　　　　　　　　　　　　　　　(b)局部视图

图 5 - 4　局部视图

2. 局部视图的配置

根据机械制图 GB/T 4458.1—2002《机械制图 图样画法 视图》规定,局部视图的配置可选用以下方式:

(1)按基本视图的形式配置,如图 5 – 5 中的俯视局部视图;

(2)按向视图的形式配置,如图 5 – 4(b)中的 A 向局部视图;

(3)按第三角画法(GB/T 14692—2008《技术制图 投影法》),配置在视图上所需表示物体局部结构的附近,如图 5 – 6 所示。

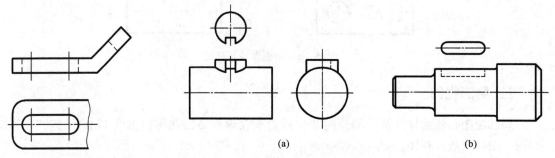

(a)   (b)

图 5 – 5   按基本视图配置的   图 5 – 6   按第三角画法配置的局部视图
            局部视图

3. 局部视图的标注

标注局部视图时,通常在其上方用大写拉丁字母标出视图的名称"×",在相应视图附近用箭头指明投射方向,并注上相同的字母,如图 5 – 4(b)所示。当局部视图按投影关系配置,中间又没有其他图形隔开时,则不必标注,如图 5 – 5 中的俯视局部视图,图 5 – 4(b)的 A 向局部视图也可省略不标。为了看图方便,局部视图尽量配置在箭头所指的方向,必要时也允许配置在其他适当位置,但必须标注,如图 5 – 4(b)的 B 向局部视图。

四、斜视图

斜视图是物体向不平行于基本投影面的平面投射所得的视图(GB/T 17451—1998《技术制图 图样画法 视图》)。

1. 斜视图的画法

当机件上部分结构是倾斜的,在六个基本投影面中的投影都不反映实形,也不便于读图和尺寸标注,如图 5 – 7(a)所示机件。为获得倾斜部分的实形,可增设一个与倾斜结构平行,且垂直于某一个基本投影面的辅助投影面,该辅助投影面和与其垂直的基本投影面构成直角投影体系,倾斜结构向辅助投影面投射得到实形后,将此投影面按投射方向旋转成与其垂直的基本投影面共面,如图 5 – 7(a)所示。

画斜视图时,机件上不需要表达的部分可采用断裂画法,其断裂边界的表示方法与局部视图相同,所以斜视图一般是倾斜投影的局部视图。

2. 斜视图的标注与配置

斜视图通常按向视图的配置形式配置并标注。需要注意的是:标注时,表示投射方向的箭头一定要垂直于倾斜部分的轮廓,而斜视图的名称"×"应水平书写。斜视图最好按投影关系配置,方便于读图。为符合看图习惯,也可将图形向小于 90°方向旋转。此时,标注方法如

图 5 - 7(b)所示,旋转符号的画法如图 5 - 7(c)所示,箭头的指向应与图形的旋转方向一致;表示该视图名称的大写拉丁字母应靠近旋转符号的箭头端;必要时,可将旋转角度注写在字母后面。

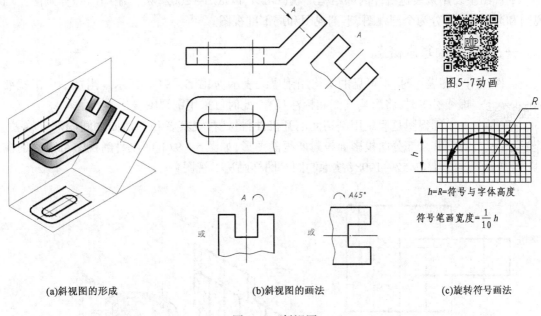

图5-7动画

$h=R=$符号与字体高度

符号笔画宽度$=\dfrac{1}{10}h$

(a)斜视图的形成　　　　　(b)斜视图的画法　　　　　(c)旋转符号画法

图 5 - 7　斜视图

【例 5 - 1】　根据图 5 - 8(a)所示立体,确定机件的表达方案。

立体按形体分析法分析可分为主体圆柱、圆弧接板件、下方小圆柱和右侧 U 形凸台四个部分,机件的投影方向选择和三视图表达如图 5 - 8(b)所示,主视图方向选择合理,通过主、俯视图能够表达圆柱主体的形状特征和长度,圆弧连接板的实形和厚度,以及左下方小圆柱的真实倾斜角度,但俯视图不能反映小圆柱结构的实形,故俯视图应采用局部视图,另外添加斜视图反映小圆柱实形,如图 5 - 8(c)所示的 A 视图;右侧的 U 形凸台在左视图能够反映实形,但处于不可见状态,可采用右视图方向的局部视图表达,如图 5 - 8(c)所示的 B 视图。

图5-8讲解

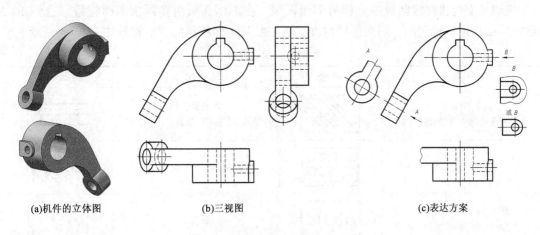

(a)机件的立体图　　　　　(b)三视图　　　　　(c)表达方案

图 5 - 8　视图表达方案综合示例

第二节 剖 视 图

剖视图主要用来表达机件内部结构形状(GB/T 4458.6—2002《机械制图 图样画法 剖视图和断面图》),分为全剖视图、半剖视图和局部剖视图。

一、剖视图的基本概念

图5-9动画

机件在用视图表达时,不可见的结构用细虚线表示,如图5-9(a)所示。当视图中出现细虚线过多时,将影响读图和标注尺寸,此时可采用剖视图表达。

剖视图是假想用剖切面剖开机件,将处在观察者和剖切面之间的部分移去,而将其余部分向投影面投射所得的图形,如图5-9(b)所示,剖视图可简称剖视(GB/T 17452—1998《技术制图 图样画法 视图》)。

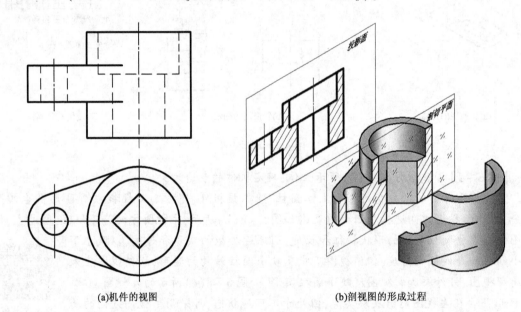

(a)机件的视图　　　　　　　　　(b)剖视图的形成过程

图5-9 剖视图的概念

剖切平面与机件接触的部分称为剖面区域。在剖面区域内要画出剖面符号,根据 GB/T 4457.5—2013《机械制图 剖面区域的表示法》规定,不同材料的剖面符号如表5-1所示。

表5-1 剖面符号

材 料 名 称	剖 面 符 号	材 料 名 称	剖 面 符 号
金属材料 (已有规定剖面符号者除外)		木质胶合板 (不分层数)	
线圈绕组元件		基础周围的泥土	
转子、电枢、变压器和 电抗器等的叠钢片		混凝土	

续上表

材 料 名 称	剖 面 符 号	材 料 名 称	剖 面 符 号
非金属材料 (已有规定剖面符号者除外)		钢筋混凝土	
型砂、填砂、粉末冶金、砂轮、 陶瓷刀片、硬质合金刀片等		砖	
玻璃及供观察用的 其他透明材料		格网 (筛网、过滤网等)	
木材 纵断面		液体	
木材 横断面			

当不需在剖面区域中表示材料类别时,可采用与金属材料相同的通用剖面符号表示,即与水平方向或主要轮廓线成45°或135°、间隔均匀的细实线画出,如图5-10所示。同一机件的零件图中,各剖面区域的剖面线方向和间隔必须一致。

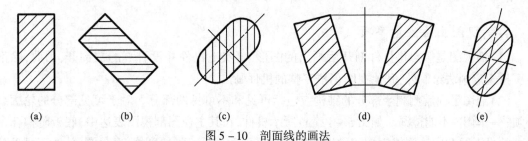

(a)　　　　　　(b)　　　　　　(c)　　　　　　(d)　　　　　　(e)

图5-10　剖面线的画法

二、剖视图的画法和标注

以图5-9(a)所示的机件为例说明画剖视图的方法与步骤。

1. 确定剖切面的位置

剖切面应该通过机件内部孔、槽等结构的轴线或与机件的对称面重合,且平行或垂直于某一投影面,以便使剖切后的结构的投影反映实形,如图5-9(b)所示。

2. 画出剖切平面后可见结构的投影

用粗实线画出剖切处的断面图形,并画入剖面线,如图5-11(a)所示;画出剖切平面后面所有可见轮廓线,如图5-11(b)所示。

3. 剖视图的标注

为便于看图,GB/T 17451—1998《技术制图　图样画法　视图》中对剖视图的标注作了以下规定:

(1)一般应在剖视图的上方用大写拉丁字母标注剖视图的名称"×-×";在相应的视图上用剖切符号表示其剖切位置,其两端用箭头表示投射方向,并注上同样的字母,如图5-11(c)所示。剖切符号是在剖切面起、迄和转折处画上短的粗实线(长5~10mm),且尽可能不要与图形的轮廓线相交。

(2)当剖视图按投影关系配置,中间又没有其他图形隔开时,可以省略箭头。

(3)当单一剖切平面通过机件的对称平面或基本对称的平面剖切,且剖视图按投影关系配置,中间又没有其他图形隔开时,则不必标注,如图5-11(b)所示。

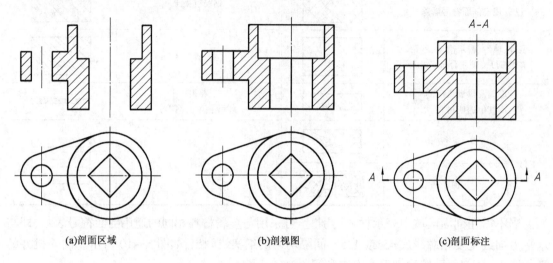

(a)剖面区域   (b)剖视图   (c)剖面标注

图5-11 剖视图的画法

4. 剖视图画法注意事项

(1)剖视图是假想将机件剖开后画出的图形,事实上机件并没有真的被剖开,因此,除剖视图按规定画法绘制外,其他视图仍按完整的机件画出。

(2)剖切平面后侧剩余部分的结构应包括可见和不可见两部分。对于可见部分的轮廓线必须一一画出,不能遗漏。如图5-12(a)所示机件,在其主视图剖视图表达中,底板阶梯孔台阶面的投影线和主体圆柱键槽的轮廓线为剖切平面后面的可见轮廓线,容易漏画;对不可见部分的结构,若在其他视图中已表达清楚,则细虚线应省略,若没有表达清楚,则必须画出,如图5-12(c)所示,底板的分层界限应用虚线表达。

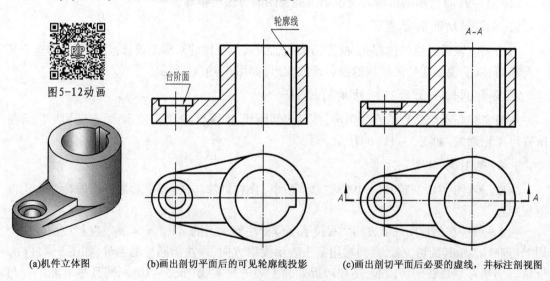

图5-12动画

(a)机件立体图   (b)画出剖切平面后的可见轮廓线投影   (c)画出剖切平面后必要的虚线,并标注剖视图

图5-12 画剖视图易漏画图线示例

（3）当剖切平面通过肋、轮辐及薄壁等的对称面（即纵向剖切时），按国家标准 GB/T 16675.1—2012《技术制图　简化表示法　第 1 部分：图样画法》规定，这些结构都不画剖面符号，而用粗实线将它与其邻接部分分开，如图 5 – 13 所示。

图5-13动画

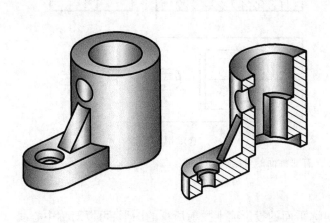
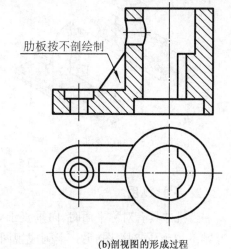

肋板按不剖绘制

(a)机件立体图　　　　　　　　　　　　(b)剖视图的形成过程

图 5 – 13　肋的剖视画法

三、剖视图的种类

剖视图按剖切范围可分为全剖视图、半剖视图和局部剖视图三种。

1.全剖视图

用剖切面完全地剖开机件后所得的剖视图，称为全剖视图。

全剖视图主要用于表达内部形状比较复杂，外部结构相对简单的机件，如图 5 – 11、图 5 – 12 和图 5 – 13 所示。一般情况下，内部复杂外部简单，且无对称面的机件采用全剖视图表达，如图 5 – 14 所示；外形简单具有对称面的机件也可采用全剖视图，如图 5 – 15 所示。

图5-14动画

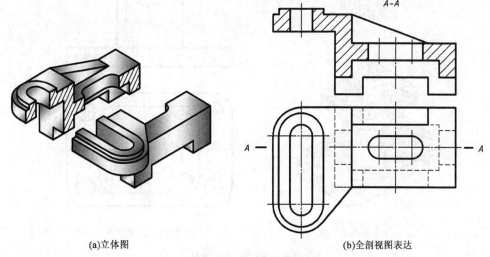

(a)立体图　　　　　　　　　　　　(b)全剖视图表达

图 5 – 14　无对称面的全剖视图

图5-15动画

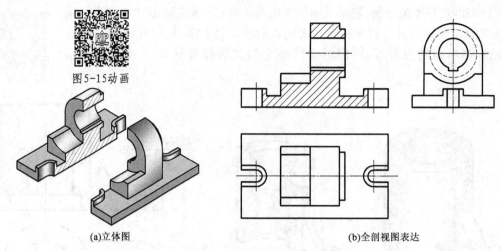

(a)立体图

(b)全剖视图表达

图5-15　有对称面的全剖视图

2.半剖视图

当机件具有对称平面时,向垂直于对称平面的投影面上投射所得的图形,可以对称中心线为界,一半画成剖视图,另一半画成视图,这种图形表达方案称为半剖视图。

半剖视图主要适用于内、外形状都比较复杂的对称机件或接近于对称的机件。如图5-16(a)所示机件,其主视图和俯视图如图5-16(b)所示。通过分析可知:若主视图采用全剖视图,则机件前方的凸台的实形将无法表达;若俯视图采用全剖视图,则长方形顶板的形状和四个小圆孔的位置就无法表达清楚。为了准确地表达该机件的内外结构,采用如图5-17(a)所示的剖切方案,将主视图和俯视图画成半剖视图,如图5-17(b)所示。半剖视图的标注与全剖视图相同,如图5-17(b)所示,半剖的主视图符合省略标注的原则,俯视图上没有进行标识;半剖的俯视图剖面位置 A 在主视图中进行了标注,由于符合投影关系放置,标注中省略了箭头。

图5-16动画

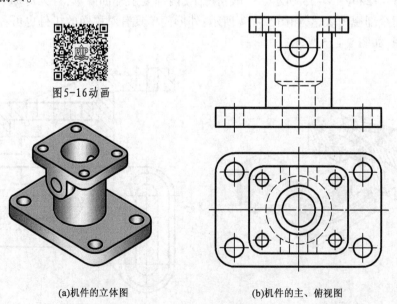

(a)机件的立体图

(b)机件的主、俯视图

图5-16　机件的视图

画半剖视图时,必须注意:

(1)由于图形对称,机件内部结构已在半个剖视图中表达清楚,故半个视图中表示内形的虚线要省略不画,如图 5 – 17(b)所示。

(2)半个剖视图与半个视图的分界线应是细点画线,不能画成粗实线,如图 5 – 17(b)所示。

(3)对于近似对称的机件,其不对称部分的结构在其他视图中已表达清楚,可使用半剖视图表达,如图 5 – 18 所示。

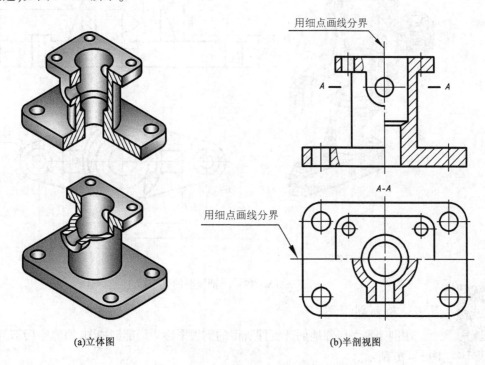

(a)立体图　　　　　　　　　　　　　　　(b)半剖视图

图 5 – 17　机件的半剖视图

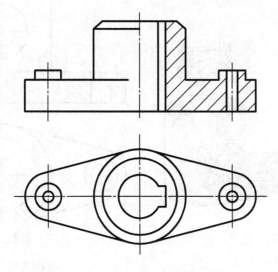

图 5 – 18　近似对称机件的半剖视图

图5-17讲解

图5-18动画

图5-19动画

（4）在半剖视图中，标注机件被剖开部分的对称结构尺寸时，因一个尺寸界线难以画出，一般采用单尺寸界线、单箭头的标注形式，同时尺寸线应略超出对称中心线，如图5-19（b）中，$\phi28$、$\phi14$和$\phi24$的尺寸标注。

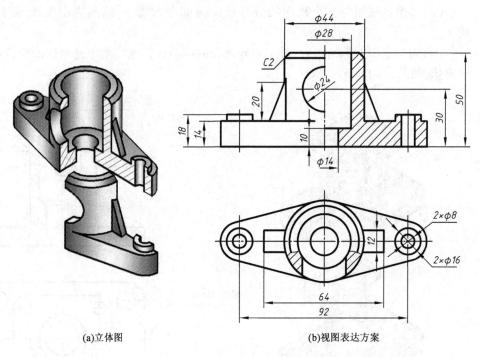

(a)立体图　　　　　　　　　　(b)视图表达方案

图5-19　半剖视图的尺寸标注

3. 局部剖视图

图5-20动画

用剖切平面局部地剖开机件所得的剖视图称为局部剖视图，简称为局部剖，如图5-20所示。

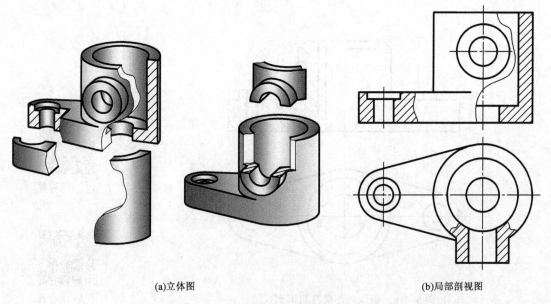

(a)立体图　　　　　　　　　　(b)局部剖视图

图5-20　局部剖视图

局部剖视图以波浪线或双折线为界(GB/T 4458.6—2002《机械制图 图样画法 剖视图和断面图》),将一部分画成剖视图表达机件的内部结构形状,另一部分画成视图表达外部结构形状,如图5-17(b)和图5-20(b)所示。

局部剖视图能够表达机件的内部和外部结构,是一种比较灵活的表达方法。当机件不对称、内外结构均比较复杂、不适宜采用全剖视图表达时,可采用局部剖视图表达,如图5-20(b)所示;当机件对称,但对称中心线处有轮廓线时,不宜采用半剖视图,可采用局部剖视图表达,如图5-21所示;机件整体结构已表达清楚,只有孔、槽或凹坑等局部结构需要表达,可采用局部剖视图表达,如图5-22所示。

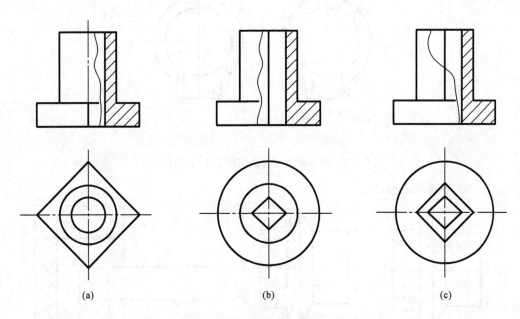

(a)　　　　　　　(b)　　　　　　　(c)

图5-21　不适宜采用半剖视图的局部剖画法

画局部剖视图时,波浪线可看作是机件断裂边界的投影,因此波浪线需要画在机件的实体处,不能超出视图的轮廓线或穿过中空处,如图5-23所示。波浪线也不能与图样上的其他图线重合,以免引起误解,如图5-24所示。当被剖切结构为回转体时,允许将该结构的轴线作为局部剖视图与剖视的分界线,如图5-25所示。

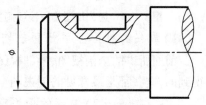

图5-22　局部剖画法

局部剖视图的标注与全剖视图的标注相同,但当单一剖切平面的剖切位置明显时,局部剖视图可省略标注,如图5-17、图5-19~图5-25所示。

四、剖切面的种类

由于机件结构形状不同,画剖视图时,可采取单一剖切面剖切和多个剖切面剖切的方法。单一剖切面剖切可分为单一的平面剖切和单一的柱面剖切;多个剖切面剖切分为几个平行的平面剖切、两个相交的剖切面剖切和组合平面剖切。

1.单一剖切面剖切方法

单一剖切面剖切法就是用一个剖切面剖开机件而获得剖视图的方法。

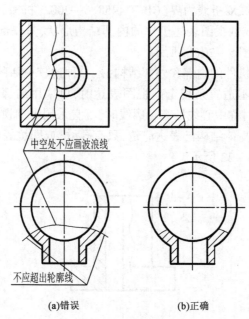

中空处不应画波浪线

不应超出轮廓线

(a)错误　　　　　　　(b)正确

图 5 – 23　局部视图中波浪线画法正误对比(一)

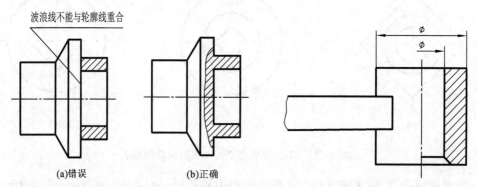

波浪线不能与轮廓线重合

(a)错误　　　　　　　(b)正确

图 5 – 24　局部视图中波浪线画法正误对比(二)　　图 5 – 25　回转体局部剖画法

1)单一的投影面平行面剖切

前面所讲的全剖视图、半剖视图和局部剖视图都是用单一的投影面平行面剖开机件后所得到的,这些都是最常见的剖视图。

图5-26动画

2)单一的投影面垂直面剖切

如图 5 – 26(a)所示,管座的上部具有倾斜结构,为清晰地表达上面孔的通透性和开槽部分的结构,可用一个正垂面剖切,得到图 5 – 26(b)所示的"B—B"全剖视图。

采用这种方法画剖视图,所画图形一般应按投影关系配置,必要时也可将它配置在其他位置,在不致引起误解时,允许将图形旋转配置,但旋转后应标注旋转标识,如图 5 – 26(b)所示。

图5-27动画

3)单一柱面剖切

图 5 – 27 中的 A—A 剖视图是用单一柱面剖开机件后得到的全剖视图。

注意:此时的剖视图为展开画法,即将柱面剖开后的结构旋转到与选定的基本投影面平行,然后再进行投影,展开绘制的剖视图应标注"×—×展开"。

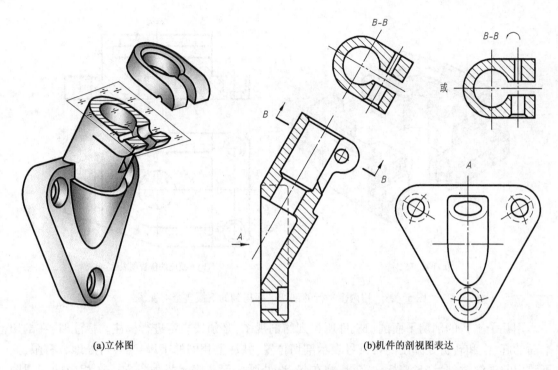

(a)立体图　　　　　　　　　　　　(b)机件的剖视图表达

图 5 – 26　用一个正垂面剖切得到的管座全剖视图

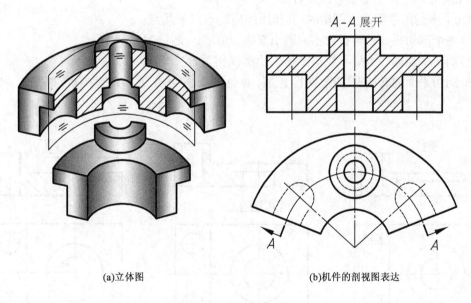

(a)立体图　　　　　　　　　　　　(b)机件的剖视图表达

图 5 – 27　单一柱面剖切及展开画法

2.多个剖切面剖切方法

1)几个平行的平面剖切

当机件上有较多的内部结构,且分布在几个互相平行的平面上时,可采用几个平行的平面剖开机件得到剖视图,通常称为阶梯剖。图 5 – 28(a)所示为一个下模座,用几个相互平行的剖切平面剖切,得到全剖视图,如图 5 – 28(b)所示。

图5-28动画

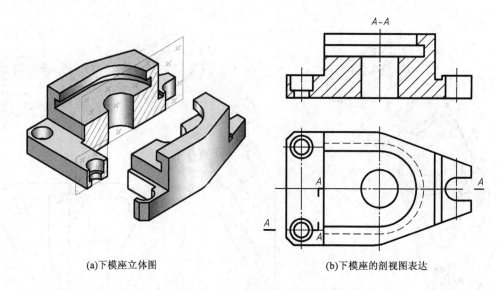

(a)下模座立体图   (b)下模座的剖视图表达

图 5-28　用两个平行的剖切平面得到的下模座全剖视图

　　用几个平行的剖切平面剖切机件所得到的剖视图，必须按规定进行标注。标注时，在剖切平面的起、讫和转折处画出剖切符号表示剖切位置，并注上相同的字母，当转折处地方有限，又不致引起误解时，允许省略标注字母，并在起、讫处画出箭头表示投射方向。在相应的剖视图上方用相同的大写拉丁字母写出其名称"×-×"。

　　用几个平行的剖切平面剖切时，其作图还应注意以下几点：

　　(1)两个剖切平面的转折处不应画出交线，如图 5-29(a)所示；

　　(2)剖切平面的转折处不应与图形的轮廓线相重合，如图 5-29(b)所示；

　　(3)剖切平面的转折处要选择得合适，避免剖视图中出现不完整要素，如图 5-29(c)所示。

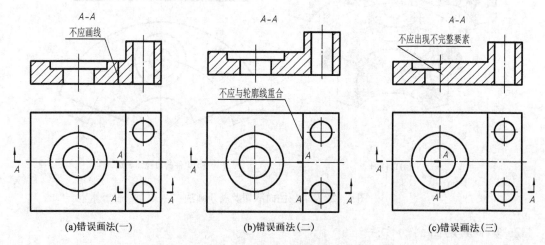

(a)错误画法(一)   (b)错误画法(二)   (c)错误画法(三)

图 5-29　用几个平行的剖切平面剖切画法注意事项

2）两个相交的剖切面剖切

　　两个相交的剖切面包括平面与平面相交的剖切面和平面与柱面相交的剖切面。这里只介绍常用的两相交剖切平面的情况。

两个相交的剖切面剖切主要用于表达具有公共回转轴线的机件的内部结构,通常称为旋转剖。选择该表达方法时要注意,两剖切面的交线应垂直于投影面。

图 5 – 30(a)所示为一端盖,其主要形体是回转体,如采用一个剖切平面进行剖切,得到的全剖视图基本上能把内外结构的主要形状表达清楚,但机件上四个均布的小孔没有剖到,尚不能清楚地表示其形状,因此可用两个相交的剖切平面剖开机件,得到如图 5 – 30(b)所示的全剖视图。

图5-30动画

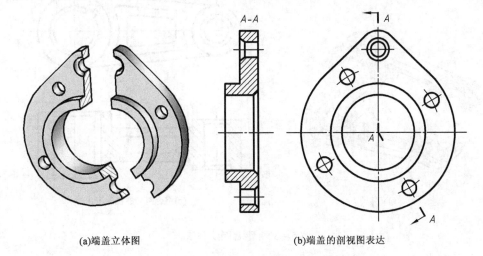

(a)端盖立体图　　　　　　　　　　(b)端盖的剖视图表达

图 5 – 30　用两个相交的剖切平面得到的端盖全剖视图

采用这种方法画剖视图时,首先假想按剖切位置剖开机件,然后将投影面垂直面剖开的结构绕回转轴旋转到与选定的基本投影面平行,再进行投射,如图 5 – 30(b)中的"A—A"全剖视图。标注方式与用几个平行的剖切平面剖切所得的剖视图相同。

用两个相交的剖切平面剖切时,其作图还应注意以下两点:

(1)对剖切平面后的其他结构(如孔、槽等),一般仍按原来的位置进行投影,如图 5 – 31(a)所示。

图5-31动画

(2)对剖切后产生的不完整要素,应将该部分按不剖绘制,如图 5 – 31(b)所示。

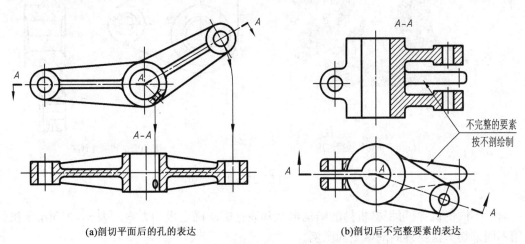

(a)剖切平面后的孔的表达　　　　　　　(b)剖切后不完整要素的表达

图 5 – 31　用两个相交的剖切平面剖切画法注意事项

图5-32动画

3）组合剖切平面剖切

当机件的形状比较复杂,用上述各种方法均不能集中而清楚地表达时,可使用两个以上的剖切平面和柱面剖切机件,如图5-32所示。这种剖切方法所获得的剖视图习惯上称为复合剖视图,简称复合剖。

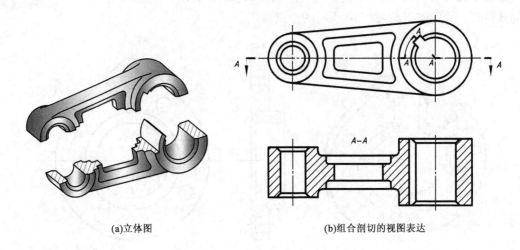

(a)立体图   (b)组合剖切的视图表达

图5-32 组合剖切画法

图5-33动画

采用多组相交的剖切平面剖开机件时,剖视图应按展开方法绘制,并应标注"×—×展开",如图5-33所示。

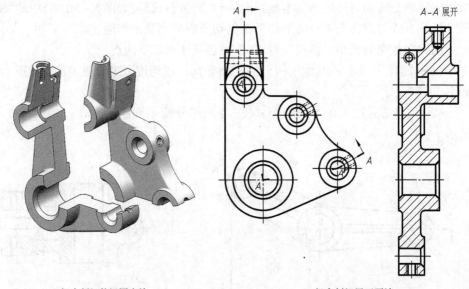

(a)组合剖切的视图表达   (b)组合剖切展开画法

图5-33 组合剖切画法

对于不同的机件,可根据机件的结构形状和表达需求确定表达方案。表5-2列出了机件采用不同剖切方法获得的剖视图的图例。

表 5-2　不同剖切方法获得的机件剖视图图例

	全剖视图	半剖视图	局部剖视图
单一剖视图	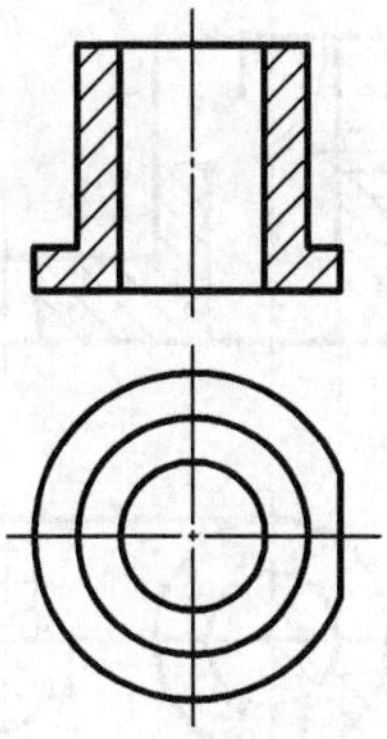	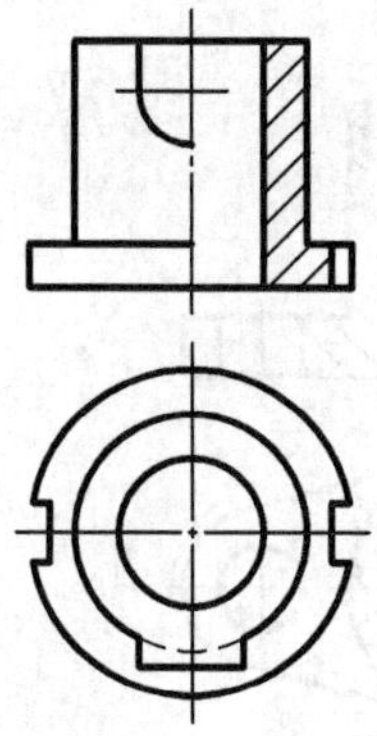	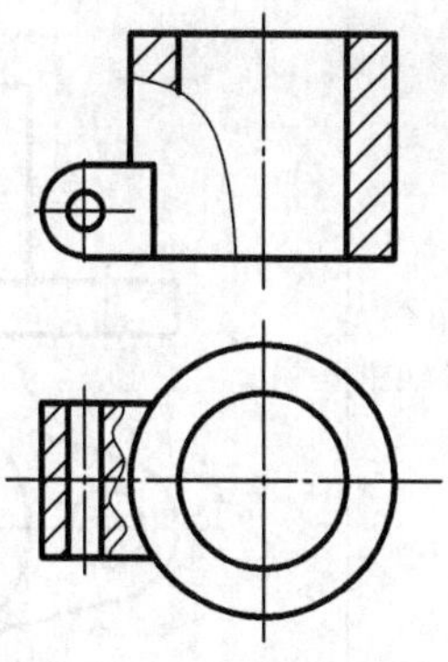
	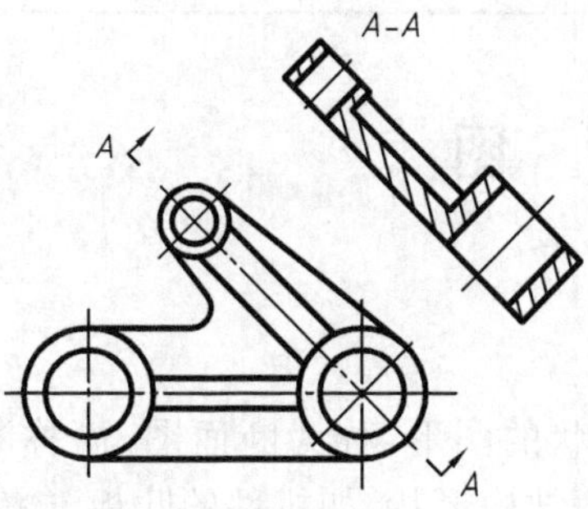		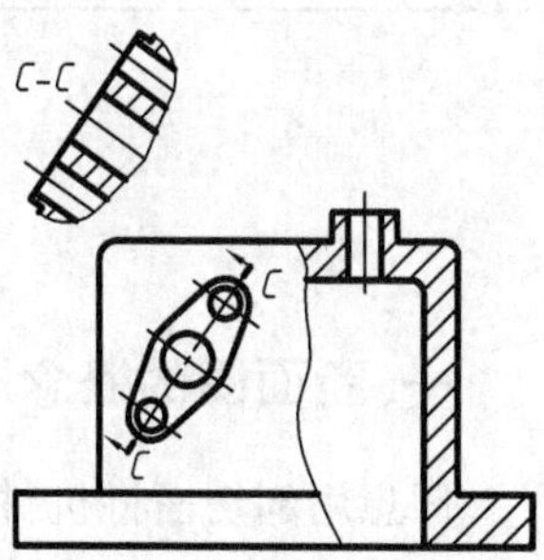
多个平行剖切图	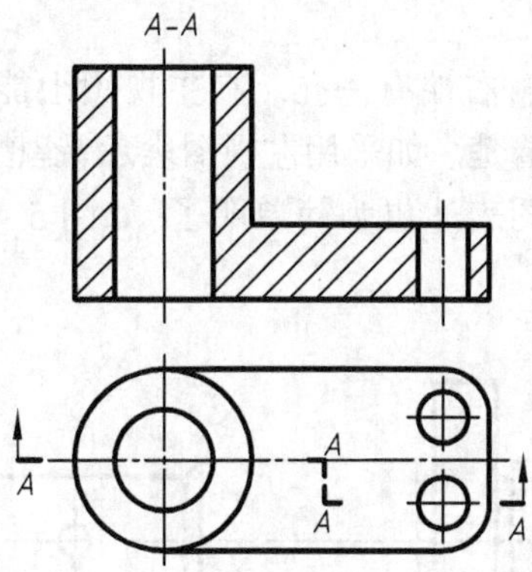	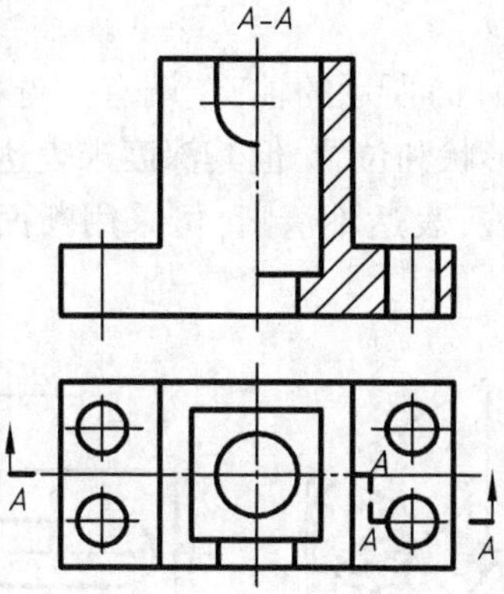	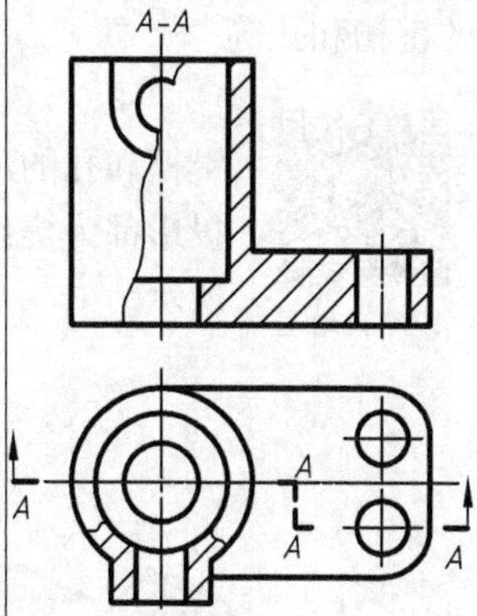
两个相交剖切图	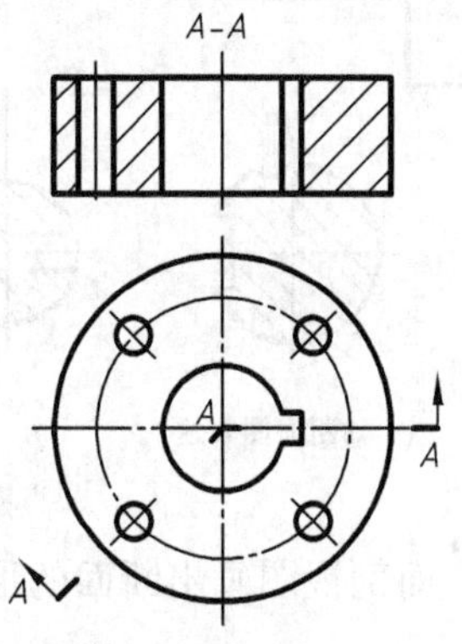	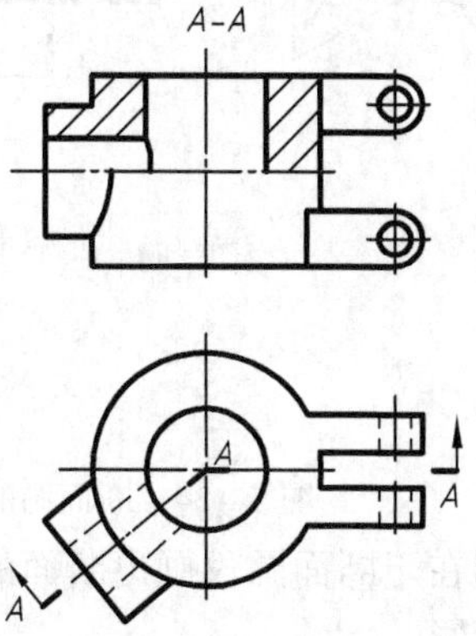	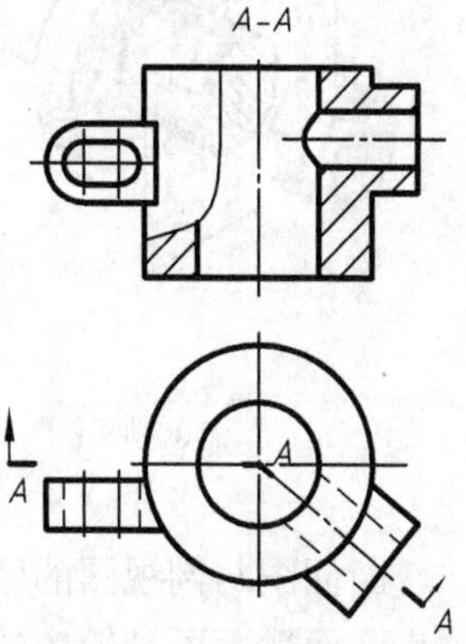

全剖视图	半剖视图	局部剖视图

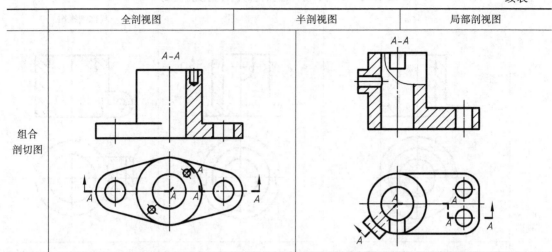

组合剖切图

第三节　断　面　图

一、断面图的概念

假想用剖切面将机件的某处断开,仅画出断面形状的图形,称为断面图,简称断面,如图5-34所示。断面图主要是用来表达机件某部分断面结构形状,如机件的肋板、轮辐,轴上的键槽和孔等。

图5-34动画

图5-34(a)所示的轴,左端有一键槽,右端有一孔。在主视图上能表示出键槽和孔的形状和位置,但其深度未表达清楚。如采用左视图表示,键槽和孔的投影都为虚线,表达不清晰,可采用断面图表达更为简单明了,如图5-34(b)所示。

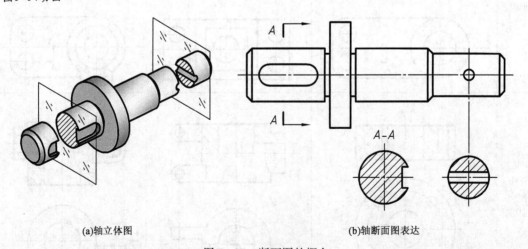

(a)轴立体图　　　　　　　　　　　　(b)轴断面图表达

图5-34　断面图的概念

断面图与剖视图的区别在于断面图仅画出断面的形状,而剖视图画出断面的形状后,还要画出断面后面可见轮廓的投影。

二、断面图的种类

断面图分为移出断面图和重合断面图两种。

1.移出断面图

画在视图外的断面图称为移出断面图,轮廓线用粗实线绘制,如图5-34所示。

1)移出断面图的画法和配置

(1)移出断面图通常配置在剖切符号或剖切线的延长线上,如图5-34(b)所示。必要时,也可以将移出断面图配置在其他适当位置。

(2)当剖切平面通过回转面形成的孔或凹坑的轴线时,这些结构的断面图按剖视图画出,如图5-34(b)右侧断面,正误对比图如图5-35所示;当剖切平面通过非圆孔,会导致出现完全分离的断面时,则这些结构也按剖视画出,正误对比图如图5-36所示。

图5-35动画

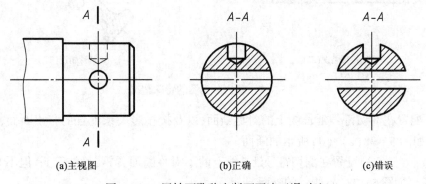

(a)主视图　　　　　　　(b)正确　　　　　　　(c)错误

图5-35　回转面孔移出断面画法正误对比

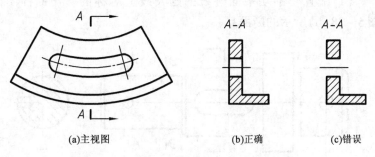

(a)主视图　　　　　　　(b)正确　　　　　　　(c)错误

图5-36　非圆孔处移出断面画法正误对比

(3)当断面图为对称图形时,可将断面图画在视图的中断处,如图5-37(a)所示。

(4)为了能够表示出断面的实形,剖切平面一般应垂直物体的轮廓线或通过圆弧轮廓线的中心,如图5-37(b)所示。

(5)若由两个或多个相交剖切平面剖切得出的移出断面图,中间应断开,如图5-37(c)所示。

2)移出断面图的标注

(1)一般应用大写的拉丁字母标注移出断面图的名称"×—×",在相应的视图上用剖切符号和箭头表示剖切位置和投射方向,并标注相同的字母,如图5-34、图5-36所示中的A—A断面。

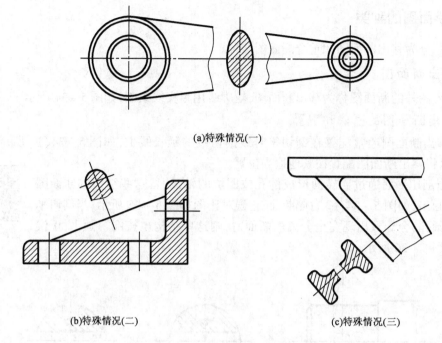

(a)特殊情况(一)

(b)特殊情况(二)　　　　　　　　(c)特殊情况(三)

图5-37　移出断面图的特殊情况

(2)不配置在剖切符号延长线上的对称断面,以及按投影关系配置的移出断面,一般不需标注箭头,如图5-38(a)、(d)所示的断面。

图5-38动画

(3)配置在剖切符号延长线上的不对称断面,需要标注箭头,但不必标字母,如图5-38(c)所示的断面。

(4)配置在剖切平面迹线的延长线上对称的移出断面图,可不标注,如图5-38(b)所示的断面。

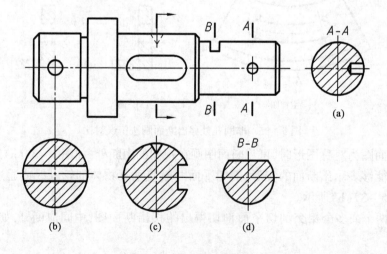

图5-38　移出断面图的标注

2.重合断面图

画在视图内的断面图称为重合断面图,轮廓线用细实线绘制,如图5-39所示。

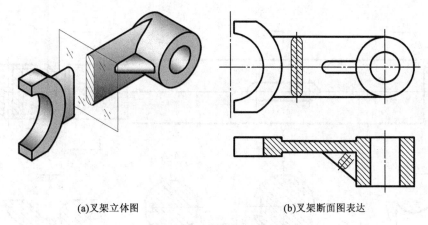

(a)叉架立体图   (b)叉架断面图表达

图 5 - 39 重合断面图的概念

1）重合断面图的画法

当断面形状简单，且不影响图形清晰的情况下，才宜采用重合断面图。为得到断面真实形状，剖面位置应垂直轮廓线，用细实线画出轮廓。当视图中的轮廓线与重合断面图的图形轮廓线重叠时，视图中的轮廓线仍应连续画出，不可间断，如图 5 - 40 所示。

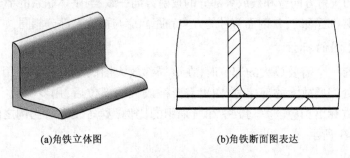

(a)角铁立体图   (b)角铁断面图表达

图 5 - 40 重合断面图画法

2）重合断面图的标注

按 GB/T 4458.4—2003《机械制图 尺寸注法》规定，不对称的重合断面图可省略标注，如图 5 -40 所示。对称的重合断面不必标注，如图 5 - 39 所示。

第四节 局部放大图和简化画法

局部放大图主要是用来表达机件某部分细小结构形状的一种表达方法。而简化画法则是简化制图、减少绘图工作量、提高设计效率的一种表达方法。

一、局部放大图

将机件上部分结构，用大于原图形所采用的比例单独画出，称为局部放大图，如图 5 -41 所示。

1.局部放大图的画法

当机件上某些细小结构用原图比例表达不清楚或不便于标注尺寸时，可将这些结构采用局部放大图表达。局部放大图的比例是指其与机件真实大小的比例，与原图所采用的比例无关。局部放大图可以画成视图、剖视图和断面图，与被放大部分的原表达方法无关。

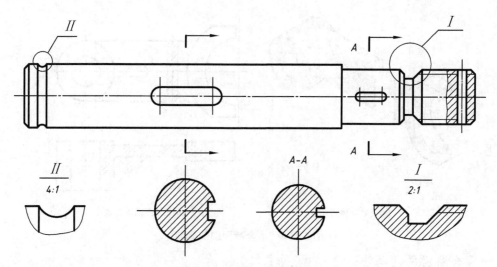

图5-41　局部放大图画法

绘制局部放大图时,应在原图形上用细实线圈出需放大部位,并将局部放大图尽量配置在被放大部位的附近,如图5-41所示。

局部放大图的投射方向应和被放大部分的投射方向一致,与整体联系的部分用波浪线画出。若放大部分为剖视和断面时,其剖面符号的方向和距离应与被放大部分相同,如图5-41所示。

2.局部放大图的标注

当机件上仅有一个需要放大的部位时,在该局部放大图的上方注明采用的比例即可。当同一机件上有多处需要放大的部位时,圈出需要被放大的部位后,用罗马数字按顺序标明,并在局部放大图上方标出相应的罗马数字和所采用的比例,罗马数字与比例之间的横线用细实线画出,如图5-41所示。

二、简化画法

在不影响完整清晰地表达机件的前提下,为了看图方便,画图简便,国家标准《技术制图》统一规定了一些简化画法,现将一些常用画法介绍如下:

(1)当机件具有若干相同结构要素(如齿、槽等),并按一定规律分布时,应尽可能减少重复绘制,只需画出几个完整的结构,其余用细实线连接,在零件图中必须注明该结构的总数,如图5-42所示。

(2)机件上的滚花部分,一般采用在轮廓线附近用粗实线局部画出的方法表示,也可省略不画,如图5-43所示。

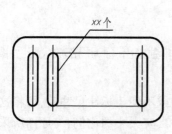

图5-42　重复要素的简化画法

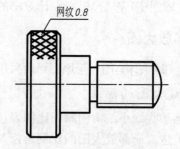

图5-43　滚花的简化画法

(3)当机件回转体结构上均匀分布的肋、轮辐和孔等不处于剖切平面上时,可将其旋转到剖切平面上画出,如图5-44所示。

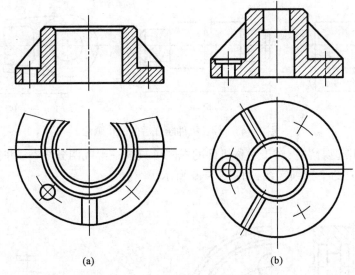

(a)　　　　　　　　　　(b)

图5-44 均匀分布的肋板和孔的简化画法

(4)若干直径相同且成规律分布的孔(如圆孔、螺孔、沉孔等),可以仅画出一个或几个,其余只需表达其中心位置,在零件图中注明孔的总数,如图5-44(a)所示。

(5)当平面在图形中不能充分表达时,可用平面符号(相交的两条细实线)表示,如图5-45所示。

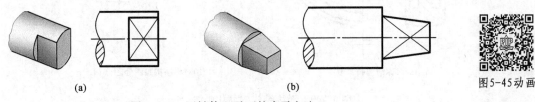

图5-45动画

(a)　　　　　　　　　　(b)

图5-45 回转体上平面的表示方法

(6)机件上较小的结构,如在一个图形中已表示清楚,则在其他图形中可以简化或省略,如图5-46所示。

(7)与投影面的倾斜角度小于或等于30°的圆或圆弧,其投影可以用圆或圆弧来代替,如图5-47所示。

图5-46动画

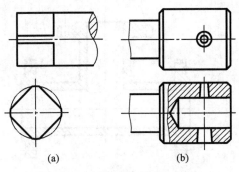

(a)　　　　　　(b)

图5-46 小结构交线的简化画法

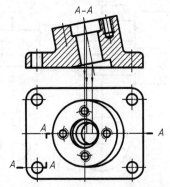

图5-47 ≤30°倾斜圆的简化画法

(8)较长的机件且沿长度方向的形状一致或按一定规律变化时,例如轴、杆、型材、连杆等,可以断开绘制,但要标注实际尺寸,如图5-48所示。

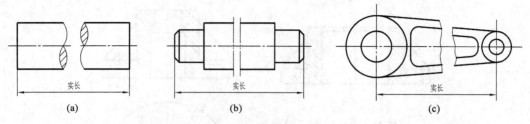

图5-48 较长机件断开后的简化画法

(9)在不致引起误解时,对于对称机件的视图可只画一半或四分之一,并在对称中心线的两端画出与其垂直的平行细实线,如图5-49所示。

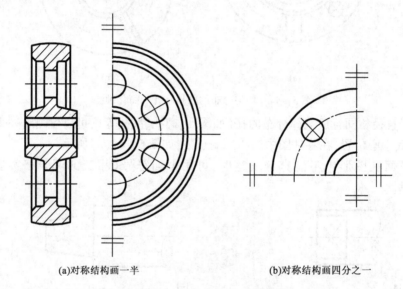

(a)对称结构画一半   (b)对称结构画四分之一

图5-49 对称结构的简化画法

(10)在不致引起误解时,零件图中的移出断面允许省略剖面符号,但剖切位置和断面图的标注必须遵守移出断面标注的有关规定,如图5-50所示。

(11)机件上圆柱形法兰和类似零件上均匀分布的孔可按图5-51的方法表示,注意图形是由机件外向该法兰端面方向投影。

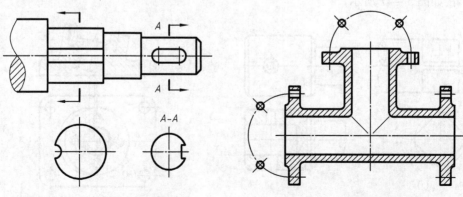

图5-50 断面图中省略剖面符号   图5-51 法兰盘上均布孔的简化画法

（12）对机件上的小圆角，锐边的小圆角和45°小倒角，在不致引起误解时，允许省略不画，但必须注明尺寸或在技术要求中加以说明，如图5-52所示。

锐边倒圆 R0.5

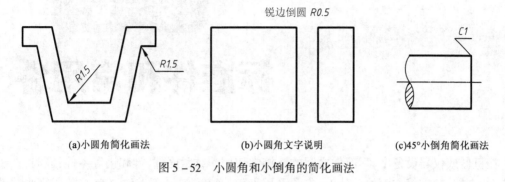

(a)小圆角简化画法　　　　　(b)小圆角文字说明　　　　　(c)45°小倒角简化画法

图5-52　小圆角和小倒角的简化画法

第五节　机件常用表达方法综合示例

前面介绍了机件的各种表达方法，在绘制机械图样时，常根据机件的具体结构综合运用视图、剖视、断面等表达方法来确定一种最优的表达方案，现以图5-53(a)所示支架为例分析它的表达方案。

图5-53(a)所示支架由圆柱筒、十字肋和底板组成。主视图方向选择如图5-53(b)所示，该方向可以反映出支架底板的倾斜角度和三个组成部分的连接情况。具体的表达方案是采用一个主视图、一个移出断面图、一个局部视图和一个斜视图。

图5-53动画

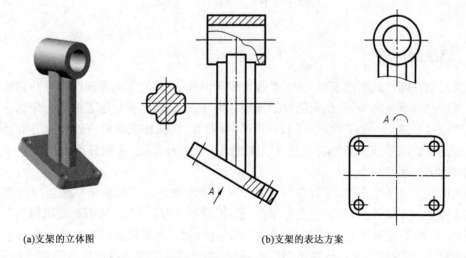

(a)支架的立体图　　　　　　　(b)支架的表达方案

图5-53　支架表达方法分析

为了表达支架的外部结构、上部圆柱的通孔以及下部斜板的四个小圆柱通孔，主视图采用了两处局部剖视；为了表达顶部圆柱筒的形状以及与十字肋的连接关系，采用一个局部视图；为了表达十字肋的形状，采用一个移出断面图；为了表达斜板的实际形状、四个小圆柱通孔的分布状况，以及底板与十字肋的相对位置，采用了一个斜视图。

第六章

标准件和常用件

在机器或仪器设备中,零部件之间的连接常使用螺纹紧固件、键和销等零件;同时,在机械的传动、支撑、减震等方面的设计上,也常采用齿轮、轴承、弹簧等零件。为了提高这些零件的产品质量和降低生产成本,国家标准对这些零件的结构、尺寸、画法、标记等方面实行了标准化、系列化,并由专业厂家大批量生产,这类零件称为标准件,如螺栓、螺柱、螺钉、螺母、垫片、键、销、轴承等。对齿轮、弹簧等常用的零件,国家对其部分参数实行了标准化,习惯上称为常用件。

为了方便绘图、简化设计,国家标准对标准件的结构和常用件的部分结构制定了规定画法和相关标记。在绘图时,这些零件的结构和形状,不必按其真实投影绘制,只需根据国家标准的规定画法、代号和标记进行绘图和标注。本章将重点介绍这些机件的规定画法、标记和标注。

第一节　螺　　纹

一、螺纹的形成

螺纹是指在圆柱或圆锥表面上,沿着螺旋线所形成的,具有相同断面的连续凸起和沟槽的结构。螺纹凸起部分称为牙;凸起部分的顶端称为牙顶;螺纹沟槽底部表面称为牙底。

螺纹也可看成是一个平面图形(如三角形、梯形等)在圆柱或圆锥内外表面上沿螺旋线运动而形成的。在圆柱或圆锥外表面上所形成的螺纹称为外螺纹;在圆柱或圆锥内表面上所形成的螺纹称为内螺纹。

螺纹的加工方法很多,主要有切削加工和滚压加工两类。切削加工一般指用成形刀具或磨具在工件上加工螺纹的方法,主要有车削、铣削、攻丝、套丝、磨削、研磨和旋风切削等。

图6-1(a)为在车床上车削内、外螺纹的示意图,加工时将圆柱形工件装卡在与车床主轴相连的卡盘上,使它随主轴作等速圆周运动,同时使车刀沿工件轴线方向做等速直线运动,当刀尖切入工件达一定深度时,就在工件的表面上车削出螺纹。对于加工直径较小的内螺纹孔,可如图6-1(b)所示,先用钻头钻出光孔,再用丝锥攻丝。

二、螺纹的要素

螺纹主要起连接或传动作用,使用时内、外螺纹总是成对配合使用。内、外螺纹连接时,螺纹的下列要素必须一致。

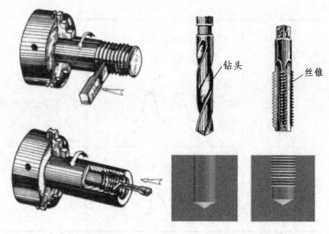

　　　(a)车床加工螺纹　　　　　　　　　(b)丝锥加工内螺纹

图6-1　螺纹加工方法

1. 牙型

　　在通过螺纹轴线的断面上,螺纹的轮廓形状称为螺纹的牙型;牙型也可表述为作螺旋线运动形成螺纹时的平面图形的形状。常见的螺纹牙型有三角形、梯形、锯齿形和矩形等。螺纹的牙型不同,其作用也不相同。表6-1为常用标准螺纹牙型及用途。

表6-1　常用标准螺纹的牙型及用途

螺纹种类			螺纹特征代号	牙型放大图	说　明
连接螺纹	普通螺纹	粗牙	M	60°	常见的连接螺纹。一般连接用粗牙;对于薄壁或精密零件的连接,一般用细牙。与粗牙螺纹相比,在相同大径下,细牙螺纹的螺距较粗牙的小,切入深度较浅
		细牙			
	管螺纹	55°非密封管螺纹	G	55°	内外螺纹均为圆柱螺纹。螺纹副本身不具有密封性,若要求此连接具有密封性,应在螺纹以外设计密封结构(例如圆锥面、平端面等),在密封面内添加合适的密封介质,利用螺纹将密封面锁紧密封。适用于管子、阀门、管接头、旋塞及其他管路附件的螺纹连接
		55°密封管螺纹	R_p R_1 R_c R_2	55° 1:16	有两种连接形式:圆柱内螺纹 R_p 与圆锥外螺纹 R_1;圆锥内螺纹 R_c 与圆锥外螺纹 R_2。圆柱内螺纹牙型与55°非密封管螺纹相同。螺纹副本身具有密封性,允许在螺纹副内添加合适的密封介质,例如在螺纹表面缠胶带、涂密封胶等。适用于管子、阀门、管接头、旋塞及其他管路附件的螺纹连接

续表

螺纹种类		螺纹特征代号	牙型放大图	说　　明
传动螺纹	梯形螺纹	Tr		用于传递运动和动力，如机床丝杠等
	锯齿形螺纹	B		用于传递单向动力，如千斤顶螺杆

2. 公称直径

公称直径代表螺纹尺寸的直径，一般指螺纹的大径（管螺纹除外，用尺寸代号来表示）。

如图 6-2 所示，外螺纹直径符号用小写字母表示，内螺纹直径符号用大写字母表示。

（1）大径（d、D）——与外螺纹的牙顶或内螺纹的牙底相切的假想圆柱的直径（即螺纹的最大直径）。

（2）小径（d_1、D_1）——与外螺纹的牙底或内螺纹的牙顶相切的假想圆柱的直径（即螺纹的最小直径）。

（3）中径（d_2、D_2）——在大径和小径之间假想有一圆柱，其母线通过牙型上沟槽宽度和凸起宽度相等的地方。此假想圆柱的母线称为中径线，其直径称为螺纹的中径。

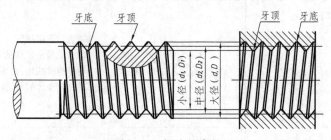

图 6-2　螺纹的直径

3. 线数（n）

螺纹有单线和多线之分。沿一条螺旋线所形成的螺纹称为单线螺纹；沿两条或两条以上，在轴向等距离分布的螺旋线所形成的螺纹称为多线螺纹，如图 6-3 所示。

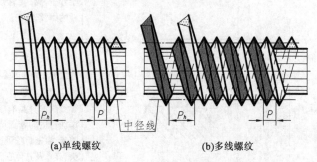

(a)单线螺纹　　　　　　　　　(b)多线螺纹

图 6-3　螺纹的线数

4. 螺距(P)和导程(P_h)

相邻两牙在中径线上对应两点间的轴向距离,称为螺距;同一条螺旋线上的相邻两牙在中径线上对应两点间的轴向距离称为导程,如图6-3所示。

导程、线数和螺距的关系为:$P_h = nP$

5. 旋向

螺纹有左旋和右旋之分。逆时针旋转时旋入的螺纹称为左旋螺纹;顺时针旋转时旋入的螺纹称为右旋螺纹。判断左旋螺纹和右旋螺纹的方法如图6-4所示,左高为左旋螺纹,右高为右旋螺纹。工程上常用右旋螺纹;左旋螺纹一般应用在特殊场合,如液化气罐与减压阀之间的连接螺纹,采用的就是左旋螺纹。

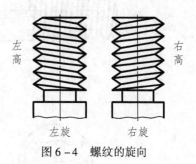

图6-4 螺纹的旋向

当内、外螺纹配合使用时,只有上述五个要素完全相同时,方能正确旋合使用。

三、螺纹的种类

在机器设备中,螺纹应用极为广泛,为了便于设计和制造,国家标准对螺纹的牙型、大径和螺距作了统一的规定。当这三个因素都符合标准时,称为标准螺纹。凡牙型不符合标准的螺纹,称为非标准螺纹。若牙型符合标准,而大径、螺距不符合标准,称为特殊螺纹。标准螺纹中包括普通螺纹、管螺纹、梯形螺纹和锯齿形螺纹,这些螺纹都有各自的特征代号。矩形螺纹是非标准螺纹,它没有特征代号。

螺纹按用途可分为连接螺纹、传动螺纹。具体的分类情况见表6-1。注意,表中粗牙普通螺纹和细牙普通螺纹的区别在于:螺纹的大径相同而螺距不同。同一公称直径的普通螺纹,螺距最大的一种称为粗牙,其余的都称为细牙,在使用时,粗牙普通螺纹一般不需要注明螺距,而细牙普通螺纹必须注明螺距。

四、螺纹的规定画法

为了便于制图,国家标准(GB/T 4459.1—1995《机械制图 螺纹及螺纹紧固件表示法》)对螺纹的表示方法作了规定,螺纹的规定画法如下:

1. 外螺纹的规定画法

国家标准规定,外螺纹的大径(牙顶)及螺纹终止线用粗实线表示,小径(牙底)用细实线表示,小径一般画成大径的0.85倍。在平行螺杆轴线的投影面的视图中,螺杆的倒角或倒圆部分也应画出;在垂直于螺纹轴线的投影面的视图中,表示小径(牙底)的细实线圆只画约3/4圈,此时螺纹的倒角圆省略不画,如图6-5(a)所示。外螺纹终止线被剖开时,螺纹终止线只画出表示牙型高度的部分;剖面线画到代表大径的粗实线为止,如图6-5(b)所示。

2. 内螺纹的规定画法

图6-6是内螺纹的画法。采用剖视图表达时,大径(牙底)为细实线;小径(牙顶)及螺纹终止线为粗实线。采用视图表达时大径、小径和螺纹终止线皆为虚线。在垂直于螺纹轴线的投影面的视图中,大径(牙底)仍画成3/4圈的细实线圆,并规定螺纹孔的倒角圆也省略不画。

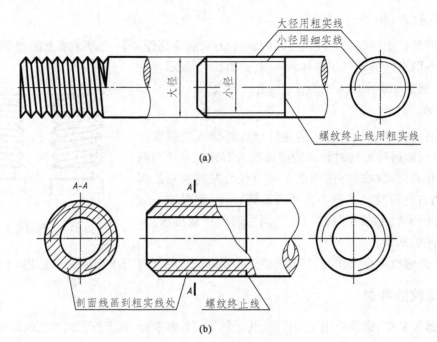

图 6 - 5　外螺纹的画法

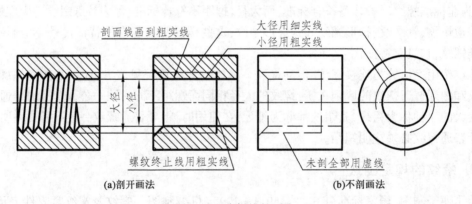

图 6 - 6　内螺纹的画法

3. 不穿通螺孔的画法

绘制不穿通的螺孔时,一般应将钻孔深度与螺纹部分的深度分别画出。钻孔深度一般比螺孔深度深 0.5D。钻头端部的刃锥角为 118°,接近 120°,因此,画图时钻孔底部圆锥坑的锥顶角简画为 120°,如图 6 - 7 所示。不穿通螺孔的加工方法如图 6 - 7 所示。

4. 螺纹连接的规定画法

用剖视图表示内外螺纹连接时,其旋合部分应按外螺纹的画法绘制,其余部分仍按各自的画法表示,如图 6 - 8 所示。当外螺纹为实心的杆件,若按纵向剖切,且剖切平面通过其轴线时,按不剖画出,如图 6 - 8(a)所示。应该注意的是:表示螺纹大小径的粗实线和细实线应分别对齐,而与倒角的大小无关。

5. 螺纹牙型的表示法

标准螺纹一般不画牙型,当需要表示时可按图 6 - 9(a)、(b)所示画法。非标准螺纹需画出牙型,可用局部剖视图或局部放大图表示,如图 6 - 9(c)所示。

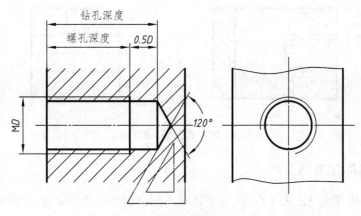

图6-7 不穿通螺孔的画法

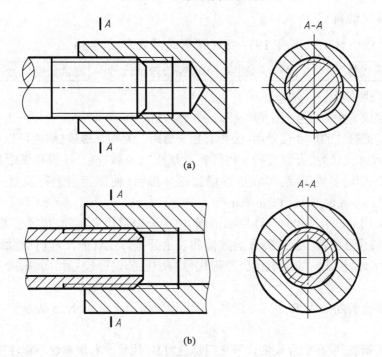

(a)

(b)

图6-8 螺纹连接的规定画法

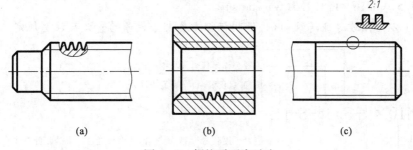

(a)   (b)   (c)

图6-9 螺纹牙型表示法

6. 螺纹孔相交的画法

螺纹孔相交时,需画出钻孔的相贯线,其余仍按螺纹画法画出,如图6-10所示。

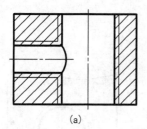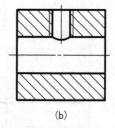

图 6 - 10　螺纹相贯的画法

五、螺纹的标注方法

螺纹除按上述规定画法表示以外，为了区分不同类型和规格的螺纹，还必须在图上进行相应的标注，国家标准规定了标准螺纹标记的内容和标注方法。

1. 标准螺纹的标记

1) 普通螺纹的标记（GB/T 197—2018《普通螺纹　公差》）

| 螺纹特征代号 | 尺寸代号 | – | 螺纹中、顶径公差带代号 | – | 旋合长度代号 | – | 旋向 |

各项内容说明如下：

(1)普通螺纹的特征代号用字母"M"表示，分为粗牙和细牙两种。

(2)单线普通螺纹的尺寸代号为"公称直径×螺距"，对粗牙螺纹，螺距可以省略标注。多线普通螺纹的尺寸代号为"公称直径×P_h导程 P 螺距"，公称直径、导程和螺距数值的单位为毫米。为更清晰标记多线螺纹，可在后面增加括号说明（使用英语进行说明，如双线为 two starts、三线为 three starts、四线为 four starts）。

(3)公差带代号表示尺寸的允许变动范围，中径公差带代号在前，顶径公差带代号在后。各直径的公差带代号由表示公差等级的数值和表示公差带位置的字母（内螺纹用大写字母；外螺纹用小写字母）组成。如果中径公差带代号与顶径公差带代号相同，则应只标注一个公差带代号。

(4)螺纹旋合长度分为长、中、短三种，其代号分别用字母 L、N、S 表示。中等旋合长度"N"不标注。

(5)对左旋螺纹，应在旋合长度代号之后标注"LH"代号。右旋螺纹不标注旋向代号。

【例 6 - 1】　公称直径为 16mm，螺距为 1.5mm，导程为 3mm 的双线普通螺纹的标记为：$M16 \times P_h 3P1.5$ 或 $M16 \times P_h 3P1.5$（two starts）。

图 6 - 11 以一细牙普通螺纹为例，说明标记中各部分代号的含义及注写规定。

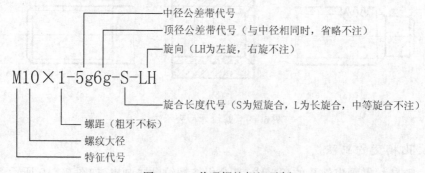

图 6 - 11　普通螺纹标记示例

2）梯形螺纹的标记（GB/T 5796.2—2005《梯形螺纹　第 2 部分：直径与螺距系列》、GB/T 5796.4—2005《梯形螺纹　第 4 部分：公差》）

梯形螺纹标记的内容包括螺纹特征代号、尺寸代号、公差带代号和旋合长度代号。

单线螺纹：┃螺纹特征代号┃　┃公称直径┃×┃螺距┃　┃旋向┃－┃公差带代号┃－┃旋合长度代号┃

多线螺纹：┃螺纹特征代号┃　┃公称直径┃×┃导程（P 螺距）┃　┃旋向┃－┃公差带代号┃－

┃旋合长度代号┃

各项内容说明如下：

（1）梯形螺纹的特征代号用字母"Tr"表示。

（2）单线螺纹不注线数，只注螺距；多线螺纹用"公称直径×导程（P 螺距）"表示，也不注线数。

（3）右旋螺纹不注旋向；左旋螺纹需在螺纹代号中尺寸规格之后加注"LH"，如"Tr40×14（P7）LH－8e－L"。

（4）梯形螺纹的公差带代号只标注中径公差带代号。当旋合长度为中等旋合长度时，不标注旋合长度代号；而旋合长度为长旋合时，需注出旋合长度代号"L"；特殊需要时，可注明旋合长度数值，如"Tr40×7－7e－140"。

【例 6 – 2】　公称直径 36mm，导程 12mm，螺距 6mm，螺纹中径公差带为 7e，中等旋合长度，左旋双线梯形螺纹的标记为：Tr36×12（P6）LH－7e。

3）锯齿形螺纹的标记

锯齿形螺纹标记与梯形螺纹标记相似，其特征代号为"B"。

4）管螺纹的标记

管螺纹分 55°非密封管螺纹和 55°密封管螺纹，它们的规定标记如下：

（1）55°非密封管螺纹（GB/T 7307—2001《55°非密封管螺纹》）。

55°非密封管螺纹标记的内容为：

外螺纹：┃螺纹特征代号┃　┃尺寸代号┃　┃公差等级（A 级或 B 级）┃－┃旋向┃

内螺纹：┃螺纹特征代号┃　┃尺寸代号┃　┃旋向┃

各项内容说明如下：55°非密封管螺纹特征代号用字母"G"表示，尺寸代号用英制的数值英寸表示。外螺纹的公差等级分 A 级和 B 级两种，A 级为精密级，B 级为粗糙级。内螺纹只有一种公差，所以在内螺纹的标记中不注公差等级。当螺纹为左旋时应在外螺纹的公差等级代号或内螺纹的尺寸代号之后加注"LH"，右旋不注。

【例 6 – 3】　尺寸代号为 1/2，公差等级为 A 级的 55°非密封右旋外管螺纹的标记为：G1/2A。

（2）55°密封管螺纹 GB/T 7306.1—2000《55°密封管螺纹　第 1 部分：圆柱内螺纹与圆锥外螺纹》、GB/T 7306.2—2000《55°密封管螺纹　第 2 部分：圆锥内螺纹与圆锥外螺纹》）。

55°密封管螺纹标记的内容为：

┃螺纹特征代号┃　┃尺寸代号┃　┃旋向┃

各项内容说明如下：

55°密封管螺纹特征代号有 Rp、R_1、Rc 和 R_2 四种，分别表示圆柱内螺纹；与圆柱内螺纹相配合的圆锥外螺纹；圆锥内螺纹；与圆锥内螺纹相配合的圆锥外螺纹。尺寸代号用英制的数值英寸表示。当螺纹为左旋时应在尺寸代号之后加注"LH",右旋不注。

【例 6 - 4】 尺寸代号为 3/4 的右旋圆柱内螺纹的标记为:Rp3/4。

2.螺纹标记的标注方法

标准螺纹应注出相应标准所规定的螺纹标记。注意:普通螺纹、梯形螺纹和锯齿形螺纹,其标记应直接注在大径的尺寸线上或尺寸线的引出线上;管螺纹标记一律注在引出线上,引出线应由大径处引出。表 6 - 2 为标准螺纹的标注示例。

表 6 - 2 螺纹的标注示例

螺纹种类		标注示例	标记说明
普通螺纹	粗牙	M16-5g6g-S M16-6H-S	粗牙普通螺纹,大径 16mm,右旋;外螺纹的中径和顶径公差带代号分别为 5g、6g,内螺纹中径和顶径的公差带代号都是 6H;短旋合长度
	细牙	M16×1.5-5g6g	细牙普通外螺纹,大径 16mm,螺距 1.5mm,右旋;中径和顶径公差带代号分别为 5g、6g;中等旋合长度
梯形螺纹		Tr36×12(P6)LH-7e	左旋梯形外螺纹,大径 36mm,螺距 6mm,双线,导程 12mm;中径公差带代号为 7e;中等旋合长度
锯齿形螺纹		B40×14(P7)-7e	右旋锯齿形外螺纹,大径 40mm,双线,螺距 7mm,导程 14mm;中径公差带代号为 7e;中等旋合长度
管螺纹	55°非密封管螺纹	G1A G1	55°非密封管螺纹,外螺纹公差等级为 A 级,尺寸代号为 1;内螺纹尺寸代号为 1;内外螺纹均是右旋螺纹
	55°密封管螺纹	R₁1½ Rp1½	55°密封圆柱内管螺纹与 55°密封圆锥外管螺纹,尺寸代号均为 1½;内外螺纹都是右旋
	55°密封管螺纹	R₂1 Rc1	55°密封圆锥内管螺纹与 55°密封圆锥外管螺纹,尺寸代号均为 1;内外螺纹都是右旋

第二节 螺纹紧固件

一、螺纹紧固件的种类与标记

常用的螺纹紧固件有螺栓、双头螺柱、螺母、螺钉、垫圈等,如图6-12所示。

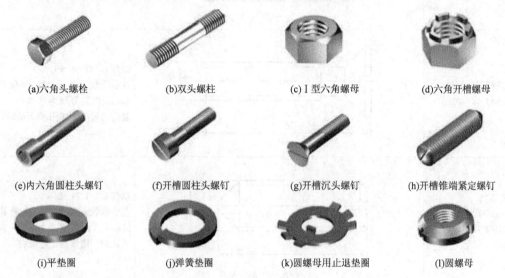

(a)六角头螺栓   (b)双头螺柱   (c)Ⅰ型六角螺母   (d)六角开槽螺母

(e)内六角圆柱头螺钉   (f)开槽圆柱头螺钉   (g)开槽沉头螺钉   (h)开槽锥端紧定螺钉

(i)平垫圈   (j)弹簧垫圈   (k)圆螺母用止退垫圈   (l)圆螺母

图6-12 常用螺纹紧固件

常用的螺纹紧固件都是标准件,其结构形式、尺寸和技术要求等都可以根据标记从标准中查得,不需要画出零件图。在设计时,只需注明其规定标记,外购即可。螺纹紧固件标记的一般格式如下:

紧固件名称   国标编号   规格   性能等级

表6-3列举了常用的螺纹紧固件的标记及其说明。

表6-3 常用螺纹紧固件标记

名称及标准编号	简 图	简化标记及说明
六角头螺栓 GB/T 5782—2016	M12 50	螺栓 GB/T 5782 M12×50 表示螺纹规格为 M12、公称长度50mm、性能等级为 8.8 级、表面氧化、产品等级为 A 的六角头螺栓
双头螺柱 $b_m = 1.5d$ GB/T 899—1988	B型 M10 b_m 50	螺柱 GB/T 899 M10×50 表示螺纹规格为 M10、公称长度50mm、性能等级为 4.8 级、不经表面处理、B 型、$b_m = 15$mm 的双头螺柱

续表

名称及标准编号	简　图	简化标记及说明
开槽圆柱头螺钉 GB/T 65—2016	M10　50	螺钉 GB/T 65 M10×50 表示螺纹规格为 M10、公称长度 50mm、性能等级为 4.8 级、不经 表面处理的 A 级开槽圆柱头 螺钉
开槽沉头螺钉 GB/T 68—2016	M6　50	螺钉 GB/T 68 M6×50 表示螺纹规格为 M6、公称长度 50mm、性能等级为 4.8 级、不经 表面处理的 A 级开槽沉头螺钉
开槽锥端紧定螺钉 GB/T 71—2018	M8　25	螺钉 GB/T 71 M8×25 表示螺纹规格为 M8、公称长度 25mm、性能等级为 14H 级、表面 氧化的开槽锥端紧定螺钉
Ⅰ型六角螺母 GB/T 6170—2015	M16	螺母 GB/T 6170 M16 表示螺纹规格 M16、性能等级为 8 级、不经表面处理、产品等级为 A 级的Ⅰ型六角螺母
平垫圈 A 级 GB/T 97.1—2002	(ϕ8.4)	垫圈 GB/T 97.1 8 表示标准系列、公称规格为 8mm (是与其相配合的螺纹紧固件的 螺纹大径)、由钢制造的硬度等 级为 200 HV 级、不经表面处理、 产品等级为 A 级的平垫圈

二、螺纹紧固件的画法

1.查表画法

查表画法是根据螺纹紧固件的标记,在相应的标准中查得紧固件各部分的尺寸进行绘图。

2. 比例画法

在画螺纹紧固件装配图时,为了作图方便,提高画图速度,螺纹紧固件各部分尺寸(除公称长度外)都可按照公称直径 d(或 D)的一定比例画出,称为比例画法。值得注意的是:比例画法作出的图形尺寸与紧固件的实际尺寸是有出入的,如需获取紧固件的实际尺寸,必须从相关紧固件的标准中查得。

下面分别介绍六角螺母、六角头螺栓、双头螺柱及垫圈的比例画法。

1) 螺母

螺母按比例画法作图,各部分尺寸如图 6–13 所示。

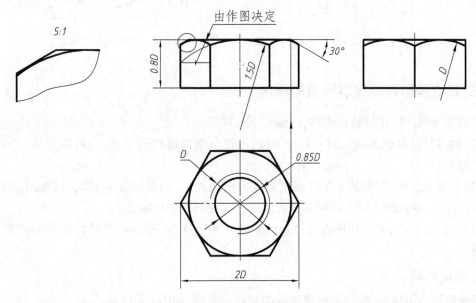

图 6–13　螺母的比例画法

2) 螺栓

螺栓由头部和螺杆两部分组成,端部有倒角。六角头螺栓的头部厚度在比例画法中取 $0.7d$,其他部分尺寸参照螺母的比例画法,螺杆部分与前述外螺纹画法相同,各部分尺寸如图 6–14所示。

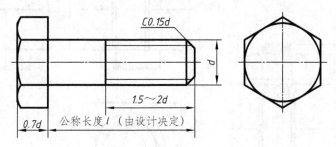

图 6–14　螺栓的比例画法

3) 双头螺柱

双头螺柱的画法如图 6–15 所示,b_m 表示双头螺柱旋入端的长度,画图时根据国家标准规定绘制,有关旋入端 b_m 的取值详见后续内容。

4)垫圈

垫圈各部分的尺寸是以相配合的螺纹紧固件的大径的一定比例画出,为了便于安装,垫圈中间的通孔直径应比螺纹的大径大些,按$1.1d$画图,其他尺寸及画法如图$6-16$所示。

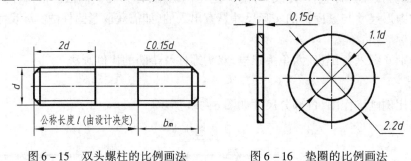

图6-15 双头螺柱的比例画法　　图6-16 垫圈的比例画法

三、螺纹紧固件连接装配图的画法

在画螺纹紧固件连接装配图时,应遵守下列规定:

(1)两零件的接触表面只画一条粗实线,不接触表面应画两条线,如间隙太小,可采用夸大画法画出。

(2)在剖视图中,相邻两个零件的剖面线方向应相反,必要时也可相同,但要间隔不等或相互错开,同一零件所有剖面区域的剖面线的方向和间隔都应一致。

(3)在剖视图中,若剖切平面通过螺纹紧固件的轴线时,这些标准件均按不剖处理,只画其外形。

1.螺栓连接画法

螺栓连接是用螺栓、螺母和垫圈来紧固被连接零件,如图$6-17$所示。

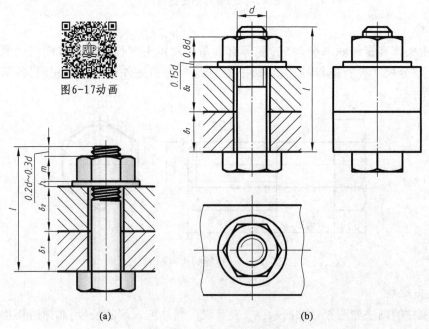

图6-17动画

(a)　　　　　　　　　　(b)

图6-17 螺栓连接的画法

螺栓连接通常用于被连接零件厚度不大,可钻出通孔的情况,垫圈的作用是防止拧紧螺母时损伤被连接零件的表面,并使螺母的压力均匀分布到零件表面上。被连接零件需加工出无螺纹的通孔,通孔的直径应稍大于螺纹大径,具体尺寸可查相应标准。

画螺栓连接装配图时应注意以下几个问题:

(1)螺栓的公称长度 l,如图 6-17(a)所示,应按下式初步确定:

$$l \geq \delta_1 + \delta_2 + h + m + (0.2 \sim 0.3)d$$

式中,δ_1 和 δ_2 分别为被连接零件的厚度;h 为垫圈厚度;m 为螺母高度(取螺母的最大高度 m_{max});h、m 的数值应按相应的标准查表选取。

根据计算结果,在螺栓标准的公称系列值中,选择标准长度 l。

(2)为了保证装配工艺合理,被连接件的孔径应比螺纹大径大些,按 $1.1d$ 画出,如图 6-18(a)所示。螺纹终止线应低于光孔顶面,以保证拧紧螺母,使螺栓连接可靠,如图 6-18(d)所示。

(3)国家标准中规定,在画螺纹紧固件连接装配图时,可将零件上的倒角和因倒角而产生的截交线省去不画,因此螺栓头部和螺母端部由倒角产生的双曲线形交线作图时可省略,螺栓连接装配图的简化画法和作图步骤如图 6-18 所示。

图6-18动画

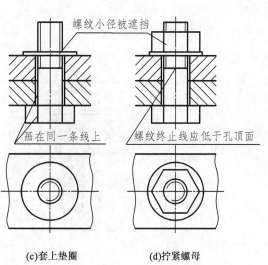

(a)被连接零件　　(b)穿入螺栓　　(c)套上垫圈　　(d)拧紧螺母

图 6-18　螺栓连接装配图的画法

2. 螺柱连接画法

双头螺柱连接是用双头螺柱、垫圈和螺母来固定被连接零件。双头螺柱连接用于被连接零件太厚不容易钻通孔或结构限制不允许钻通孔的场合。被连接零件中,较厚的零件要加工出螺孔,较薄的零件加工出通孔(孔径≈$1.1d$)。

双头螺柱两端都有螺纹,一端完全旋入到被连接零件的螺孔内,称为旋入端;另一端用以拧紧螺母,称为紧固端。旋入端螺纹长度 b_m 是由被连接零件的材料决定的,被连接零件的材料不同,则 b_m 的取值不同。按国标的规定,b_m 有四种不同的取值:

被连接零件的材料为钢或青铜时,$b_m = 1d$(GB/T 897—1988);

被连接零件的材料为铸铁时,$b_m = 1.25d$(GB/T 898—1988)或 $b_m = 1.5d$(GB/T 899—

1988）；

被连接零件的材料为铝时，$b_m = 2d$（GB/T 900—1988）。

画图时，双头螺柱旋入端 b_m 应全部旋入螺孔内，即双头螺柱旋入端的螺纹终止线应与两个被连接件的结合表面重合，画成一条线。故螺孔的深度应大于旋入端的长度，一般取 $b_m + 0.5d$。画双头螺柱连接的装配图时，也要先确定双头螺柱的公称长度 l（等于螺柱总长减去旋入端的长度），如图 6 – 19（a）所示。计算公式如下：

$$l \geqslant \delta + s + m + (0.2 \sim 0.3)d$$

式中，δ 为加工出通孔的零件厚度；s 为垫圈厚度；m 为螺母高度（取螺母的最大高度 m_{max}）；s、m 的数值查相应的标准。

图6-19动画

根据计算结果，在双头螺柱标准系列公称长度值中，选取标准长度 l。双头螺柱连接的画法如图 6 – 19（b）所示，下部按内、外螺纹旋合的画法绘制，上部类似于螺栓连接的画法。由于双头螺柱连接常用于受力较大的场合，因此常采用弹簧垫圈，以得到较好的防松效果。

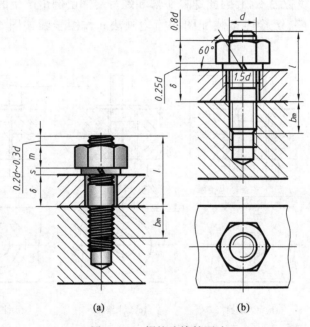

(a)　　　　　　(b)

图 6 – 19　螺柱连接的画法

3. 螺钉连接画法

螺钉按用途分为连接螺钉和紧定螺钉两类。前者用来连接零件，后者用来固定零件。

螺钉连接不用螺母，连接时将螺钉直接旋入螺孔。螺钉连接用于受力不大而又不需经常拆装的地方，被连接零件中较厚的零件加工出螺孔，较薄的零件加工出通孔，如图 6 – 20（a）所示。画图时，螺钉的螺纹长度 $b \geqslant 2d$，并且要保证螺钉的螺纹终止线应在被连接零件的螺纹孔顶面以上，以表示螺钉尚有拧紧的余地；对于不穿通的螺孔，可以不画出钻孔深度，仅按螺纹深度画出，如图 6 – 20（b）所示。

紧定螺钉用于固定两零件，防止两个相邻零件产生相对运动，使用时把紧定螺钉旋入待固定机件的螺孔内，让螺钉末端紧压在另一零件的表面上，如图 6 – 21 所示。

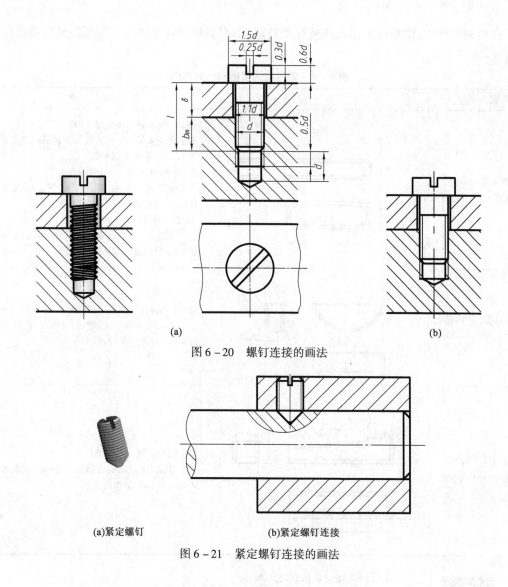

图 6 - 20 螺钉连接的画法

(a)紧定螺钉   (b)紧定螺钉连接

图 6 - 21 紧定螺钉连接的画法

第三节 键 和 销

一、键

1. 键的种类和标记

键属于标准件,通常用来连接轴与轴上的齿轮或皮带轮等传动零件,使它们和轴一起旋转,起传递扭矩的作用。常用的键有普通平键、半圆键和钩头楔键等,如图 6 - 22 所示。

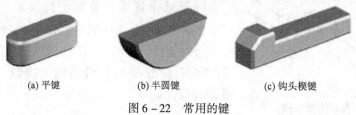

(a) 平键   (b)半圆键   (c)钩头楔键

图 6 - 22 常用的键

在机械设计中,键根据工作条件按标准选取,不需要画出其零件图。常用键的简图及标记如表6-4所示。

表6-4　常用键的简图和标记示例

名　称	简　图	标 记 示 例
普通型　平键 GB/T 1096—2003	A型	GB/T 1096 键　16×10×100 表示宽度 $b=16mm$,高度 $h=10mm$,长度 $L=100mm$ 的普通 A 型平键 GB/T 1096 键 B　16×10×100 表示宽度 $b=16mm$,高度 $h=10mm$,长度 $L=100mm$ 的普通 B 型平键 GB/T 1096 键 C　16×10×100 表示宽度 $b=16mm$,高度 $h=10mm$,长度 $L=100mm$ 的普通 C 型平键
普通型　半圆键 GB/T 1099.1—2003		GB/T 1099.1 键　6×10×25 表示宽度 $b=6mm$,高度 $h=10mm$,直径 $D=25mm$ 的普通型半圆键
钩头型　楔键 GB/T 1565—2003	45°　1:100	GB/T 1565 键　16×100 表示宽度 $b=16mm$,高度 $h=10mm$,长度 $L=100mm$ 的钩头型楔键

2.键连接装配图画法

图6-23动画

用键连接轴与轮,必须在轴和轮毂上分别加工出键槽(分别称为轴槽和轮毂槽),将键嵌入,如图6-23所示。装配后键有一部分嵌在轴槽内,另一部嵌在轮毂槽内,这样就可以保证轴与轮一起转动。

画键连接的装配图时,首先要知道轴的直径和键的类型,根据轴的尺寸查有关标准值,确定键的公称尺寸 b 和 h、轴和轮上的键槽尺寸以及选定键的标准长度。

1)普通平键连接装配图的画法

普通平键有 A 型(圆头)、B 型(方头)和 C 型(单圆头)三种,连接时键的顶面与轮毂间应有间隙,要画两条线;侧面与轮毂槽和轴槽的侧面接触,只画一条线,如图6-24所示。

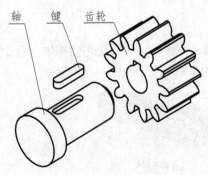

图6-23　普通平键连接

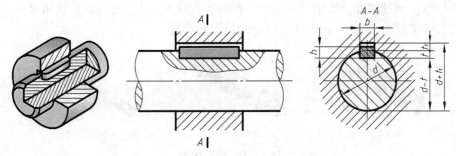

图 6 – 24　普通平键联结装配图画法

2) 半圆键连接装配图的画法

半圆键常用在载荷不大的传动轴上,连接情况和画图要求与普通平键类似,如图 6 – 25 所示。

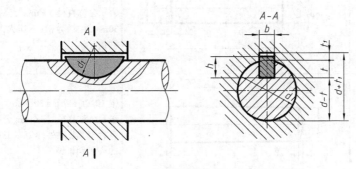

图 6 – 25　半圆键连接装配图画法

3) 钩头楔键连接装配图的画法

楔键有普通楔键和钩头型楔键两种。普通楔键又有 A 型(圆头)、B 型(方头)和 C 型(单圆头)三种;钩头楔键只有一种。楔键顶面是 1∶100 的斜度,装配时打入键槽,依靠键的顶面和底面与轮毂槽和轴槽之间挤压的摩擦力而连接,故画图时上下两接触面应各画一条线,如图 6 – 26所示。

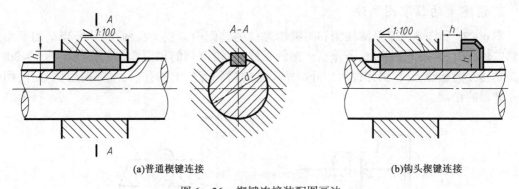

(a)普通楔键连接　　　　　　　　　　　(b)钩头楔键连接

图 6 – 26　楔键连接装配图画法

二、销

1. 销的种类和标记

销是标准件,通常用于零件之间的连接和定位。常用的销有圆柱销、圆锥销和开口销,如

图 6-27 所示。圆柱销和圆锥销通常用于零件间的连接和定位,而开口销则用来防止螺母松动或固定其他零件。表 6-5 给出了三种销的简图和标记。

(a)圆柱销   (b)圆锥销   (c)开口销

图 6-27   常用的销

表 6-5   常用销的简图和标记

名 称	简 图	标 记 示 例
圆柱销 GB/T 119.1—2000		销 GB/T 119.1 6m6×30 表示公称直径 $d=6$mm,公差 m6,公称长度 $l=$ 30mm,材料为钢,不淬火,不经表面处理的圆柱销
圆锥销 GB/T 117—2000		销 GB/T 117 6×30 表示公称直径 $d=6$mm、公称长度 $l=30$mm、材料为 35 钢,热处理 28~38HRC、表面氧化处理的 A 型圆锥销
开口销 GB/T 91—2000		销 GB/T 91 5×50 表示公称直径 $d=5$mm,长度 $l=50$mm,材料为 Q215 或 Q235,不经表面处理的开口销

2. 销连接的装配图画法

图 6-28 和图 6-29 是圆柱销和圆锥销连接的装配图画法。在剖视图中,当剖切平面通过销的轴线时,销按不剖绘制;若垂直于销的轴线时,被剖切的销应画出剖面线。图 6-30 为开口销连接的画法,开口销穿过六角开槽螺母上的槽和螺杆上的孔后,尾部向两侧分开,用来防止螺母的松动。

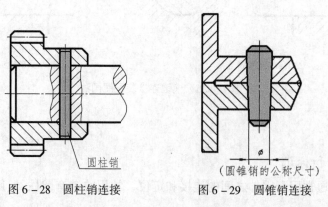

图 6-28   圆柱销连接   图 6-29   圆锥销连接

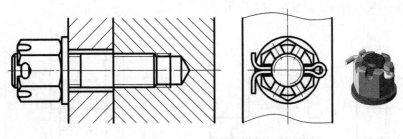

图6-30　开口销连接

第四节　滚动轴承

滚动轴承主要用来支撑轴和轴上的零件,它是将轴与支座之间的滑动摩擦变为滚动摩擦,从而减少摩擦损失的一种精密的机械元件,具有结构紧凑、摩擦阻力小等特点,在机器中广泛使用。

滚动轴承是常用的标准部件,其结构、尺寸都已标准化,因此,不必画滚动轴承的零件图,只需在装配图中按规定画出即可。

一、滚动轴承的结构

滚动轴承的种类很多,但它们的结构大致相同。一般由安装在支座上的外圈、安装在轴上的内圈、安装在内外圈间滚道中的滚动体和保持架组成。表6-6列举了三种类型的滚动轴承,其结构见表第一列的轴测图。

滚动轴承按其承受载荷的方向不同,可分为三类:

(1)向心轴承——主要用以承受径向载荷,如表6-6所示的深沟球轴承。

(2)推力轴承——用以承受轴向载荷,如表6-6所示的推力球轴承。

(3)向心推力轴承——可同时承受径向和轴向的联合载荷,如表6-6所示的圆锥滚子轴承。

二、滚动轴承的表示法

国家标准规定,滚动轴承在装配图中有两种表示法:规定画法和简化画法。简化画法又有通用画法和特征画法两种。滚动轴承表示法具体规定如下:

1. 基本规定

(1)无论采用哪一种画法,其中的各种符号、矩形线框和轮廓线均用粗实线绘制。

(2)绘制滚动轴承时,其矩形线框或外轮廓的大小应与滚动轴承的外形尺寸一致,并与所属图样采样同一比例。

2. 简化画法

用简化画法绘制滚动轴承时,应采用通用画法或特征画法,但在同一图样中一般只采用其中一种画法。在剖视图中采用简化画法时,一律不画剖面符号。简化画法应画在轴的两侧。

1)通用画法

在剖视图中,当不需要确切地表示滚动轴承的外形轮廓、载荷特性及结构特征时,可用矩形线框中央正立的十字形符号表示,十字形符号不应与矩形线框接触,如图6-31(a)所示。

如果确切地表示滚动轴承的外形,则应画出其剖面轮廓,并在轮廓中央画出正立的十字形符号,所示十字符号不应与剖面轮廓线接触,如图6-31(b)所示。

通用画法的尺寸比例,如图6-32所示。

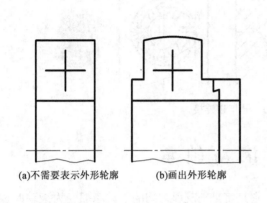

(a)不需要表示外形轮廓   (b)画出外形轮廓

图6-31   通用画法

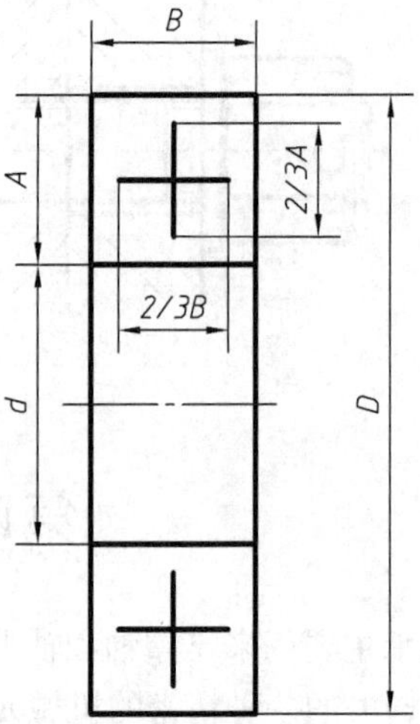

图6-32   通用画法尺寸比例

2)特征画法

在剖视图中,如需较形象地表示滚动轴承的结构特征时,可采用在矩形线框内画出其结构要素符号的方法表示。表6-6中列出深沟球轴承、圆锥滚子轴承和推力球轴承的特征画法及尺寸比例。

特征画法应绘制在轴的两侧。在垂直于滚动轴承轴线的投影面的视图上无论滚动体的形状(如球、柱、针等)及尺寸如何,均可按图6-33的方法绘制。

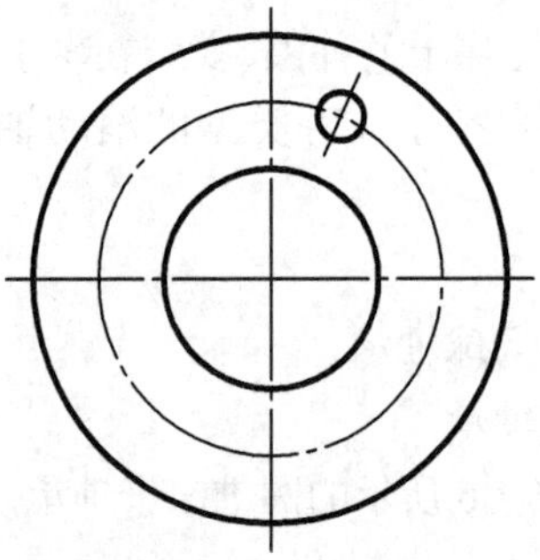

3.规定画法

在剖视图中,如需要表达滚动轴承的主要结构时,可采用规定画法。此时轴承的滚动体不画剖面线,各套圈可画成方向和间隔相同的剖面线。规定画法一般只绘制在轴的一侧,另一侧用通

图6-33   特征画法

用画法绘制。在装配图中,滚动轴承的保持架及倒角可省略不画。深沟球轴承、圆锥滚子轴承和推力球轴承的规定画法及尺寸比见表6-6。

表6-6   常用滚动轴承画法

轴承名称	类型代号	规定画法	特征画法
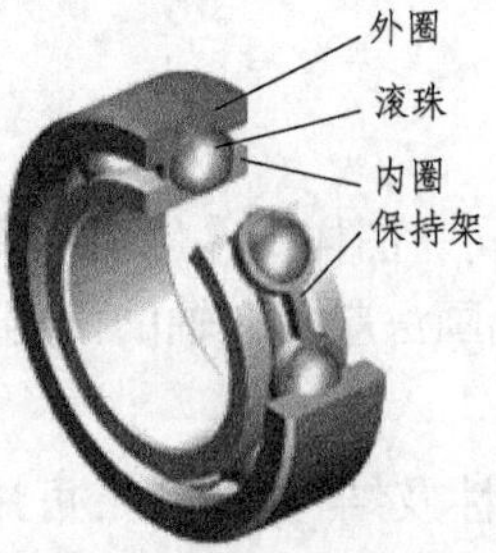 深沟球轴承60000型 GB/T 276—2013 外圈 滚珠 内圈 保持架	6	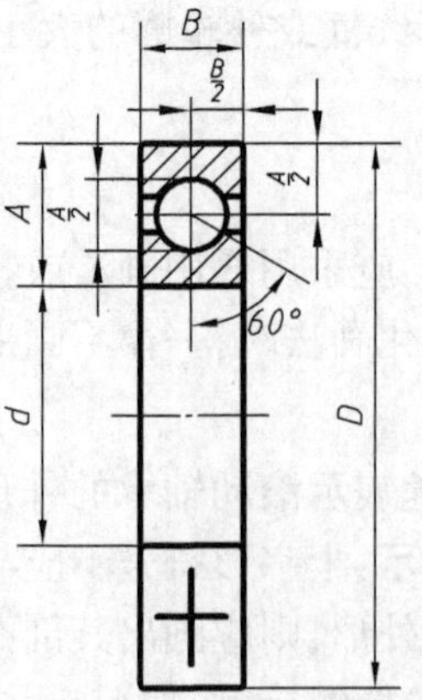	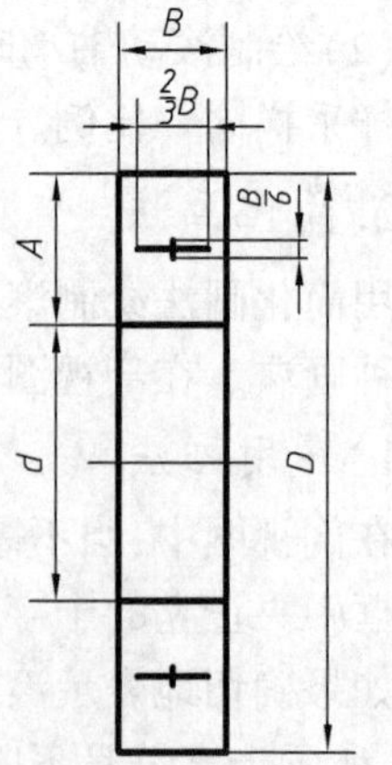

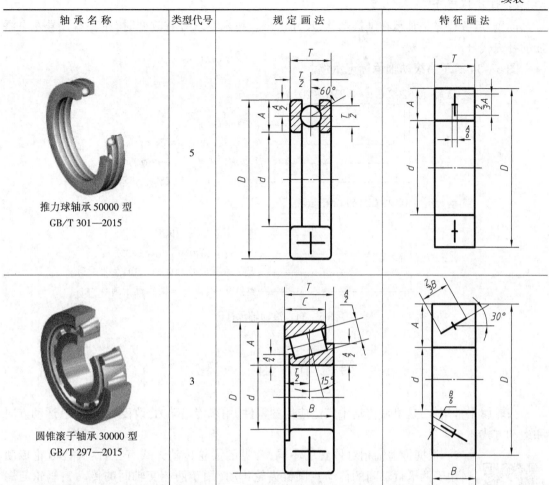

轴承名称	类型代号	规定画法	特征画法
推力球轴承 50000 型 GB/T 301—2015	5		
圆锥滚子轴承 30000 型 GB/T 297—2015	3		

三、滚动轴承的代号

滚动轴承用代号表示轴承的类型、规格和性能,代号可查阅 GB/T 272—2017《滚动轴承代号方法》、GB/T 271—2017《滚动轴承　分类》。滚动轴承的代号由以下三部分组成:

前置代号　基本代号　后置代号

1.基本代号

基本代号表示轴承的基本类型、结构和尺寸,是轴承代号的基础。基本代号由轴承类型代号,尺寸系列代号和内径代号三部分自左至右顺序排列组成。

类型代号:表示轴承的基本类型,用数字或字母表示。

尺寸系列代号:由轴承的宽(高)度系列代号(1 位数字)和直径系列代号(1 位数字)左右排列组成。宽(高)度系列代号表示轴承的内、外径相同的同类轴承有几种不同的宽(高)度。直径系列代号表示内径相同的同类轴承有几种不同的外径。

内径代号:表示轴承内圈孔径,由右后两位数字表示。当轴承的内径在 20～480mm 范围内,内径代号乘以 5 即为轴承的内径 d。内径不在此范围内,内径代号另有规定,可查阅有关标准。

2. 前置代号和后置代号

前置、后置代号是轴承在结构形状、尺寸、公差、技术要求等有改变时,在基本代号左右添加的补充代号。

图 6 - 34 所示为滚动轴承标记示例。

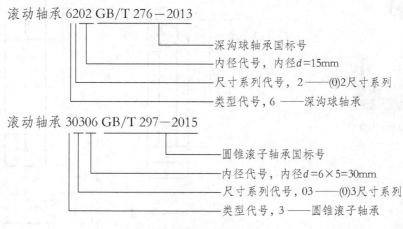

图 6 - 34　滚动轴承标记

第五节　齿　　轮

齿轮属于常用件,是机械传动中广泛应用的零件,用来传递动力、改变转动速度、运动方向和运动方式。

图6-35动画

根据传动轴相对位置的不同,常见的齿轮传动方式有三种:圆柱齿轮传动(用于两平行轴间的传动);圆锥齿轮传动(用于两相交轴间的传动);蜗轮与蜗杆传动(用于两垂直交叉轴间的传动),如图 6 - 35 所示。

齿轮种类很多,齿廓形状有渐开线、摆线、圆弧等,其中渐开线齿廓应用最为广泛。这节主要介绍渐开线圆柱齿轮的基本知识和规定画法。

(a)圆柱齿轮传动　　　　　　(b)圆锥齿轮传动　　　　　　(c)蜗轮蜗杆传动

图 6 - 35　齿轮传动

一、直齿圆柱齿轮

齿轮按轮齿方向和形状的不同分为直齿、斜齿和人字齿等,图 6 - 36 为直齿圆柱齿轮各部分名称和代号。

1.直齿圆柱齿轮各部分名称及代号

（1）齿顶圆（直径 d_a）——通过轮齿顶部的圆。

（2）齿根圆（直径 d_f）——通过轮齿根部的圆。

（3）分度圆（直径 d）——分度圆是设计、制造齿轮时计算各部分尺寸所依据的圆，也是加工时用来分齿的圆。

（4）节圆（直径 d'）——两齿轮啮合时，连心线 O_1O_2 上两相切的圆，其直径用 d' 表示。当齿轮传动时，可以设想这两个圆是在作无滑动的纯滚动。对于标准齿轮来说，节圆和分度圆重合，即 $d' = d$。在一对相啮合的齿轮上，两节圆的切点，称为节点。

（5）齿距（p）——分度圆上相邻两齿廓对应点之间的弧长。两啮合齿轮的齿距应相等。

（6）齿厚（s）、槽宽（e）——每个齿廓在分度圆上的弧长称为齿厚；在分度圆上两个相邻齿间的弧长称为槽宽。对于标准齿轮，齿厚和槽宽相等，均为齿距的一半，即 $s = e，p = s + e$。

（7）齿高（h）、齿顶高（h_a）、齿根高（h_f）——齿顶圆与齿根圆之间的径向距离称为齿高；分度圆到齿顶圆的径向距离称为齿顶高；分度圆到齿根圆的径向距离称为齿根高。

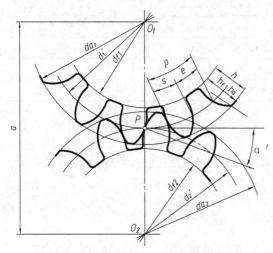

图 6-36　标准直齿圆柱齿轮各部分名称

（8）啮合角（α'）——在节点 P 处两齿廓的公法线与两节圆的内公切线所夹的锐角。啮合角就是在 P 点处两齿轮受力方向与运动方向的夹角。

2.直齿圆柱齿轮基本参数

（1）齿数（z）——齿轮的齿数，根据传动比计算确定。

（2）模数（m）——设计和制造齿轮的主要参数。根据图 6-36，$\pi d = pz$，得 $d = p/\pi \cdot z$，比值 p/π 称为齿轮的模数，用 m 表示，由此 $d = mz$。

因此，模数 m 越大，其齿距就越大，齿厚也就越大。因此在齿数相同的情况下，模数大的齿轮，轮齿大，齿轮能承受的力量也就大。不同模数的齿轮要用不同模数的刀具来加工，为了减少齿轮加工刀具的数量，模数值已系列化，见表 6-7。

表 6-7　标准模数（GB/T 1357—2008）　　　　　　　　　　mm

第一系列	1	1.25	1.5	2	2.5	3	4	5	6
	8	10	12	16	20	25	32	40	50
第二系列	1.75	2.25	2.75	(3.25)	3.5	(3.75)	4.5	5.5	(6.5)
	7	9	(11)	14	18	22	28	36	45

注：选用模数时，应优先选用第一系列；其次选用第二系列；括号内的模数尽可能不用。本表未摘录小于 1 的模数。

（3）压力角（α）——过齿廓与分度圆的交点处的径向直线与在该点处的齿廓切线所夹的锐角，如图 6-37（a）所示。

一对装配准确的标准齿轮，其啮合角等于压力角，即 $\alpha' = \alpha$。我国标准齿轮的压力角为 20°。

只有模数和压力角都相同的齿轮，才能相互啮合。设计齿轮时，先要确定模数和齿数，其他部分的尺寸都可由模数和齿数计算出来，轮齿各部分尺寸计算公式见表 6-8。

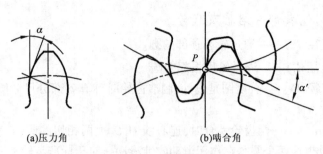

(a)压力角   (b)啮合角

图 6 - 37   压力角、啮合角

表 6 - 8   标准齿轮各基本尺寸的计算公式及举例

基本参数：模数 m、齿数 z			已知：$m = 2, z = 29$
名称	符号	计算公式	计算举例(单位:mm)
齿顶高	h_a	$h_a = m$	$h_a = 2$
齿根高	h_f	$h_f = 1.25m$	$h_f = 2.5$
齿高	h	$h = h_a + h_f = 2.25m$	$h = 4.5$
分度圆直径	d	$d = mz$	$d = 58$
齿顶圆直径	d_a	$d_a = d + 2h_a = m(z + 2)$	$d_a = 62$
齿根圆直径	d_f	$d_f = d - 2h_f = m(z - 2.5)$	$d_f = 53$
中心距	a	$a = (d_1 + d_2)/2 = m(z_1 + z_2)/2$	

二、直齿圆柱齿轮的规定画法

根据 GB/T 4459.2—2003《机械制图　齿轮表示法》中的规定,直齿圆柱齿轮的画法如下:

1. 齿轮轮齿部分的画法

(1)齿顶圆和齿顶线用粗实线绘制。

(2)分度圆和分度线用细点画线绘制。

(3)齿根圆和齿根线用细实线绘制,也可省略不画;在剖视图中,齿根线用粗实线绘制。

2. 单个直齿圆柱齿轮的画法

单个齿轮的轮齿部分按上述的规定绘制,其余部分按真实投影绘制。在剖视图中,当剖切平面通过齿轮的轴线时,轮齿一律按不剖绘制,如图 6 - 38 所示。

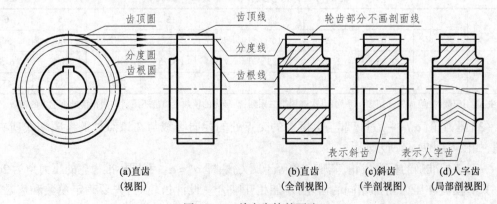

(a)直齿　　　　　　　　　(b)直齿　　　(c)斜齿　　　(d)人字齿
(视图)　　　　　　　　　(全剖视图)　(半剖视图)　(局部剖视图)

图 6 - 38   单个齿轮的画法

3. 直齿圆柱齿轮的啮合画法

两标准齿轮相互啮合时,分度圆处于相切的位置,此时分度圆又称为节圆。啮合部分的画法规定如下:

(1)在投影为圆的视图中,两节圆相切。啮合区内的齿顶圆均用粗实线绘制,如图6-39(a)所示,也可省略不画,如图6-39(b)所示。

(2)在平行于圆柱齿轮轴线的投影面的视图中,啮合区内齿顶线不需画出,节线用粗实线绘制,如图6-39(b)所示。当画成剖视图且剖切平面通过两啮合齿轮的轴线时,在啮合区内将一个齿轮的轮齿用粗实线绘制,另一齿轮的轮齿被遮挡的部分用细虚线绘制,如图6-39(a)和图6-40所示。如图6-40所示,由于齿根高与齿顶高相差0.25倍的模数,因此,一个齿轮的齿顶线和另一个齿轮的齿根线之间存在$0.25m$的间隙。

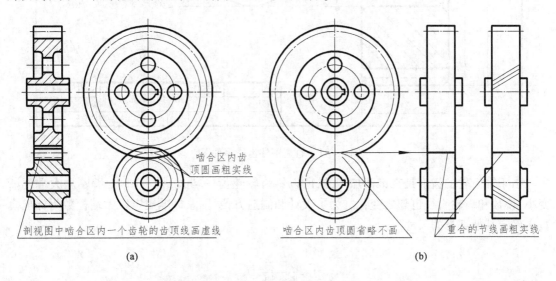

图 6-39　圆柱齿轮啮合的画法

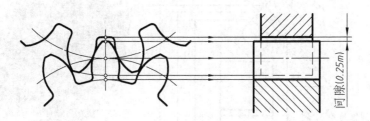

图 6-40　啮合区画法

图6-41所示为直齿圆柱齿轮的零件图。在图中,除具有一般零件工作图的内容外,齿顶圆直径、分度圆直径及有关齿轮的基本尺寸必须直接注出,齿根圆直径不必注出,在右上角需注明齿轮的模数m、齿数z和压力角α等基本参数。

三、锥齿轮

锥齿轮用于两相交轴间的传动,轴交角可以是任意角度,最常用的是两轴相交90°,如图6-35(b)所示。

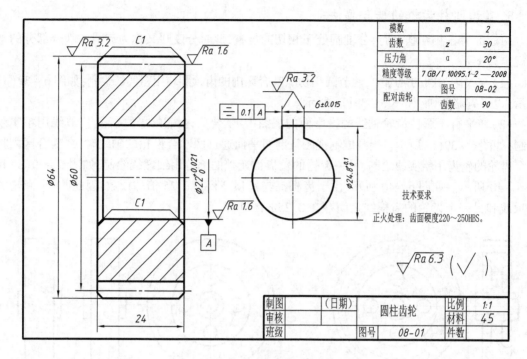

图 6-41　直齿圆柱齿轮零件图

由于锥齿轮的齿形是在锥面加工的，所以锥齿轮轮齿一端大，另一端小，齿厚从大端逐渐变小，模数和齿轮直径也随之变化。为了设计和制造方便，国家标准规定以大端模数为标准模数来确定其他部分的尺寸。

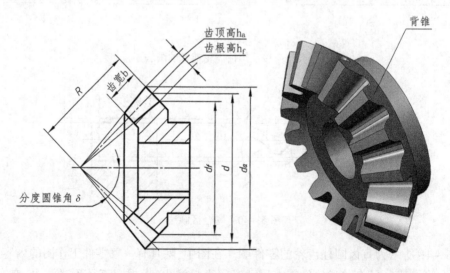

图 6-42　锥齿轮各部分名称

锥齿轮各部分名称如图 6-42 所示。锥齿轮背锥素线与分度圆锥素线垂直，齿顶高和齿根高沿着背锥素线度量。锥齿轮轴线与分度圆锥素线之间的夹角称为分度圆锥角。齿数、模数、分度圆锥角是锥齿轮的基本设计参数，以此计算锥齿轮主要几何尺寸，各部分尺寸计算见表 6-9。

表 6 – 9 锥齿轮各部分尺寸计算公式及举例（GB/T 3374.1—2010、GB 12369—1990）

基本参数：模数 m、齿数 z、分度圆锥角 δ			已知 $m=3,z=15,\delta=45°$
名称	代号	计算公式	计算举例（单位：mm）
齿顶高	h_a	$h_a = m$	$h_a = 3$
齿根高	h_f	$h_f = 1.2m$	$h_f = 3.6$
齿高	h	$h = h_a + h_f = 2.2m$	$h = 6.6$
分度圆直径	d	$d = mz$	$d = 45$
齿顶圆直径	d_a	$d_a = m(z + 2\cos\delta)$	$d_a = 49.24$
齿根圆直径	d_f	$d_f = m(z - 2.4\cos\delta)$	$d_f = 39.91$
外锥距	R	$R = mz/2\sin\delta$	$R = 31.82$
齿宽	b	$(1/4 \sim 1/3)R$,常用 0.3	

1. 单个锥齿轮的画法

锥齿轮的规定画法与圆柱齿轮基本相同。单个锥齿轮的画法如图 6 – 43(c)所示，主视图通常采用全剖视图，用粗实线画出齿顶线和齿根线，用细点画线画出分度线；左视图用粗实线画出大端和小端的齿顶圆，用细点画线画出大端的分度圆，齿根圆不画。主视图采用视图表达时，锥齿轮的轮齿只画分度圆锥和齿顶圆锥，如图 6 – 43(d)所示。

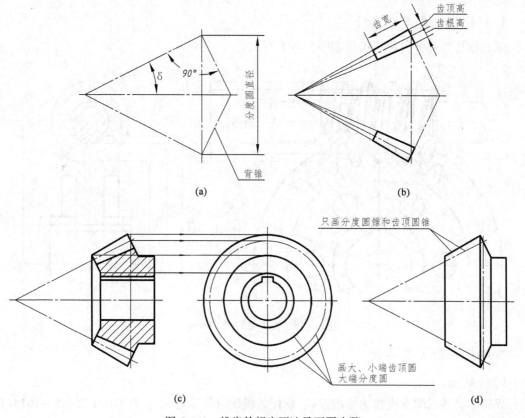

(a)   (b)

(c)   (d)

图 6 – 43 锥齿轮规定画法及画图步骤

2. 锥齿轮啮合的画法

锥齿轮啮合时,两个分度圆锥相切,锥顶交于一点。主视图通常采用全剖,啮合区域的画法与圆柱齿轮相同,如图 6 - 44(a)所示。主视图采用外形视图表达时,两分度圆相切的节线用粗实线绘制,如图 6 - 44(b)所示。

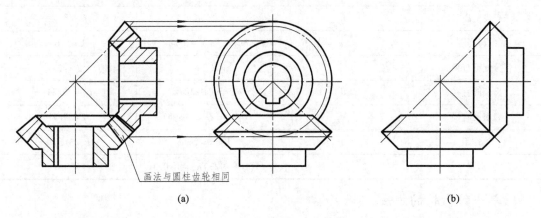

画法与圆柱齿轮相同

(a) (b)

图 6 - 44 锥齿轮的啮合画法

四、蜗轮与蜗杆

蜗轮与蜗杆通常用于垂直交叉轴间的传动,如图 6 - 35(c)所示。它的主要优点是传动比大,工作平稳,结构紧凑。

1. 蜗轮蜗杆各部分名称

蜗轮蜗杆各部分名称和代号如图 6 - 45 所示。

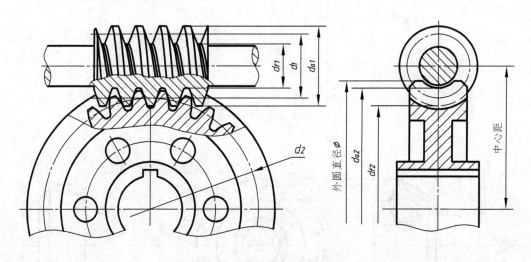

图 6 - 45 锥齿轮的啮合画法

2. 蜗轮蜗杆主要参数

1)模数 m

蜗轮的模数以端面模数为标准模数,蜗杆的模数应与蜗轮相同,按 GB/T 10088—2018《圆柱蜗杆模数和直径》选取。

2）蜗杆分度圆直径 d_1

当用滚刀切制蜗轮时，为了减少蜗轮滚刀的规格，蜗杆的分度圆直径已标准化。每一个模数都对应规定了一定的蜗杆分度圆直径，见表 6－10。

表 6－10　标准模数与蜗杆的分度圆直径（GB/T 10085—2018）　　　　mm

m	1	1.25	1.6	2	2.5	3.15	4	5	6.3	8
d_1	18	20 22.4	20 28	(18) 22.4 (28) 35.5	(22.4) 28 (35.5) 45	(28) 35.5 (45) 56	(31.5) 40 (50) 71	(40) 50 (63) 90	(50) 63 (80) 112	(63) 80 (100) 140

3）蜗杆头数 z_1

蜗杆头数 $z_1 = 1 \sim 10$，通常为 1，2，4，6。

蜗杆、蜗轮各部分尺寸的计算，见表 6－11。

表 6－11　蜗杆、蜗轮各部分计算公式及举例

基 本 参 数		蜗杆：模数 m、分度圆直径 d_1、蜗杆头数 z_1 蜗轮：模数 m、齿数 z_2		已知： $m = 2$，$d_1 = 22.4$，$z_1 = 1$，$z_2 = 28$	
分类	名称	代号	计算公式	计算举例（单位：mm）	
蜗杆	齿顶高	h_{a1}	$h_{a1} = 1m$	$h_{a1} = 2$	
	齿根高	h_{f1}	$h_{f1} = 1.2m$	$h_{f1} = 2.4$	
	齿高	h_1	$h_1 = h_{a1} + h_{f1} = 2.2m$	$h_1 = 4.4$	
	齿顶圆直径	d_{a1}	$d_{a1} = d_1 + 2h_{a1}$	$d_{a1} = 26.4$	
	齿根圆直径	d_{f1}	$d_{f1} = d_1 - 2h_{f1}$	$d_{f1} = 17.6$	
蜗轮	齿顶高	h_{a2}	$h_{a2} = 1m$	$h_{a2} = 2$	
	齿根高	h_{f2}	$h_{f2} = 1.2m$	$h_{f2} = 2.4$	
	齿高	h_2	$h_2 = h_{a2} + h_{f2} = 2.2m$	$h_2 = 4.4$	
	分度圆直径	d_2	$d_2 = mz_2$	$d_2 = 56$	
	齿顶圆直径	d_{a2}	$d_{a2} = m(z_2 + 2)$	$d_{a2} = 60$	
	齿根圆直径	d_{f2}	$d_{f2} = d_2 - 2h_{f2}$	$d_{f2} = 51.6$	
	中心距	a	$a = (d_1 + d_2)/2$	$a = 39.2$	

3. 单个蜗轮、蜗杆的画法

蜗轮、蜗杆轮齿部分的画法与圆柱齿轮基本相同。表达蜗杆时一般以平行轴线的投影面作为主视图的投射方向，为表达蜗杆的齿形，一般采用局部剖或局部放大图画出几个齿形，如图 6－46（a）所示。表达蜗轮时，通常以非圆方向作为主视图并采用剖视，在左视图上只画出分度圆和外圆，齿顶圆和齿根圆不画，如图 6－46（b）所示。

4. 蜗轮蜗杆啮合的画法

图 6－47 所示为蜗轮蜗杆啮合的画法。采用外形视图表达时，啮合区主视图蜗轮被遮挡的部分不画，用细点画线画出蜗杆的分度圆和蜗杆的齿顶圆；左视图蜗杆的分度线与蜗轮的分度圆相切，画出蜗杆的分度线和齿顶线，以及蜗轮的分度圆和外圆，如图 6－47（a）所示。图 6－47（b）所示为蜗轮蜗杆啮合剖视画法。

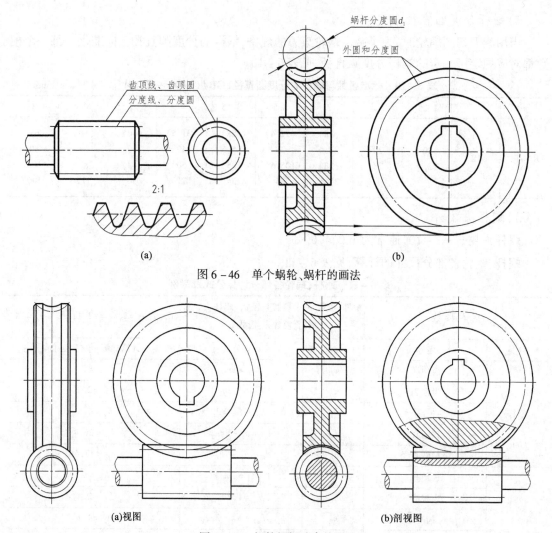

蜗杆分度圆d_1

外圆和分度圆

齿顶线、齿顶圆
分度线、分度圆

2:1

(a)   (b)

图 6-46　单个蜗轮、蜗杆的画法

(a)视图   (b)剖视图

图 6-47　蜗轮蜗杆啮合的画法

第六节　弹　簧

　　弹簧在机械和日常生活中应用广泛，是一种常用件。它主要用于减震、储能、测力等方面。弹簧的种类复杂多样，按形状分，主要有螺旋弹簧、涡卷弹簧、板弹簧等，如图 6-48 所示。

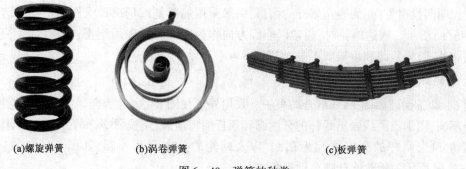

(a)螺旋弹簧　　　　(b)涡卷弹簧　　　　　　　(c)板弹簧

图 6-48　弹簧的种类

根据工作时受力方向不同,圆柱螺旋弹簧又分为:压缩弹簧、拉伸弹簧和扭转弹簧三种,如图 6-49 所示。本节主要介绍圆柱螺旋压缩弹簧各部分的名称及画法。

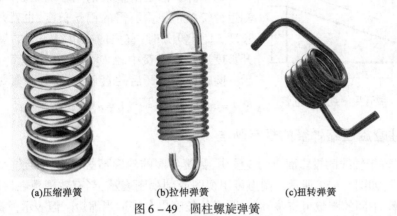

(a)压缩弹簧　　　　　　(b)拉伸弹簧　　　　　　(c)扭转弹簧

图 6-49　圆柱螺旋弹簧

一、圆柱螺旋压缩弹簧的各部分名称

螺旋弹簧如图 6-50 所示。

(1)线径 d——用来缠绕弹簧的钢丝直径。

(2)弹簧外径 D——弹簧外圈直径,最大直径。

(3)弹簧内径 D_1——弹簧内圈直径,最小直径,$D_1 = D - 2d$。

(4)弹簧中径 D_2——弹簧内径和外径的平均值,$D_2 = \dfrac{D + D_1}{2}$。

(5)有效圈数 n、支承圈数 n_z 和总圈数 n_1——弹簧工作时,要求受力均匀、支承稳定。在制造时,往往把弹簧两端的若干圈并紧磨平,使弹簧端面与轴线垂直,弹簧两端并紧磨平的若干圈不产生弹性变形,称为支承圈(或称死圈),其余圈称为有效圈。支撑圈和有效圈的圈数之和称为总圈数,$n_1 = n + n_z$。常见的弹簧支承圈数 n_z 为 1.5、2 和 2.5,大多数支承圈为 2.5 圈。

(6)节距 t——两相邻有效圈截面中心线的轴向距离。

(7)自由高度 H_0——没有外力作用下的高度。

图 6-50　螺旋弹簧

当支承圈数 $n_z = 1.5$、2、2.5 时,它们的有效圈数 n 和自由高度 H_0 可按表 6-12 所示方法进行计算。

表 6-12　弹簧圈数和自由高度的计算方法

项目	支承圈数 n_z		
	1.5	2	2.5
图形			
n	$n_1 - 1.5$	$n_1 - 2$	$n_1 - 2.5$
H_0	$nt + d$	$nt + 1.5d$	$nt + 2d$

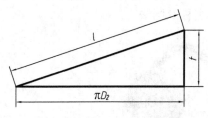

图 6-51　展开后的直角三角形

（8）弹簧的展开长度

每个弹簧都是由整根钢丝缠绕而成,在下料时需要知道缠绕单个弹簧所需的钢丝长度,也就是弹簧的展开长度 L。计算 L 时,首先应知道每一圈的展开长度 l,展开长度通常以弹簧中径 D_2 为准进行计算。图 6-51 表示一圈螺旋线展开后的直角三角形,弹簧每圈的展开长度 $l \approx \sqrt{(\pi D_2)^2 + t^2}$，$L \approx n_1 \sqrt{(\pi D_2)^2 + t^2}$。

二、圆柱螺旋压缩弹簧的规定画法

（1）在平行于轴线的投影面上的视图中,弹簧各圈的轮廓不必按螺旋线的真实投影画出,而应画成直线,如图 6-52 所示。图形可用视图或剖视图表示,当有效圈数在四圈以上时,为提高绘图效率,中间的圈数可省略不画,图形的长度也允许适当缩短。但表示弹簧轴线和钢丝剖面中心线的三条细点画线必须画出。

（2）螺旋弹簧的旋向有左、右之分,因右旋弹簧用得较多,一般按右旋画出。对左旋螺旋弹簧,不论画成右旋或左旋,旋向的"左"字必须注出。

（3）对于螺旋压缩弹簧,当两端并紧磨平后,不论支承圈是多少或者末端是否贴紧,均按图 6-52 的形式画出,即支承圈数为 2.5。如需要按支承圈的实际结构表示,则可参照表 6-12 的任一种形式画出。

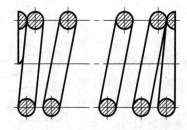
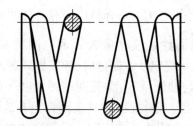

图 6-52　圆柱压缩螺旋弹簧画法

三、圆柱螺旋压缩弹簧的画图步骤

（1）根据 D_2,作出中径（两平行中心线）,定出自由高度 H_0,如图 6-53（a）所示。

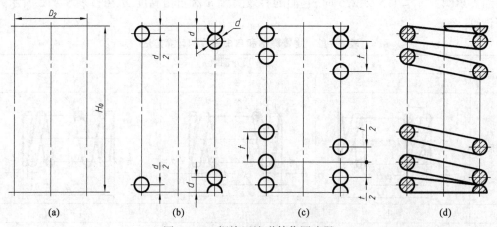

(a)　　　　　(b)　　　　　(c)　　　　　(d)

图 6-53　螺旋压缩弹簧作图步骤

（2）画出支承圈部分，d 为簧丝直径，如图 6 – 53(b) 所示。

（3）画出有效圈部分，t 为节距，如图 6 – 53(c) 所示。

（4）按右旋方向作相应圆的公切线，再加上剖面线，即完成作图，如图 6 – 53(d) 所示。

四、弹簧在装配图中的画法

在装配图中，弹簧被看作是实心物体，因此，被弹簧挡住的结构一般不画出，结构上可见部分应从弹簧的外轮廓线或者从弹簧钢丝剖面的中心线画起，当簧丝直径在图形上等于或小于 2mm 时，簧丝剖面全部涂黑或采用示意画法，如图 6 – 54 所示。

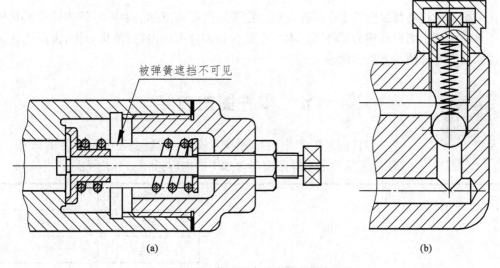

被弹簧遮挡不可见

(a)　　　　　　　　　　　(b)

图 6 – 54　装配图中的弹簧的规定画法

第七章

零件图

任何机器或设备都是由若干个零件按照一定要求装配而成的。表示零件的结构形状、尺寸大小及技术要求的图样称为零件图。本章主要讨论零件图的内容、结构分析、视图选择、尺寸标注以及看零件图的方法步骤等。

第一节 零件图的内容

图7-1齿轮轴动画

零件图是生产中的重要技术文件,是制造和检验零件的依据。因此,一张完整的零件图应包含如下的内容,如图7-1所示。

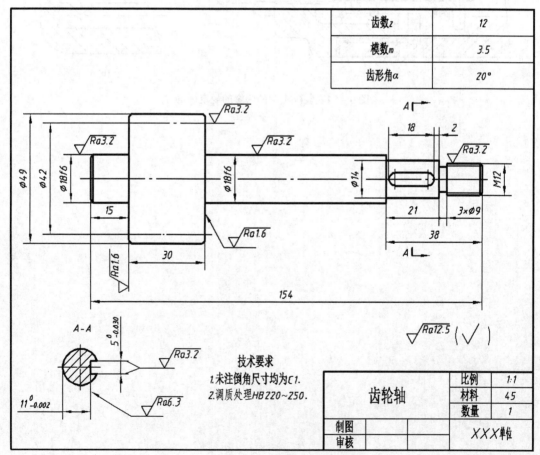

齿数 z	12
模数 m	3.5
齿形角 α	20°

技术要求
1. 未注倒角尺寸均为C1.
2. 调质处理HB220~250.

齿轮轴	比例	1:1
	材料	45
	数量	1

制图			*XXX*单位
审核			

图 7-1 齿轮轴零件图

一、一组视图

用一组视图(包括视图、剖视图、断面图、局部放大图和简化画法等)正确、完整、清晰地表达出零件的内外结构形状。

二、完整的尺寸

用一组尺寸正确、完整、清晰、合理地标注出制造和检验零件所需的全部尺寸。

三、技术要求

用规定的代号、数字、字母和文字简明、准确地表示出在制造和检验零件时应达到的技术要求(包括表面微观结构、尺寸公差、几何公差和热处理等)。

四、标题栏

在零件图右下角的标题栏内明确地填写出该零件的名称、数量、材料、比例、图号,以及设计、校核人员签名等。

第二节 零件结构的工艺性简介

零件的结构形状主要是根据它在机器(或部件)中的作用、零件间的相互关系及加工要求确定的。考虑零件便于制造、装配和拆卸等技术要求时的结构要素,称为零件结构的工艺性,它是评价零件结构设计优劣的重要指标。下面介绍零件上常见的工艺结构及其表达方法。

一、铸造零件的工艺结构

1. 拔模斜度

用铸造的方法制造零件毛坯时,为了便于在砂型中取出模样,一般沿模样方向作成约1:20的斜度,称为拔模斜度。因此铸件上也有相应的拔模斜度,如图7-2(a)所示。这种斜度在图上可以不予标注,也可不画出,如图7-2(b)所示;必要时,可在技术要求中用文字说明。

2. 铸造圆角

为满足铸造工艺要求,防止浇铸铁水时将砂型转角处冲坏,同时避免铸件在冷却时产生裂缝或缩孔等缺陷,在铸件毛坯各表面相交处,都有铸造圆角,如图7-3所示。铸造圆角的尺寸通常都较小,一般为 $R2 \sim R5$,在零件图上一般不予标注,而在技术要求中统一说明。

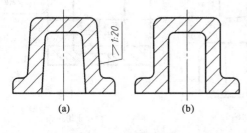

图7-2 拔模斜度

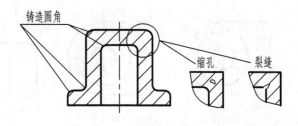

图7-3 铸造圆角

3.铸件壁厚

在浇铸零件时,为了避免由于各部分冷却速度不同而产生的缩孔或裂纹,铸件壁厚应保持大致相等或逐渐变化,如图7-4所示。

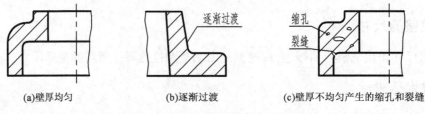

(a)壁厚均匀   (b)逐渐过渡   (c)壁厚不均匀产生的缩孔和裂缝

图7-4   铸件壁厚

由于铸件上有圆角和拔模斜度存在,铸件表面上的交线将变得不明显。为了区分不同表面,规定在相交处仍然画出理论上的交线,但两端不与轮廓线相交,这种线称为过渡线,用细实线绘制。图7-5为常见的过渡线画法。

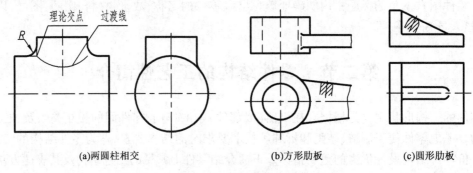

(a)两圆柱相交   (b)方形肋板   (c)圆形肋板

图7-5   过渡线的画法

二、机械加工工艺结构

1.凸台、凹坑、凹槽和凹腔

零件上与其他零件的接触面,一般都要加工。为了减少加工面积,并保证零件表面之间良好的接触,常常在铸件上设计出凸台或凹坑。图7-6(a)和(b)是螺栓连接的支承面,做成凸台或凹坑的形式;图7-6(c)是平面做成凹槽的结构;图7-6(d)是套筒做成凹腔的结构。

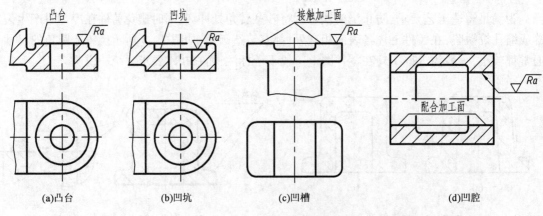

(a)凸台   (b)凹坑   (c)凹槽   (d)凹腔

图7-6   凸台、凹坑等结构

2. 螺纹退刀槽和砂轮越程槽

在切削加工中,特别是在车螺纹和磨削时,为了便于退出刀具或使砂轮可以稍稍越过加工面,常常在零件的待加工面的末端,先车出螺纹退刀槽或砂轮越程槽,如图7-7所示。

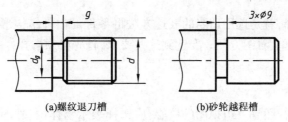

(a)螺纹退刀槽   (b)砂轮越程槽

图7-7 螺纹退刀槽和砂轮越程槽

3. 倒角和倒圆

如图7-8所示,为了去除零件的毛刺、锐边和便于装配,在轴和孔的端部一般都加工出倒角。为了避免因应力集中而产生裂纹,在轴肩处往往加工成圆角过渡的形式,称为倒圆。

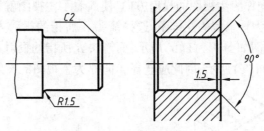

图7-8 倒角和倒圆

4. 钻孔结构

零件上有各种形式和不同用途的孔,多数是用钻头加工而成。用钻头钻出的盲孔,在底部有一个120°的锥角。钻孔深度 h 是指圆柱部分的深度,不包括锥坑,如图7-9(a)所示。在阶梯形钻孔的过渡处,也存在锥角为120°的圆台,如图7-9(b)所示。

用钻头钻孔时,要求钻头尽量垂直于被钻孔的零件表面,以保证钻孔准确和避免钻头折断,如图7-10所示。

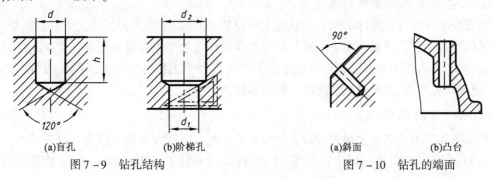

(a)盲孔   (b)阶梯孔   (a)斜面   (b)凸台

图7-9 钻孔结构   图7-10 钻孔的端面

第三节 零件图的视图选择和尺寸标注

本节运用机件常用表达方法,针对各类零件的形状结构特点,结合实际生产来讨论零件图的视图选择。但视图仅仅能够表达零件的结构形状,零件的大小是用在图形上标注的一系列尺寸来表示的,根据所注尺寸才能加工零件。尺寸不全会使生产无法进行,标注不合理会给生产带来困难,尺寸错误更会造成零件报废,因此应该认真对待尺寸的标注问题。

一、零件图的视图选择

零件图的视图选择,就是选用适当的表达方法将零件的内外结构形状正确、完整、清晰地表达出来,力求画图简单、看图方便。要达到这些要求,首先必须选择好主视图,然后再选配其他视图。

1. 主视图的选择

在表达零件时,主视图是一组视图的核心,应选择表示物体内、外形状和结构信息量最多的那个视图作为主视图。因此选择主视图时应遵循以下原则:

1）形状特征原则

把反映零件形状特征最明显的视图作为主视图,称为"形状特征原则",它是确定主视图投射方向的依据。从形体分析的角度考虑,一定要选择能将零件各组成部分的形状及其相对位置反映得最充分的方向作为主视图的投射方向,使人看了主视图就能了解零件的大致形状。

如图 7 – 11(a)所示为轴承盖的立体图,选择箭头 A 所指的投射方向,能最明显地表示出轴承盖的结构形状,主视图如图 7 – 11(b)所示;而箭头 B 所指的投射方向,则反映零件结构形状较少,主视图如图 7 – 11(c)所示,因此应选择 A 向作为主视图的投射方向。

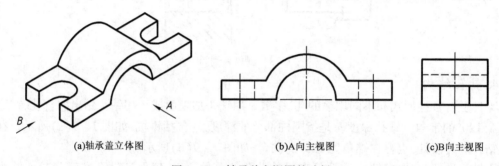

(a)轴承盖立体图　　　　　(b)A向主视图　　　　　(c)B向主视图

图 7 – 11　轴承盖主视图的选择

2）加工位置原则或工作位置原则

主视图应尽可能反映零件的加工位置或工作位置,称为加工位置原则或工作位置原则,它是确定零件摆放位置的依据。加工位置是指零件在机床上加工时的装夹位置。主视图与加工位置一致,便于工人看图加工。工作位置是指零件在机器中工作时的位置。主视图与工作位置一致,便于研究图纸,以及对照装配图来看图和画图。

2. 其他视图的选择

其他视图用于补充表达主视图尚未表达清楚的结构。其选择原则可以参考以下几点:

(1)应在完整、清晰、准确地表达出零件的结构形状和便于看图的前提下,尽量采用简单的表达方法,减少视图数量,便于看图和画图。

(2)主视图选定后,零件的主要形状尽量用基本视图来表达。这样不仅突出了零件的主体,还容易建立零件的整体概念。对于基本视图上没有表达或表达不清楚的部位,可采用局部视图、局部放大图、剖面图等方法表达。

(3)合理地布置各视图的位置,有关的视图应尽可能保持直接的投影关系,同时要注意充分利用图纸幅面。

二、零件图的尺寸标注

零件图中的图形用来表达零件的结构与形状。而零件各部分的大小及相对位置,是由图中所注的尺寸来决定的。因此,零件图中标注的尺寸应符合正确、完整、清晰、合理的要求。有关前三点要求,前面的章节中已作介绍,这里主要介绍如何合理地标注尺寸。

所谓合理,是指图上所注尺寸,既能满足设计要求,又能满足加工工艺要求,也就是既能使零件在部件(或机器)中很好地工作,又便于制造、测量和检验。要做到尺寸标注得合理,需要较多的机械设计和加工方面的知识,仅学习本课程是不够的。因此,本节仅介绍一些合理标注尺寸的初步知识。

1. 尺寸基准

尺寸基准就是度量尺寸的起点。是零件在设计、制造和检验零件时用以确定其位置的一些面、线或点。尺寸标注得是否合理,关键在于能否正确地选择尺寸基准。

1) 设计基准和工艺基准

由于用途不同,基准可以分为设计基准和工艺基准。设计基准是在机器或部件中确定零件工作位置的基准。工艺基准是在加工或测量时确定零件结构位置的基准。如图 7 – 1 所示的齿轮轴以轴线作为径向基准(设计基准),而以重要端面作为轴向的尺寸基准(工艺基准)。

2) 主要基准和辅助基准

每个零件都有长、宽、高三个方向,因此每个方向至少应该有一个主要基准,该基准一般用来确定主要尺寸。如图 7 – 12 所示的轴承座,其底面决定着轴承孔的中心高,而中心高是影响轴承座工作性能的重要尺寸。由于轴一般都是由两个轴承座支撑的,为使轴线水平,两个轴承座的支承孔中心必须等高。同时轴承座底面是首先加工出来的,因此在标注轴承座的尺寸时,高度方向应以底面作为尺寸基准,长度和宽度方向都以对称面为主要基准,以保证结构的对称性。

但有时根据设计、加工、测量上的要求,在长、宽、高的某一方向除主要基准外,还常常选择一些附加的基准。如图 7 – 12 所示的轴承座上部螺孔的深度是以上端面为基准标注的,这样标注便于加工时的测量。像这样在同一方向上除主要基准外而另选的基准称为辅助基准。如图 7 – 1 所示,齿轮轴中的退刀槽宽度尺寸不从右端面直接注出,而以轴肩为辅助基准标注,也是为了便于加工和测量。在确定辅助基准时,应该注意主要基准和辅助基准之间应有尺寸联系。

2. 基准的选择

选择基准就是在标注尺寸时,是从设计基准出发,还是从工艺基准出发。从设计基准出发标注尺寸,其优点是在标注尺寸上反映了设计要求。能保证所设计的零件在机器中的工作性能。从工艺基准出发标注尺寸,其优点是把尺寸的标注与零件的加工制造联系起来,在标注尺寸上反映了工艺要求,使零件便于制造、加工和测量。因此,所选择的基准最好是设计基准和工艺基准的统一。若两者不能统一,则应以保证设计要求为主。

3. 合理标注尺寸的注意事项

1) 考虑设计要求

(1) 主要尺寸应直接标注。

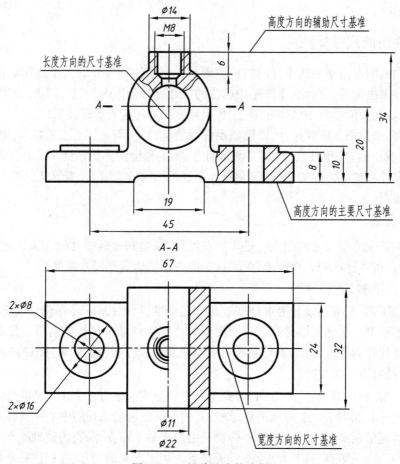

图 7-12 尺寸基准的选择

主要尺寸是指影响产品工作性能、精度及互换性的重要尺寸。直接标注出主要尺寸,能够直接提出尺寸公差、形状和位置公差的要求,以保证尺寸精度。如图 7-13 中轴承孔的高度是影响轴承座工作性能的主要尺寸,直接以底面为基准标注尺寸 20,如图 7-13(b)所示;而不能将其替代为尺寸 8 和尺寸 12,如图 7-13(a)所示。因为在加工零件的过程中,尺寸都存在误差,若注写了尺寸 8 和尺寸 12,两个尺寸加在一起就会有积累误差,因此不能保证设计要求。这是零件图尺寸标注与前面所讲组合体尺寸标注不一致的情况。

同理,为了在安装时保证底板上两个 $\phi 8$ 孔与机座上的螺孔能准确配合,两个 $\phi 8$ 孔的定位尺寸应如图 7-13(b)所示,直接注出中心距 45,而不应该标注尺寸 11。

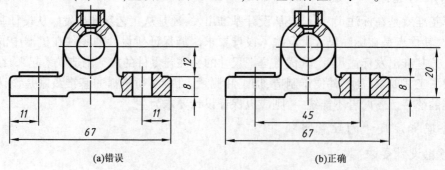

(a)错误   (b)正确

图 7-13 主要尺寸应直接注出

（2）相关尺寸的基准和注法应一致。

图7-14所示尾架和导板，凸台和凹槽（尺寸40）是相互配合的。装配后要求尾架的凸台与导板的凹槽对正，因此，在尾架和导板的零件图上，均应以右端面为基准，尺寸注法应相同，如图7-14（a）所示；若分别以左、右端面为基准，且尺寸注法不一致，如图7-14（b）所示，尾架以右端面为基准，而导板以左端面为基准，装配后尾架的凸台与导板的凹槽可能会出现不对正的情况。

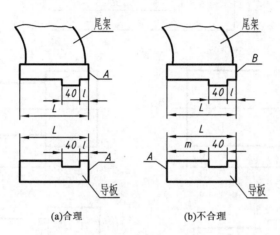

(a)合理　　　　　　　(b)不合理

图7-14　相关尺寸的基准和注法应一致

（3）避免注成封闭尺寸链。

封闭尺寸链是由头尾相接，绕成一整圈的一组尺寸。每一个尺寸是尺寸链中的一环，如图7-15（a）所示。由于各段尺寸加工都有一定误差，封闭尺寸链的误差将随着组成环的增多而加大，导致不能满足设计要求。因此标注尺寸时，在尺寸链中选出一个不重要的环不注尺寸，称为开口环，如图7-15（b）所示。或注上参考尺寸，如图7-15（c）所示括号中的尺寸，使制造误差集中到开口环上，从而保证尺寸的精度。

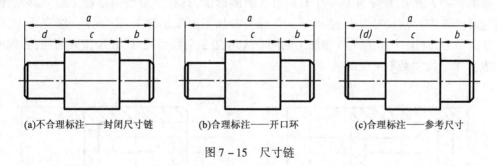

(a)不合理标注——封闭尺寸链　　　(b)合理标注——开口环　　　(c)合理标注——参考尺寸

图7-15　尺寸链

2）考虑工艺要求

（1）按加工顺序标注尺寸。

图7-16所示的阶梯轴，其加工顺序一般是：先车外圆直径$\phi 20$mm，长50mm的圆柱面；其次车$\phi 14$mm、长36mm的一段圆柱面；再用切刀车距离右端面20mm、宽2mm、直径$\phi 6$mm的退刀槽；最后车尺寸为M10-6g的螺纹和倒角C1，如图7-16（b）、（c）、（d）和（e）所示。由此阶梯轴的尺寸应按加工顺序标注，如图7-16（a）所示，既保证设计要求，又符合加工顺序，便于加工和测量。

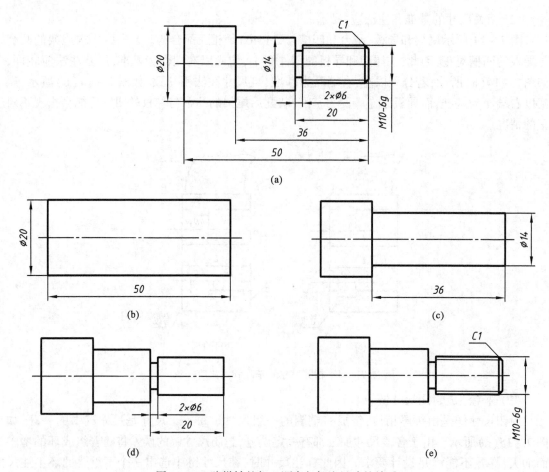

图 7-16　阶梯轴的加工顺序与标注尺寸的关系

（2）同一方向的加工面与非加工面间只能有一个联系尺寸。

如图 7-17 所示，该零件是一个有矩形孔的圆形罩，只有凸缘底面是加工面，其余表面都是铸造面。图 7-17(a)中用尺寸 A 将加工面与非加工面联系起来，即加工凸缘底面时，保证尺寸 A；图 7-17(b)中加工面与非加工面间有 A、B、C 3 个联系尺寸，在加工底面时，要同时保证 A、B、C 3 个尺寸是不可能的。

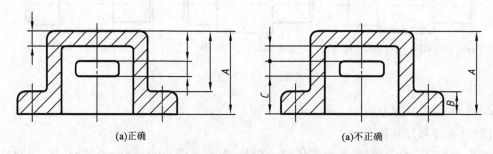

图 7-17　同一方向的加工面与非加工面之间的尺寸标注

（3）按同种加工方法尽量集中标注尺寸。

一个零件一般需要经过几种加工方法（如车、刨、铣、钻、磨等）才能制成。在标注尺寸时，应将相同加工方法的有关尺寸集中标注。如图 7-1 所示齿轮轴上的键槽是在铣床上加工的，因此，这部分的尺寸集中在两处（2、18 和 5、11）标注，看起来就比较方便。

（4）标注尺寸要考虑测量方便。

如图7-18(a)所示的图例，是由设计基准注出中心至某加工面的尺寸，但不易测量。如果这些尺寸对设计要求影响不大时，应考虑测量方便，按图7-18(b)所示标注。这也是零件图尺寸标注与组合体尺寸标注不一致的情况。

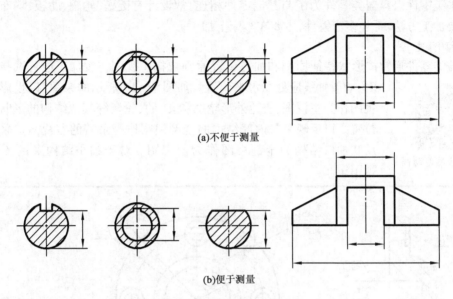

(a)不便于测量

(b)便于测量

图7-18　尺寸标注要便于测量

三、零件图的视图选择和尺寸标注示例

根据零件的结构形状特点，常见零件大致可分成四类：

（1）轴套类零件——轴、衬套等零件；

（2）盘盖类零件——端盖、阀盖、齿轮等零件；

（3）叉架类零件——拨叉、连杆、支座等零件；

（4）箱体类零件——阀体、泵体、减速器箱体等零件。

1. 轴套类零件

轴套类零件的结构特点：一般由若干段直径不等的同轴回转体构成，在轴上通常有键槽、销孔、砂轮越程槽、螺纹退刀槽以及轴肩、螺纹等局部结构。此类零件的主要加工方法有车削、镗削、磨削等。

1）视图表达特点

选择主视图时，按形状特征原则和加工位置原则选择。按加工位置原则选择时，轴套类零件的轴线应处在水平位置，一般只用一个基本视图，再辅以其他表达方法，轴上的键槽等结构朝前对着观察者。键槽、砂轮越程槽、螺纹退刀槽等可以采用断面图、局部剖视图和局部放大图等加以表达，如图7-1所示的齿轮轴零件图。

2）尺寸分析

轴套类零件一般是同轴回转体，因此，只有径向和轴向两个方向的尺寸。为保证轴的旋转精度和齿轮、皮带轮等工作平稳，要求重要轴段的轴线同轴，因此，径向的设计基准就是轴线。

轴向的主要基准选择重要端面。图7-1中,齿轮轴的轴线为径向尺寸的设计尺寸基准,齿轮轴的右端面为设计基准。功能尺寸直接注出,其余尺寸按加工顺序标注。

2. 盘盖类零件

盘盖类零件的结构特点:主体部分一般由回转体组成,通常为径向尺寸较大、轴向尺寸较小的扁平类零件。盘盖类零件为了与其他零件相连,常设计有键槽、轮辐、肋板、均布孔等结构。主要加工方法:毛坯多为铸件,主要在车床上加工。

1) 视图选择

盘盖类零件通常按形状特征原则和加工位置原则选择主视图。按加工位置选择主视图

图7-19泵盖动画

时,一般轴线应处在水平位置。如图7-19所示的泵盖,以投影为圆的视图作为主视图,表达外形轮廓和孔、肋、轮辐等其他结构的形状及相对位置。以反映泵盖内部结构的全剖视图作为泵盖的右视图。采用主要反映油口结构的全剖视图作为俯视图。对于细小结构采用A向局部视图。

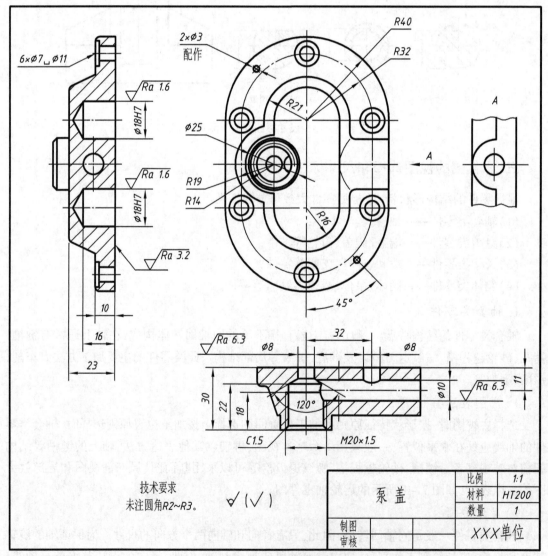

图7-19 泵盖零件图

2)尺寸分析

盘盖类零件与轴套类零件类似,如图7－19所示的泵盖,径向尺寸的主要基准是回转轴线,轴向尺寸的主要基准是右侧经加工的大端面。

3.叉架类零件

叉架类零件的结构特点:通常由工作部分、支撑部分及连接部分组成。形状比较复杂且不规则。常有叉形、肋板、孔、槽等结构。主要加工方法:毛坯多为铸件或锻件,经车、镗、刨、钻等多种工序加工而成。

1)视图选择

叉架类零件一般是铸件,毛坯形状复杂,需要经过多种工序加工,且加工位置不易分清主次。因此,主视图应按工作位置原则和形状特征原则确定。除了主视图之外,通常还需要一个或多个基本视图,表达主要结构。其余的次要结构还应采用局部视图、局部剖视图、斜视图、断面图、局部放大图等视图表示。

图7-20拨叉动画

图7－20所示为拨叉零件的表达方案,主视图取A－A剖视表达了支承套筒的内部结构,并采用断面图表达了支撑肋板的结构;左视图表达了拨叉的主要结构形状,取B－B剖视,表达了支承套筒的内部结构。

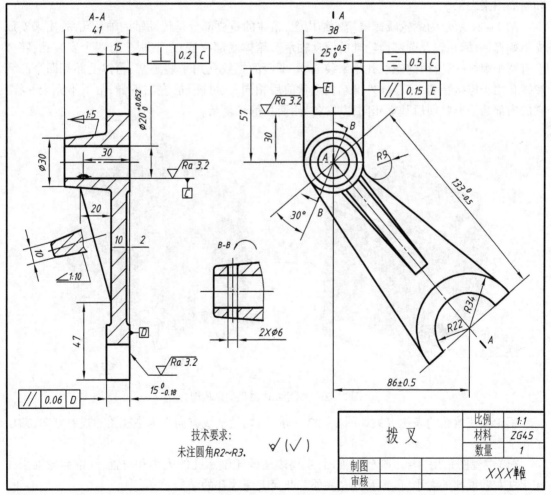

图7－20 拨叉零件图

2)尺寸分析

叉架类零件长、宽、高三个方向的主要基准一般为孔的中心线、轴线、对称图形对称面和较大的加工平面。图7-20所示拨叉零件长度方向基准为拨叉的右端面,圆台上的 $\phi20$ 孔的轴线为高度方向和宽度方向的尺寸基准。

4.箱体类零件

箱体类零件的结构特点:此类零件主要起包容、支撑其他零件的作用,因此,常有内腔、轴承孔、凸台、肋、安装板、光孔、螺纹孔等结构。主要加工方法:毛坯一般为铸件,主要在铣床、刨床、钻床上加工。

1)视图选择

箱体类零件多为铸件,一般都经过多道工序加工制造,且各工序加工位置不尽相同。因此,主视图应按工作位置原则和形状特征原则确定。箱体类零件一般都较复杂,常需要多个基本视图。如果箱体外部结构形状简单,内部结构形状复杂,可采用全剖视图;如果箱体具有对称平面时,可采用半剖视图;如果外部结构形状复杂,内部结构形状简单,可采用局部剖视图或用虚线表示;如果外部、内部结构都较复杂,且投影不重叠时,也可采用局部剖视图;重叠时,内部结构形状和外部结构应分别表达;对局部的外、内部结构形状可采用局部视图、局部剖视图和断面图来表示。

图7-21所示为蜗轮减速器箱的结构图,箱体的重要部分是传动轴的轴承孔系,用来安放支承蜗杆轴、蜗轮轴及圆锥齿轮轴的滚动轴承。箱体底部有底板,底板上有四个安装孔;箱壁上有两个螺纹孔,上面的螺纹孔用来装油标,下面的螺纹孔用来装螺塞;箱体上部有四个凸台和螺孔用于连接箱盖;该箱体外部结构形状前后相同,尺寸不同,左右各异,上下不完全一样;它的内部结构形状前后基本相同,左右各异,而且都较复杂。

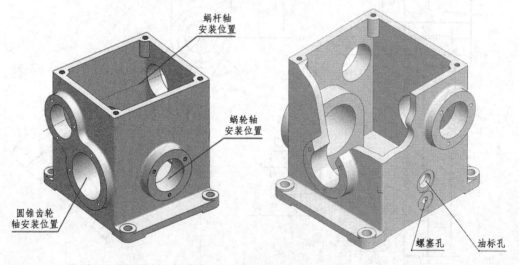

图7-21　蜗轮减速器箱的结构图

蜗轮减速器箱的表达方案如图7-22所示,沿蜗轮轴线方向作为主视图的投射方向,共用了6个图形:

(1)主视图采用 $A-A$ 阶梯剖视图,主要表达蜗轮轴承孔的大小和位置,圆锥齿轮轴承孔和蜗杆右轴承孔的大小、位置及其左侧外部凸台上螺纹孔的结构。

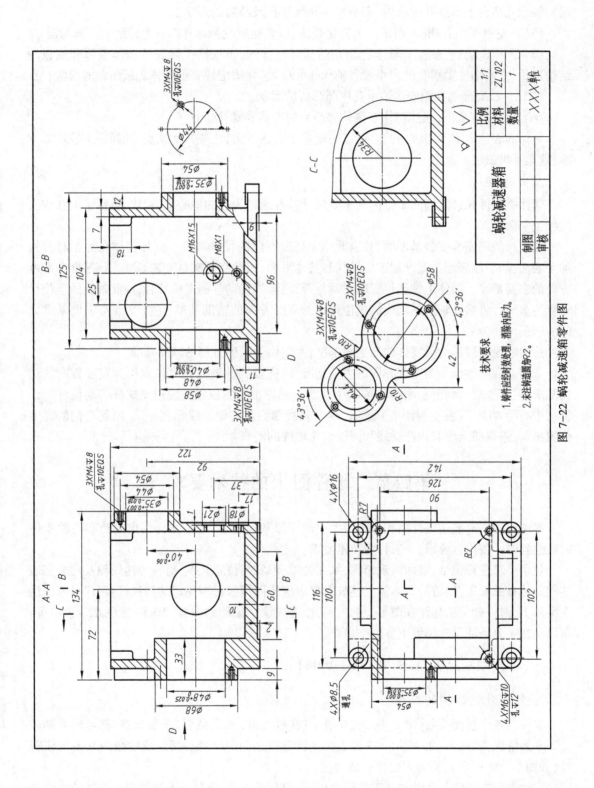

图 7-22 蜗轮减速箱零件图

（2）左视图采用 $B-B$ 局部剖视图，主要表达蜗杆轴承孔和蜗轮轴承孔之间的相对位置、蜗轮轴承孔凸台上螺纹孔的结构、安装油标和螺塞孔及凸台的形状。

（3）在左视图的右侧，采用了一个简化画法，以表达蜗轮轴承孔凸台上螺纹的分布情况。

（4）俯视图为过左侧蜗杆轴承孔剖切的局部剖视图，该视图主要表达箱体顶部和底板的结构形状、左侧蜗杆轴承孔的大小及各轴承孔的位置，并用虚线表示箱体底板凸台的形状。

（5）$C-C$ 局部剖视图表达轴承孔内部凸台的形状。

（6）D 向局部视图，表达箱体左侧外部凸台的形状和螺孔位置。

箱体的表达方案不是唯一的。可以确定多个表达方案，比较其优缺点，选择一个较优的方案，这里不再叙述。

2）尺寸分析

箱体类零件长、宽、高三个方向的主要尺寸基准通常为孔的中心线、轴线、对称平面和较大的加工平面。

减速箱的底面为安装基准面，故以此作为高度方向的设计基准。此外箱体在加工时首先加工底面，然后以底面为基准加工各轴孔和其他平面，因此底面又是工艺基准。该基准为高度方向的主要基准。箱体上轴孔位置的正确与否，将影响传动件的正确啮合，因此轴孔的定位尺寸极为重要。将蜗杆轴孔的轴线高度位置作为高度方向的辅助基准，主要基准与辅助基准之间的联系尺寸为92。

选用蜗轮轴线作为长度方向的主要基准，左端面为长度方向的辅助基准。

选用前后对称面作为宽度方向的主要基准，蜗杆轴孔的轴线宽度位置作为宽度方向的辅助基准，主要基准与辅助基准的联系尺寸为25。蜗轮轴孔的位置应按蜗轮蜗杆传动设计时计算的中心距 $40_0^{+0.06}$（在主视图上）确定。蜗轮轴线和圆锥齿轮轴线垂直相交，因此它们的高度位置相同，俯视图上注有蜗杆轴线和圆锥齿轮轴线的距离42。

第四节　零件图上的技术要求

零件图除了有表达零件结构形状与大小的图形和尺寸外，还必须标注出制造和检验零件时应达到的一些质量要求，一般称为技术要求。

技术要求主要包括：表面微观结构、尺寸公差、形状与位置公差、材料的热处理及用文字表述的其他有关加工、制造的要求。上述技术要求应按照国家标准规定的各种符号、代号等标注在图形上，对一些无法标注在图形上的内容，或需要统一说明的内容，"未注圆角 $R2 \sim R3$"等，可以用文字分条注写在图纸下方的空白处。

一、表面微观结构（GB/T 131—2006）

1.表面微观结构的概念

零件的各个表面，不管加工得多么光滑，放在放大镜（或显微镜）下面观察，都可以看到高低不平的情况，如图 7-23 所示。这种表面上具有较小间距和峰谷所组成的微观几何形状特性（如图 7-24 所示），称为表面微观结构。

零件表面粗糙度与零件在加工过程中机床、刀具的振动，金属表面被切削时产生的塑性变形，以及残留的刀痕等因素有关。零件的表面质量与零件的疲劳强度、耐磨性、配合性质、抗腐蚀性等都有密切的关系,并对机器的使用性能和寿命产生很大的影响。

图 7-23　零件表面的结构特征

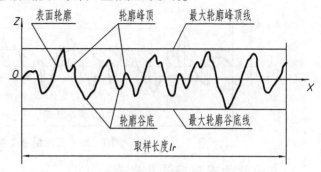

图 7-24　零件表面微观不平特征

零件表面粗糙度也是评定零件表面质量的一项技术指标。零件表面粗糙度的要求越高(即表面粗糙度参数越小),则其加工成本也越高。因此,应在满足零件功能的前提下,合理选用表面粗糙度参数。

2.术语和定义

1)中线

具有几何轮廓形状,并划分轮廓的基准线。实际上中线就是轮廓坐标系的 X 轴,与之垂直的是轮廓高度 Z 轴。

2)取样长度

用于判断被评定轮廓的不规则特征的 X 轴向的长度。

3)轮廓算术平均偏差 Ra

如图 7-23 所示,在零件表面的一段取样长度 lr 内,轮廓偏距 $Z(x)$(表面轮廓上的点到基准线的距离)绝对值的算术平均值,用 Ra 表示,其表达式为:

$$Ra = \frac{1}{lr}\int_0^l |z(x)|\,\mathrm{d}x \approx \frac{1}{n}\sum_{i=1}^n |z_i|$$

Ra 是常用的表面结构参数,国家标准给出了系列值和取样长度。

表 7-1 为国家标准规定的 Ra 的系列值及对应的取样长度 lr 值。

表 7-1　Ra 及 lr 选用值

Ra,μm	≥0.008~0.02	>0.02~0.1	>0.1~2.0	>2.0~10.0	>10.0~80.0
取样长度 lr,mm	0.08	0.25	0.8	2.5	8.0
Ra 系列,μm (第一系列)	0.012 0.025 0.05 0.1	0.2 0.4 0.8 1.6	3.2 6.3 12.5 25	50 100	

4)轮廓最大高度 Rz

在取样长度 lr 内,最大轮廓峰高和最大轮廓谷深之和的高度称为轮廓最大高度,用 Rz 表示,如图 7-25 所示。

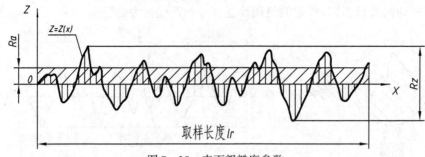

图 7-25　表面粗糙度参数

3.表面结构图形符号及代号

1)表面结构图形符号

在产品技术文件中,对表面结构的要求可以用几种不同的图形符号表示。每种图形符号都有特定的含义。图样中表示零件表面结构图形符号的画法及意义参见表 7-2。

表 7-2　表面结构图形符号的画法及意义

符　号	意义及说明
基本图形符号 H $60°$ $60°$ $2H$ d	基本图形符号,表示表面可用任何方法获得。当通过注释解释时可单独使用。$d = h/10$,$H = 1.4h$,d 为图中线宽,h 为图中字高
（去除材料符号）	基本符号加一短画,表示表面是用去除材料的方法获得,例如车、铣、钻、磨、剪切、抛光、腐蚀、电火花加工、气割等
（不去除材料符号）	基本符号加一小圆,表示表面是用不去除材料的方法获得,例如铸、锻、冲压变形、热轧、冷轧、粉末冶金等
（完整图形符号三种）	完整图形符号,在上述三个符号的长边上均可加一横线,用于标注有关说明和参数
（带小圆的完整符号三种）	在上述三个带横线符号上均可加一小圆,表示所有表面具有相同的表面粗糙度要求
c a e d b	a——表面粗糙度参数允许值,μm; b——标注加工要求、镀涂、表面处理、其他说明; c——注写加工方法、表面处理、图层或其他加工工艺要求; d——加工纹理方向符号; e——加工余量,mm

2)表面结构完整图形符号的组成

为了明确表面结构要求,除了标注表面结构参数和数值外,必要时应标注补充要求,为了保证表面的功能特征,应对表面结构参数规定不同的要求。在完整图形符号中,对表面结构的单一要求和补充要求的注写方式参见表 7-2 最下一栏的标注。

3)表面结构代号的注写

在表面结构符号中,按功能要求注写参数代号、极限值等有关规定,称为表面结构代号。

表 7-3 给出了一些表面粗糙度代号的标注示例。

表 7 – 3　表面粗糙度代号标注示例

代　　号	意义及说明
$\sqrt{}$ Ra 3.2	用去除材料的方法获得的表面，Ra 的上限值为 $3.2\,\mu m$
$\sqrt{}$ Rz max 3.2	用不去除材料的方法获得的表面，Rz 的上限值为 $3.2\,\mu m$
$\sqrt{}$ Ra 3 3.2	用去除材料方法获得的表面，评定长度为 3 个取样长度，Ra 的上限值为 $3.2\,\mu m$
$\sqrt{}$ Ra 3.2 Rz max 3.2	用任何方法获得的表面，Ra 的上限值为 $3.2\,\mu m$，Rz 的上限值为 $3.2\,\mu m$
$\sqrt{}$ U Rz 0.8 L Ra 0.2	用去除材料的方法获得的表面，双向极限值，上限值为 $Rz\,0.8\,\mu m$，下限值为 $Ra\,0.2\,\mu m$

4. 表面结构要求在图样上的标注方法

表面结构要求对每一表面一般只标注一次，并尽可能标注在相应的尺寸及其公差的同一视图上。除非另有说明，所标注的表面结构要求是对完工零件表面的要求。

1）表面粗糙度符号、代号的标注位置与方向

（1）标注原则。

根据 GB/T 4458.4—2003《机械制图尺寸注法》规定，表面粗糙度符号、代号的标注位置与方向总的原则是，使表面结构的注写和读取方向与尺寸的注写和读取方向一致。而表面结构参数的注写要求与尺寸数字的注写要求一致，如图 7 – 26 所示。

（2）标注在轮廓线或指引线上。

表面结构要求可标注在轮廓线或指引线上，其符号必须从材料外指向加工表面并接触表面，必要时，表面结构符号可以用带箭头或黑点的指引线引出标注，如图 7 – 27 所示。

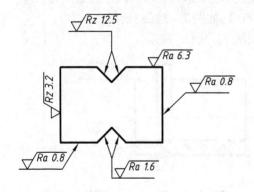

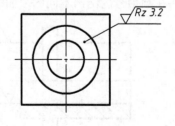

图 7 – 26　表面结构要求在轮廓线上的标注　　　图 7 – 27　用带黑点的指引线引出表面结构要求

（3）标注在特征尺寸的尺寸线上。

在不引起误解的情况下，表面结构要求可标注在给定的尺寸线上，如图 7 – 28 所示。

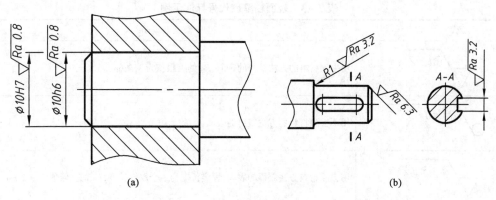

(a) (b)

图 7 – 28 表面结构要求标注在尺寸线上

（4）标注在圆柱或棱柱表面上。

圆柱或棱柱表面的表面结构要求只标注一次，如图 7 – 29 所示。如果每个棱柱表面有不同的表面结构要求，则应分别单独标注。

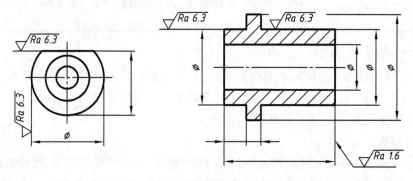

图 7 – 29 圆柱表面结构要求的注法

2）表面结构要求的简化注法

（1）有相同表面结构要求的简化注法。

如果工件的全部或多数表面有相同的表面结构要求，则其表面结构要求可统一标注在图样标题栏附近。此时（除全部表面有相同要求的情况）表面结构要求的代号后面应有：

——在圆括号内给出无任何其他标注的基本符号，如图 7 – 30（a）所示。

——在圆括号内给出不同的表面结构要求，如图 7 – 30（b）所示。

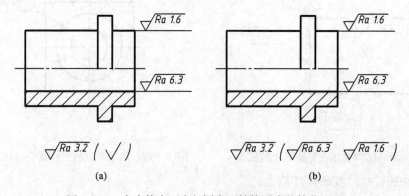

(a) (b)

图 7 – 30 大多数表面有相同表面结构要求的简化注法

（2）多数表面有共同要求的注法。

当多个表面具有相同的表面结构要求或图纸空间有限时,可采用简化注法。

——用带字母的完整符号,以等式的形式,在图形或标题栏附近,对具有相同表面结构要求的表面进行简化标注,如图 7 – 31 所示。

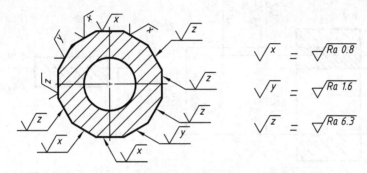

图 7 – 31　用带字母的完整符号的简化注法

——根据被标注表面所用工艺方法的不同,相应地使用基本图形符号、扩展图形符号在图中进行标注,再在标题栏附近给出多个表面共同的表面结构要求,如图 7 – 32 所示。

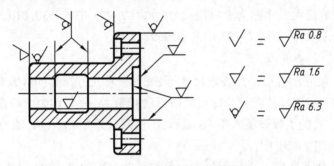

图 7 – 32　只用基本图形符号和扩展图形符号的简化注法

二、极限与配合

1. 零件的互换性

若在一批相同的零件中任取一件,不经修配,就能立即装到机器上去,并能保证使用要求,这种情况说明这批零件具有互换性。由于互换性原则在机械制造中的应用,不但提高了劳动生产率,降低了劳动成本,便于装配和维修,而且也保证了产品定性质量的稳定。

在实际生产中,由于机床、刀具、量具和操作者技术熟练程度等存在差别,零件的尺寸不可能加工得绝对准确。为了使零件满足互换性要求,必须将零件尺寸的加工误差限制在一定的范围内,规定出尺寸的变动量,这就是尺寸公差。这个范围既要保证相互结合的尺寸之间形成的关系满足使用要求,又要在制造时经济合理,这便形成了"极限与配合"。

为保持互换性和制造零件的需要,国家标准总局发布了国家标准 GB/T 1800.1—2020《产品几何技术规范(GPS)线性尺寸公差 ISO 代号体系　第 1 部分:公差、偏差和配合的基础》。

2. 公差的概念

1）关于尺寸的概念

（1）尺寸:以特定单位表示线性尺寸的数值。通过实际测量获得的尺寸称为实际尺寸。

(2)尺寸要素:由一定大小的线性尺寸或角度尺寸确定的几何形状。

(3)公称尺寸:由图样规范确定的理想形状要素的尺寸。它是零件设计时,根据性能和工艺要求,通过必要的计算和实验确定的尺寸,如图7－33中的尺寸 $\phi30$。

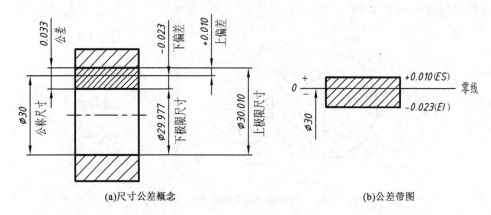

(a)尺寸公差概念　　　　　　　　　　(b)公差带图

图7－33　尺寸公差概念及公差带图

(4)极限尺寸:尺寸要素允许的尺寸的两个极端。实际尺寸应位于其中,也可达到极限尺寸。尺寸要素允许的最大尺寸称为上极限尺寸,如图7－33中的 $\phi30.010$。尺寸要素允许的最小尺寸称为下极限尺寸,如图7－33中的 $\phi29.977$。

2)关于偏差与公差的概念

(1)偏差:某一尺寸(实际尺寸、极限尺寸等)减其公称尺寸所得的代数差。

上极限尺寸和下极限尺寸减其公称尺寸所得的代数差,分别称为上极限偏差和下极限偏差,统称极限偏差。孔的上极限偏差用 ES 表示,下极限偏差用 EI 表示;轴的上、下极限偏差分别用 es 和 ei 表示。图7－31中:

上极限偏差 ES = 上极限尺寸 － 公称尺寸 = 30.010 － 30 = +0.010

下极限偏差 EI = 下极限尺寸 － 公称尺寸 = 29.977 － 30 = －0.023

(2)尺寸公差:上极限尺寸减下极限尺寸之差,或上极限偏差减下极限偏差之差,(简称公差)。是零件尺寸允许的变动量。尺寸公差是一个没有符号的绝对值。

图7－33中:

尺寸公差 = 30.010 － 29.977 = 0.033

或　　　　尺寸公差 = +0.010 － (－0.023) = 0.033

(3)零线:在极限与配合图解中,表示公称尺寸的一条直线,以其为基准确定偏差和公差。通常,零线沿水平方向绘制,正偏差位于其上,负偏差位于其下,如图7－33所示。

(4)公差带:在公差带图解中,由代表上极限偏差和下极限偏差或上极限尺寸和下极限尺寸的两条直线所限定的一个区域。以公称尺寸为零线来表示公差带位置时,称为公差带图。图7－33(b)就是图7－33(a)的公差带图。

3)标准公差(IT)

标准公差是由国家标准规定的,用于确定公差带大小的标准化数值。公差等级确定尺寸的精确程度,国家标准把公差分为20个等级,分别用IT01、IT0、IT1～IT18表示,称为标准公差,IT(International Tolerance)表示标准公差。当公称尺寸一定时,随着公差等级数字的增大,尺寸的精确程度依次降低,标准公差数值依次增大。其中IT01级最高,IT18级最低。

需要指出:属于同一公差等级的公差数值,公称尺寸越大,对应的公差数值越大,但被认为具有同等的精确程度。

4)基本偏差

基本偏差是由国家标准规定的,用以确定公差带相对零线位置的上极限偏差或下极限偏差。一般指靠近零线的那个偏差为基本偏差。图 7-33 中的基本偏差为上极限偏差。

国标规定了孔、轴基本偏差分别有 28 个,它的代号用拉丁字母按顺序表示,大写为孔,小写为轴。

图 7-34 表示孔和轴的基本偏差系列。

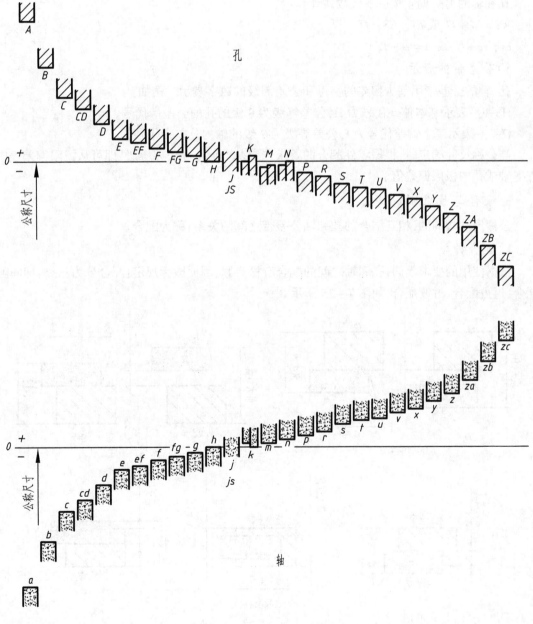

图 7-34 基本偏差系列

从基本偏差系列图中可以看出:轴的基本偏差 a~h 为上极限偏差,且为负值,绝对值依次减小。j~zc 为下极限偏差,其中 j 为负值,而 k 到 zc 为正值,其绝对值依次增大。在图 7-34 中没有单独表示 js 的具体位置,它的公差带对称分布于零线两边,其基本偏差为 +IT/2 或 -IT/2。

一般而言,孔的基本偏差是从轴的基本偏差换算得到的。孔的基本偏差与轴的基本偏差绝对值相同,而符号相反。A~H 为下极限偏差,J~ZC 为上极限偏差,JS 的公差带对称分布于零线两边,其基本偏差为 +IT/2 或 -IT/2。因此轴和孔的基本偏差正好对称地分布在零线的两侧,即孔的基本偏差是轴的基本偏差相对于零线的倒影,而且 H 和 h 的基本偏差均为零。

基本偏差系列图只表示公差带的位置,不表示公差的大小。因此,在图 7-34 中只画出了公差带属于基本偏差的一端,而另一端是开口的,公差带的另一端由标准公差限定。

孔和轴的另一偏差按以下代数式计算:

$$ES = EI + IT \text{ 或 } EI = ES - IT$$
$$es = ei + IT \text{ 或 } ei = es - IT$$

5)公差带的表示

孔、轴的公差带用基本偏差的字母和公差等级的数字表示。例如:

H8——表示基本偏差代号为 H,公差等级为 8 级的孔的公差带代号。

f7——表示基本偏差代号为 f,公差等级为 7 级的轴的公差带代号。

当公称尺寸确定时,根据零件配合的要求选定基本偏差和公差等级,即可从极限偏差表中查得轴或孔的极限偏差值。

3. 配合与基准制

公称尺寸相同的,相互结合的孔和轴公差带之间的关系,称为配合。

1)配合种类

根据使用的要求不同,孔和轴之间的配合有松有紧,因而国标规定:配合分为三类,即间隙配合、过盈配合、过渡配合,如图 7-35 所示。

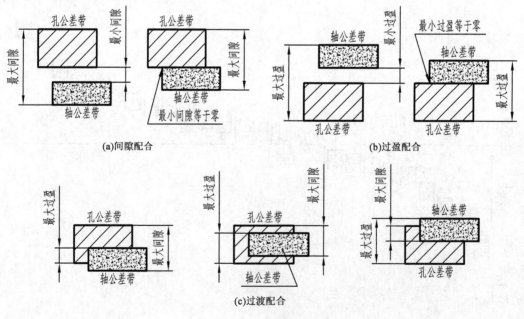

图 7-35　三种配合

（1）间隙配合——具有间隙(包括最小间隙等于零)的配合。此时,孔的公差带在轴的公差带之上,如图7－35(a)所示。

（2）过盈配合——具有过盈(包括最小过盈等于零)的配合。此时,孔的公差带在轴的公差之下,如图7－35(b)所示。

（3）过渡配合——可能具有间隙或过盈的配合。此时孔的公差带与轴的公差带相互交叠,如图7－35(c)所示。

2) 配合的基准制

当公称尺寸确定后,为了得到孔与轴之间各种不同性质的配合,需要制定其公差带相互关系。如果孔和轴两者都可以任意变动,则配合情况变化极多,不便于零件的设计和制造。为此国家标准对配合规定了基孔制和基轴制两种配合基准制度。采用基准制能减少刀具、量具规格数量,从而获得较好的技术经济效果。

（1）基孔制——基本偏差为一定的孔的公差带,与不同基本偏差的轴的公差带形成各种配合的一种制度,如图7－36(a)所示。

基孔制中的孔称基准孔,用基本偏差代号"H"表示,其下极限偏差为零。

（2）基轴制——基本偏差为一定的轴的公差带,与不同基本偏差的孔的公差带形成各种配合的一种制度,如图7－36(b)所示。

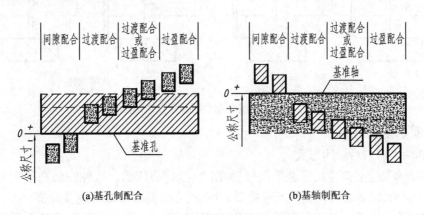

(a)基孔制配合   (b)基轴制配合

图7－36 基孔制和基轴制

基轴制中的轴称基准轴,用基本偏差代号"h"表示,其上极限偏差为零。

3) 配合代号

配合代号用孔、轴公差代号组成的分数式表示。分子为孔的公差带,分母为轴的公差带。例如: $\dfrac{H8}{f7}$、$\dfrac{H9}{h9}$、$\dfrac{P7}{h6}$ 等,也可写成 $H8/f7$、$H9/h9$、$P7/h6$ 的形式。

显而易见,在配合代号中有"H"者为基孔制配合;有"h"者为基轴制配合;二者都有时需经结构分析确定。

4. 公差配合的选用

1) 基准制的选择

实际生产中选用基孔制还是基轴制,要从机器的结构、工艺要求、经济性能等方面的因素考虑,一般情况下应优先采用基孔制。这样可以限制刀具、量具的规格数量。基轴制通常仅用于具有明显经济效果的场合和结构设计要求不适合采用基孔制的场合。为降低加工工作量,在保证使用要求的前提下,应当使选用的公差为最大值。由于加工孔较困难,一般在配合中选用孔比轴低一级的公差等级,例如 H8/f7。

2）公差等级的选择

公差等级的高低不仅影响产品的性能,还影响加工的经济性。考虑到孔的加工较轴的加工困难,因此选用公差等级时,通常孔的等级比轴的低一级。在一般机械中,重要的精密部位用 IT5、IT6;常用的 IT6 ~ IT8;次要部位用 IT8 ~ IT9。

3）公差带和配合的优先选用（GB/T 1800.1—2020）

即使采用基孔制和基轴制,由于孔和轴各自的公差带结合后形成的配合形式数量还是过多,难于使用。因此,国家标准规定了优先选用和常用的配合。使用时请查阅有关标准,应先采用优先配合、其次为常用配合、再次为一般用途的配合。

5. 公差与配合的标注

1）在装配图上的标注

装配图中只注配合代号,不注偏差数值,如图 7 - 37 所示。

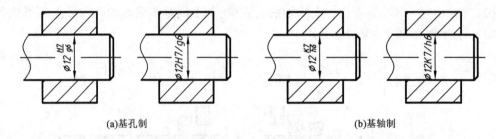

(a)基孔制　　　　　　　　　　　　　　(b)基轴制

图 7 - 37　极限与配合在装配图上的标注

2）在零件图上的标注

在零件图上有三种标注形式:

(1)在基本尺寸后面注出公差带代号,如图 7 - 38(a)所示。这种注法和采用专用量具检验零件统一起来,以适应大批量生产的需要。因此,不需要标注极限偏差数值。

(2)在基本尺寸后面注出极限偏差数值,如图 7 - 38(b)所示。这种注法主要用于小量或单件生产,以便加工和检验时减少辅助时间。

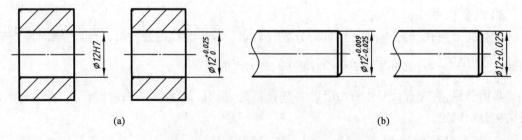

(a)　　　　　　　　　　　　　　　　(b)

图 7 - 38　极限与配合在装配图上的标注

需要指出:

①当采用极限偏差标注时,偏差数值的数字比基本尺寸数字小一号,下偏差与基本尺寸注在同一底线上,且上、下偏差的小数点必须对齐,小数点后的位数必须相同,如 $\phi 12^{+0.009}_{-0.025}$。

②若上、下偏差的数值相同时,则在基本尺寸之后标注"±"符号,再填写一个偏差数值,

如 $\phi12 \pm 0.025$。

③若一个偏差数值为零,仍应注出零,零前无"+""－"符号,并与下偏差或上偏差小数点前的个位数对齐,如 $\phi12 \, ^{+0.025}_{0}$。

【例7－1】 已知孔的基本尺寸为 $\phi50$,公差等级为8级,基本偏差代号为H,查表确定其极限偏差值,并画出公差带图。

解:由附表3－3查得孔上偏差值为 +0.039,下偏差值为0,孔的尺寸可写为:

$$\phi50 \, ^{+0.039}_{0} \quad 或 \quad \phi50H8 \, (^{+0.039}_{0})$$

公差带图如图7－39所示。

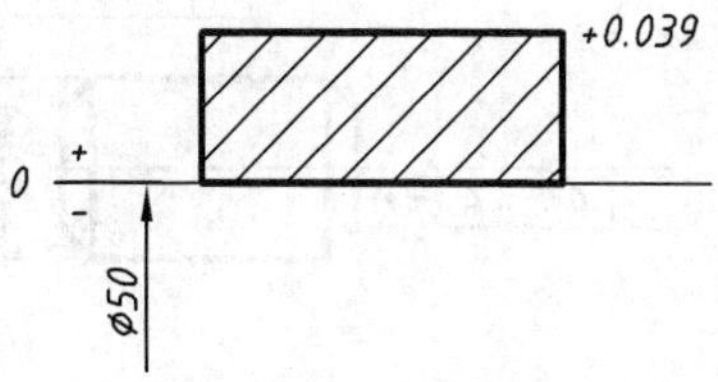

图7－39 公差带图

【例7－2】 分析图7－40(a)所示的箱体与轴套、轴套与轴的配合,查出其偏差数值并标注在零件图中。

解: $\phi30 \dfrac{H7}{n6}$ 表示公称尺寸 $\phi30$、基孔制、过渡配合。

箱体孔的公差代号H7,基本偏差代号H,公差等级IT7。查附表3－3孔的极限偏差可得:上极限偏差 +0.021、下极限偏差0。

轴套的公差代号n6,基本偏差代号n,公差等级IT6。查附表3－2轴的极限偏差可得:上极限偏差 +0.028、下极限偏差 +0.015。标注如图7－40(b)所示。

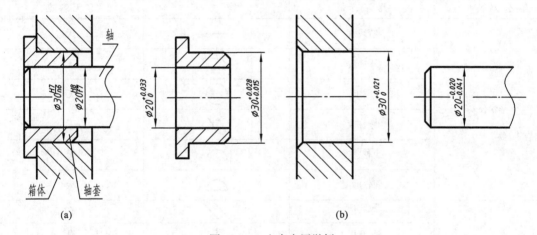

图7－40 查表应用举例

三、几何公差

任何零件不可能加工出一个绝对准确的尺寸。同样,也不可能加工出一个绝对准确的形状和表面间的相对位置。为了满足零件的使用要求,保证互换性,零件的尺寸是由尺寸公差加以限制的,而零件表面的形状和表面间的相对位置,则是由几何公差加以限制的。

1. 概念

1) 形状公差

形状公差是指单一实际要素(构成零件上的特征部分——点、线或面。如球心、轴线、端面等)的形状所允许的变动全量。图7－41中代号 — $\boxed{\varnothing0.006}$ 说明滚轴际轴线必须位于直径为 $\phi0.006$mm的圆柱面内,才符合形状公差规定的直线度要求。

2）位置公差

位置公差是指实际要素的位置对基准所允许的变动全量。如图7－41所示，代号

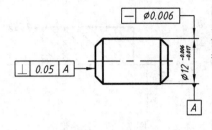

⊥ 0.05 A 说明滚轴左端面必须位于距离为0.05mm且垂直于滚轴轴线的两平行平面之间，才符合位置公差规定的垂直度要求。

3）方向公差

方向公差是指关联实际要素对基准在方向上所允许的变动全量。

图7－41　形状和位置公差示例

4）跳动公差

跳动公差是指关联实际要素绕基准回转一周或连续回转时所允许的最大变动量。

2. 几何公差符号、附加符号和标注

1）几何公差的几何特征和符号

几何公差分类、几何特征符号如表7－4所示。

表7－4　形位公差特征符号

公差类型	几何特征	符号	有无基准
形状公差	直线度	—	无
	平面度	▱	无
	圆度	○	无
	圆柱度	⌀	无
	线轮廓度	⌒	无
	面轮廓度	⌓	无
方向公差	平行度	∥	有
	垂直度	⊥	有
	倾斜度	∠	有
	线轮廓度	⌒	有
	面轮廓度	⌓	有
位置公差	位置度	⊕	有或无
	同轴度	◎	有
	对称度	═	有
	线轮廓度	⌒	有
	面轮廓度	⌓	有

公差类型	几何特征	符 号	有无基准
跳动公差	圆跳动	/	有
	全跳动	//	有

2）几何公差的框格标注

工程图样上标注的用于表达几何公差要求的公差框格如图 7 - 42 所示。其绘制要求如下：

框格用细实线绘制，框格中的数字、字母和符号与图样中的数字等高。框格高度是图样中的数字的二倍，它的长度视需要而定。框格可分成两格或多格，从左至右填写形位形位公差特征符号、公差值及附加符号（如公差带是圆形或圆柱形的则在公差值前加注 ϕ，如公差带是球形的则加注 $S\phi$）、基准代号的字母等。

图 7 - 42　形位公差的框格

公差值的单位为毫米时，在框格中不注写。公差值有国家标准规定。可查看有关资料。

公差框格用带箭头的指引线与被测要素的轮廓线或其延长线相连，指引线可引自框格的任意一侧；箭头指向应垂直于被测要素。

3）基准代号

对有位置公差要求的零件，在图上应说明基准代号。基准代号由大写英文字母、正方形框格、连接线和三角形组成，并注写在正方形框格内；连接线连接框格和涂黑的或空白的三角形；框格、连接线、三角形均用细实线绘制，如图 7 - 43 所示。不论基准要素的方位如何，框格内的字母都应水平书写。

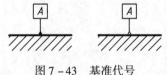

图 7 - 43　基准代号

3. 几何公差在图样上的标注方法

（1）当被测要素或基准要素为轮廓线或轮廓面时，公差框格上的箭头应指在该要素的轮廓线或其引出线上，而基准符号应靠近该要素的轮廓线或其引出线，并都应明显地与尺寸线错开，如图 7 - 44 所示。

（2）公差框格的箭头也可指向引出线的水平线，带黑点的指引线引自被测面，如图 7 - 45 所示。

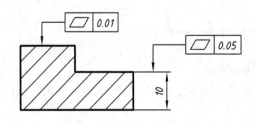

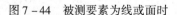

图 7 - 44　被测要素为线或面时

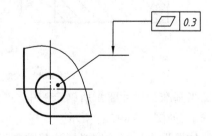

图 7 - 45　用带黑点的指引线引出标注

(3)当公差涉及要素的中心线、中心面或中心点时,箭头应位于相应尺寸线的延长线上,被测要素的公差框格指引线箭头可替代一个尺寸箭头,如图7-46所示。

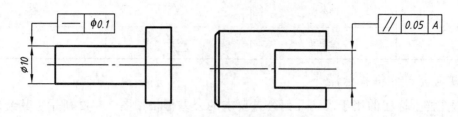

图7-46　被测要素为轴线或中心平面时

(4)对于同一个被测要素有多项形位公差要求时,可以将多个框格上下相连,整齐排列,如图7-47(a)所示;对于多个被测要素有相同的形位公差要求时,可以从一个框格的同一端引出多个指示箭头,如图7-47(b)所示。

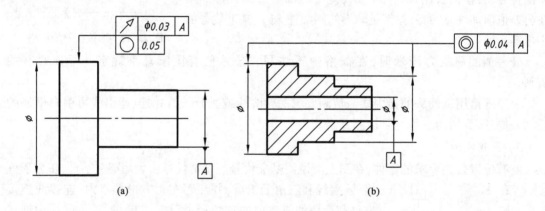

(a)　　　　　　　　　　　　　　　　　　　(b)

图7-47　形位公差简化注法

(5)基准要素的常用标注方法及要求。

①当被测要素或基准要素为轮廓线或轮廓面时,基准三角形放置在要素的轮廓线或其延长线上,必须与尺寸线明显地错开,如图7-48所示。

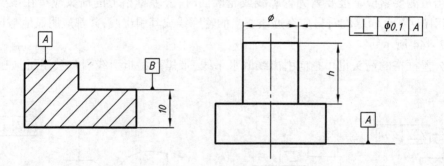

图7-48　基准要素标注示例一

②当基准是尺寸要素所确定的中心线、中心面或中心点时,基准三角形放置在该尺寸线的延长线上,如图7-49(a)所示。

③如果没有足够的位置标注基准要素尺寸的两个箭头,则其中一个箭头可以用基准三角形代替,如图7-49(b)所示。

④基准三角形也可放置在轮廓面引出线的水平线,如图 7－50 所示。

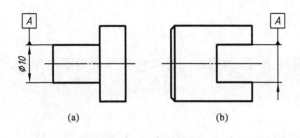

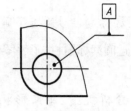

图 7－49　基准要素标注示例二　　　　　　　　图 7－50　基准要素标注示例三

4.几何公差标注示例

图 7－51 所示为一气门阀杆标注几何公差的实例。图中对气门阀杆标注几何公差要求有四处,意义为:

(1) $SR108$ 的球面对 $\phi27$ 圆柱轴线的斜向圆跳动公差值为 0.003;

(2) $\phi27$ 圆柱的圆柱度公差值为 0.005;

(3) $M12×1$ 螺孔的轴线对 $\phi27$ 圆柱轴线的同轴度公差值为 $\phi0.1$;

(4) 零件的右端面对 $\phi27$ 圆柱轴线的垂直度公差值为 0.1。

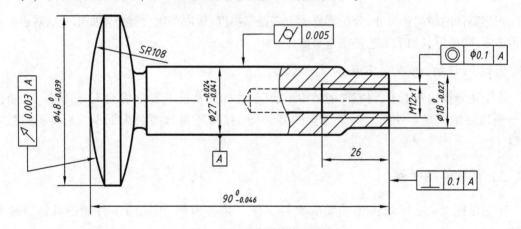

图 7－51　几何公差标注实例

四、材料的热处理和表面处理

热处理和表面处理对金属材料的机械性能(如强度、弹性、塑性、韧性和硬度)的改善及对提高零件的耐磨性、耐热性、耐腐蚀性、耐疲劳和美观有显著作用。

根据零件的不同要求,可以采用不同方法处理,常见的热处理和表面处理方法,可以查阅相关表格。

第五节　看 零 件 图

看零件图的目的就是要根据零件图想象出零件的结构形状,了解零件的尺寸和技术要求,研究该零件的加工制造过程。作为工程技术人员,必须具备读零件图的能力。

一、看零件图的方法和步骤

1.看标题栏,概括了解

通过阅读标题栏,了解零件的名称、材料、重量、画图的比例和用途,从而对零件有初步的认识。

2.分析视图,想象形状

分析零件各视图的配置以及相互之间的投影关系及表达方法,这是看懂零件图的重要环节。以零件的内外结构形状分析为主,结合零件上的常见结构知识,逐一看懂零件的细部结构形状,然后根据相互位置关系综合出整体结构形状。要注意零件结构形状的设计是否合理。

3.分析尺寸

根据零件的形体结构,分析确定长、宽、高各方向的主要尺寸基准。从基准出发,找出各部分的定形和定位尺寸,明确哪些是主要尺寸和主要加工面,进而分析制造方法等,以便保证质量要求。

4.明确技术要求

根据零件的结构和尺寸,分析零件图上表面粗糙度、极限与配合等技术要求。这对进一步认识该零件,确定其加工工艺是很重要的。

5.总结归纳,形成对零件的完整认识

在上述分析的基础上,将零件的结构形状、尺寸标注及技术要求综合起来考虑,就能比较全面地阅读这张零件图。对于复杂的零件图,有时还要参考装配图及与它有关的技术资料。

二、看零件图举例

下面以图7-52所示齿轮油泵的重要零件—泵体为例,说明看零件图的具体方法和步骤。

1.概括了解

从标题栏可知,零件的名称是泵体,画图比例为1∶1。材料为铸铁 HT200,泵体的制造过程是由铸造生产毛坯,经时效处理后,再切削加工而形成。

看图时,有时还要查阅有关的技术资料,如部件装配图和说明书等,以便了解各部分结构的功用。从齿轮油泵装配图(图8-16)中可知齿轮油泵是用来输送液体的装置,而泵体是用来安装齿轮轴等零件及连接管路的一个箱体类零件。

图7-52泵体动画

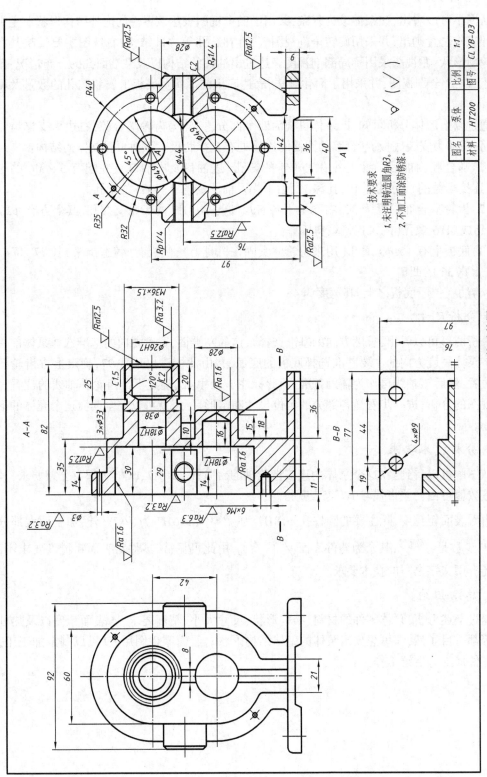

技术要求
1. 未注明铸造圆角R3。
2. 不加工面涂防锈漆。

泵体零件图 图7-52

图名	泵体	比例	1:1
材料	HT200	图号	CLYB-03

2. 分析视图

从图中可以看出，该泵体较为复杂，共用了四个视图表达该零件的内外结构形状。主视图是按照工作位置画出，并采用旋转全剖视图表达内腔、孔等内部结构；右视图主要反映其右侧外部轮廓形状；左视图采用了局部剖视图表达进出油孔的结构以及左端面孔的分布情况；俯视图用了 $B-B$ 全剖视图，并采用了简化画法，表达底板的形状及底板上安装圆孔的数量及相对位置。

通过以上形体分析可知，该泵体可视为四个部分：主体为齿轮啮合腔；右边为支撑齿轮轴的圆筒；底部为安装底板；啮合腔的圆筒的连接处有支撑肋板。下面再看具体的结构：

（1）啮合腔内前后凸缘上各有 $Rp1/4$ 的螺孔（进油口及出油口）；左端有 $6 \times M6$ 的螺孔（用来连接端盖的），螺孔深 10，孔深 12，后上端及前下端各有一 $\phi3$ 的销孔。

（2）齿轮啮合腔深度为 30，右端上下各有尺寸为 $\phi18H7$ 的齿轮支撑孔，其上方有 $\phi26$ 凸缘，并钻成 M16 螺孔（用来连接填料压盖）。

（3）底板上有 $4 \times \phi9$ 通孔（用来将箱体紧固在机身上），底板有（铸造出来）长 77，高 4，下宽 40，上宽 36 的凹槽。

（4）肋板位于底板之上，其宽度为 42。

3. 分析尺寸

分析图形可以看出，长度方向的基准选择泵体的左端面，宽度方向的基准选择泵体前后对称面。泵体高度方向的主要基准选择底板的底面，并由此标注出尺寸 97，确定上方齿轮孔轴线的位置；然后该轴线再作为辅助基准，由此标注出尺寸 42，确定下方齿轮孔轴线的位置。再根据视图的分析，进一步看懂各部分的定位尺寸和定形尺寸，就可以完全读懂这个壳体的形状和大小。

4. 分析技术要求

从图中可以看到：在这个泵体的连接齿轮轴的台阶孔 $\phi18H7$、$\phi26H7$ 都有公差要求，其极限偏差数值可由公差带代号 H7 查表获得。

再看表面粗糙度，除主要的圆柱孔 $\phi18H7$ 为 $\sqrt{Ra1.6}$、$\phi26H7$ 为 $\sqrt{Ra3.2}$ 外，加工面大部分为 $\sqrt{Ra6.3}$，少数是 $\sqrt{Ra12.5}$；其余为铸件表面 $\sqrt{}$（$\sqrt{}$）。由此可见，该零件对表面粗糙度要求不高。另外还有用文字书写的技术要求。

5. 总结归纳

通过上述分析，泵体零件的材料、结构形状、尺寸大小、精度要求、各表面精度以及热处理要求等都一目了然，即可想象出泵体的整体结构形状。看懂零件图后，就可以制定加工工艺，进行零件加工等后续工作。

第八章

装配图

任何一台机器或一个部件都是由若干零件按一定的装配关系和技术要求装配而成的。用来表示机器或部件结构形状、装配关系、工作原理、传动路线以及各零件之间的装配关系等的图样称为装配图。

在机器或部件的设计过程中,一般应按照设计要求,先画出装配图,然后再根据零件的作用及零件间之间的连接方式等拆画出零件图。在零件组装成机器或部件的过程中,装配图是进行装配、调整和检验的技术依据。此外,在机器或部件的使用及维修的过程中,也要根据装配图了解产品的结构、性能、使用方法以及分析故障等,因此装配图是设计、安装、维修及调试机器的重要技术文件。

本章将介绍装配图的作用与内容,着重讨论机器(或部件)的特殊表达方法、装配图的画法和阅读方法等内容。

第一节　装配图的内容

图 8 − 1 所示是球阀装配图,从图中可以看出,一张完整的装配图应包括四方面内容。

一、一组图形

采用各种表达方法,正确、完整、清晰和简便地表达机器或部件的工作原理,各零件的装配关系、连接方式及主要零件的结构形状。如图 8 − 1 所示球阀装配图中的主视图采用全剖视图,反映球阀的工作原理和各主要零件间的装配关系;俯视图表示主要零件的外形,并采用局部剖视图表示扳手与阀体的连接关系;左视图采用半剖视图,表达阀盖的外形以及阀体、阀杆、阀芯之间的连接关系。

二、必要的尺寸

按装配和使用的要求,标注出反映机器或部件性能、规格,以及装配、安装检验、运输等方面所必需的一些尺寸。

三、技术要求

用文字或符号说明机器或部件在装配、检验和调试等方面的技术指标和要求。

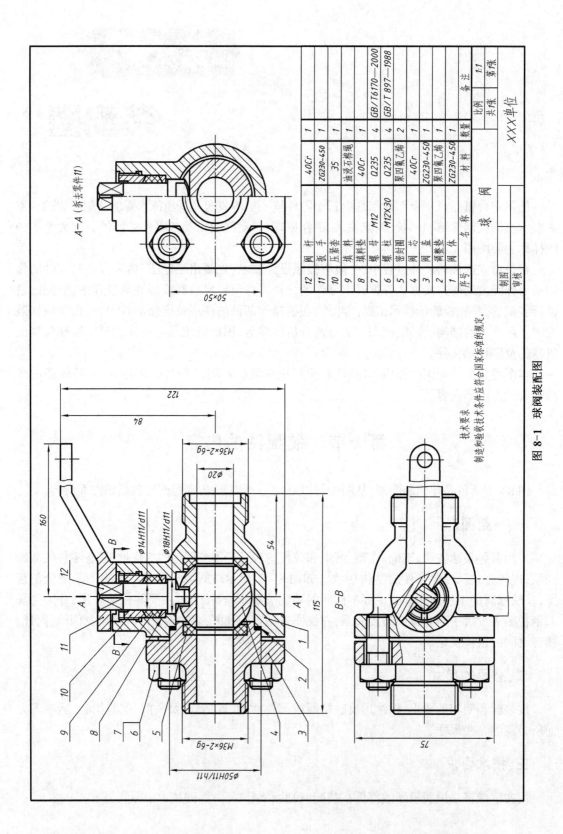

技术要求

制造和验收技术条件应符合国家标准的规定。

图 8-1　球阀装配图

序号	名称	材料	数量	备注
12	阀杆	40Cr	1	
11	扳手	ZG230-450	1	
10	压紧套	35	1	
9	填料套	油浸石棉绳	1	
8	填料垫	40Cr	1	
7	螺母 M12	Q235	4	GB/T6170—2000
6	螺柱 M12×30	Q235	4	GB/T 897—1988
5	密封圈	聚四氟乙烯	2	
4	阀芯	40Cr	1	
3	阀盖	ZG230-450	1	
2	调整垫	聚四氟乙烯	1	
1	阀体	ZG230-450	1	

制图		球 阀	比例	1:1
审核			共□张	第□张
		XXX单位		

四、零件的编号、明细栏和标题栏

为了便于生产和图样管理,在装配图中,应按一定的格式对零、部件进行编号,并画出明细栏,明细栏说明机器或部件上各零件的序号、名称、数量、材料及备注等。在标题栏中填入机器或部件的名称、重量、图号、比例以及设计、审核者的签名和日期等。

第二节 装配图的表达方法

前面介绍的零件的各种表达方法(如视图、剖视图、断面图等)和选择原则,对表达机器或部件也适用。由于零件图要求把零件的内、外部结构表达清楚,而装配图则需要表达机器或部件的工作原理、装配关系及连接方式等,因此,装配图中还有一些特殊的表达方法和规定画法。

一、规定画法

(1)两个相邻零件的接触面和公称尺寸相同的配合面,只画一条线。而非接触、非配合的两表面,即使间隙很小,也必须画出两条线。如图8-2所示转子油泵装配图中,零件1(泵体)

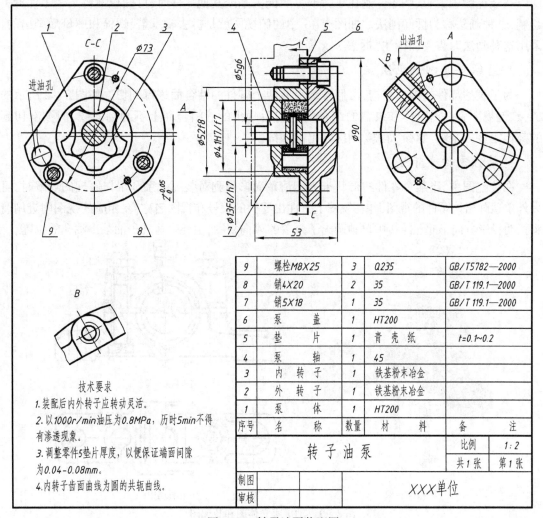

9	螺栓M8X25	3	Q235	GB/T5782—2000
8	销4X20	2	35	GB/T 119.1—2000
7	销5X18	1	35	GB/T 119.1—2000
6	泵 盖	1	HT200	
5	垫 片	1	青 壳 纸	t=0.1~0.2
4	泵 轴	1	45	
3	内 转 子	1	铁基粉末冶金	
2	外 转 子	1	铁基粉末冶金	
1	泵 体	1	HT200	
序号	名 称	数量	材 料	备 注

技术要求
1. 装配后内外转子应转动灵活。
2. 以1000r/min油压为0.8MPa,历时5min不得有渗透现象。
3. 调整零件5垫片厚度,以便保证端面间隙为0.04-0.08mm。
4. 内转子齿面曲线为圆的共轭曲线。

转 子 油 泵　　比例 1:2　共1张 第1张
制图
审核　　XXX单位

图8-2 转子油泵装配图

与零件5(垫片)的接触面及公称尺寸为φ16的泵轴与泵体孔的配合表面都只画一条线。而螺栓与泵体、泵盖孔是非接触面,应画两条线。

(2)在剖视图中,两个相邻零件剖面线的倾斜方向应相反或方向一致而间距不等。同一零件在各剖视图中的剖面线必须方向相同、间隔一致。如图8-2所示,主视图中的零件1(泵体)与零件6(泵盖)剖面线方向相反,而泵盖在主、左两个剖视图中剖面线的方向和间隔都一致。

(3)在剖视图中,对于标准件(如螺栓、螺母、垫圈、螺柱、键等)及实心零件(如轴、手柄、球、连杆等),当剖切平面通过其轴线(或对称线)时,这些零件均按不剖绘制,只画出零件的外形,如图8-1所示球阀装配图中零件12(阀杆)、零件6(螺柱)、零件7(螺母)和图8-2所示转子油泵装配图中零件4(泵轴)。如果实心杆件上有些结构,如键槽、销孔等需要表达时,可用局部剖视表示,如图8-2所示零件4(泵轴)。当剖切平面垂直其轴线剖切时,需要画出其剖面线,如图8-2所示零件4(泵轴)在C—C剖视图中则画出了剖面线。

二、特殊表达方法

1. 拆卸画法

在装配图中,当某些零件遮住了大部分装配关系或其他零件时,可假想地将某些零件拆去绘制,这种画法称为拆卸画法。如图8-3中的俯视图就是拆去轴承盖、螺栓和螺母后画出的,采用这种画法时需要加标注"拆去××等"。

2. 沿结合面剖切画法

为了表达部件的内部结构,可假想地沿着两个零件的结合面进行剖切。如图8-2所示的C—C剖视图就是沿泵体和泵盖的结合面剖切后画出的。结合面上不画剖面线,但被剖切到的其他零件如泵轴、螺栓、销等,则应画出剖面线。

3. 单独零件表示法

在装配图中,当某个零件的形状未表达清楚而影响到对装配关系和工作原理的理解时,可另外单独画出该零件的视图,并在视图上方注出零件的编号和视图名称,在相应的视图附近用箭头指明投影方向,如图8-2中单独画出了泵盖的A向视图,主要表达转子油泵出油孔的位置。

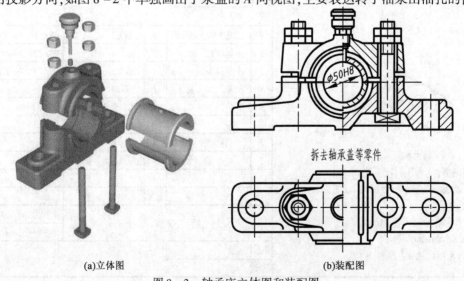

(a)立体图　　　　　　(b)装配图

图8-3　轴承座立体图和装配图

4.假想画法

(1)在装配图中,当需要表达与本部件有装配关系但又不属于本部件的其他相邻零、部件时,可用双点画线画出相邻部分的轮廓线。如图8-2中的主视图用双点画线画出了安装在该转子油泵机体上的安装板。

(2)在装配图中,当需要表达某些零件的运动范围和极限位置时,可用双点画线画出。如图8-1中的俯视图用双点画线画出了扳手的极限位置。

5.展开画法

为了表示传动机构的传动路线和装配关系,可假想地按传动顺序沿轴线剖切,然后依次展开,使剖切平面摊平与选定的投影面平行后,再画出其剖视图,这种画法称为展开画法。

6.夸大画法

在装配图中,如绘制直径或厚度小于2mm的孔或薄片以及较小的斜度、锥度、间隙和细丝弹簧时,允许该部分不按原绘图比例而夸大画出,以便使图形清晰,这种表示方法称为夸大画法。图8-4所示螺栓孔和垫片均采用夸大画法画出。

7.简化画法

(1)对于装配图中的若干相同零件组或螺纹紧固件,在不影响理解的前提下,允许仅详细地画出一处,其余用细点画线表示其中心位置即可,如图8-4所示。

(2)在装配图中,对零件的工艺结构,如倒角、倒圆、螺纹退刀槽等允许不画,如图8-4所示。

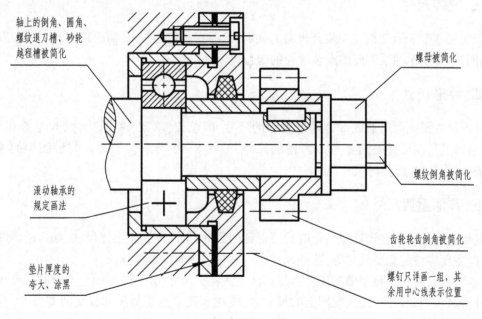

图8-4 装配图中的夸大画法和简化画法

第三节 装配图的尺寸标注

装配图主要是表达零件之间的装配关系,而不是根据它来加工零件,所以不必像零件图标注出全部定形尺寸、定位尺寸,而是根据需要标注出与装配、检验、安装及调试等有关的尺寸。

具体可以分为以下几类。

一、性能(规格)尺寸

性能(规格)尺寸是表示机器或部件的性能、规格和特征的尺寸,它是设计、了解和选用机器的重要依据,如图 8 - 1 所示球阀的公称直径 $\phi20$。

二、装配尺寸

装配尺寸是表示机器或部件上有关零件间装配关系的尺寸。主要有配合尺寸和相对位置尺寸两种。

1. 配合尺寸

配合尺寸是表示两个零件之间配合性质的尺寸,如图 8 - 2 所示,转子油泵装配图中的尺寸 $\phi41H7/f7$,它由基本尺寸和孔与轴的公差带代号组成,是拆画零件图时确定零件尺寸偏差的依据。

2. 相对位置尺寸

相对位置尺寸是表示装配机器时需要保证的零件间较重要的距离、间隙等的尺寸,如图 8 - 2 所示转子油泵装配图中的尺寸 $\phi73$。

三、安装尺寸

安装尺寸是表示将部件安装到机器上,或将机器安装到地基上,需要确定其安装位置的尺寸,如图 8 - 2 所示油泵装配图安装螺栓的定位尺寸 $\phi73$。

四、外形尺寸

外形尺寸是表示机器或部件外形轮廓的尺寸,即总长、总宽、总高。外形尺寸是包装、运输、安装以及厂房设计时需要重点考虑的尺寸,如图 8 - 2 所示转子油泵装配图中的 53(总长)、$\phi90$(总高和总宽)等尺寸。

五、其他重要尺寸

其他重要尺寸是在设计或装配时需要保证的尺寸,但又不属于上述尺寸,如运动零件的极限尺寸、主要零件的重要尺寸等,这些尺寸在拆画零件图时应照样标出。

应当指出,并不是每张装配图都必须标注上述各类尺寸,并且装配图上有时同一尺寸往往有几种含义。因此,在标注装配图上的尺寸时,应在掌握上述几类尺寸意义的基础上,根据机器或部件的具体情况进行具体分析,合理地进行标注。

第四节　装配图的零(部)件序号和明细栏

为了便于看图、组织生产和管理图样,需对每个不同的零件或组件编写序号,并在标题栏上方的明细栏中,填写它们的名称、数量和材料等内容。

一、零(部)件序号的编写方法及规定

1. 零(部)件序号标注的一些规定

(1)装配图上所有的零(部)件都必须按一定顺序编注序号,同一装配图编注序号的形式应一致。

(2)在装配图中,对同种规格的零件只编写一个序号;对同种同一标准的部件(如油杯、滚动轴承、电动机等)也只编一个序号。

2. 编写序号的方法

(1)零(部)件序号(或代号)应标注在图形轮廓线外边,并填写在指引线一端的横线上或圆圈内,指引线、横线或圆均用细实线画出。指引线应从所指零件的可见轮廓线内引出,并在末端画一小圆点,序号字体要比尺寸数字大一号,如图8-5(a)所示;也可以将序号直接注写在指引线附近,序号的字高应比尺寸数字大一号或两号,如图8-5(b)所示。

(2)指引线相互不能交叉,也不要过长,当通过有剖面线区域时,指引线应尽量不与剖面线平行。必要时指引线可画成折线,但只允许曲折一次,如图8-5(c)所示。

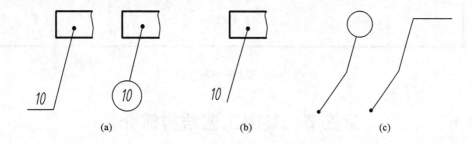

图8-5 标注序号的方法

(3)若所指部分内不宜画圆点时(很薄的零件或涂黑的剖面),可在指引线的末端画出箭头,并指向该部分的轮廓,如图8-6所示。

(4)对于一组紧固件(如螺栓、螺母、垫圈)及装配关系清楚的零件组,允许采用公共指引线,如图8-7所示。

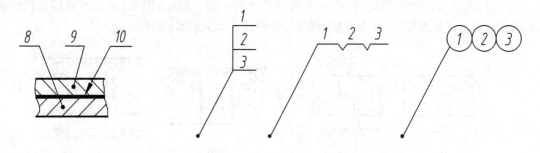

图8-6 指引线的末端画箭头　　　　　　图8-7 公共指引线

(5)序号(或代号)应沿水平或铅垂方向按顺时针或逆时针排列整齐,如图8-1所示。

(6)为了使指引线一端的横线或圆在全图上布置得均匀整齐,在画零部件序号时,应先按一定位置画好横线或圆,然后再与零件一一对应,画出指引线。

二、明细栏

明细栏是机器或部件中所有零、部件的详细目录,栏内主要填写零件序号、代号、名称、材料、数量、重量及备注等内容。明细栏一般在标题栏上方,空间受限时可在标题栏左方接着画明细栏。明细栏左外框线为粗实线,内框线和顶线为细实线。零件序号应自下而上按零件序号填写,序号与装配图上所编注序号必须一致。学习时推荐使用的明细栏格式如图8-8所示。

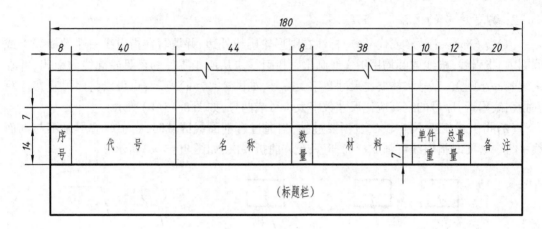

图8-8 装配图的明细栏

第五节 装配工艺结构简介

在设计和绘制装配图时,为了保证机器或部件的装配质量和所达到的性能要求,并考虑装、拆方便,需要掌握装配结构的合理性及装配工艺对零件结构的要求。下面仅就常见的装配结构做一些简要介绍,供画装配图时参考。

一、接触面和配合面的结构

(1)两个零件的接触面,在同一方向上只能有一对。例如,图8-9是平面接触的画法。这样既满足了装配要求,使零件接触良好,又降低了加工成本,便于制造。

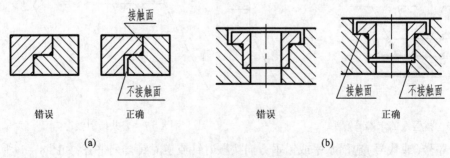

图8-9 接触面的画法

(2)当轴和孔配合,且轴肩与孔的端面相互接触时,应在接触端面制成倒角,以保证两零件接触良好,如图8-10所示。

（3）锥面配合时,锥体顶部与锥孔底部之间必须留有空隙,否则不能保证锥面配合,如图8－11所示。

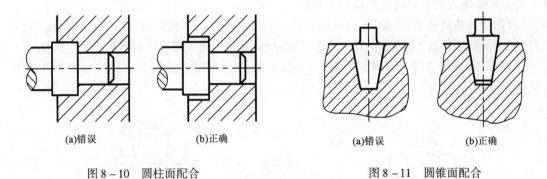

　　　(a)错误　　　　　(b)正确　　　　　　　(a)错误　　　　　(b)正确

　　图8－10　圆柱面配合　　　　　　　　图8－11　圆锥面配合

二、螺纹连接的合理结构

（1）在安排螺钉的位置时,要考虑装拆螺钉时扳手的活动空间。图8－12(a)中所留空间太小,扳手无法使用;合理结构如图8－12(b)所示。

如图8－13(a)所示结构,放螺钉处的空间太小,螺钉无法装拆,正确的结构形式,应使尺寸 L 一定要大于螺钉的长度,如图8－13(b)所示。

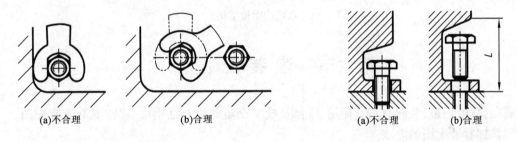

　　(a)不合理　　　　　(b)合理　　　　　　(a)不合理　　　　(b)合理

　　图8－12　留出扳手活动空间　　　　　图8－13　留出螺钉装拆空间

（2）在图8－14(a)中,螺栓头部被封在箱体内,将无法安装。解决的办法:可在箱体上开一手孔或改用双头螺柱结构,如图8－14(b)所示。

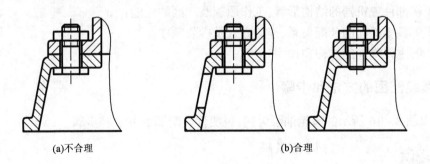

　　　　　(a)不合理　　　　　　　　　　　　(b)合理

　　　　　　图8－14　加手孔或用螺柱

三、防松的结构

机器运转时,由于受到振动或冲击,螺纹连接件可能发生松动,将影响机器正常运转,甚至造成严重事故。因此,需要加入防松结构,几种常用的防松结构如图8-15所示。

(1)用双螺母锁紧。如图8-15(a)所示,它依靠两螺母拧紧后产生的轴向力,使螺母、螺栓牙之间的摩擦力增大而防止螺母自动松脱。

(2)用弹簧垫圈锁紧。如图8-15(b)所示,当螺母拧紧后,弹簧垫圈受压变平,依靠这个变形力,使螺母与螺栓牙之间摩擦力增大,同时垫圈开口的刀刃阻止螺母转动而防止螺母松脱。

(3)用开口销开槽螺母锁紧。如图8-15(c)所示,开口销直接将螺纹杆件与六角开槽螺母锁住,使之不能松脱。

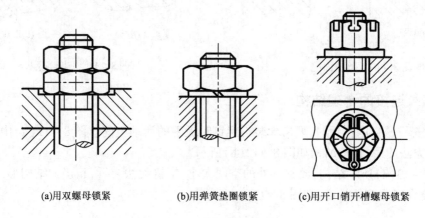

(a)用双螺母锁紧   (b)用弹簧垫圈锁紧   (c)用开口销开槽螺母锁紧

图8-15 常用的防松结构

第六节 读装配图

机器在设计、制造、装配、检验、使用、维修及技术交流等生产活动中,都需要看懂装配图,因此必须掌握看装配图的方法。

一、读装配图的要求

读部件或机器装配图时,主要应了解下列内容:

(1)了解部件或机器的结构形状、工作原理及产品的性能;

(2)了解各零件间的装配关系、连接方式及拆装顺序;

(3)了解主要零件的结构和作用。

二、读装配图的方法和步骤

下面以图8-16所示的齿轮油泵为例,说明读装配图的方法和步骤。

图8-16齿轮油泵拆卸和装配动画

1.概括了解

(1)从标题栏了解机器和部件的名称、大致用途及图样比例。

(2)从明细栏和图上零部件的编号中,了解标准件和非标准件的名称、数量和所在位置,估计部件的复杂程度。

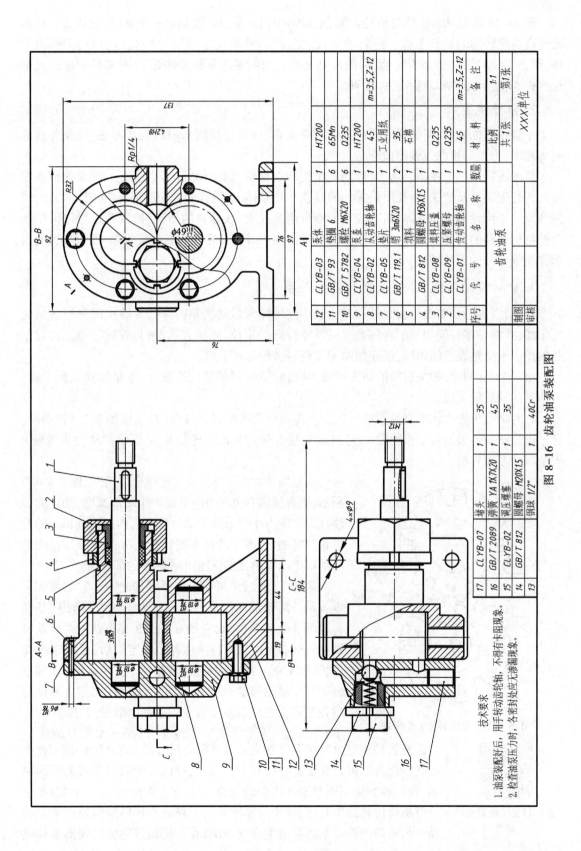

序号	代号	名 称	数量	材 料	备 注
17	CLYB-07	堵头	1	35	
16	GB/T 2089	弹簧 YA 1X7X20	1	45	
15	CLYB-02	调压螺塞	1	35	
14	GB/T 812	圆螺母 M20X1.5	1		
13		钢球 1/2"	1	40Cr	
12	CLYB-03	泵体	1	HT200	
11	GB/T 93	垫圈 6	6	65Mn	
10	GB/T 5782	螺栓 M6X20	6	Q235	
9	CLYB-04	泵盖	1	HT200	
8	CLYB-02	从动齿轮轴	1	45	m=3.5, Z=12
7	CLYB-05	垫片	1	工业用纸	
6	GB/T 119.1	销 3m6X20	2	35	
5		填料	1	石棉	
4	GB/T 812	圆螺母 M36X1.5	1		
3	CLYB-08	填料压盖	1	Q235	
2	CLYB-09	压紧螺母	1	Q235	
1	CLYB-01	传动齿轮轴	1	45	m=3.5, Z=12
序号	代号	名 称	数量	材 料	备 注

齿轮油泵

制图	比例	1:1
审核	共 1 张	第 1 张
	XXX单位	

图 8-16 齿轮油泵装配图

技术要求
1. 油泵装配好后, 用手转动齿轮轴, 不得有卡阻现象。
2. 检查油泵压力时, 各密封处应无渗漏现象。

图 8-16 所示的装配体是齿轮油泵，是机器中用以输送润滑油的一个部件，它依靠一对齿轮的高速旋转运动进行工作。齿轮油泵长、宽、高的外形尺寸分别是 184、97、137，主要由泵体、泵盖、运动零件（传动齿轮轴、从动齿轮轴等）、密封零件及标准件等 17 种零件组成。其中标准件 6 种，常用件和非标准件 11 种。

2. 分析视图

了解视图的数量，明确视图间的投影对应关系，分析各视图采用的表达方法，以及各自的表达意图，为下一步深入读图做准备。

装配图采用三个视图表达，主视图是用旋转剖得到的全剖视图，反映了齿轮油泵内部各零件间的装配关系及位置；左视图是采用沿泵盖 9 与泵体 12 结合面剖切的局部剖视图 B—B，清楚地反映了齿轮油泵的外部形状，齿轮的啮合情况及吸、压油口的情况；俯视图是通过齿轮啮合处剖切得到的局部剖视图，可以清楚地反映出油泵外部各零件间的装配关系、相对位置及内部弹簧等零件的形状结构。

3. 分析传动路线、工作原理和装配关系

首先，应进一步明确运动零件和非运动零件的相对运动关系；其次，对照视图分析各条装配干线，弄清各零件间相互配合的要求以及零件间的定位、连接方式、密封等问题；最后，对于装配图中未清楚表达的内容，还应借助相关资料进行深入了解。

由三个视图和对相关资料的研究可知，该齿轮泵有两条装配干线，一条是传动装配干线，一条是从动装配干线。

一对啮合齿轮为标准直齿圆柱齿轮。当传动齿轮按顺时针方向（从左视图观察）转动时，通过键将扭矩传递给传动齿轮轴 1，经过齿轮啮合带动从动齿轮轴 8，从而使得从动齿轮轴 8 做逆时针方向转动。

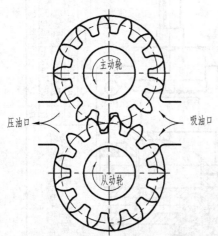

图 8-17　齿轮油泵工作原理

图8-17齿轮油泵运转动画

当这对齿轮在泵体内作高速啮合传动时，如图 8-17 所示，啮合区内右边压力降低而产生局部真空，油池内的油在大气压力作用下进入油泵低压区内的吸油口。随着齿轮的转动，齿槽中的油不断沿箭头方向被带到左边的压油口把油压出，送至机器中需润滑的部位。

泵体 12 是齿轮泵中的主要零件之一。它的内腔可以容纳一对吸油和压油的齿轮。将传动齿轮轴 1、从动齿轮轴 8 装入泵体后，左侧有泵盖 9 支承这一对齿轮轴做旋转运动。由销 6 将泵盖与泵体定位后，再用螺栓 10 和垫圈 11 将泵盖与泵体连接成整体。主动齿轮轴 1 通过轴端的皮带轮与动力（如电动机）相连接，为防止泵体与端盖结合面处以及从动齿轮轴 8 伸出端漏油，用填料 5、填料压盖 3、压紧螺母 2、圆螺母 4 组成一套密封装置。

两齿轮轴与泵盖和泵体在支承处的配合尺寸是 $\phi18H7/f6$，选用此种基孔制配合既可以保证轴在两孔中转动，又可以减少或避免轴的径向跳动；齿轮轴的齿顶圆与泵体内腔的配合尺寸是 $\phi49H8/f7$。尺寸 42H8 是一对啮合齿轮的中心距，这个尺寸准确与否将会直接影响齿轮的啮合传动。齿轮两侧面与泵体泵盖配合为 30H8/h7；传动齿轮轴线距离泵体安

装面的高度尺寸是76。吸、压油口的尺寸均为 $R_p1/4$，两个螺栓10之间的安装尺寸为76。

4. 分析零件的结构形状

分析零件就是要弄清楚各零件的结构形状及作用和各零件间的装配关系等。分析零件时，首先要从装配图中分离出零件，然后按读装配图的方法，弄清零件的基本形状及作用。分析时，一般从主要装配干线上的主要零件(对部件的作用、工作情况或装配关系起主要作用的零件)着手，再分析其他零件。应用上述方法来确定零件的范围、结构、形状、功用和装配关系。对于在装配图中表达不完整的零件，可对与其相关的零件仔细观察，从而正确确定零件的内外结构。

齿轮油泵的泵体是一个主要零件，从视图分析可看出，泵体的主体形状为长圆形，内部为空腔，用以容纳一对啮合齿轮。其左端面有两个销孔和六个螺孔，以便用销和螺钉将泵盖与泵体准确定位并连接起来。泵体的前后有两个对称的凸台，内有管螺纹，以便连接进、出油管。泵体底部为安装板，上面有两个圆孔，以便将部件安装到机器上。其余零件的结构形状可用同样的方法，逐次分析清楚。

5. 归纳总结

对装配图进行上述分析后，对装配体的工作原理、装配关系及主要零件的结构形状、尺寸、作用有一个完整、清晰的认识，从而将准确地想象出整个装配体的形状和结构。图8－18所示为齿轮油泵的装配立体图。

图8－18 齿轮油泵装配立体图

【例8－1】 下面以图8－19所示的柱塞泵为例，说明读装配图的方法和步骤。

(1)概括了解并分析视图。

①阅读有关资料。

从标题栏和有关的说明书了解柱塞泵用途、性能及工作原理，从而可知，柱塞泵是机器润滑系统中的重要组成部件。

②从明细栏和零件的编号中，了解标准件和非标准件的名称、数量和位置。

柱塞泵主要由泵体、泵套、衬套、衬盖、运动件单向阀体(轴、凸轮、柱塞等)及标准件组成。从明细栏可知，柱塞泵共由22种零件组成，其中标准件4种，非标准件18种。

③分析视图。

柱塞泵装配图采用了三个基本视图、一个A向视图和一个B—B剖视图。主视图采用了局部剖视，主要表达柱塞泵的形状和三条装配干线，即沿柱塞11轴线方向的主要装配干线和两个单向阀的装配干线；俯视图主要表达柱塞泵的外形和安装位置，用局部剖视表达了另一条主要装配干线，即轴10上所有相关零件的装配情况；左视图表达柱塞泵的形状和三个均布的螺钉，并用局部剖视表达了零件7(泵体)上的4个安装沉孔；局部视图(A向视图)表达零件7(泵体)后面的形状，以及4个安装沉孔和2个销孔的位置；B—B剖视图表达泵体右端的内部形状。

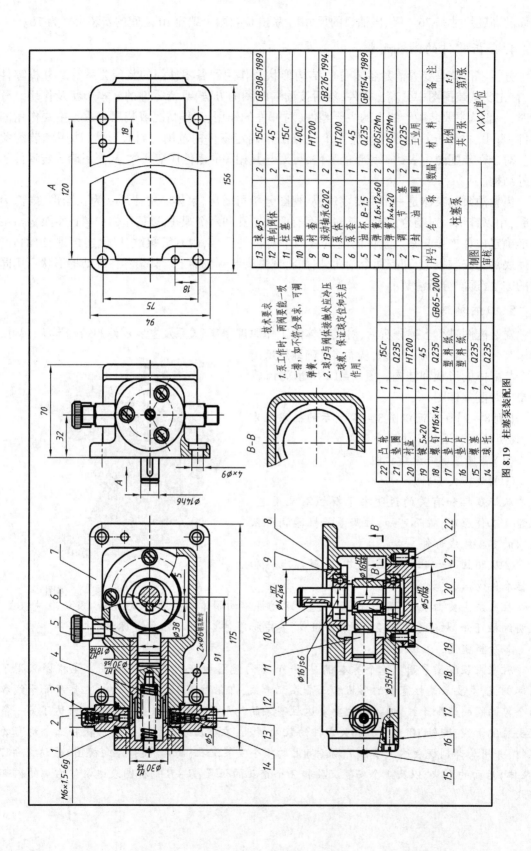

图 8.19 柱塞泵装配图

（2）深入分析工作原理和装配关系。

从主、俯视图可知柱塞泵的工作原理，动力从轴 10 输入，它将回转运动通过键 19 传递给凸轮 22，凸轮 22 的回转运动转化成柱塞 11 在泵套 6 内的往复直线运动；在左端弹簧 4 的作用下，柱塞 11 始终与凸轮 22 平稳接触。调节左端螺塞 15，即可调整柱塞 11 对凸轮 22 的压紧力。柱塞 11 左端与两个单向阀构成一个容积不断变化的油腔，当柱塞 11 在弹簧 4 的作用下向右运动时，该油腔空间体积增大，形成负压，上面的单向阀关闭，下面的单向阀打开，外界润滑油在常压作用下被吸入油腔；当柱塞 11 在凸轮 22 的作用下向左运动时，该油腔空间体积减小，压力增大，上面的单向阀打开，下面的单向阀关闭，油腔中的高压油被压入润滑油路。

从配合尺寸 $\phi18\frac{H7}{h6}$ 可知，柱塞 11 和泵套 6 是间隙配合，柱塞 11 确实是在泵套 6 内做直线往复运动。由尺寸 $\phi30\frac{H7}{k6}$ 可知，泵套 6 和泵体 7 是过渡配合，因而泵套 6 在泵体 7 内是无相对运动的。从主视图可看出，泵体 7 左端上、下各装了一个单向阀，以保证油液单向进、出，互不干扰。根据照主、俯视图和明细栏还可知，油杯 5 和轴承 8 都是标准件。油杯 5 的作用是润滑凸轮；两滚动轴承的作用是支承轴 10 和改善轴的工作情况。从俯视图可知，泵体左端和前端的衬盖和泵套用螺钉固紧在泵体上。

（3）分析零件。

泵体是柱塞泵的一个主要零件，通过分析主视图和左视图可知，泵体由主体和底板两部分组成，上下结构基本对称。主体为两个大小不同的方箱，柱塞 11 和轴 10 上的零件都包容在方箱中，形成两条主要装配干线。右侧的大方箱前表面上均布四个螺孔以连接衬盖 20，上侧偏左有一个螺孔用于安装油杯。在左侧方箱的左面，有上下对称的两个螺孔用来安装单向阀。泵体左端凸台上均布三个螺孔，通过螺塞、弹簧顶着柱塞。泵体底板为带圆角的长方板，上面有 4 个沉孔和 2 个定位销孔。根据以上分析可以确定泵体的整体形状。

其他零件的结构可用同样的方法，逐次分析清楚。

（4）归纳总结。

在对装配关系和主要零件的结构进行分析的基础上，还要对技术要求、全部尺寸进行研究，从安装、使用等方面综合考虑进行归纳小结。如柱塞泵凸轮轴的装配顺序应为：凸轮轴＋键＋凸轮＋两端轴承＋衬套＋衬盖；然后再一起由前向后装入泵体；最后装上四个螺钉。其他问题由读者自行分析。通过上述阅读可知，该柱塞泵的结构能实现供油的功能，工作原理清楚，视图表达正确，尺寸完整。

第七节　由装配图拆画零件图

由装配图拆画零件图是设计工作中的一个重要环节，应在看懂装配图的基础上进行。为了使拆画的零件图符合设计要求和工艺要求，一般按以下步骤进行。

一、零件的分类处理

拆画零件图前，要对装配图所示的机器或部件中的零件进行分类处理，以明确拆画对象。按零件的不同情况可分以下几类。

1. 标准件

大多数标准件属于外购件,故只需列出汇总表,填写标准件的规定标记、材料及数量即可,不需拆画其零件图。

2. 借用零件

借用零件是指借用定型产品中的零件,可利用已有的零件图,不必另行拆画其零件图。

3. 特殊零件

特殊零件是设计时经过特殊考虑和计算所确定的重要零件,如汽轮机的叶片、喷嘴等。这类零件应按给出的图样或数据资料拆画零件图。

4. 一般零件

一般零件是拆画的主要对象,应按在装配图中所表达的形状、大小和有关技术要求来拆画零件图。

如图 8-19 所示柱塞泵装配图,共 22 种零件,除去 4 种标准件,其余 18 种为一般零件,需拆画零件图。柱塞泵中无借用零件和特殊零件。

二、确定表达方案

先把表示该零件的视图从装配图中分离出来,补全被其他零件遮挡部分的图线,想象出该零件。再根据零件的分类和具体形状,按零件图的视图选择原则考虑其表达方案。不强求方案与装配图一致,不能照搬装配图中的表达形式,更不能简单地照抄装配图上的零件投影,而应重新全面考虑,一般应注意以下几点:

(1)主视图的选择。多数情况下,箱体类零件主视图的选择应尽可能与装配图表达一致,这样便于读图和画图,且装配机器时,便于对照。对于轴套类、轮盘类零件,一般按主要加工位置选取主视图。如图 8-19 中的轴 10 是按照其工作位置画出的,若画出其零件图,为便于加工时看图,轴线须水平放置,零件的大头在左,小头在右,为表示轴上的键槽等结构再辅以移出断面即可。叉架类零件应按工作位置或下放后的位置选择主视图。

(2)其他视图根据零件的结构形状和复杂程度,按第七章所述原则和方法来确定。

(3)补全零件的结构形状。由于装配图不侧重表达零件的全部结构形状,因此某些零件的个别结构在装配图中可能表达不清或未给出完整形状。同时,在装配图中,零件上的倒角、倒圆和螺纹退刀槽等工艺结构常常采用简化画法或者省略不画。而拆画零件图时,这些结构不能省略,必须表示清楚。因此在拆画零件图时,对于装配图上未能表达清楚的结构,应根据零件的作用及结构知识、设计和工艺的要求,将结构补充完善,以满足零件图要求。

三、确定零件的尺寸

要按照正确、完整、清晰、合理的要求,标注所拆画零件图上的尺寸。拆画的零件图,其尺寸来源可从以下几方面确定:

(1)装配图上已注出的尺寸,在有关零件图上直接注出。对于配合尺寸、相对位置尺寸要注出偏差数值,便于加工、测量和检验。

(2)零件上的一些标准结构(如螺孔、沉孔、键槽、螺纹退刀槽等)的尺寸数值,应从有关标准中查取校对后进行标注。

(3)零件的某些尺寸数值,需要根据装配图所给定的有关尺寸和参数,经过必要的计算(如齿轮的分度圆、齿顶圆直径)或校核后才能注写。

(4)对有装配关系的尺寸(如螺纹紧固件的有关定位尺寸)要注意相互协调,避免造成尺寸矛盾。

(5)装配图中没有标注的零件各部分尺寸,应根据装配图的比例在装配图中直接量取,注意尺寸的圆整和标准化数值的选取。

四、确定技术要求

根据零件的作用,结合设计要求查阅有关手册或查阅同类、相近产品的零件图来确定所拆画零件图上的表面粗糙度、几何公差、热处理和表面处理等技术要求。

五、拆画零件图举例

【例8-2】 拆画图8-19所示的柱塞泵装配图中的泵体7。

(1)构思零件结构形状。

根据泵体7的投影关系和剖面线的方向,在装配图的各视图上找到泵体的投影,确定泵体的整体轮廓,想出结构形状。

从装配图中可看出,泵体右前面有一圆柱形凸台,内有$\phi50H7$的孔,与$\phi50h6$的衬盖相配合,在圆周上均布四个不透的螺孔,凸台伸入泵体内腔部分仍为圆柱体,因壁厚较薄,在四个螺孔处有四块加强肋板,与圆柱凸台连成一体,以便加工螺纹孔。其余结构仍可根据各视图上的投影关系,逐一构思其形状。

(2)确定表达方案。

泵体主视图的投影方向和表达方案,可根据零件的结构特点重新选择,泵体主视图的选择结果如图8-20所示。按表达完整清晰的要求,除主视图外,还选择了俯视图、左视图,三个基本视图都采用了局部剖视图。并采用B向局部视图和$A—A$局部剖视图补充表达。以上表达方法即可把泵体的结构形状完全表达清楚。

(3)补全零件的结构。

装配图中泵体7内腔的凸台厚度没有表达出来,应在零件图上表达清楚,所以在零件图的主视图中用细虚线画出。某些倒角等结构也应在零件图中表达出来,具体情况如图8-20所示。

(4)标注尺寸。

要注出加工零件时所需的全部尺寸。装配图上已注出的与泵体有关的尺寸直接标出,如$\phi50H7$、$\phi42H7$、$\phi30H7$、32、91等,配合尺寸查表注出偏差数值。各螺孔的尺寸可根据明细栏中螺钉的规格确定,如$3 \times M6 - 7H$、$4 \times M6 - 7H$;泵体左端两螺纹孔的尺寸可根据单向阀体的螺纹尺寸,查表取标准值确定,如$M14 \times 1.5 - 7H$。

(5)确定技术要求。

根据泵体加工、检验、装配等要求及柱塞泵的工作情况,并参考附录中有关表面粗糙度资料,注出泵体各加工表面的技术要求,泵体零件图的最终结果如图8-20所示。

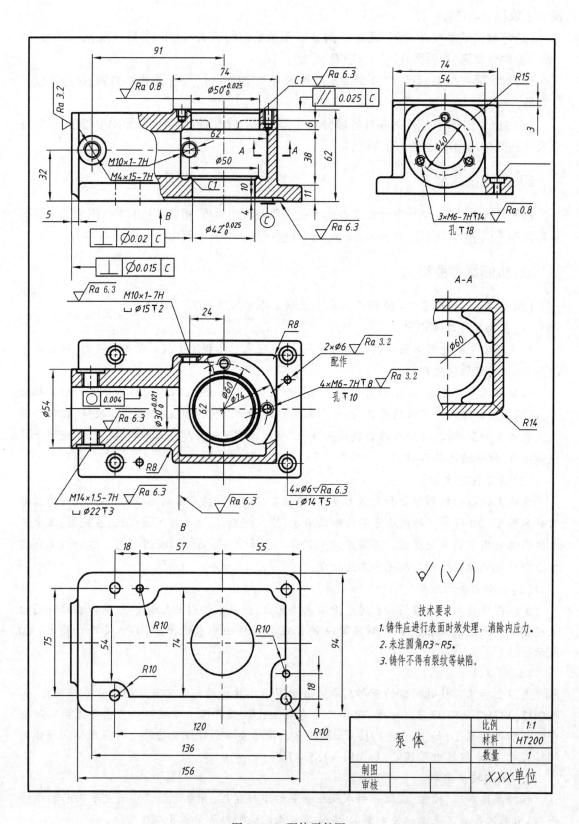

图 8 - 20　泵体零件图

第九章

化工设备图

在石油化工业的生产中,使用容器、反应罐、热交换器及塔器等各种设备,以进行加热、冷却、吸收、蒸馏等各种化工单元操作,这些设备通常称为化工设备。

表示化工设备的结构形状、技术特性、各零部件之间的装配关系以及必要的尺寸和制造、检验等技术要求的图样,称为化工设备装配图,简称化工设备图。化工设备图是化工制图的主要研究内容之一。化工设备图除了采用机械制图的表达方法外,还根据化工设备的结构特点,采用一些特殊画法和习惯表达方法,本章将着重介绍这方面的内容。

第一节 概 述

化工设备图是设计、制造、安装、维修及使用的依据。因此,作为化学工业技术人员必须具有化工设备图的绘制能力及阅读能力。

一套完整的化工设备图通常包括以下几个方面的图样:

(1)零件图:表达标准零部件之外的每一零件的结构形状、尺寸大小以及技术要求等的图样,如反应釜中的搅拌轴、减速箱的支架等。

(2)部件装配图:表达由若干零件组成的非标准部件的结构形状、装配关系、必要的尺寸、加工要求、检验要求等的图样,如设备的密封装置等。

(3)设备装配图:表达一台设备的结构形状、技术特性、各部件之间的相互关系以及必要的尺寸、制造要求及检验要求等的图样。

(4)总装配图(总图):表达一台复杂设备或表示相关联的一组设备的主要结构特征、装配连接关系、尺寸、技术特性等内容的图样。

零件图及部件装配图的内容、表达、画法等与一般机械图样类同,另外在不影响装配图的清晰且装配图能体现总图的内容时,通常只画总图,故本章着重讨论化工设备装配图的表达特点及绘制阅读方法。为了方便起见,以下将化工设备装配图简称为化工设备图。

【例9-1】 图9-1是一台净化空气储罐的装配图,从图中看出化工设备图通常包括以下几个基本内容:

1.视图

用一组视图表示该设备的结构形状、各零部件之间的装配连接关系,视图是图样中主要内容。

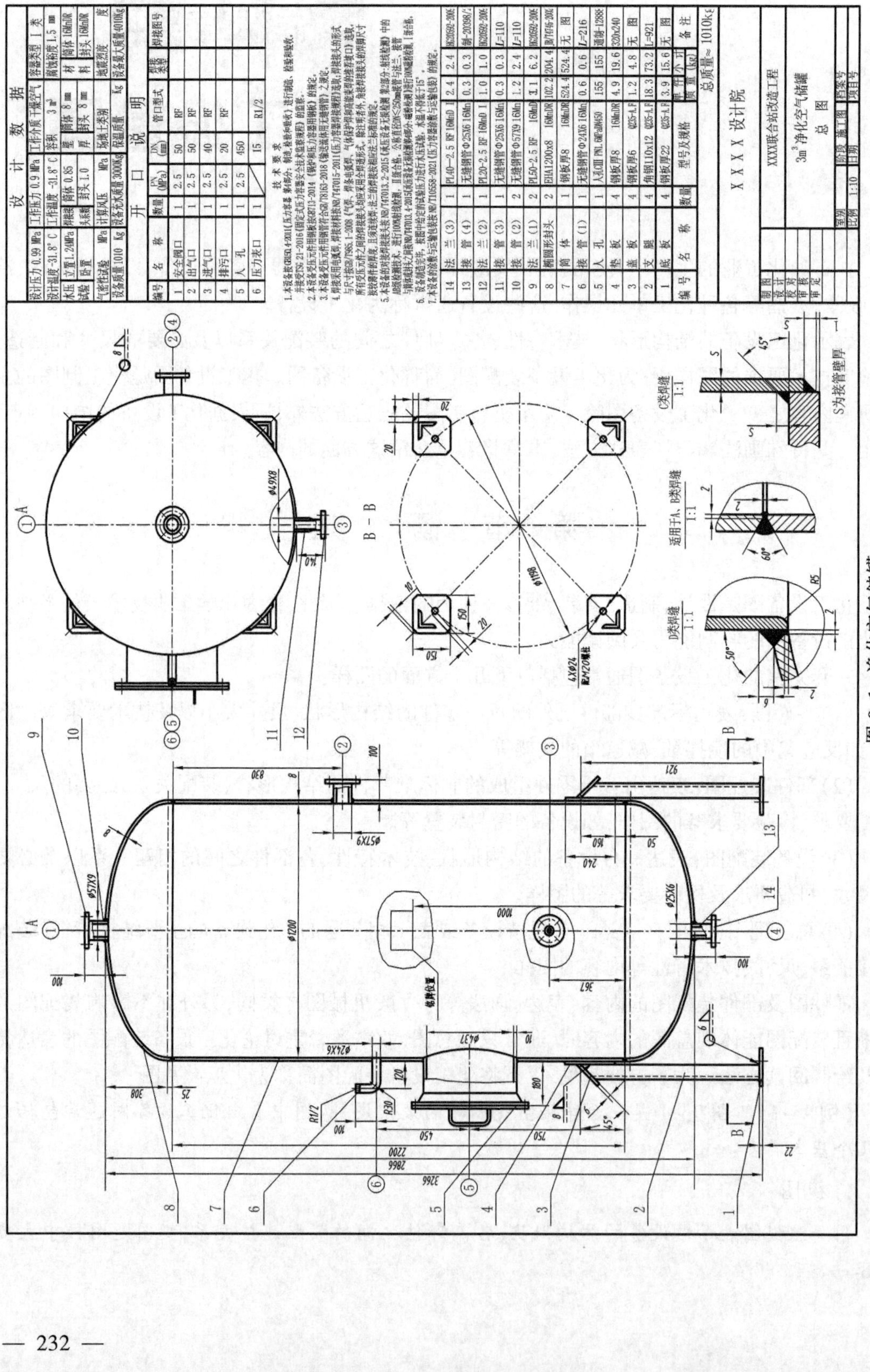

图 9-1 净化空气储罐

2. 尺寸

图中注写表示设备的总体大小、规格、装配和安装尺寸等数据,为制造、装配、安装、检验等提供依据。

3. 零部件编号及明细表

组成该设备的所有零部件必须按顺时针或逆时针方向依次编号,并在明细栏内填写每一编号零部件的名称、规格、材料、数量、重量及有关图号等内容。

4. 管口符号及管口表

设备上所有管口均需注出符号,并在接管口表中列出各管口的有关数据和用途等内容。

5. 技术特性表

表中列出设备的主要工艺特性,如操作压力、操作温度、设计压力、设计温度、物料名称、容器类别、腐蚀裕量、焊缝系数等等。

6. 技术要求

用文字说明设备在制造、检验、安装、运输等方面的特殊要求。

7. 标题栏

用以填写该设备的名称、主要规格、作图比例、图样编号等内容。

8. 其他

如图纸目录、修改表、选用表、设备总量、特殊材料重量、压力容器设计许可证章等。

第二节　化工设备图的视图表达

化工设备图的表达方法要适应化工设备的特点,因此在讨论化工设备图的图示特点前要对化工设备结构的基本特点有所了解。

一、化工设备结构的基本特点

化工设备的种类很多,且应用广泛,较典型的有反应釜、换热器、塔器、容器等,如图9-2所示。

这些化工设备的结构、形状、作用等虽然各不相同,但在结构上都具有下列共同特点:

(1)壳体以回转体为主。

化工设备的壳体大多由筒体和封头组成。筒体一般为圆柱形回转体,封头常为椭圆形、碟形、球形或锥形等封头。

(2)尺寸相差悬殊。

化工设备的总体尺寸(如直径、长度等)与某些局部结构尺寸(如壁厚、接管口直径等)相比,往往相差悬殊,如图9-1所示,筒体直径为 $\phi1200mm$ 而壁厚仅为 $8mm$。

(3)壳体上有较多的开孔及接管口。

由于工艺的需要,在设备的筒体和封头上经常开有大小不一的孔以安装各种接管,如图9-1所示,封头及筒体上分布着若干个接管口、人孔等。

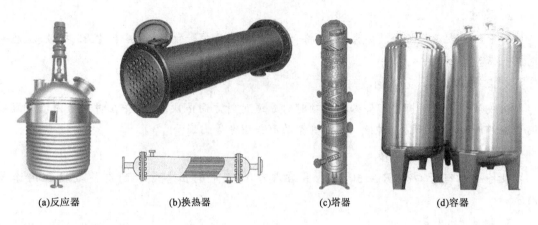

图 9 - 2　典型化工设备

（4）大量采用焊接结构。

设备筒体自钢板卷焊而成，筒体与法兰、接管及支座等的连接也都采用焊接的方法。

（5）广泛采用标准化、通用化、系列化的零部件。

化工设备图中相当部分的零部件已有相应的标准和尺寸系列，在设计中可以采用，如压力容器封头的标准号是 GB/T 25198—2010，钢制管法兰（PN 系列）的标准号为 HG/T 20592—2009。其他如支座、液面计、人手孔、填料箱、搅拌器等零部件均有相应的标准代号。根据标准代号即可从标准手册中查出各零部件的结构尺寸。

上述结构的基本特点，形成了化工设备图在图示表达上除了采用机械制图的表达方法外，还根据化工设备结构的特点，采用一些特殊和习惯的表达方法。

二、化工设备图的表达方法

1. 基本视图的选择和配置

化工设备大多是回转体，一般采用 1～2 个基本视图即可表达清楚设备的主体。立式设备通常采用主、俯两个基本视图；卧式设备则通常采用主、左两个基本视图，且主视图为表达设备的内部结构常采用全剖视图或局部剖视图。

2. 多次旋转的表达方法

设备壳体周围分布着许多管接口及其部件，为了在主视图上能清楚地表达它们的形状和位置，避免各个位置的接管在投影图上产生重叠，允许采用多次旋转的表达方法，即将分布在设备周向方位上的管口旋转到与投影面平行的位置，然后进行投射，得到视图或剖视图。图 9 - 3 中，液面计 1 和手孔 2 分别采用顺时针方向和逆时针方向旋转 45°至平行于正投影面的位置后，在主视图上画出它们的投影。在作多次旋转时，允许不作任何标注，但这些结构、管口的周向方位必须在俯（左）视图或管口方位图中表示清楚。

3. 局部结构的表达方法

由于总体和某些零部件的大小尺寸相差悬殊，若按所选定的比例画，则根本无法表达清楚该零部件的细部形状结构，因此在化工设备图上较多地采用了局部（节点）放大图和夸大画法来表达。

1）局部放大图

局部放大图可按所放大结构的复杂程度，采用视图、剖视、断面等方法进行表达，而且还可以根据需要采用两个或两个以上的视图来表达,如图9-4所示。放大部位"Ⅰ"是塔设备裙式支座支承圈的一部分,主视图采用单线简化画法,而在放大图中用三个视图表达该部分结构。

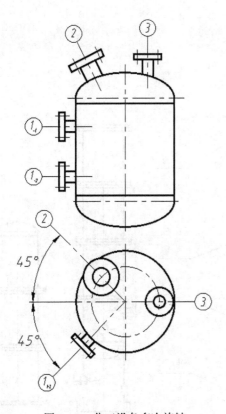

图9-3　化工设备多次旋转

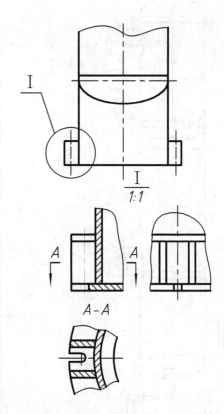

图9-4　化工设备细部结构的局部放大画法

2)夸大画法

为解决化工设备尺寸相差悬殊的矛盾,除了采用局部放大画法,还可采用夸大画法,即不按图样比例要求,适当地夸大画出某些结构,如设备的壁厚、垫片、折流板等,且允许薄壁部分的剖面符号采用涂色的方法,如图9-5所示。

4. 断开、分段(层)及整体图的表达方法

1)断开、分段画法

当设备总体尺寸很大,而又有相当部分的形状和结构相同或按规律变化和重复时,可采用断开画法。即采用双点画线将设备从重复结构或相同结构处断开,使图形缩短,以节省图幅,简化作图。图9-6(a)所示为一填料塔,它采用了断开的画法,省略部分是形状、结构完全相同的填料部分;图9-6(b)所示为板式塔的断开画法。

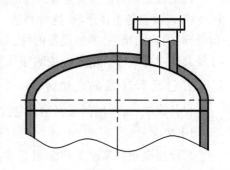

图9-5　化工设备细部结构的夸大画法

对于较高的塔设备,在不适于采用断开画法时,可采用分段的表达方法,即把整个塔体分成若干段,这种画法有利于图面布置和采用较大的比例作图。图9-6(c)所示为塔体的分段(层)画法。

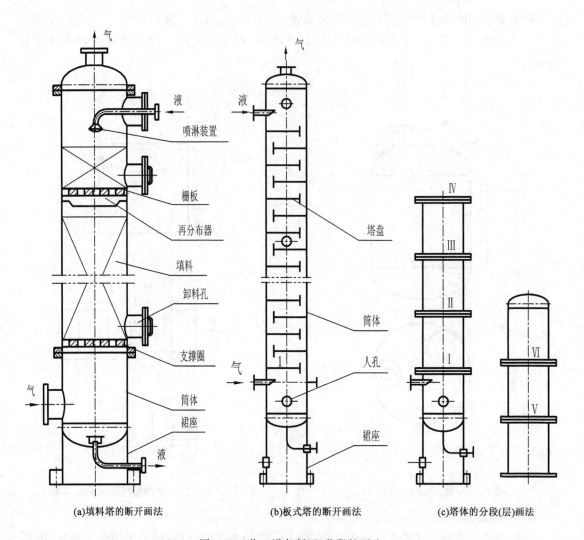

(a)填料塔的断开画法　　　　(b)板式塔的断开画法　　　　(c)塔体的分段(层)画法

图9-6　化工设备断开、分段的画法

2)整体图

为了表达设备的总体形状、各部分结构的相对位置和尺寸,可用设备整体的示意画法,图9-7表示设备整体形状,这种画法一般采用较大的缩小比例,用单线(粗实线)画出整个设备外形、主要结构、必要的设备内件(如塔板等),并标注直径、总高、管接口、人手孔等位置尺寸及其他主要尺寸。塔盘应按顺序从下至上编号,并注明塔盘间距尺寸。

5. 衬层和涂层的表达方法

设备涂层、衬里用剖视表达,但应注意薄涂层、厚涂层及薄衬层、后衬层的表达有所区别。

1)薄涂层

薄涂层是指在基层上喷涂耐腐蚀金属材料或塑料、搪瓷、涂漆等,其表达方法如图9-8(a)所示。图中只需在涂层表面绘制与表面轮廓线平行的粗点画线,并标注涂层内容,图样中不编件号,详细要求可以写入技术要求中。

2)薄衬层

当设备内衬为金属套、橡胶、聚氯乙烯薄膜和石棉板等薄衬层时,在图中用细实线画出,如

图9-8(b)所示。薄衬层厚度约为1~2mm,此时需加编号,并在明细表的备注栏中注明层数、材料及厚度。

3)厚涂层

各种胶泥、混凝土等厚涂层的表达方法,在装配图中的剖视可按图9-8(c)的方法表达。图样中应编件号,且要注明材料和厚度,在技术说明中还要说明施工要求。

4)厚衬层

塑料板、耐火砖、辉绿岩板之类的厚衬层,其表达方法如图9-8(d)所示。

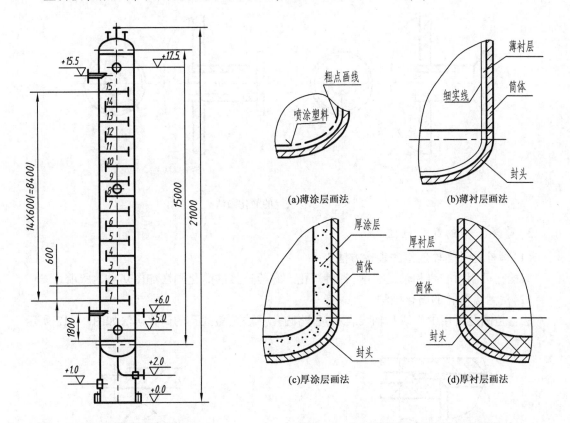

图9-7 化工设备的整体图画法

图9-8 化工设备的衬层和涂层的画法

6.化工设备图的简化画法

根据化工设备的特点,化工设备图中除采用机械制图国家标准所规定的简化画法外,还可采用以下几种简化画法。

1)外购件及有复用图的零部件表示方法

人手孔、填料箱、减速机、电动机及视镜等标准件、外购件,在化工设备图中只需按比例画出这些零部件的外形,如图9-9所示,但应在明细表中写明其规格及标准号等,外购件还应注写"外购"字样。

2)法兰的简化画法

法兰有容器法兰和管法兰两大类。法兰连接面型式也多种多样,但不论管法兰何种连接面型式,在装配图中均可用图9-10所示的两种简化画法。法兰的特性可在明细栏及接管表中表示。

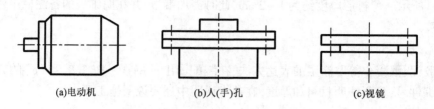

(a)电动机　　　　　(b)人(手)孔　　　　　(c)视镜

图9-9　标准件、外购件的简化画法

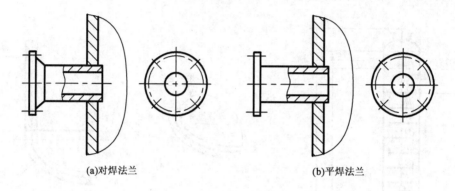

(a)对焊法兰　　　　　　　　　　(b)平焊法兰

图9-10　管法兰的简化画法

3)重复结构的简化画法

(1)螺栓孔及螺栓连接的表达方法。

螺栓孔可用中心线和轴线表示,省略圆孔。螺栓连接的简化画法如图9-11所示。

(2)法兰盖圆孔的简化画法。

法兰盖圆孔可用中心线和轴线表示,省略圆孔。法兰盖圆孔的简化画法如图9-12所示。

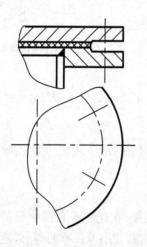
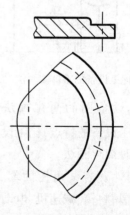

图9-11　螺栓连接的简化画法　　　　　图9-12　法兰盖圆孔的简化画法

(3)按规则排列孔板的简化画法。

换热器管板上的孔通常按正三角形排列,此时可使用图9-13所示的方法,用细实线画出孔眼圆心的连线及孔眼范围线,也可画出几个孔,并标注孔径、孔数和孔间距。

如果孔板上的孔按同心圆排列,则可用图9-14所示的简化画法。

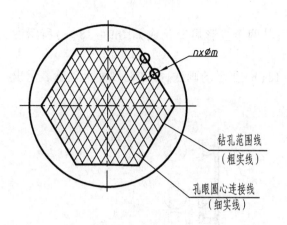

图 9-13 多孔板的简化画法(一)

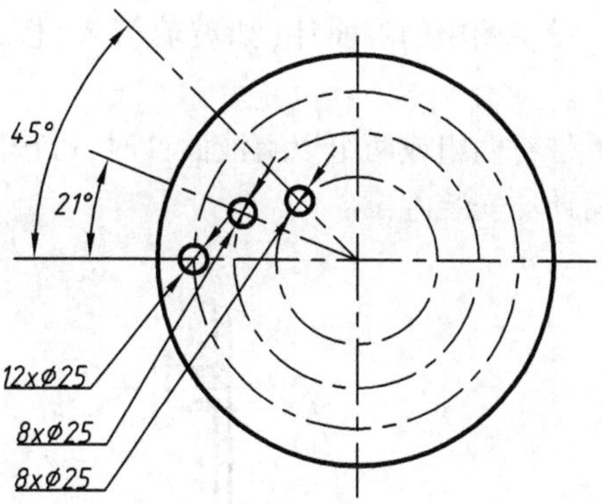

图 9-14 多孔板的简化画法(二)

(4)对孔数要求不严的孔板的简化画法。

像筛板、隔板等多孔板可参照图 9-15 的简化画法和标注方法,此时可不必画出所有孔眼的连心线,但必须用局部放大的画法表示孔的大小、排列和间距。

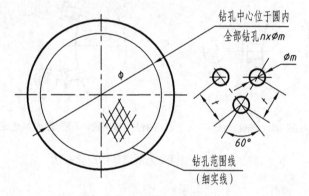

图 9-15 多孔板的简化画法(三)

(5)填充物的表示方法。

当设备中装有同一规格、材料和同一堆放方式的填充物时(如填料、卵石、木格条等),在设备图的剖视中,可用交叉的细实线及有关尺寸和文字简化表达,如图 9-16 所示,其中 $50mm \times 50mm \times 5mm$ 分别表示瓷环的外径、高度和厚度。若装有不同规格或规格相同但堆放方式不同的填充物,此时必须分层表示,分别注明规格和堆放方式,如图 9-17 所示。

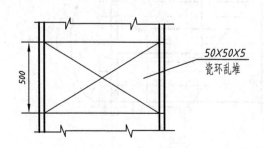

图 9-16 化工设备中填充物的图示方法(一)

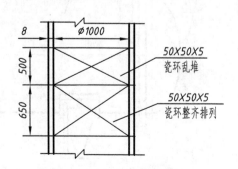

图 9-17 化工设备中填充物的图示方法(二)

4) 液面计的简化画法

设备图中的液面计(如玻璃管式、板式等),其两个投影可简化成如图9-18(a)所示的画法。

带有两组或两组以上液面计时,可按图9-18(b)所示的画法,并在俯视图上正确表示出液面计的安装方位。

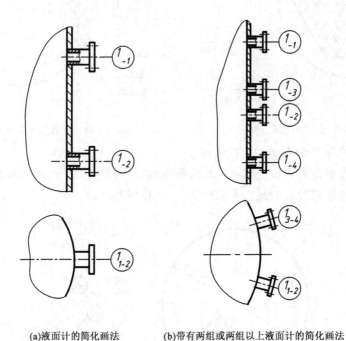

(a)液面计的简化画法   (b)带有两组或两组以上液面计的简化画法

图9-18   化工设备上液面计的简化画法

5) 单线表示法

当化工设备上某些结构已有零件图,或者另用剖视、断面、局部放大图等方法表达清楚时,则设备装配图上允许用单线表示,如容器、槽、罐等设备的简单壳体上的法兰接管,各种塔盘,列管式换热器中的折流板、挡板、拉杆等,如图9-19所示。

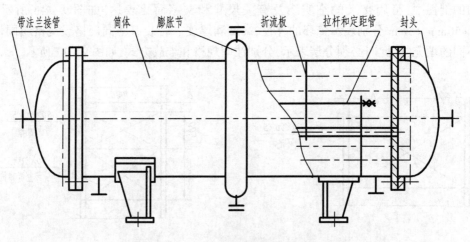

图9-19   化工设备装配图上的单线表示法

第三节　化工设备图中焊缝的表示方法

焊接是化工设备中广泛采用的一种连接工艺,如筒体、封头、管口、法兰和支座等零部件的连接,大都采用焊接。在化工设备图中焊接结构需要表达清楚,本节主要介绍化工设备图中主要焊缝结构形式和焊缝的表达方法。

一、焊缝的型式

1.焊接方法

焊接的方法和种类很多,有电弧焊、氩弧焊、气焊、电渣焊等,化工设备制造中最常采用的是电弧焊,即用电弧产生的高热量熔化焊口(钢板连接处)和焊条(补充金属),使焊件连接在一起。

2.焊接接头型式

两个零件用焊接方法连接在一起,在连接处形成焊接接头。根据两个焊件间相对位置的不同,焊接接头可分为对接、搭接、角接及 T 形接头等型式,如图 9-20 所示。在化工设备中,它们分别用于不同的连接部位,如筒节和筒节、筒体和封头的连接采用对接型式如图 9-21(a)所示;悬挂式支座的垫板和筒体连接为搭接型式,如图 9-21(b)所示;接管和管法兰以及鞍式支座中则分别使用角接和 T 形接型式,如图 9-21(c)、(d)所示。

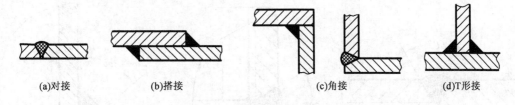

(a)对接　　　　(b)搭接　　　　(c)角接　　　　(d)T形接

图 9-20　零件焊接接头的型式

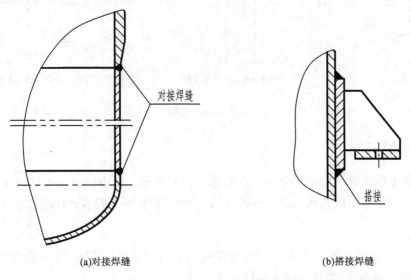

对接焊缝

搭接

(a)对接焊缝　　　　　　　　(b)搭接焊缝

图 9-21　设备焊接的形式

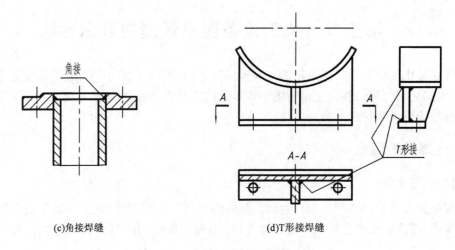

(c)角接焊缝   (d)T形接焊缝

图9-21 设备焊接的形式(续)

3.焊接接头的坡口型式

为了保证焊接质量一般需要在焊件的接边处,预制成各种形式的坡口,如X形、V形、U形等,图9-22(a)所示为V形坡口型式,图中钝边高度P是为了防止电弧烧穿焊件,间隙b为了保证两个焊件焊透,坡口角度α则是为了使焊条能伸入焊件的底部。图9-22(b)为容器和封头常用的焊缝连接形式。图9-22(c)所示为接管与筒体或接管与封头连接焊缝形式。

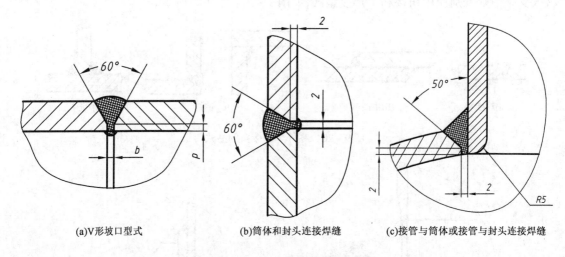

(a)V形坡口型式   (b)筒体和封头连接焊缝   (c)接管与筒体或接管与封头连接焊缝

图9-22 容器焊缝节点图

二、焊缝符号及画法

为了简化图样上的焊缝一般采用标准规定的焊缝符号表示。根据国家标准的规定,焊缝符号一般由基本符号与指引线组成。必要时还可加上辅助符号、补充符号和焊缝尺寸等。

1.基本符号

基本符号是表示横截面形状的符号,图线宽度为$0.7d$(d为图样中粗实线的宽度)。表9-1为常用焊缝的基本符号、图示法和标注方法示例。

表9-1 常见焊缝的基本符号、图示法和标注方法示例

名称	符号	示意图	图示法	标注方法
I 形焊缝	‖	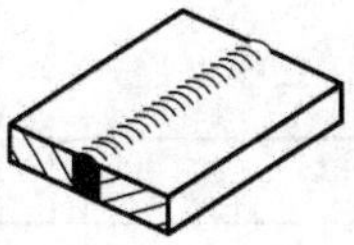	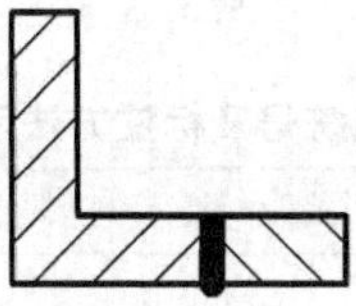	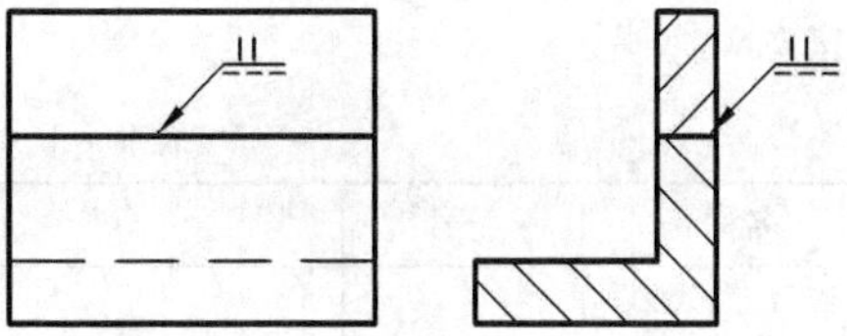
V 形焊缝	V	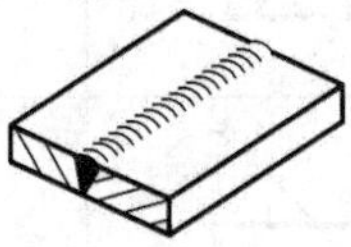	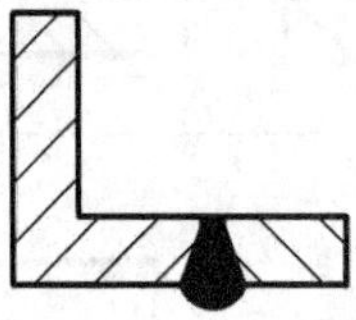	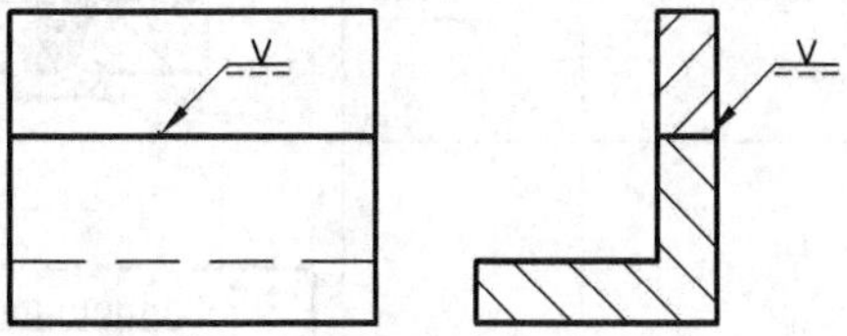
角焊缝	△	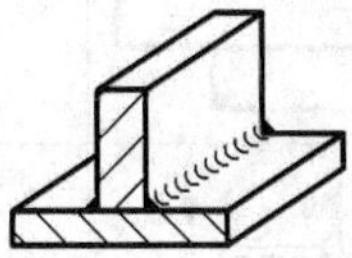	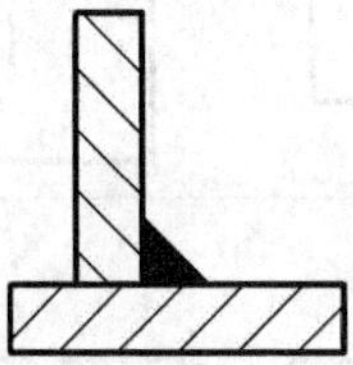	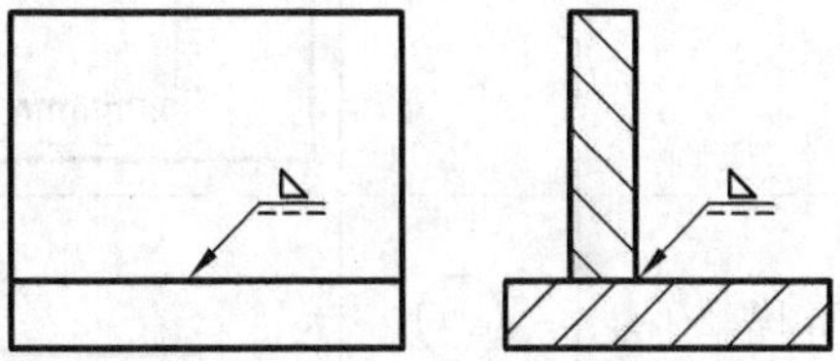
点焊缝	○	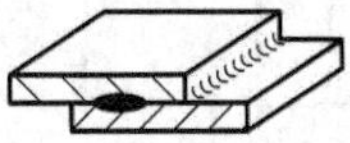	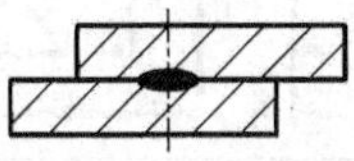	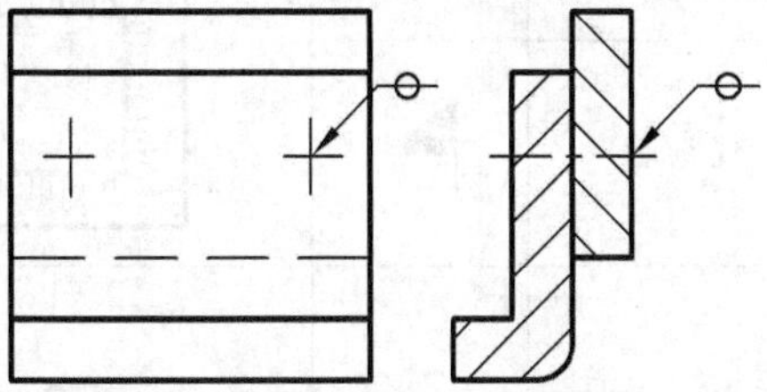

2. 辅助符号

辅助符号是表示焊缝表面形状特征的符号,用 $0.7d$ 的粗实线绘制。表9-2为辅助符号及标注方法示例。

不需要确切地说明焊缝的表面形状时,可以不用辅助符号。

表9-2 辅助符号及标注方法示例

名称	符号	形式及标注示例		说　明
平面符号	—			表示 V 形对接焊缝表面平齐
凹面符号	⌣			表示角焊缝表面凹陷
凸面符号	⌢			表示 X 形对接焊缝表面凸起

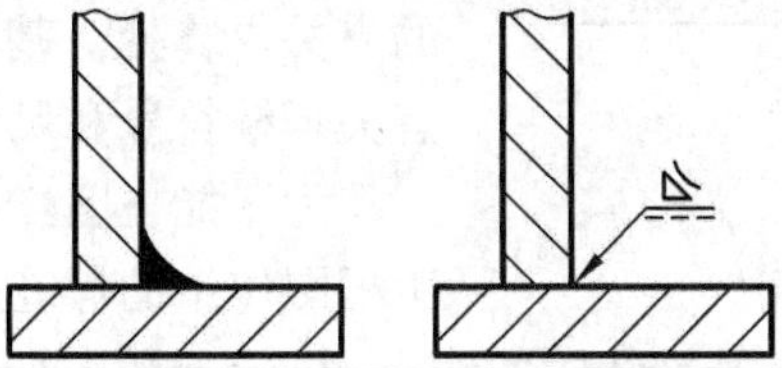

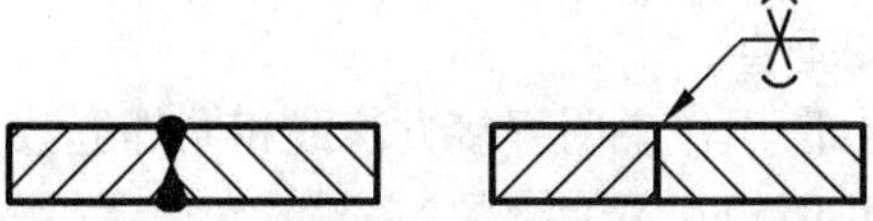

3. 补充符号

补充符号是为了补充说明焊缝的某些特征而采用的符号。表9-3为补充符号及标注方法示例。

表9-3 补充符号及标注方法示例

名称	符号	形式及标注示例	说 明
带垫板符号	▭		表示 V 形焊缝的背面底部有垫板
三面焊缝符号	⊏		表示工件三面带有焊缝，开口方向与实际方向一致
周围焊缝符号	○		表示在现场环绕工件周围施焊
现场符号	◣		
尾部符号	＜		表示用手工电弧焊，有4条相同的焊缝

4. 指引线

图样上采用以上有关符号表示的焊缝，必须要绘制出焊缝指引线，用来指明焊缝的位置、标明各焊缝符号和说明某些焊接要求等。指引线一般由箭头线和两条基准线（一条为细实线，另一条为细虚线）两部分构成，画法如图9-23所示。箭头线用作将整个焊缝符号指到图样上的有关焊缝处。基准线的上方和下方用来标注有关焊缝符号和尺寸。

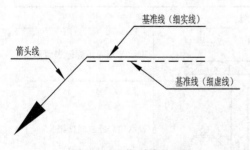

图 9-23 指引线的画法

为了能在图样中确切地表示焊缝的位置，对工程图样中的焊缝指引线有以下几点规定：

（1）基准线的细虚线可画在基准线的实线上侧或下侧，基准线一般应与图样的底边平行，但在特殊条件下也可与底边相垂直。

（2）基准线末端可加一尾部，用作说明焊接方法或相同焊缝数量等，如图9-24所示。

（3）箭头线用来指向焊缝，但相互不能交叉，必要时允许弯折一次，如图9-25所示。

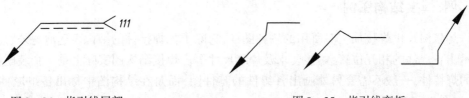

图 9 – 24　指引线尾部　　　　　　　　　　图 9 – 25　指引线弯折

5. 焊缝尺寸符号

焊缝尺寸一般不标注,若设计、制造或施工需要注明焊缝尺寸时才标注。焊缝尺寸符号见表 9 – 4。

表 9 – 4　焊缝尺寸符号

名称	符号	名称	符号	名称	符号	名称	符号
工件厚度	δ	焊缝长度	l	焊缝宽度	c	熔核直径	d
坡口角度	α	焊缝段数	n	根部半径	R	焊缝有效厚度	S
根部间隙	b	焊缝间距	e	相同焊缝数量符号	N	余高	h
钝边	P	焊角尺寸	K	坡口深度	H	坡口面角度	β

三、焊缝的标注

为了能在图样上确切地表示焊缝的位置,特将基本符号相对基准线的位置作如下规定:

(1)如果焊缝在接头的箭头侧,则将基本符号标在基准线的实线侧,如图 9 – 26(a)所示;

(2)如果焊缝在接头的非箭头侧,则将基本符号标在基准线的虚线侧,如图 9 – 26(b)所示;

(3)标注对称焊缝及双面焊缝时,可不加虚线,如图 9 – 26(c)、(d)所示。

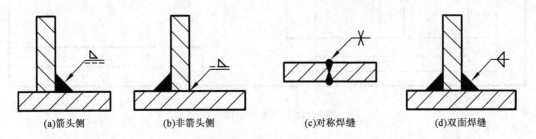

(a)箭头侧　　　　　(b)非箭头侧　　　　　(c)对称焊缝　　　　　(d)双面焊缝

图 9 – 26　基本符号的标注

(4)对于焊缝的坡口角度 α、坡面角度 β、根部间隙 b 等尺寸,必须标注在基本符号的上侧或下侧,如图 9 – 27 所示。

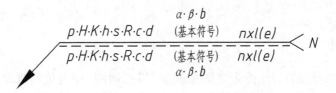

图 9 – 27　焊缝尺寸的标注原则

四、焊接结构图例

焊接图是供焊接加工时所用的一种图样，它除了把焊接件的结构表达清楚外，还应清晰地表示出各焊件的相互位置、焊接要求及焊缝尺寸等。焊接结构图实际上是一个装配图，对于简单的焊接件，一般不需要另外画出各组件的零件图，而是在结构图中标出各组成件的全部尺寸，如图9－28所示。

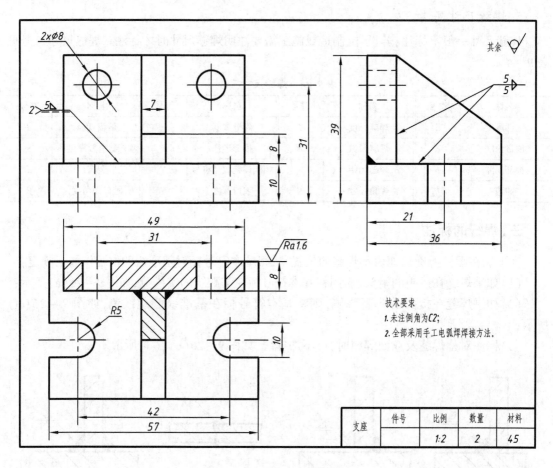

支座	件号	比例	数量	材料
		1:2	2	45

图9－28 支座焊接结构图

第四节 化工设备图的尺寸标注、技术要求及表格

化工设备除了要表明设备的结构形状外，还要注明设备的尺寸、规格及技术要求等内容。

一、尺寸标注

化工设备图上标注的尺寸，除遵守国家标准《机械制图》中有关的规定外，应结合化工设备的特点，做到完整、清晰、合理，以满足化工设备制造、检验、安装的要求。

1. 标注的尺寸种类

化工设备图上应标注的尺寸同机械装配图一样,不需注出零件的全部尺寸,只需标出一些必要尺寸,这些尺寸按其作用不同,大致分为以下几类:

1)性能(规格)尺寸

性能(规格)尺寸是表示设备性能(规格)的尺寸,通常在设计时就已确定,如热交换器换热面积、列管数目、长度、直径等,反应器或各种容器的有效容积、直径和高度尺寸等。

2)装配尺寸

装配尺寸是表示各零部件间装配关系、相对位置的尺寸,如各管口、支座的定位尺寸和管口的伸出长度等。

3)安装尺寸

安装尺寸是表示设备安装在基础上或其他构件上所需的尺寸,如支座、裙座上地脚螺栓孔的中心距、孔径等。

4)外形(总体)尺寸

外形(总体)尺寸是表示设备的总长、总宽、总高的尺寸,为设备的包装、运输和安装过程所占的空间大小提供依据。

5)其他重要尺寸

由于化工设备有标准化零部件多、焊接结构多等结构特点,所以化工设备图中的"其他尺寸"一般包含标准零部件的规格尺寸(如人孔的尺寸)或一些主要零部件的尺寸(如搅拌器的轴径、长度)、设计计算确定的尺寸(如筒体壁厚)、焊缝结构形式尺寸以及不另行画出零件图的零件的有关尺寸,如封头中的开孔尺寸等。

2. 化工设备图尺寸基准的选择

化工设备图中标注的尺寸,既要保证设备在制造、安装时达到设计要求,又要便于测量、检验,这就需要选择合理的尺寸基准,化工设备图上常用的尺寸基准有如下几种:

(1)设备筒体和封头的中心线;

(2)设备筒体和封头焊接处的环焊缝;

(3)设备容器法兰的密封面;

(4)设备支座的底面。

如图9-29(a)中所示的卧式容器,其长度方向定位尺寸是以封头和筒体的环焊缝为基准(基准Ⅰ),高度方向则以设备筒体和封头的中心线(基准Ⅱ)及支座的底面(基准Ⅲ)为基准来定位的。图9-29(b)所示的立式设备中则是以容器法兰的密封面(基准Ⅰ)及筒体与封头的环焊缝(基准Ⅱ)来标注高度方向定位尺寸。

3. 化工设备图中几种常见典型零部件的尺寸标注

1)筒体

筒体一般注出内径(如无缝钢管作筒体则注外径)、壁厚和高(长)度。

2)椭圆形封头

椭圆形封头应注明封头曲面高度、直边高度和壁厚。

3)接管

管口应注出直径、壁厚和接管长。无缝钢管注外径×壁厚;卷焊钢管标注内径与壁厚。管

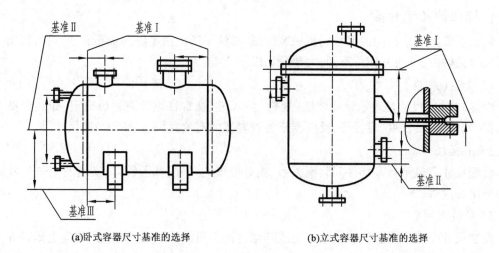

(a)卧式容器尺寸基准的选择　　　　　(b)立式容器尺寸基准的选择

图 9 – 29　化工设备图尺寸基准的选择

子在设备上伸出长度(即接管长)一般是指接管法兰密封面至接管轴线相接封头(筒体)外表面的交点间距离,如图 9 – 30 所示。

当设备上所有接管的长度都相等时,可写完技术要求后,单独注写"所有接管伸出长度为××毫米"的统一说明。若设备中大部分接管的伸出长度相等时,可统一写"除已注明外,其余接管的伸出长度为××毫米"的说明。

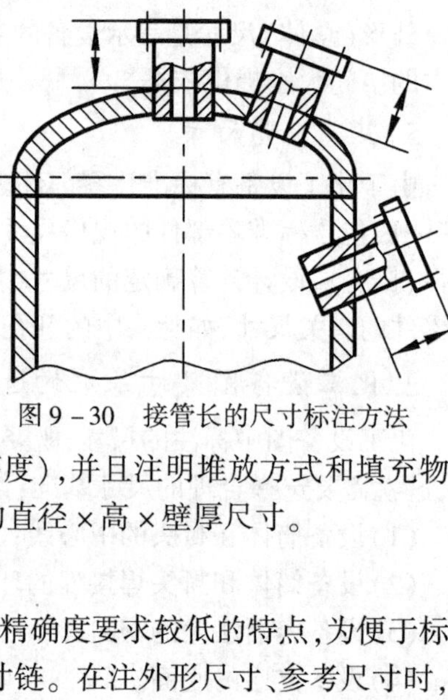

4)瓷环、浮球等填充物

图 9 – 30　接管长的尺寸标注方法

一般在图中只注出其总体尺寸(即筒体内径和堆放高度),并且注明堆放方式和填充物的规格尺寸,如图 9 – 17 中 50mm×50mm×5mm 表示瓷环的直径×高×壁厚尺寸。

5)其他规定注法

此外,化工设备图由于有尺寸数值大、切削加工较少、精确度要求较低的特点,为便于标注和安装检验,在标注同一方向尺寸时,可允许注成封闭尺寸链。在注外形尺寸、参考尺寸时,可在这些尺寸数字前加"( )"符号,以示参考近似之意。设备图中如有局部放大结构,则其尺寸一般注在局部放大图上。

二、表格

视图绘制、标注完成后还应进行有关标题栏、明细表、管口表、设计数据表、技术特性表等的绘制与填写。下面介绍这些表格的绘制与填写规定。

1. 标题栏

化工设备图中的标题栏在内容和格式上尚未统一,但内容类同,下面介绍表 9 – 5 所示的一种。标题栏中主要内容分三项填写,第一项为设计单位,第二项为项目名称,第三项为设备主要规格。

表9-5　标题栏的格式及尺寸

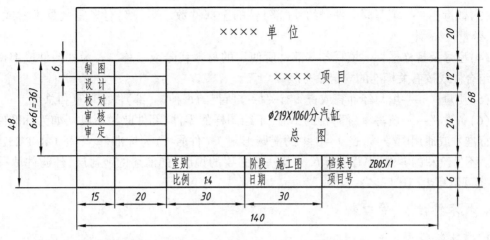

2. 零部件序号及其编写方法

零件、部件序号的编写原则和方法,与机械图样相同。装配图中所有的零件、部件都必须编写序号。形状、大小、材料完全相同的零(部)件编号一般只编注一次。多次出现的相同零(部)件,必要时也可重复标注。零件、部件的编号一般从主视图的下方开始,顺时针、连续、整齐地编排。编号若有遗漏或者增添时,则另在外圈编排补足,图9-1所示为化工设备图件号编写示例。

3. 零部件明细栏

应接着标题栏的上方画出,并与标题栏等宽,其底边与标题栏顶边重合。填写时应按零(部)件编号由下向上逐件填写。如地方不够,可以在标题栏的左边继续画表填写。推荐的一种格式如表9-6所示。

表9-6　零部件明细栏及尺寸

3	接　管	1	无缝钢管∅32x4	20	2.1	2.1	L=100
2	筒　体	1	钢板厚8	20R	105	105	无　图
1	椭圆形封头	2	EHA800X8	20R	80	160	JB/T4746-2002
编　号	名　称	数量	型号及规格		单件	小计	备　注
					质量(kg)		
					总质量 ≈ kg		

绘制和填写明细栏应注意以下几点:

(1)编号栏——填写零(部)件的编号。

(2)名称栏——填写零(部)件的名称和规格,应采用公认的提法,如椭圆形封头 EHA800 × 8,外购件按有关部门的规定名称。不另绘图的零件,在名称后可列出规格,如表9-6中接管

$\phi 32 \times 4, L = 100$。

（3）数量栏——填写同一件号的零（部）件的全部件数。零（部）件若是大量木材或填充物时，数量按 m^3 计。

（4）型号及规格栏——填写各零部件所使用的材料代号或名称。若为外构件或部件，则填写组合件或按有关标准的规定填写。

（5）质量栏——填写经计算或查阅有关标准所得的每种零（部）件的单重和总重。

（6）备注栏——填写零（部）件的图号（不绘图样的零件、部件此栏不填），如为标准件，则填写标准号或通用图号，如表 9 - 6 中的椭圆形封头（件号 1）为标准件，填写 GB/T 25198—2010。不另绘图的零件，填写实际尺寸及一些必要的说明，如前述的薄衬层，外购件填写"外购"（也可填写生产厂厂名）。

4. 技术特性表、管口表

1）技术特性表

技术特性表是表明设备的主要技术特性的一种表格。其格式见表 9 - 7。

表 9 - 7 中表明设备的主要技术特性，主要填写通用特性（如设计和工作压力、设计和工作温度、物料的名称等）以及设计所依据的标准、规范和法规。本栏中还需填写试验压力，各类压力容器类别等。对于不同的设备，需增补填写有关的内容，如带搅拌器的反应器需增补搅拌转数（r/min）、电动机功率（kW）、塔器需增补风压（Pa）、地震烈度等。容器类别按《压力容器安全技术监察规程》的划分填写。

表 9 - 7　技术特性表及尺寸

设　计　数　据								
设计压力	1.77 MPa	最高工作压力	1.623 MPa	工作介质	$C_3 C_4 H_2 O$	容器类型		II类
设计温度	50 ℃	工作温度	50 ℃	容积	0.278m³	腐蚀裕度		1mm
水压	立置	2.22MPa	焊缝	筒体	0.85	壁	筒体	8 mm	材	筒体	16MnR
试验	卧置	MPa	系数	封头	1.0	厚	封头	8 mm	料	封头	16MnR
气密性	试验		计算风压			地震烈度		
设备质量	280kg	设备充水质量	278kg	保温质量	52kg	设备最大质量		610kg

此外根据不同设备的工艺要求和用途等因素，对设计、制造和使用提出的特殊要求或专用措施，还需填写如壁厚的腐蚀裕度、焊缝系数、保温及防腐措施等内容。不同的设备还有一些不同的设计要求。

2）管口表

管口表的格式及尺寸见表 9 - 8。表中应填写各管口和开孔的有关数据和用途等内容，供备料、制造、检验和操作。

表 9 - 8 管口表的格式及尺寸

编号	名　称	数量	PN (MPa)	DN (mm)	管口型式	焊接类型	焊接图号
1₁₋₂	液位计口	2	4.0	20	凸面		
2	进料口	1	4.0	80	凸面		
3₁₋₃	传感器接口	3	4.0	32	凹面		
4₁₋₂	手孔	2	4.0	150			
5	出料口	1	4.0	25	凸面		
6	排污口	1	4.0	50	凸面		

栏中管口符号应与图中管口符号相一致。填写时应注意：

（1）公称规格。

公称规格按接管口的公称压力、公称直径填写，如无公称直径的管口，则按管口的实际内径填写，如椭圆填写"椭圆长轴×短轴"。

（2）管口型式

填写管法兰密封面型式或代号。不对外连接管口（如人孔、视镜）等一般用细斜线表示。

化工设备图上应标注管口符号。管口符号可用小写拉丁字母（a、b、c…），也可用数字（1、2、3…），一般从主视图的左下方开始，按顺时针方向依序注写在各视图旁。其他视图上的管口符号，则应根据主视图上对应的符号编写。管口符号的字号应比尺寸数字的字号大一号。规格、用途及连接面形式不同的管口，均应单独编写管口符号，如图 9 - 1 中开口 1、2、3 分别为安全阀口、出气口和进气口。规格、用途及连接面形式完全相同的管口可编同一符号，但必须在符号的右下角加注阿拉伯数字以示区别。管口的有关数据，则填写在管口表中。

三、技术要求

设备在图样中未能表达清楚的有关内容，可用文字写成技术要求，其内容包括对材料、制造、装配、验收、表面处理（或涂饰）、润滑、包装、保管和运输等的特殊要求以及设备在制造、检验时应遵循的标准、规范和规定。

技术要求的内容一般以容器类设备的技术要求为基本内容，再按各类设备特点作适当补充。各类设备技术要求内容可详阅《化工设备技术图样要求》。

钢制焊接金属容器图样技术要求简述如下：

（1）本设备按 GB 150.4—2011《压力容器第 4 部分：制造、检验和验收》进行制造、检验和验收，并接受的《压力容器安全技术监察规程》的监督。

（2）焊缝坡口型式及尺寸除图中注明外,均按 GB/T 985.1—2008《气焊、焊条电弧焊、气体保护焊和高能束焊的推荐坡口》中的规定执行;角焊缝腰高按薄板厚度;法兰焊接按相应标准中的规定。

（3）筒体、封头及相连接的对接焊缝应进行无损探伤检查,探伤长度为100%。

（4）设备制造完毕后,须:

①盛水试漏(常压设备用);

②进行煤油渗漏试验(不便进行盛水试漏的常压设备);

③设备制造完毕后以一定压力进行液压试验,合格后再以一定压力压缩空气进行致密性试验;

④先将设备盛水试漏或煤油渗漏试验,合格后再焊接夹套并作夹套内一定压力的液压试验和一定压力压缩空气的致密性试验(设备内为常压,夹套内为正压情况下);

⑤先将设备内以一定压力进行液压试验和以一定压力的压缩空气进行致密性试验,合格后再焊接夹套并作夹套内一定压力的液压试验和一定压力的压缩空气的致密性试验(设备内为真空,夹套内为正压情况下);

⑥先将设备内以一定压力进行液压试验和以一定压力的压缩空气进行致密性试验。

（5）设备防腐按有关规定执行。

（6）本设备如需包装、运输,应按 NB/T 10558—2021《压力容器涂敷与运输包装》的规定执行。

以上内容在图幅中的位置安排格式通常如图 9 – 31 所示。

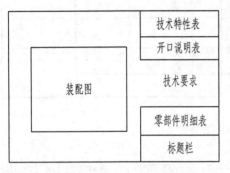

图 9 – 31　化工设备图的图面安排

第五节　化工设备图的绘制和阅读

绘制化工设备图一般可通过两种途径:一是设计化工设备,通常以化工工艺设计人员提出的设备设计条件单为依据,进行设计、制图;二是测绘化工设备,其方法与一般机械图的测绘步骤相同。

一、化工设备图的绘制

绘制化工设备图的具体方法和步骤与绘制机械装配图相似,图 9 – 1 所示是一储罐的装配图,其步骤简述如下:

（1）复核资料,决定结构。

先经调查研究,并核对设计条件单中各项设计条件,作强度计算、结构选型、选材料等,设计和选定该设备的主要结构及有关数据,如筒体与封头的连接方式、支座、人孔等。

（2）确定视图的表达方案。

选择化工设备的表达方案时,应考虑化工设备的结构特点和图示特点。除采用主、俯或主、左视图两个基本视图外,还可采用局部放大、多次旋转等表达方式。

（3）定比例,选定和安排幅面。

表达方案确定后,按设备的总体尺寸确定绘图比例。化工设备图一般采用缩小比例,通常为 1:5、1:10、1:15 等。

比例确定后,根据视图数量、各种表格和技术要求等内容所占的范围确定图纸幅面的大小,常采用 A1 图幅。

(4)画视图。

按画装配图的步骤进行,先画主视图,后画俯(左)视图;先画主体,后画附件;先画外件,后画内件;先定位置,后画形状。在基本视图完成后,再画局部放大图等其他视图。

(5)标注尺寸及焊缝代号。

化工设备装配图上应标注外形、规格、装配、安装等尺寸。

(6)编零部件及管口序号,编写明细表和接管口表。

(7)编写技术特性表,技术要求或制造检验主要数据表、标题栏等内容。

二、化工设备图的阅读

化工设备图是化工设备设计、制造和维修中的重要技术文件。作为专业技术人员必须掌握阅读化工设备图样的能力。

1. 阅读化工设备图的基本要求

(1)了解设备的性能、作用和工作原理;

(2)了解各零部件之间的装配连接关系和有关尺寸及装拆顺序;

(3)了解各主要零部件的主要形状、结构和作用,进而分析整个设备的结构;

(4)了解设备的开口方位以及制造、检验、安装等方面的技术要求。

2. 阅读化工设备图的方法、步骤

阅读化工设备图的方法、步骤,基本上与阅读机械装配图一样,仍分为概括了解、详细分析、归纳总结等步骤。但必须着重注意化工设备图样的各种表达特点、简化和习惯的表达方法、管口方位、焊接特点和技术要求等不同的方面。

现以图 9-32 所示的采暖水缓冲罐装配图为例介绍阅读方法。

1)对图样的概括了解

首先阅读标题栏、明细栏、管口表、技术特性表,并大致了解视图的表达方案。从中了解设备名称、规格、绘图比例,零部件的数量、名称;概括了解设备的一些基本情况,对设备有一个初步认识。

图 9-32 所示容器为采暖水缓冲罐,设备容积为 $11m^3$。由于是卧式设备,因此采用了主、左两个基本视图,主视图基本上采用全剖视图的画法。

从明细栏中可知,该设备有 15 个零部件号,除装配图外,对于非标准零部件还画了零部件图(图号为制-21959/2)。鞍式支座采用的是通用设计图(图号为制-19227/51)。

接管表中列有 7 个管口符号,左视图表示了这些接管的真实方位,主视图则采用了多次旋转画法并表示了它们的高度尺寸。

从技术特性表则可以看出该罐是常压操作,工作压力为常压。操作介质为清水。该罐主要用于采暖热水的储存和缓冲作用。

2)形状、结构及尺寸分析

分析设备图上的图形,哪些是基本视图,还有其他什么视图?各视图采用了哪些表达方法?并分析采用各种表达方法的目的等。

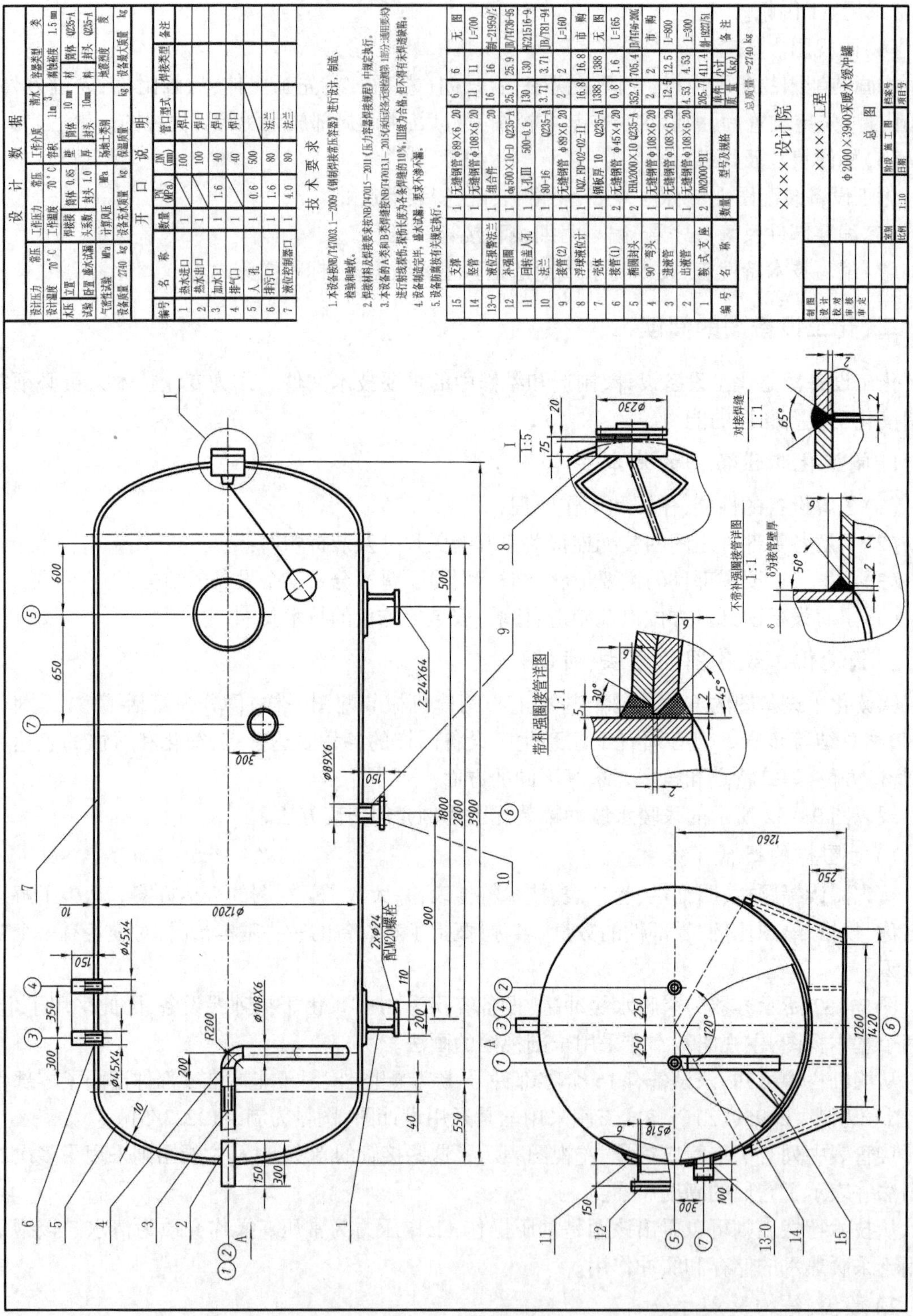

图 9-32 采暖水缓冲罐

技术要求

1. 本设备按规范TГ7003.1—2009《钢制球形压力容器》进行设计、制造、检验和验收。
2. 焊接材料及焊接采表GB/T47015—2011《压力容器焊接规程》中规定执行。
3. 本设备的A类和B类焊缝按GB/T4031—2014规定设备无损检测100%进行射线探伤，进行射线检查后，抛焊余波及本列缝的10%，Ⅲ级为合格，超声波探伤未列焊缝外。
4. 设备焊接完毕，盛水试漏，要求不渗漏。

如图 9 - 32 所示,该采暖水缓冲罐内径为 1200mm、壁厚为 10mm,罐体左右两端采用两个标准椭圆形封头。筒体和封头上开有各种接管口。为了维修安装方便,筒体上开有一个人孔。该罐采用了 2 只包角为 120°的鞍式支座,每个鞍座与地基连接的地脚螺栓直径为 M20。

此外,还有四个局部节点放大图,表示接管等零部件的细部结构和尺寸。

装配图中表示了各主要零部件的定形尺寸,如筒体 1200 × 10mm、长为 2800mm,封头高度 550mm、直边高度 40mm、厚度 10mm,以及各接管的大小尺寸等。

图中还标注了各零件之间的装配连接尺寸,如鞍座距筒体中心为 1260mm 及从主视图的各局部视图中可看出接管的伸出长度等。

3) 对技术要求的阅读

通过技术要求的阅读可了解设备在制造、检验、安装等方面所依据技术标准及要求,还有焊接方法、装配要求、质量检验等方面的具体要求。

如图 9 - 32 所示,该采暖水缓冲罐技术要求给出了该设备设计、制造、验收的依据是 NB/T 47003.1—2009《钢制焊接常压容器》。焊接材料及焊接要求按 NB/T 47015—2011《压力容器焊接规程》中规定执行。此外技术要求中还列出其他相关要求。

综上所述,对于一般的容器,除了罐体形状及所附通用零部件外,主要应抓住容器的作用、特点去分析图样关键部分,对于其他的典型化工设备也可根据这些设备的作用、特点去分析图样,在此不再详细叙述。

第十章

化工工艺图

化工工艺图是进行化工过程研究,化工生产装置的设计与制造,以及化工生产装置的安装与施工必需的技术文件和法律依据,是化工工艺人员与其他专业人员进行技术合作与协调的语言,同时也是化工企业的生产组织与调度、技术改造与过程优化,以及工程技术人员与管理人员熟悉和了解化工生产过程必需的技术参考资料。化工工艺图通常包括工艺流程图、设备布置图和管道布置图三大类。

化工工艺制图是在机械制图的基础上形成和发展起来的,它虽与机械制图有着紧密的联系,但却有十分明显的专业特征,同时也有自己的相对独立的制图规范与绘图体系。本章主要介绍化工工艺制图的一般规定以及常用表达方法和阅读的相关知识。

第一节　图纸图线宽度一般规定

根据 HG/T 20519.1—2009《化工工艺设计施工图内容和深度统一规定　第 1 部分:一般规定》化工工艺图的图线和图线宽度的一般规定如下。

一、图线

所有图线都要清晰光洁、均匀,宽度符合要求。平行线间距至少大于 1.5mm,以保证复制件上的图线不会分不清楚或重叠。

二、图线宽度

图线宽度分为三种:粗线 0.6~0.9mm;中粗线 0.3~0.5mm;细线 0.15~0.25mm。图线用法的一般规定见表 10-1。

表 10-1　图线用法及宽度

类　别	图线宽度,mm			备　注
	0.6~0.9	0.3~0.5	0.15~0.25	
工艺管道及仪表流程图	主物料管道	其他物料管道	其他	设备、机器轮廓线 0.25mm
辅助管道及仪表流程图 公用系统管道及仪表流程图	辅助管道总管 公用系统管道总管	支管	其他	
设备布置图	设备轮廓	设备支架 设备基础	其他	动设备(机泵等)如只绘出设备基础,图线宽度用 0.6~0.9mm

续表

类 别		图线宽度,mm			备 注
		0.6~0.9	0.3~0.5	0.15~0.25	
设备管口方位图		管口	设备轮廓 设备支架 设备基础	其他	
管道布置图	单线 (实线或虚线)	管道		法兰、阀门及其他	
	双线 (实线或虚线)		管道		
管道轴测图		管道	法兰、阀门、承插焊 螺纹连接的管件 的表示线	其他	
设备支架图 管道支架图		设备支架及管道	虚线部分	其他	
特殊管件图		管件	虚线部分	其他	

注:凡界区线、区域分界线、图形接续分界线的图线采用双点画线,图线宽度均为0.5mm。

第二节 工艺流程图

工艺流程图是用来表达一个工厂或生产车间工艺流程与相关设备、辅助装置、仪表与控制要求的基本概况,可供化学工程、化工工艺、过程装备等专业的工程技术人员使用与参考,是化工企业工程技术人员和管理人员使用最多、最频繁的一类图纸。常见工艺流程图按其内容及使用目的的不同可分为流程示意图、物料平衡图以及带控制点的管道及仪表工艺流程图。管道及仪表流程图是内容较详细的一种,是设备布置和管路布置设计的依据,并供施工、安装、生产和检修时参考。

图10-1为某炼厂汽油脱硫装置分馏部分工艺流程图。

一、工艺流程图的一般规定

工艺流程图是表示工艺流程的示意图,是按工艺流程的顺序将过程装备自左至右地展开绘制在图面上,各设备之间按工艺流程原理给出物料管线,并标注相应的符号和必要的说明。

1.图幅与比例

管道及仪表流程图一般画在A1图纸上,简单流程也有用A2幅面绘制的。

2.设备的绘制与标注

1)设备的图示

工艺流程图中的设备用细实线画出设备的大致轮廓,一般不按比例,设备的管口可不画出,各设备应按相对大小、国际通用设计体制和方法绘制,设备形状应按HG/T 20519.2—2009《化工工艺设计施工图内容和深度统一规定 第2部分:工艺系统》中的规定画法绘制,常用设备分类代号和图例,见表10-2。

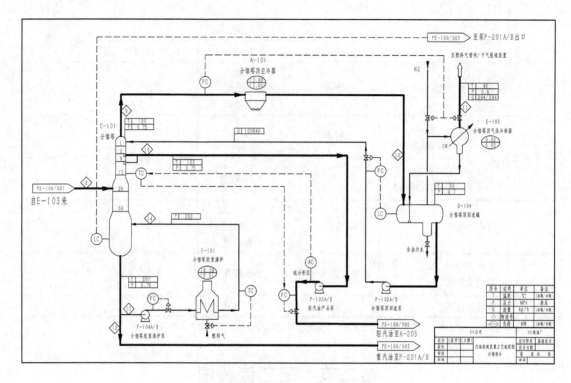

图 10 - 1　汽油脱硫装置分馏部分工艺流程图

表 10 - 2　常用的标准设备图例

设备类别	代号	图　　例
塔	T	填料塔　　　板式塔　　　喷淋塔
塔内件		降液管　浮阀塔塔板　格栅板　泡罩塔塔板　升气管 淋球塔　筛板塔塔板　填料除沫层　丝网除沫层　分配(分布)器、喷淋器
反应器	R	固定床反应器　列管式反应器　流化床反应器　反应釜(闭式 带搅拌 夹套)　反应釜(开式 带搅拌 夹套)　反应釜(开式 带搅拌 夹套 内盘管)

续表

设备类别	代号	图 例
容器槽罐	V	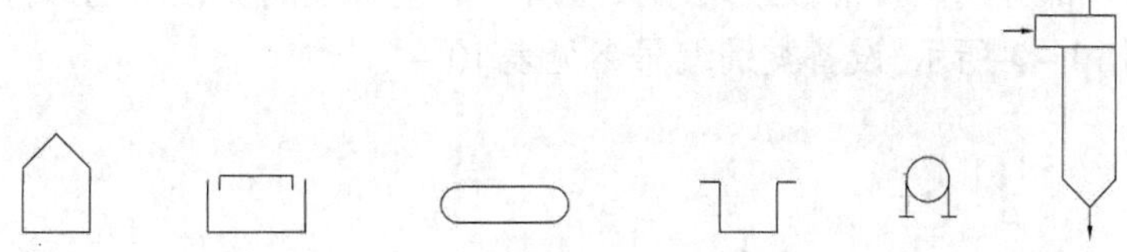 锥顶罐　浮顶罐　卧式容器　(地下半地下)池、槽、坑　球罐　旋风分离器
换热器	E	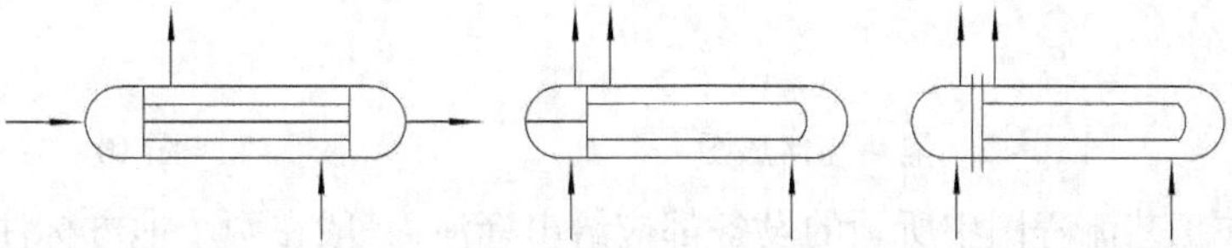 固定管板式列管换热器　浮头式列管换热器　U形管式换热器
泵	P	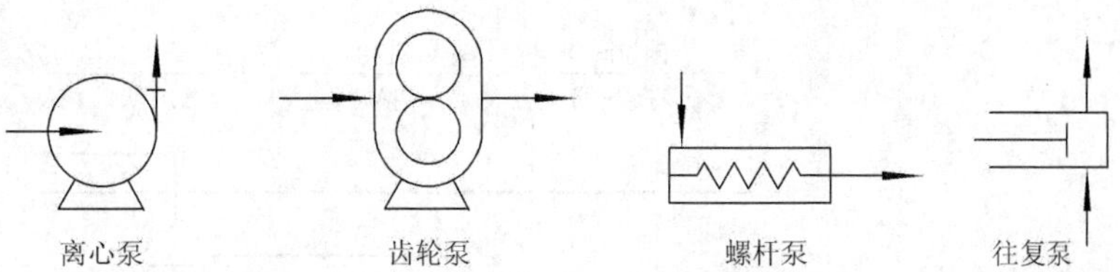 离心泵　齿轮泵　螺杆泵　往复泵
鼓风机压缩机	C	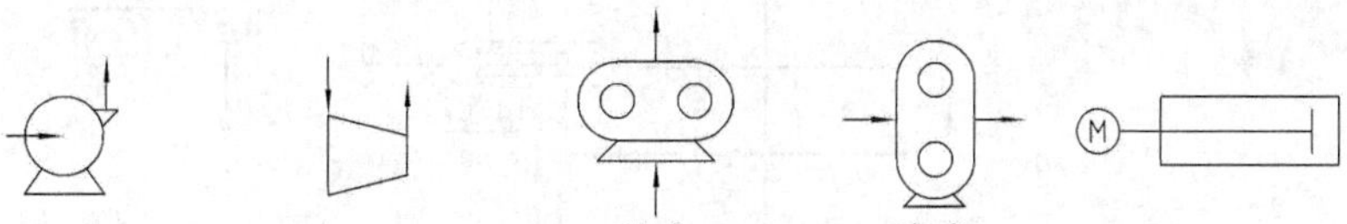 鼓风机　离心式压缩机　旋转式压缩机(卧式)(立式)　往复式压缩机
动力机	M、E、S、D	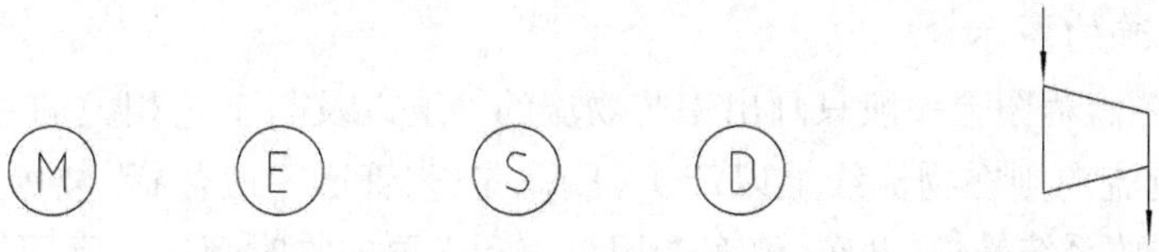 电动机　内燃机、燃气机　汽轮机　其他动力机　离心式膨胀机、透平机

各设备的高低位置及设备上重要接口的位置应基本符合实际情况,各设备之间应保留适当距离以布置流程线。

对于有隔热和伴热要求的设备,在相应设备图例的适当部位画出隔热或伴热图例,必要时还可标注隔热等级、伴热类型和介质代号,如图 10-2 所示。

2）设备位号及标注

每台设备均应有相应的位号,设备位号由两部分组成:前一部分用大写英文字母表示设备分类;后一部分用阿拉伯数字表示设备所在的位置及同类设备的顺序,一般数字由 3~4 位组成,如图 10-3 所示,设备类别编号参见表 10-2。

图 10-2　隔热与伴热图　　　　　　　　　　图 10-3　设备的标注方法

在工艺流程图中所画的设备都应给出标注,一般在两个地方标注设备位号:一是在图的上方或下方,要求排列整齐,并尽可能正对设备,在位号的下方标注设备名称。二是在设备内或其旁边,此处仅注位号,不注名称,如图 10-4 所示。在设备位号和名称之间用一水平细实线表示位号线。

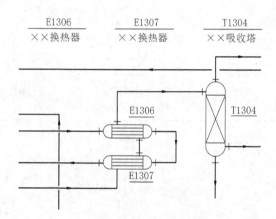

图 10-4　设备(机器)的位号和名称标注示例

3. 物流管道的绘制和标注

1）管道的图示

在工艺流程图上一般只画出工艺物流的管道以及与工艺相关的一段辅助管道,用粗实线绘制,相应流向则在物流线上以箭头表示。工艺管道一般包括:装置正常操作所用的物料管道;工艺排放系统管道;开车、停车专用管道和必要的临时管道。常用管道图示见表 10-3。

表 10-3　常见管道图示

名　　称	图　　示	名　　称	图　　示
主要物料管道		电伴热管道	
次要物料管道 辅助物料管道		夹套管	

续表

名　　称	图　　示	名　　称	图　　示
引线、设备、管件、阀门、仪表图形符号和仪表管线等	——————	管道绝热层	
原有管道(原有设备轮廓)	——————	柔性管	
地下管道	— — — —	管道相接	
蒸汽伴热管道	═══════	管道交叉	

2) 管道标注

　　管道及仪表流程图的管道应标注的内容有四个部分,即管段号(由三个单元组成)、管径、管道等级和绝热(或隔声),总称为管道组合号。管段号和管径为一组,用一短横线隔开;管道等级和绝热(或隔声)为另一组,用一短横线隔开,两组间留适应的间隙,如图10-5所示。水平管道宜平行标注在管道的上方,竖起管道宜平行标注在管道的左侧。在管道密集、无处标注的地方,可用细实线引至图纸空白处水平(竖直)标注。

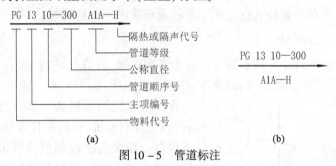

PG 13 10—300　A1A—H

隔热或隔声代号
管道等级
公称直径
管道顺序号
主项编号
物料代号

PG 13 10—300
A1A—H

(a)　　　　　　　　　　　　　　　(b)

图 10-5　管道标注

　　其中,管道等级、隔热代号等相关内容参考 HG/T 20519.2—2009《化工工艺设计施工图内容和深度统一规定　第2部分:工艺系统》,物料代号见表10-4。

表 10-4　物料代号

代号	物料名称	代号	物料名称	代号	物料名称
PG	工艺气体	COO	二氧化碳	SO	密封油
PL	工艺液体	MS	中压蒸汽	CSW	化学污水
PS	工艺固体	LS	低压蒸汽	WW	生产废水
PGL	气液两相流工艺物料	SC	蒸汽冷凝水	FW	消防水
SG	合成气	BD	锅炉排污	FG	燃料气
PA	工艺空气	RW	一次水、新鲜水	NG	天然气
LA	仪表空气	BW	锅炉给水	IG	惰性气
AW	氨水	CWS	循环冷却水上水	VP	工艺蒸气
AL	液氨	CWR	循环冷却水回水	VT	放空气
CG	转化气	DW	自来水、生活用水	VE	真空排放气
TG	尾气	SW	软水	FV	火炬放空气
PW	工艺水	LO	润滑油	DR	导淋
AG	气氨	FO	燃料油		

4. 阀门等管件图示与标注

　　管道上的管道附件有阀门、管接头、异径管接头、弯头、三通、四通、法兰、盲板等。这些管件可以使管道改换方向,变化口径,可以连通和分流以及调节和切换管道中的流体。常用阀门的图形符号见表 10 – 5,阀门图例尺寸一般为长 4mm,宽 2mm 或长 6mm,宽 3mm,且用细实线绘制。

表 10 – 5　常用阀门图例

名称	图　例	名称	图　例	名称	图　例
截止阀	▷◁	闸阀	▷◁	节流阀	◆◆
碟阀		减压阀		止回阀	
球阀	圆直径:4mm	旋塞阀	圆黑点直径:2mm	三通截止阀	
阻火器		视镜、视钟		四通截止阀	

为了安装和检修等目的所加的法兰、螺纹连接件等也应在施工流程图中画出。

管道上的阀门、管件要按需要进行标注。当它们的公称直径同所在管道通径不同时,要注出它们的尺寸。当阀门两端的管道等级不同时,应标出管道等级的分界线,阀门的等级应满足高等级管道的要求。对于异径管标注大端公称通径乘小端公称通径。

5.仪表控制点的画法

检测、显示、控制等仪表的图形符号是一个细实线圆,其直径约为 10mm,圈外用一条细实线指向工艺管线或设备轮廓线上的检测点,如图 10 – 6 所示。

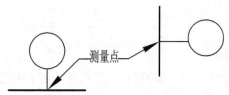

图 10 – 6　仪表的图形符号

在施工流程图上要画出所有与工艺有关的检测仪表、调节控制系统、分析取样点和取样阀(组),这些仪表控制点用细实线在相应的管道上的大致安装位置用规定符号画出。该符号包括图形符号和字母代号,它们组合起来表达工业仪表所处理的被测变量和功能,或表示仪表、设备、元件、管线的名称。仪表安装位置的图形符号见表 10 – 6。

表 10 – 6　仪器安装位置的图形符号

安 装 位 置	图 形 符 号	安 装 位 置	图 形 符 号
就地安装仪表	○	就地仪表盘面安装仪表	⊖
集中仪表盘面安装仪表	⊖	集中进计算系统	

二、带控制点的工艺流程图

带控制点的工艺流程图由流程、控制点和图例三部分组成,如图 10 – 7 所示。主要表达各车间内部的工艺物料流程,此类图纸的基本特征如下:

(1)按工艺流程次序从左向右展开,按标准图例详细画出一系列相关设备、辅助装置的图形和相对位置,并配以带箭头的物料流程线,同时在流程图上需标注出各物料的名称,管道规格与管段编号,控制点的代号,设备的名称和位号,以及必要的尺寸、数据等。

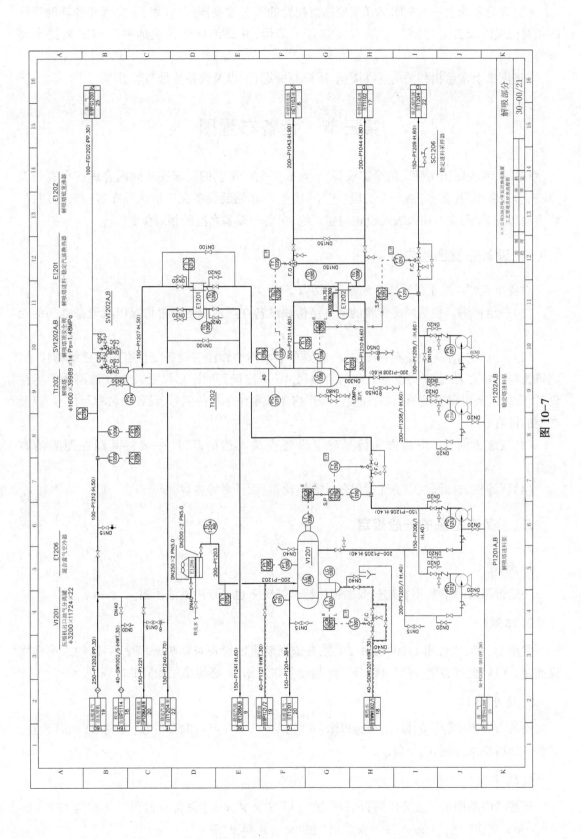

图 10-7

(2)在流程图上按标准图例详细绘制需配置的工艺控制阀门、仪表、重要管件和辅助管线的相对位置以及自动控制的实施方案等有关图形,并详细标注仪表的种类与工艺技术要求等。

(3)图纸上常给出相关的标准图例、图框与标题栏,以及设备位号与索引等。

第三节　设备布置图

在工艺流程图中所确定的全部设备,必须根据生产工艺的要求在车间内合理的布置与安装,表示一个车间(装置)或一个工段(工序)的生产和辅助设备在厂房内外布置安装的图样,称为设备布置图,主要用来表示设备与建筑物、设备与设备之间的相对位置。

一、设备布置图的内容

设备布置图均按正投影原理绘制,包括以下内容:

(1)一组视图。表达厂房建筑的基本结构和设备在厂房内的布置情况以及设备之间的相互关系。

(2)尺寸和标注。设备布置图中,一般要在平面图中标注与设备定位有关的建筑物尺寸,建筑物与设备之间、设备与设备之间的定位尺寸(不注设备的定形尺寸);要在剖面图中标注设备、管口以及设备基础的标高;还要注写厂房建筑定位轴线的编号、设备的名称及位号,以及必要的说明等。

(3)安装方向标。安装方向标是确定设备安装方位的基准,一般将其画在图纸的右上方。

(4)标题栏。标题栏中要注写图名、图号、比例、设计者等内容。

二、设备布置图的一般规定

1. 图幅

一般采用 A1 图幅,不宜加长或加宽。特殊情况下也可采用其他图幅。

2. 比例

常用1∶100,也可用1∶200 或1∶50,主要依据装置的设备布置疏密程度、界区的大小和规模而定。但对大型装置,需要进行分段绘制设备布置图时,必须采用相同的比例。

3. 尺寸单位

设备布置图中标注的标高、坐标以米(m)为单位,小数点后取三位数,至毫米(mm)为止,其余一律以毫米(mm)为单位。

4. 图名

标题栏中的图名一般分成两行书写,上行写"(××××)设备布置图",下行写"EL－××.×××平面""EL＋××.×××平面"或"×－×剖视"等。

5.编号

每张设备布置图均应单独编号。同一主项的设备布置图不得采用一个号并加上第几张、共几张的编号方法,在标题栏中应注明本类图纸的总张数。

三、设备布置图的视图

设备布置图中视图的表达内容主要是两部分:一是建筑物及其构件,二是设备。

(1)设备布置图一般只绘平面图,平面图表达厂房某层上设备布置情况的水平剖视图,它还能表示出厂房建筑的方位、占地大小、分隔情况及与设备安装、定位有关的建筑物、构筑物的结构形状和相对位置。

对于较复杂的装置或有多层建筑、构筑物的装置,仅用平面表达不清楚时,可加绘剖视图。剖视图是假想用一平面将厂房建筑物沿垂直方向剖开后投影得到的立面剖视图,用来表达设备沿高度方向的布置安装情况。

(2)分区。设备布置图是按工艺主项绘制的,当装置界区范围较大而其中需要布置的设备较多时,设备布置图可以分成若干个小区绘制。各区的相对位置在装置总图中表明,界区以粗双点画线表示。

(3)在设备布置平面图的右上角应画一个0°与总图的工厂北向一致的方向标。工厂北以 PN 表示,如图10-8所示。

图10-8 方向标

(4)对于有多层建筑物、构筑物的装置,应依次分层绘制各层的设备平面布置图,各层平面图均是以上一层的楼板底面水平剖切所得的俯视图。如在同一张图纸上绘制若干层平面图时,应从最低层平面开始,由下至上或由左至右按层次顺序排列,并在相应图形下标注"EL - ×:×××平面""EL ± 0.000平面""EL + ××.×××平面"或"×-×剖视"等。

四、设备、建筑物及其构件的图示方法

设备布置图的图例,应符合 HG/T 20519.3—2009《化工工艺设计施工图内容和深度统一规定 第3部分:设备布置》的规定。

1.建筑物及其构件

(1)建筑物及其构件在设备布置图中,一般只画出厂房建筑的空间大小、内部分隔及与设备安装定位有关的基本结构,如墙、柱、地面、地坑、地沟、安装孔洞、楼板、平台、栏杆、楼梯、吊车、吊装梁及设备基础等。与设备定位关系不大的门、窗等构件,一般只在平面图上画出它们位置、门的开启方向等,在剖视图上一般不予表示。

(2)设备布置图中的承重墙、柱等结构用细点画线画出其建筑定位轴线,建筑物及其构件的轮廓用细实线绘出。

(3)在装置所在的建筑物内如有控制室、配电室、操作室、分析室、生活及辅助间,均应标注各自的名称。

设备布置图中建(构)筑物简化画法及图例,见表10-7。

表 10-7 设备布置图中建(构)筑物简化画法及图例

名 称	图例或简化画法	名 称	图例或简化画法
坐标原点	圆直径 10mm	仪表盘 配电箱	
砾石 (碎石)地面		双扇门	剖面涂红色或填充灰色
素土地面		单扇门	剖面涂红色或填充灰色
钢筋混凝土		空门洞	剖面涂红色或填充灰色
安装孔、地坑	剖面涂红色或填充灰色	窗	剖面涂红色或填充灰色
圆形地漏		楼梯	上 下 上 下

2. 设备

(1)在设备布置图中,设备的外形轮廓及其安装基础用粗实线绘制。对于外形比较复杂的设备(如机、泵),可以只画出基础外形。对于同一位号的设备多于三台的情况,在图上可以只画出首末两台设备的外形,中间的可以只画出基础或用双点画线的方框表示。

(2)当需要表示出预留的检修场(如换热器抽管束),可用虚线按比例画出,不标注尺寸,如图 10-9 所示。

(3)动设备可只画基础,表示出特征管口和驱动机的位置,如图 10-10 所示,并在设备中心线的上方标注设备位号,下方标注支撑点的标高"POS EL × ×. × × ×"或主轴中心线的标高"EL × ×. × × ×"。

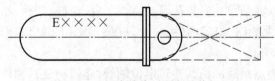

图 10-9 用虚线表示预留检修场地

五、设备布置图的标注

设备布置图的标注包括厂房建筑定位轴线的编号,建(构)筑物及其构件的尺寸;设备的定位尺寸和标高,设备的位号、名称及其他说明等。

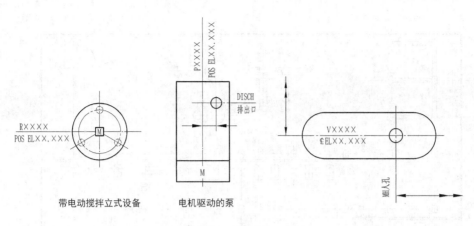

图 10 - 10　典型设备的标注

1.厂房建筑的标注

(1)按土建专业图纸标注建筑物和构筑物的轴线号及轴线间尺寸,并标注室内外的地坪标高。

(2)按建筑图纸所示位置画出门、窗、墙、柱、楼梯、操作台、下水箅子、吊轨、栏杆、安装孔、管廊架、管沟(注出沟底标高)、明沟(注出沟底标高)、散水坡、围堰、道路、通道等。

2.设备的标注

(1)在平面图上标注设备的定位尺寸,尽量以建(构)筑物的轴线或管架、管廊的柱中心线为基准线进行标注。要尽量避免以区的分界线为基准线标注尺寸;

(2)卧式容器和换热器以设备中心线和固定端或滑动端中心线为基准线;

(3)立式反应器、塔、槽、罐和换热器以设备中心线为基准线;

(4)离心式泵、压缩机、鼓风机、汽轮机以中心线和出口管口中心线为基准;

(5)往复式泵、活塞式压缩机以缸中心线和曲轴(或电动机轴)中心线为基准线;

(6)板式换热器以中心线和某一出口法兰端面为基准线;

(7)直接与主要设备有密切关系的附属设备,如再沸器、喷射器、回流冷凝器等,应以主要设备的中心线为基准予以标注。

3.设备的标高

(1)卧式换热器、槽、罐以中心线标高表示(如 ¢EL + ×× . ×××)❶;

(2)立式、板式换热器以支承点标高表示(如 POS EL + ×× . ×××);

(3)反应器、塔和立式槽、罐以支承点标高表示(如 POS EL + ×× . ×××);

(4)泵、压缩机以主轴中心线标高或以底盘底面标高(即基础顶面标高)表示(如 POS EL + ×× . ×××);

(5)管廊、管架标注出架顶的标高(如 TOS EL + ×× . ×××)。

另外,设备布置图还可以采用坐标系定位尺寸进行标注,如图 10 - 11 所示。

---

❶　标号 ¢ 为 center line 的缩写。

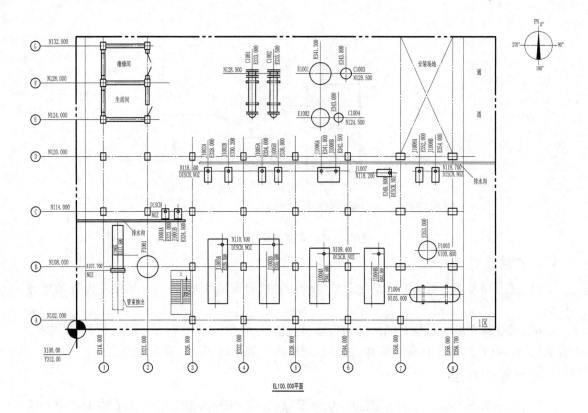

图 10 – 11　设备布置图坐标定位尺寸的标注

第四节　管道布置图

管道布置图是表达管道的空间布置情况、管道与建筑物和设备的相对位置和管道上附件及仪表控制点等安置位置的图样,是管道和仪表控制点等安装、施工的主要依据。

管道布置设计的图样包括:管道平面设计图、管道平面布置图(即管道布置图)、管道轴测图、蒸汽伴管系统布置图、管件图和管架图。

一、管道布置图的内容

管道布置图又称管道安装图或配管图,主要用于表达车间或装置内管道的空间位置、尺寸规格,以及与机器、设备的连接关系。管道布置图是管道安装施工的重要依据。

图 10 – 12 为某工段管道布置图。

管道布置图一般包括以下内容:

(1)一组视图,视图按正投影法绘制,包括平面图和剖面图,用以表达整个车间的建筑物和设备的基本结构以及管道、管件、阀门、仪表控制点等的安装、布置情况。

(2)尺寸和标注,管道布置图中,一般要分别在平面图和剖面图中标注管道和部分管件、仪表控制点的平面位置尺寸和标高;还要注写厂房建筑定位轴线的编号、设备的名称及位号、管道代号、控制点代号等相关文字。

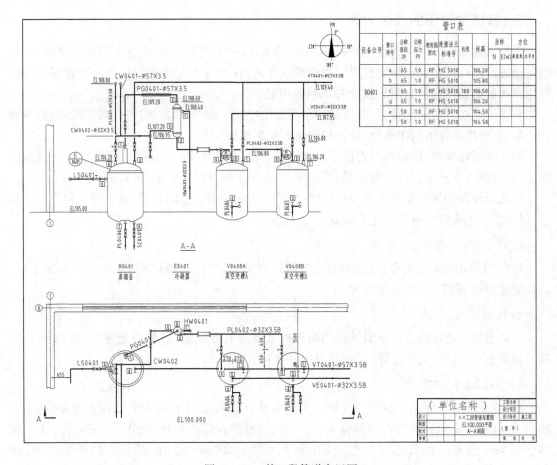

图 10 – 12　某工段管道布置图

(3)分区索引图,表达车间(装置)界区范围内的分区情况。

(4)安装方向标,表示管道安装的方位基准,一般放在图面的右上方。

(5)标题栏,在标题栏中应注写图名、图号、比例、设计阶段等。

二、管道布置图的一般规定

(1)图幅。管道布置图的图幅尽量采用 A1,较简单的也可采用 A2,较复杂的可采用 A0,同区的图应采用同一种图幅。图幅不宜加长或加宽。

(2)比例。常用比例1∶50,也可采用1∶25 或1∶30,但同区的或各分层的平面图,应采用同一比例。

(3)尺寸单位。管道布置图中标注的标高、坐标以米(m)为单位,小数点后取三位数,至毫米(mm)为止;其余尺寸一律以毫米(mm)为单位,只注数字,不注单位。管子公称直径一律用毫米(mm)表示。

(4)地面设计标高为 EL ± 0.000。

(5)图名。标题栏中的图名一般分成两行书写,上行写"管道布置图",下行写"EL××.×××平面"或"A—A、B—B……剖视等"。

(6)尺寸线终端应标绘箭头(画箭头或斜线)。不按比例画图的尺寸应在其下面画一道横线(轴测图除外)。

三、管道布置图的表达方法

管道布置图以平面图为主,当平面图中局部表示不清楚时,可绘制剖视图或轴测图,该剖视图或轴测图可画在管道平面布置图边界线以外的空白处(不允许在管道平面布置图的空白处再画小的剖视图或轴测图),或绘在单独的图纸上。

管道平面布置图的配置,一般应与设备布置图中的平面图一致,即应按建筑物的标高平面分层绘制,将楼板以下的建筑物、设备和管道等全部画出。

对于多层建筑物、构建物的管道平面布置图,应按层次绘制,若在同一张图纸上绘制多层平面图,应按由下至上、由左至右的顺序排序,并在图下标注"EL××.×××平面"。

当几套设备的管道布置图完全相同时,允许只绘制一套设备的管道,其余可简化为方框表示,但在总管上应绘出每套的接头位置。

1.建(构)筑物表达方法

建(构)筑物根据设备布置图画出,凡与管道布置安装有关的建(构)筑物用细实线绘制,其他的建(构)筑物均可简化或省略。

2.设备表达方法

设备根据设备布置图用细实线画出简单外形及中心线或轴线(附基础平台、楼梯等),并画出设备上与配管有关的接管口(包括仪表及备用管口)。

3.管道的表示方法

(1)在管道布置图中,公称直径(DN)大于或等于400mm或16in的管道用双线表示;小于和等于350mm或14in的管道用单线表示。如大口径的管道不多时,则公称直径(DN)大于和等于250mm或10in的管道用双线表示;小于和等于200mm或8in的管道用单线表示,如图10-13所示。

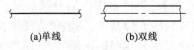

(a)单线　　　　(b)双线

图10-13　管道的表示方法

(2)按 HG/T 20519.4—2009《化工工艺设计施工图内容和深度统一规定　第4部分:管道布置》规定的比例画出管道、管件、阀门及管道特殊件等。

(3)管道折弯的画法如图10-14所示。管道公称通径小于或等于50mm的弯头,一律用直角表示,如图10-14(b)所示。

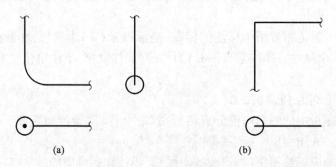

(a)　　　　　　　　　　　　(b)

图10-14　管道折弯画法

（4）管道相交的画法，如图 10 – 15 所示。

（5）管道的交叉画法。当两管道交叉时，可把被遮挡的管道的投影断开，画法如图 10 – 16（a）所示；也可将上面管道的投影断开表示，以便看见下面的管道，画法如图 10 – 16（b）所示。

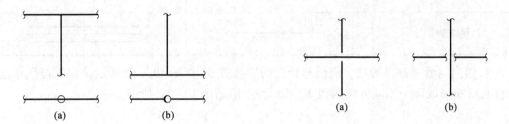

图 10 – 15　管道相交的画法　　　　　　图 10 – 16　管道交叉的画法

（6）管道的重叠画法。当投影中出现两路管子重叠时，假想前（上）面一路管子已经截去一段（用折断符号表示），这样便显露了后（下）面一根管子，采用这样的方法就能把两路或多路重叠管线显示清楚，如图 10 – 17（a）所示；也可在投影断开处注上相应的小写字母，如图 10 –17（b）所示。图 10 – 18 是弯管与直管两根重叠的平面图，当弯管高于直管时，它的平面图如图 10 – 18（a）所示，画起来一般是让弯管与直管稍微断开 3 ~ 4mm，以示区别弯管与直管不在同一标高上。当直管高于弯管时，一般是用折断符号将直管折断，并显露出弯管，它的平面图如图 10 – 18（b）所示。

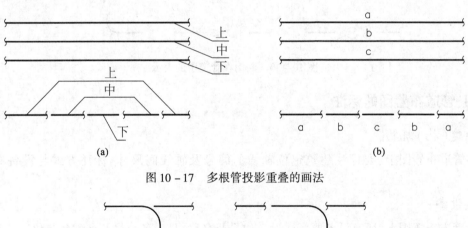

图 10 – 17　多根管投影重叠的画法

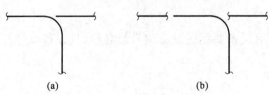

图 10 – 18　弯管重叠的画法

（7）管道连接画法。两段直管相连有 4 种型式，见表 10 – 8。

表 10 – 8　管道连接的表示法

连接形式	单　　线	双　　线
法兰连接		
螺纹连接		

续表

连 接 形 式	单 线	双 线
承插连接	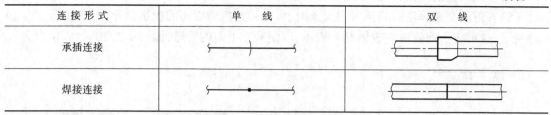	
焊接连接		

（8）阀门与管道连接画法。阀门与管道的连接方式，如图 10－19 所示。在管道图中绘制的阀门，可能形成两个不同方向的视图，其画法示例如图 10－20 所示。

图 10－19　阀门与管道的连接方式

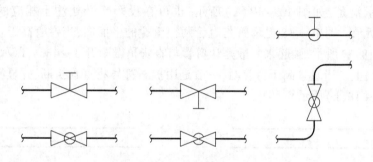

图 10－20　阀门在管道中的表示

四、管道布置图的标注

1. 建(构)筑物

在管道布置图上，要标注建筑定位轴线的编号及轴线间尺寸，标注方式与设备布置图相同。

2. 设备

在管道布置图上，所有设备要标注设备位号及名称，且设备位号及名称要与化工工艺图和设备布置图中的一致。

3. 管道

在管道布置图上，所有管道要标出物料的流动方向，注写管道代号，且管道代号要与施工流程图中的一致。

在管道布置图上，不标注管段的长度尺寸，所有管道要标注定位尺寸。管道的定位尺寸标注在平面图上。定位尺寸可以以建筑定位轴线(或墙高)、设备中心线、设备管口法兰为基准进行标注。与设备管口相连的直管段，则不需注定位尺寸。

4. 阀门及管件

管道布置图上的管件按规定符号画出，一般不标注定位尺寸。对某些有特殊要求的管件，应标注出要求与说明。

管道布置图上的阀门按规定符号画出,一般不注定位尺寸,但要在立面剖视图上注出安装标高。当管道中阀门类型较多时,应在阀门符号旁注明其编号及公称尺寸。

5.仪表控制点

仪表控制点的标注要与施工流程图中的一致。仪表控制点用指引线指引在安装位置处,也可在水平线上写出规定符号。

五、管道布置图分区简图

管道布置图应按设备布置图或按分区索引图所划分的区域(以小区为基本单位)绘制。区域分界线用粗双点画线表示,在区域分界线的外侧标注分界线的代号、坐标、与该图标高相邻部分的管道布置图图号,如图 10-21 所示,图中 *B. L* 表示装置边界;*M. L* 表示接续线;COD表示接续图。

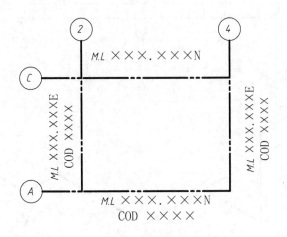

图 10-21　平面分区图

第五节　管道轴测图

一、管道轴测图的作用与内容

管道轴测图又称管段图,是表达一段管道及其所附管件、阀门、控制点等布置情况的立体图样。管段图按正等测投影绘制,它立体感强,便于阅读,利于管道的预制和安装。

图 10-22 所示为某厂炼油延迟焦化装置管段图。从图中可以看出,管段图一般包括以下内容:

(1)图形——按正等测投影原理绘制管段及其管件阀门等的规定图形符号。

(2)标注——注出管段代号及标高、管段所连接设备的位号及名称和安装尺寸等。

(3)方向标——表示安装方位的基准,北(N)向与管道布置图上的方向标的北向一致,常画于图纸右上角。

(4)材料表——列表说明管段所需要的材料、尺寸、规格、数量等,位于标题栏的上方。

(5)标题栏——表明图名、图号、比例、设计阶段、签名及日期等。

编号	规格型号	材质	数量	备注	编号	规格型号	材质	数量	备注	编号	规格型号	材质	数量	备注
					FL9	凸平面对焊PN2.0DN200	20			WT6	Φ219×7 90°	20	1	
DP10	PN2.0 DN200 SH3407-96	0Cr18Ni9	1		FL8	凸平面对焊PN2.0DN200	20	1		WT5	Φ219×7 90°	20	1	
DP9	PN2.0 DN200 SH3407-96	0Cr18Ni9	1		FL7	凸平面对焊PN2.0DN200	20	1		WT4	Φ219×7 90°	20	1	
DP8	PN2.0 DN200 SH3407-96	0Cr18Ni9	1		FL6	凸平面对焊PN2.0DN200	20	1		WT3	Φ219×7 90°	20	1	
DP7	PN2.0 DN200 SH3407-96	0Cr18Ni9	1		FL5	凸平面对焊PN2.0DN200	20	1		WT2	Φ219×7 90°	20	1	
DP6	PN2.0 DN200 SH3407-96	0Cr18Ni9	1		FL4	凸平面对焊PN2.0DN200	20	1		WT1	Φ219×7 90°	20	1	
DP5	PN2.0 DN200 SH3407-96	0Cr18Ni9	1		FL3	凸平面对焊PN2.0DN200	20	1		ZG8	Φ219×7	20	1.5	
DP4	PN2.0 DN200 SH3407-96	0Cr18Ni9	1		FL2	凸平面对焊PN2.0DN200	20	1		ZG7	Φ219×7	20	2	
DP3	PN2.0 DN200 SH3407-96	0Cr18Ni9	1		FL1	凸平面对焊PN2.0DN200	20	1		ZG6	Φ219×7	20	2	
DP2	PN2.0 DN200 SH3407-96	0Cr18Ni9	1		WT11	Φ219×7 90°	20	1		ZG5	Φ219×7	20	2	
DP1	PN2.0 DN200 SH3407-96	0Cr18Ni9	1		WT10	Φ219×7 90°	20	1		ZG4	Φ219×7	20	2	
FM1	Z36R-L440 DN200		1		WT9	Φ219×7 90°	20	1		ZG3	Φ219×7	20	4	
FM1	Z36R-L440 DN200		1		WT8	Φ219×7 90°	20	1		ZG2	Φ219×7	20	1	
FL10	凸平面对焊PN2.0DN200	20	1	备注	WT7	Φ219×7 90°	20	1		ZG1	Φ219×7	20	0.5	

日期:	管道类别:GC2	安全等级:	材质:20	介质:富气,凝缩油		投用日期:		管道名称:富气,凝缩油线	
管道工艺编号	起点	终点	外径mm	壁厚mm	操作压力MPa	设计压力MPa	操作温度℃	设计温度℃	保温材质/厚度mm	管道长度m
P1203	E1206	V1201	219	7	1.3	1.48	40	60	硅酸铝镁+镀锌铁皮/60	12

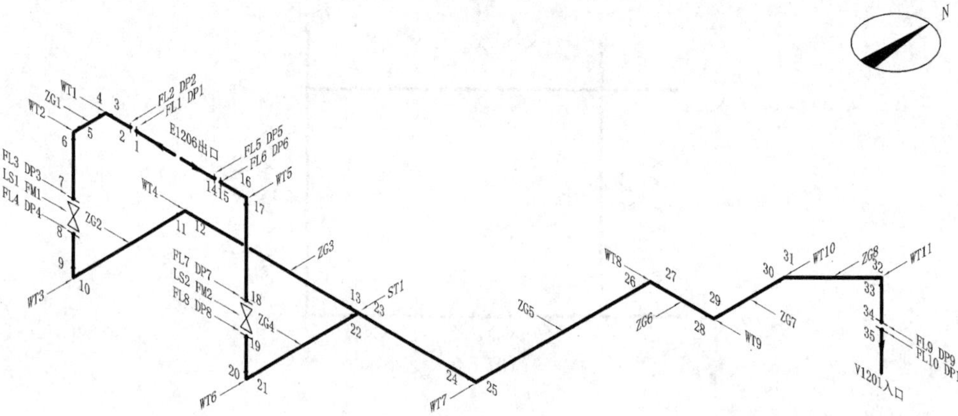

管件名称缩写:直管-ZG;法兰-FL;阀门-FM;弯头-WT;三通-ST;变径管-BJ;
管封头-FT;加强头-JQ;膨胀节-PZ;过滤器-GL;流量计-LL;阻火器-ZH;
爆破片-RP;消音器-YY;视镜-SJ;螺栓-LS;垫片-DP

草图绘制		炼油延迟焦化装置	P1203管段图
设备主任		9.管段图	×年×月×日 第0版
机动处(科)		××炼油厂	JH.P1203

图10-22 炼油延迟焦化装置管段图

二、管道轴测图的画法

绘制管道轴测图可不按比例,但要布置均匀、整齐、美观、合理,使各种阀门、管件的大小及在管段中的位置要协调。

(1)方向标。方向标的北(N)向与管道布置图上的方向标的北向应是一致的,如图10-23所示。

(2)图形。管段图中的管道一律采用粗实线单线表示,并在管道的适当位置画出流向箭头。当管道是与坐标轴不平行的斜管时,可用细实线画成的平行四边形来表示所在的平面或立面,如图10-24所示。

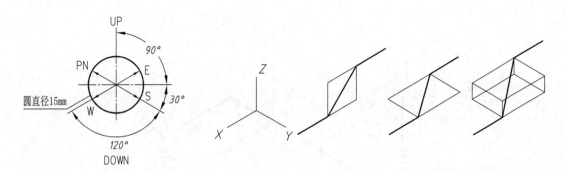

图 10 – 23　方向标　　　　　　　　图 10 – 24　管道在不平行于坐标轴或坐标面的画法

（3）各种形式的阀门、管件的图形符号及其与管段的连接画法，详见 HG/T 20519.4—2009《化工工艺设计施工图内容和深度统一规定　第 4 部分：管道布置》的相关规定。

（4）管道上的环焊缝以圆表示。水平走向的管段中的法兰画垂直短线表示，如图 10 – 25（a）所示，垂直走向的管段中的法兰，一般是画与邻近的水平走向的管段相平行的短线表示，如图 10 – 25（b）所示。

（5）螺纹连接及承插连接均用一短线表示，在水平管段上此短线为垂直线，在垂直管段上，此短线与邻近的水平走向的管段平行，如图 10 – 25（b）所示。

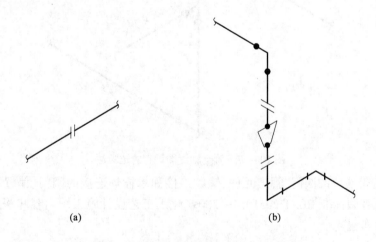

(a)　　　　　　　　　　　　(b)

图 10 – 25　管道轴测图管段连接的表示方法

三、尺寸及标注

（1）除标高单位为米（m），其余所有尺寸均以毫米（mm）为单位，只注数字，不注单位。

（2）管段、阀门、管件应注出加工及安装所需的全部尺寸。

（3）水平管道的有关尺寸的尺寸线应与管道相平行，尺寸界线为垂直线，如图 10 – 26 所示。水平管道要标注的尺寸有：从所定基准点到等径支管、管道改变走向处，图形的连接分界线的尺寸，如图 10 – 26 中尺寸 A、B、C。基准点尽可能与管道布置图上的一致，以便于校对。要标注的尺寸还有：从最邻近的主要基准点到各个独立的管道元件如孔板法兰、拆卸用的法兰、仪表接口、不等径支管的尺寸，如图 10 – 26 中的尺寸 D、E。

（4）垂直管道上一般不注长度尺寸，而以水平管道的标高"EL"表示，如图 10 – 27 所示。

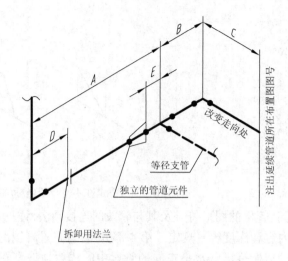

图 10 - 26　管道轴测图水平管道标注

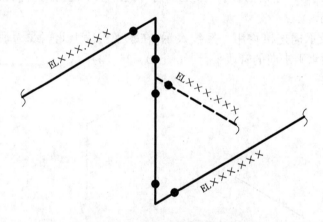

图 10 - 27　管道轴测图垂直管道标注

（5）管道上带法兰的阀门、管道元件、螺纹连接和承插焊连接的阀门、偏置管尺寸以及其他特殊标注,可查阅标准 HG/T 20519.4—2009《化工工艺设计施工图内容和深度统一规定第 4 部分:管道布置》。

第十一章

计算机绘图

AutoCAD 是美国 Autodesk 公司于 1982 年首次推出的交互式绘图软件,经过多年的发展,历经多次版本升级,其功能日趋完善、使用愈加方便,从简单的二维绘图发展到集二维绘图、三维实体造型设计、真实感立体显示、通用数据库管理和互联网通信于一体的高精度计算机辅助设计软件。

目前使用较为普遍的 AutoCAD 2018 具有强大的二维绘图功能、方便实用的图形显示功能、灵活的在线帮助功能、开放的系统开发功能等,不仅广泛应用于机械、建筑、电子、航空、服装、石油等行业,而且在医学、地理(质)学、计算机动画设计、仿真模拟及计算机辅助教学等领域也有大规模的应用。

本章以 AutoCAD 2018 绘图软件为蓝本,介绍该软件的操作方法。

第一节　AutoCAD 的基本知识

一、AutoCAD 2018 的工作空间

成功安装 AutoCAD 2018 之后,要启动软件,可以双击桌面上的 AutoCAD 2018 图标 **A**,或单击"开始"→"所有程序"→"Autodesk"→"AutoCAD 2018"→"**A** AutoCAD 2018 – 简体中文"命令。

启动系统后,进入 AutoCAD 的工作空间,工作空间是菜单栏、工具栏、选项板和功能区面板的集合,将它们进行编组和组织来创建一个用户可以自定义的、面向任务的绘图环境。

为满足不同用户和不同图形绘制的需求,AutoCAD 2018 提供了【草图与注释】、【三维建模】、【三维基础】三种工作空间模式,用户可以根据需要随时进行切换。

1.【草图与注释】工作空间模式

【草图与注释】工作空间是 AutoCAD 2018 的默认界面,如图 11-1 所示。创建二维图形时,可以使用该工作空间,系统会显示与二维绘图任务相关的菜单、工具栏和选项板,从而形成面向二维绘图任务的集成工作环境。用户还可以根据需要在窗口中添加工具栏、工具选项板等部分。

2.【三维建模】工作空间模式

【三维建模】工作空间是一种采用三维视图的"三维建模"界面,其中包含了各种三维建模特有的工具、功能区、菜单栏和"工具选项板"窗口,如图 11-2 所示。

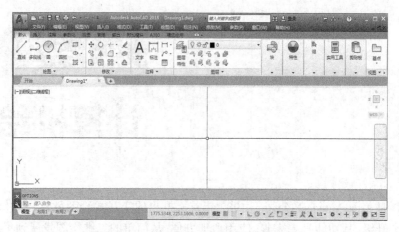

图 11 - 1 【草图与注释】工作空间模式

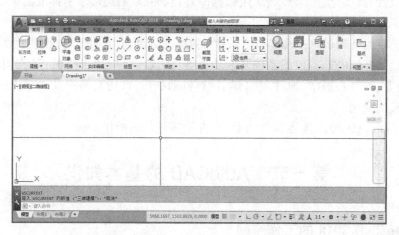

图 11 - 2 【三维建模】工作空间模式

3.【三维基础】工作空间模式

【三维基础】工作空间也是绘制三维图形的界面，它将常用的三维绘图命令放置在功能区面板中，如图 11 - 3 所示。

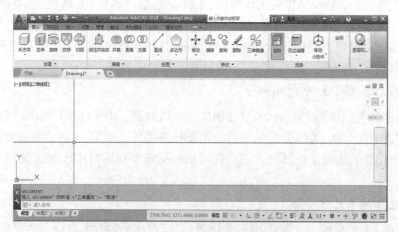

图 11 - 3 【三维基础】工作空间模式

4. 工作空间的切换

要在三种工作空间模式中进行切换,共有三种方法:

(1)在菜单栏中选择"工具"命令,在弹出的菜单中选择"工作空间"命令中的子命令,如图 11 -4(a)所示。

(2)单击快速访问工具栏中的切换空间选框,在弹出的菜单中选择相应的工作空间即可,如图 11 -4(b)所示。

(3)单击状态栏中的"切换工作空间"按钮 ⚙,在弹出的菜单中选择相应的工作空间即可,如图 11 -4(c)所示。

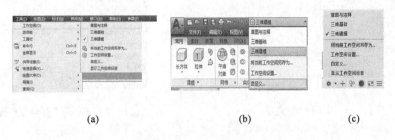

(a) (b) (c)

图 11 -4　工作空间转换

5. AutoCAD 2018 的操作界面

用户通过 AutoCAD 2018 的操作界面进行图形绘制、显示及编辑工作。常用的【草图与注释】操作界面各区域的说明如图 11 -5 所示。

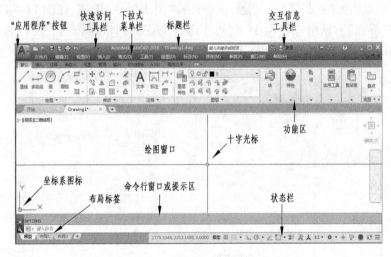

图 11 -5　AutoCAD 2018 操作界面

1)"应用程序"按钮

"应用程序"按钮📐位于 AutoCAD 2018 窗口的左上角,单击该按钮,将出现如图 11 -6 所示的下拉菜单,其中集成了 AutoCAD 2018 的主要通用操作命令。

在菜单的顶部有一个搜索框,只需在其中输入与菜单有关的关键字,就能列出相关的菜单命令、基本工具提示、命令提示文字字符或标记的搜索结果。图 11 -7 为关键字"打印"的搜索结果。

图 11-6 应用程序菜单   11-7 关键字"打印"的搜索结果

2）快速访问工具栏

快速访问工具栏提供了系统最常用的操作命令。默认的快速访问工具有"新建" □、"打开" ▷、"保存" 🖫、"放弃" ⇦、"重做" ⇨ 和"打印" 🖨 等常用命令。

用户还可以根据需要在快速访问工具栏上添加、删除和重新定位命令。具体方法是,单击快速访问工具栏最右侧的"扩展"按钮 ▼,从中选择"更多命令"选项,如图 11-8(a)所示。打开"自定义用户界面"对话框,从"命令"列表中选择要添加到快速访问工具栏的命令,然后将其拖放到快速访问工具栏上即可,如图 11-8(b)所示。

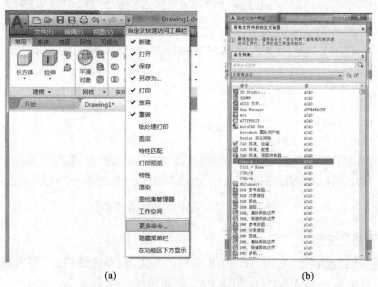

(a)   (b)

图 11-8 在快速访问工具栏上添加命令

3）标题栏

标题栏中显示 AutoCAD 2018 的程序图标以及当前所编辑的图形文件的路径和名称。

4）交互信息工具栏

交互信息工具栏包括"搜索""登录 Autodesk360""Autodesk App Store""保持连接"及"帮助"等几个常用的数据交互访问工具。

5）下拉式菜单栏

在 AutoCAD 2018 绘图窗口第二行是 AutoCAD 2018 的下拉式菜单栏,下拉式菜单栏几乎包含了 AutoCAD 的所有绘图命令,用户可以点击各个下拉式菜单选择某个子菜单中的命令并执行。

默认情况下,下拉式菜单栏并没有显示在界面中,可以单击快速访问工具栏最右侧的"扩展"按钮 ,从出现的菜单中选择"显示菜单栏"选项,即可调出图中所示的下拉式菜单栏。

6）功能区

AutoCAD 2018 的功能区集中了与当前工作空间相关的操作命令。引入功能区后,就不必在工作空间中同时显示多个工具栏,从而方便用户的绘图工作。功能区可以以水平和垂直方式显示,也可以显示为浮动选项卡。

AutoCAD 2018 的功能区提供了"默认""插入""注释""参数化""视图""管理""输出""附加模块""A360""精选应用"等 10 个按任务分类的选项卡。用户可以在这些面板中找到所需要的功能图标。

默认情况下,功能区采用水平方式显示。水平功能区在图形窗口的顶部展开,每个面板均显示一个文字标签(如"图层")。单击下方的箭头,可以展开该面板来显示其他工具和控件,如图 11 - 9 所示。当鼠标离开展开区域后,展开区域会自动收回,若想固定,可点击下方的按钮" "。

(a)   (b)

图 11 - 9　展开"图层"面板的其他工具和控件

7）绘图窗口

绘图窗口类似于手工绘图时的图纸,是用户在屏幕上绘制、编辑和显示图形的区域。

当鼠标在绘图区域内移动时,会显示为十字线或方形拾取盒形状,其交点反映了当前坐标系中的位置。

8）坐标系图标

在绘图区域的左下角显示坐标系图标,坐标系图标反映了当前所使用的坐标系形式和方向。AutoCAD 2018 仍然采用笛卡儿直角坐标系统。屏幕绘图区的左下角为坐标原点,从原点水平向右为 X 轴正向,从原点垂直向上为 Y 轴正向,Z 轴正方向从原点垂直屏幕指向用户一侧。

系统缺省坐标系称为世界坐标系,以 WCS 表示。用户还可根据需要定义一个任意的坐标系,称为用户坐标系,以 UCS 表示,其原点可在 WCS 的任意位置,其坐标轴可随用户的选择任意旋转和倾斜。定义用户坐标系用 UCS 命令。

9)布局标签

AutoCAD 2018 系统默认设定一个模型空间布局标签和"布局1""布局2"两个图样空间布局标签。

(1)模型。

模型空间是 AutoCAD 2018 提供的常用的绘图环境,它为用户提供了一个广阔的绘图区域,在模型空间中一般按实际尺寸绘制各种二维或三维图形,只需考虑图形绘制的正确与否,而不必担心绘图空间是否足够。

AutoCAD 2018 系统默认打开模型空间,用户可以通过鼠标左键单击选择需要的布局。

(2)布局。

图样空间侧重于图纸的布局,相当于一张虚拟图纸,用户可创建多个"浮动视口",以不同视图显示所绘图形。用户还可在图样空间中调整浮动视口并决定所包含视图的缩放比例,可打印输出任意布局的视图。

布局是系统为绘图设置的一种环境,包括图纸大小、尺寸单位、角度设定、数值精确度等。在系统预设的三个标签中,这些环境变量都按默认设置,用户可根据实际需要改变这些变量的值。

10)命令行窗口

命令行窗口位于绘图区域的下方,是输入命令和显示命令提示信息的区域。默认时,AutoCAD 2018 的命令行窗口在图形区域的下方是浮动的,用户可以调整位置将其固定,也可拖动窗口边框改变命令窗口的大小。

11)状态栏

位于屏幕最底部的状态栏由坐标读取器和辅助功能区两部分组成。坐标读取器实时显示当前光标所在位置的坐标。辅助功能区主要用于快速查看布局模式、设置 AutoCAD 2018 当前的绘图状态、显示工具、注释工具等,应用这些按钮可以控制图形或绘图区的状态。

状态栏上显示哪些按钮,用户可以点击状态栏最右侧的自定义按钮██,然后在其上方弹出的列表菜单中进行选取,如图 11-10 所示,目前所有选项均已勾选,对应的状态栏按钮也在下方依次显示出来。用户绘图时可以根据自己的需要和习惯进行定制,一般进行二维绘图时

图 11-10 状态栏及其自定义

常用的有当前的绘图空间**模型**、极轴追踪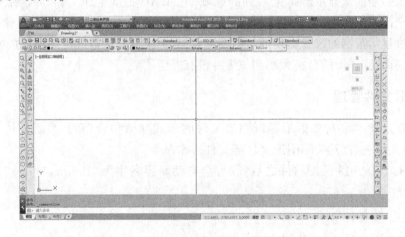、对象捕捉、对象捕捉追踪、线宽显示、全屏显示等。用户可以根据绘图需要实时用鼠标左键单击某个按钮,来打开或关闭该项功能,也可以在按钮上单击鼠标右键进行相应设置。

6.【AutoCAD 经典】工作空间模式设置

对于习惯 AutoCAD 传统工作界面的用户,也可以依据自己的习惯和喜好订制自己的工作空间,如图 11 – 11 所示的【二维经典界面】。原来版本的工作空间是有【AutoCAD 经典】模式的,但 AutoCAD 2018 版本系统不提供了,用户可以按如下步骤自行订制。

(1)点击下拉式菜单"工具"—"工具栏"—"AutoCAD"—"修改",此时"修改"工具栏就会显示在屏幕上。

(2)在"修改"工具栏上的任意位置点击鼠标右键,在需要的常用工具栏前点击左键,就可以调出其他工具栏,如"标准""样式""图层""特性""标注""绘图""对象捕捉"等,调整他们在屏幕上的位置。

(3)点击功能区选项卡最右侧的按钮，将功能区"最小化为选项卡",即可获得图 11 – 11 所示的界面。

图 11 – 11　【AutoCAD 经典】工作空间模式

点击工作空间按钮，选择"将当前工作空间另存为",输入自定义的工作空间名称,如"二维经典界面",订制完毕。

二、AutoCAD 的基本概念

1. AutoCAD 图形

图一般是指一张记录了各种图素信息(几何形状、大小、方位、颜色等特性)的图画。AutoCAD 的图也是如此,只不过它是以矢量图的形式,用二进制代码来记录这些信息,并以扩展名为 *.dwg 的图形文件保存在磁盘上。

2. 绘图单位

在绘图坐标系中,需要用绘图单位来度量两个坐标点之间的距离。AutoCAD 的绘图单位是无量纲的,用户绘图时可以取任何长度单位,如 mm、in 或 m 等。但图形在用绘图仪或打印机输出时,要设好单位和比例因子,以使图形按需要的尺寸输出。

3. AutoCAD 的实体

实体(entity)是 AutoCAD 系统定义的图形元素。点(point)、直线(line)、圆(circle)与圆弧(arc)、文本(text)等是最常用的基本实体;多段线(pline)、阴影线图案(hatch 或 bhatch)、块(block)、尺寸标注等是常用的复杂实体。

复杂实体实际是由被作为整体对待的一些基本实体组成的,用户可以方便地对这些实体统一进行各种修改或编辑操作。需要时也可把复杂实体"分解(explode)"以便对其中的某一个实体进行单独处理,用 AutoCAD 绘图实质上就是对这些实体的操作。

4. 图形界限、图形范围及显示范围

这三个概念都是用矩形区域进行定义的。

图形界限是指当前的绘图界限,用来防止在该区域外绘制图形,类似于我们手工绘图的"图纸"大小。在绘制一幅图前可用"limits"命令设置图形界限,一般要大于整个图的绝对尺寸。对 Z 轴方向没有界限限制。

图形范围是包含当前图中全部实体的最小矩形区域。

显示范围是当前从显示屏幕上看到的区域,AutoCAD 把屏幕作为窗口使用,通过窗口可观察图形的全部或某一局部,并能作任意的缩放(用 zoom 命令)和平移(用 pan 命令),这个过程实际是通过显示范围的改变实现的。但要注意,显示范围变化造成的图形缩放或移动,只是视觉效果不同而已,图形的真实大小和位置并没有发生改变。

三、图形文件管理

AutoCAD 2018 的各种图形都是以图形文件的形式存储和管理的,系统提供了创建新文件、打开图形文件、保存及关闭图形文件等文件操作命令。

启动 AutoCAD 2018 绘图软件之后,软件会自动新建名字为"Drawing1.dwg"的默认绘图文件。

1. 新建图形文件

AutoCAD 2018 提供了多种创建新文件的方法:

➥ "应用程序"按钮 A·→"新建"→"图形"。

➥ 工具栏:单击快速访问工具栏中的"新建"按钮 。

➥ 菜单栏:单击"文件"选项,在下拉菜单中选择"新建"命令。

➥ 命令:New。

执行命令后,系统打开"选择样板"对话框。AutoCAD 提供了许多标准的样板文件,保存在 AutoCAD 应用目录下的 Template 子目录下,扩展名为"dwt",样板文件对绘制不同类型图形所需的基本设置进行了较为简单的定义,如字体、标注样式、标题栏等。创建新图时,选择一种样板,以此文件为原型文件,可使新图具有与样板文件相同的设置。

在样板文件中有英制和公制两个空白样板,分别为 Acad.dwt 和 Acadiso.dwt,我们绘图时可选择公制样板 Acadiso.dwt。

即便如此,在开始绘图之前,还要对绘图环境进行进一步设置,以使所绘图样符合我们国家的标准规定和绘图习惯。一般需要设置图形界限、图层、字体样式、尺寸标注样式、多重引线样式、表格样式、图框及标题栏等,详见后续内容。设置好后,点击"另存为",选择文件类型为

"dwt",点击"保存"即可建立用户自己的样板文件。根据工程设计任务的要求可以进行统一的图形样板系列设置,以保持图形设置的一致性,提高工作效率。

2.打开现有文件

当用户需要查看、使用或编辑已经存盘的图形文件时,可以使用"打开"命令。

命令调用方式如下:

➔ "应用程序"按钮 →"打开"命令。

➔ 工具栏:单击快速访问工具栏"打开"按钮。

➔ 菜单栏:单击"文件"选项,在下拉菜单中选择"打开"命令。

➔ 命令:Open。

执行"打开"命令后,系统弹出"选择文件"对话框,在该对话框中选择或查找要打开的文件。

3.保存图形文件

绘制和编辑图形的过程中,应经常保存当前图形,以免因突然断电等意外事件使图形和相关数据丢失,同时方便以后查看、使用或修改。

命令调用方式如下:

➔ "应用程序"按钮 →"保存"命令。

➔ 工具栏:快速访问工具栏单击"保存"按钮。

➔ 菜单栏:单击"文件"选项,在下拉式菜单中选择"保存"命令。

➔ 命令:Save。

执行命令后,若文件已命名,则系统自动保存文件。若当前图形没有命名保存过,则系统打开"图形另存为"对话框,如图 11-12 所示,通过该对话框指定文件的存盘路径、文件名称及文件类型后,单击"保存"按钮,即可将当前文件存盘。

图 11-12　"图形另存为"对话框

4.关闭图形文件

AutoCAD 2018 可以同时打开多个图形文件,不需要对某个图形进行编辑处理时,可以将其关闭。

命令调用方式如下:

- ➡️ "应用程序"按钮→"关闭"命令。
- ➡️ 单击绘图窗口右上角的"关闭"按钮×。
- ➡️ 菜单栏:单击"文件"选项,在下拉菜单中选择"退出"命令。
- ➡️ 命令:Exit。

执行命令后,若对图形所作的修改尚未保存,则会出现系统警告对话框,选择"是"按钮,系统将保存文件,然后退出;选择"否"按钮,系统将不保存文件。若对图形所作的修改已经保存,则直接退出。

第二节 AutoCAD 2018 命令及点的输入方法

一、AutoCAD 2018 命令输入方法

AutoCAD 2018 所有功能都是通过命令的执行来实现的。因此,命令是 AutoCAD 2018 的核心。执行操作命令的方式很多,下面介绍各种 AutoCAD 2018 命令的执行方式。

1.通过键盘直接键入命令名

当命令行窗口出现"命令:"提示时,从键盘上键入命令名(全称或缩写名称),并按回车键完成输入。

2.鼠标左键点击功能区、工具栏的图标或下拉式菜单的命令,执行命令

用户将光标移动到功能区或工具栏的命令按钮上,系统就会自动显示该命令的帮助、提示信息。单击这些直观形象的图标,命令行窗口中也可以看到对应的命令说明及命令名。

3.用鼠标右键通过快捷菜单执行命令

点击鼠标右键会弹出快捷菜单,快捷菜单的内容根据光标所处的位置和系统状态不同而不同。

而在执行绘图命令过程中,若命令有多个选项,可以单击右键,在弹出的快捷菜单中选择某项;若命令执行到某步只有一个选项,如"选择对象:",此时按右键相当于按 Enter 键,确认并结束正在执行的状态。

4.用鼠标滚轮控制图形的缩放和显示

向上滚动鼠标滚轮放大图形,向下滚动为缩小图形,连续双击滚轮则将所有图形最大化显示,按住滚轮移动鼠标则可以观察图形的不同区域。

无论以何种方式启动命令,命令提示都以同样的方式运作。系统要么在命令行中显示提示信息,要么在屏幕上显示一个对话框,要求用户给出进一步的选择和设置。

下面以 Circle(画圆)命令为例,介绍 AutoCAD 命令的响应方法。

AutoCAD 提示:	说明:
命令:circle	//启动画圆命令
指定圆的圆心或 [三点(3P)/两点(2P)/相切、相切、半径(T)]:160,100	//输入圆心坐标并回车

指定圆的半径或 [直径(D)]〈20〉:　　　　　　　　　　//回车,默认半径为20

说明:

(1)一般命令要在命令提示区出现"命令:"提示时输入。

(2)命令名或参数输入均需用空响应键(回车键或空格键,有时可用鼠标右键)确认。实际上在 AutoCAD 中除写文字时空格键有其真实意义外,通常空格键与回车键的作用是等同的。注意"说明:"下面,"//"后面的部分为作者加注的命令注释。

(3)命令提示中的"/ "是该命令逐选项间的分隔符,每个选项都有 1 ~ 2 个大写字母,响应时可键入相应的大写字母或数字,而不必整个单词都输入。当然,也可方便地点击鼠标右键在弹出的快捷菜单区拾取相应的选项。

(4)命令提示中"〈 〉"的内容表示缺省值或缺省方式,默认时可用空响应键响应。

5. 透明使用命令

所谓透明使用命令,是指在运行其他命令的过程中输入并执行该命令。透明命令多为修改图形设置的命令,或是打开绘图辅助工具的命令(如 Snap、Grid 或 Zoom 等)。

要以透明方式使用命令,如用键盘键入,应在输入命令之前输入单引号(');如用鼠标,则可直接到工具栏中点击相应命令图标。命令提示中,透明命令的提示前有一个双折号(>>)。完成透明命令后,将继续执行原命令。例如画线时,要打开栅格并将其间隔设为 10 个单位,可输入如下命令。

AutoCAD 提示:　　　　　　　　　　　　　　　　　说明:

命令: line　　　　　　　　　　　　　　　　　　　//启动直线命令

指定第一点: 'GRID

>>指定栅格 X 间距或 [开(ON)/关(OFF)/捕捉

S)/纵横向间距(A)] <0.000 >:10　　　　　　　//设置栅格间隔为 10 个单位

指定第一点:　　　　　　　　　　　　　　　　　//继续绘制直线

6. 命令的重复执行

(1)当要重复执行刚刚结束的上一条命令时,可用空响应键响应"命令:"提示,或在绘图区中单击鼠标右键,打开快捷菜单,选择"重复×××"(×××代表前面执行的命令)。这时,刚完成的那条命令又会重新显示在命令提示区,等待执行。

(2)如要执行最近六个命令之一,可在命令提示区或文本窗口中单击鼠标右键,从快捷菜单中选择"近期使用的命令",然后选择所需命令。

(3)如需多次重复执行同一个命令,可在命令提示区输入 Multiple,在随后的提示中输入要重复执行的命令名,系统将反复执行该命令,直至用户按[ESC]键为止。

7. 命令的中断、撤销与重做

(1)按[ESC]键,可中断正在执行的命令。

(2)有多种方法可以放弃最近一个或多个操作。最简单的就是使用 U 命令来放弃单个操作。

(3)要重做 Undo 放弃的最后一个操作,可以使用 Redo 命令。

Undo 和 Redo 命令为每个打开的图形保留各自独立的操作序列。

二、AutoCAD 2018 的点的输入方法

1. 键盘直接键入

在 AutoCAD 中,点的坐标可以用直角坐标、极坐标、球面坐标和柱面坐标表示,每一种坐标又分别具有绝对坐标和相对坐标两种坐标输入方式。其中,直角坐标和极坐标最为常用。

1)直角坐标输入法

用点的 X,Y,Z 坐标值表示点,各坐标值之间要用逗号隔开。

AutoCAD 提示:

Point:100,120

说明:

//输入一绝对坐标为 X = 100,Y = 120 的点。Z 坐标没有输入,当前高度,缺省为 0

2)极坐标输入法

用极径(定点与原点的距离)和极角(极径与 X 轴正向所夹角)表示点,两者之间的分隔符为" < ",即极径 < 极角。

AutoCAD 提示:

Point:30 < 45

说明:

//输入一距原点的距离为 30,与原点所夹极角为 45°的点

3)相对坐标输入法

前面两种输入法都是按绝对坐标方式,即按相对于当前用户坐标系(UCS)的坐标原点的坐标。但有时我们已知的是某点相对于其他点的距离,这时就需要采用相对坐标进行点的输入。

相对坐标是相对于前一点的坐标。其输入格式与绝对坐标相似,只是必须在坐标表达式的前面加上符号" @ "。采用相对坐标进行点的输入,无须进行坐标换算,可以提高工作效率。

在下面的命令中采用相对坐标输入,则命令执行后,结果如图 11 – 13 所示。

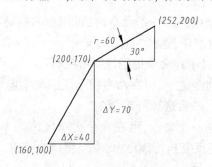

图 11 – 13　点的相对坐标输入

AutoCAD 提示:

命令:line

指定第一点:160,100

说明:

//输入直线命令

//设定直线的起点为点(160,100)

指定下一点或［放弃(U)］:@40,70　　　　//输入直线终点,其绝对坐标为(160 +

　　　　　　　　　　　　　　　　　　　　 40,100 + 70)

指定下一点或［放弃(U)］:@60 < 30　　　//输入下一段终点,其绝对坐标为(200 +

　　　　　　　　　　　　　　　　　　　　 60 × cos30°,170 + 60 × sin30°)

指定下一点或［闭合(C)/放弃(U)］:　　　//空响应,结束命令

2. 鼠标拾取法

当移动鼠标时,屏幕上的十字光标也随之移动,将光标移到所需位置,按下鼠标左键,即可输入该点。

为准确定位,可采用网格捕捉(Snap)功能。打开捕捉模式后,光标只能在指定间距的坐标位置上移动。此时按下鼠标左键,十字光标就会自动锁定到最近的网格上,从而使输入点的坐标值符合所设间距要求。

具体设置方法:执行菜单栏中的"工具"→"草图设置"命令,或用鼠标右键点击状态行中的" "按钮,在随后出现的快捷菜单中选择"设置"来激活"草图设置"对话框,如图 11 – 14 所示。利用该对话框,用户可以查看、设置及启用捕捉、显示栅格、极轴等工作模式。

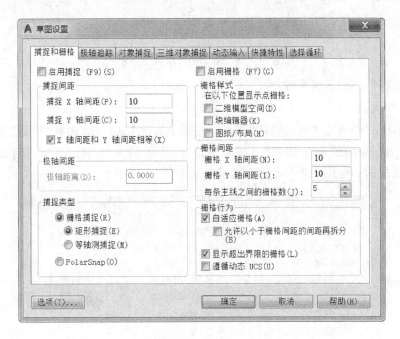

图 11 – 14　"捕捉和栅格"选项卡

"捕捉":可用于修改 X、Y 方向的捕捉间距(缺省值为 10)、捕捉角度(缺省值为 0)。"启用捕捉"用来打开或关闭捕捉方式,也可在图形界面直接用鼠标左键单击状态行中的" "按钮。

"栅格":用于辅助定位。用户启用栅格显示后,屏幕上图纸界限内的区域将按指定间距布满小点,给用户提供直观的距离和位置参照。它类似于可自定义的坐标纸。用户可修改和设置 X、Y 方向的栅格间距(缺省值为 10),并可点击"启用栅格"按钮打开或关闭栅格显示,也可直接用鼠标左键单击状态行中的" "按钮。

3.对象捕捉法

可用此功能捕捉现存图形中的特定几何意义的点，如端点（end）、中点（mid）、圆心（cen）、切点（tan）、交点（int）、垂足（per）等。

图 11 –15 显示了常用的对象捕捉方法、拾取点和捕捉到的点的关系。图中深色的实线表示已画的实体对象；十字线代表光标的位置，即拾取点的位置；其余如"□""△""◇""○""×"等符号代表捕捉到的特征点位置，同时系统还自动显示了该特征点的汉字标签。

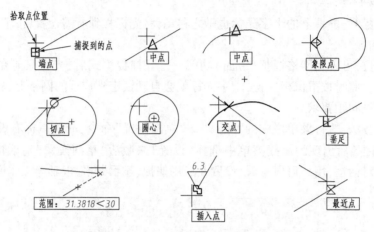

图 11 –15　常用的对象捕捉方法

对象捕捉的使用方法有两种：

1）提前预设法

执行 "Osnap"命令或在状态行的"□"等按钮上点击鼠标右键选择"设置"来激活"草图设置"对话框，在其中的"对象捕捉"选项卡中预设，如图 11 –16 中打有"√"的选项。提前预设法设置的捕捉模式在用户进一步修改前将一直有效。

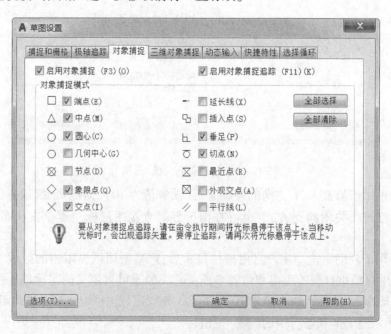

图 11 –16　对象捕捉的预设

对话框中的"启用对象捕捉"是用来打开或关闭预设的对象捕捉模式的(也可在图形界面直接点击"██"按钮)。

用户可以同时指定多种对象捕捉模式,但不能过多,因为过多的捕捉模式之间容易互相干涉,尤其当图形比较密集时,用户希望的捕捉类型可能不是第一时间出现。

(a)快捷菜单　　(b)工具栏

图 11 – 17　对象捕捉的快捷菜单、工具栏

2)临时指定法

当执行某个命令需要输入点时,先临时指定所需的对象捕捉模式,然后将光标移动到捕捉目标上,当出现所设置的对象捕捉符号时,用鼠标左键确认,即可捕捉到该特征点的位置(X,Y,Z)。

其中对象捕捉模式的临时指定可以采用如下几种方法:

(1)按住[Shift]键的同时单击鼠标右键,在弹出的"对象捕捉"快捷菜单中选择,如图 11 – 17(a)所示。

(2)通过自定义把"对象捕捉"工具栏显示在界面上,如图 11 – 17(b)所示,在其中选择捕捉类型。

(3)用键盘键入各种捕捉类型的简写符(其英文名称的前三个字符),如 end、int、tan 等。

临时指定法的优先级要高于提前预设法,但仅对本次设置有效。

4.过滤符输入法

用于使输入点的某一个或两个坐标(.X 、.Y 、.Z 、.XY 、.YZ 、.XZ)与已知点相同,从而达到使输入点在某个方向(面)上与已知点对齐的效果。

AutoCAD 提示:	说明:
命令:Point 当前点模式: PDMODE = 0 PDSIZE = 0.0000	//是点(50,70)的过滤符输入方式,其中 Z 取当前值
指定点:.X	
于 50,80	
(需要 YZ):70	

点的过滤符输入方式,必须与对象捕捉法联合使用才能体现其方便、优越的性能。

5.利用自动追踪确定点

利用"自动追踪"功能用户可以按指定的角度绘制对象,或者绘制与其他对象有特定关系的对象。当自动追踪打开时,屏幕上将显示临时"对齐路径"(点状追踪直线)以利于用户按精确的位置和角度创建对象。自动追踪包含两种追踪选项:极轴追踪和对象捕捉追踪。

1)极轴追踪

极轴追踪可用于按指定角度绘制对象,此时对齐路径由相对于起点和终点的极轴角定义。

如图 11 – 18 所示,当极轴增量角设置为30°时,用户在确定起点后,系统将沿0°、30°、60°等与30°角成倍的角度方向上

图 11 – 18　极轴追踪

进行追踪。当用户移动鼠标接近上述30°倍角时,屏幕上就会显示对齐路径,同时显示工具栏提示(说明鼠标当前位置距起点的距离及与X轴的夹角)。当光标从该角度移开时,对齐路径和工具栏提示消失。沿此对齐路径将鼠标移动到适当位置,点击左键确认即可。

用户通过点击状态行上的"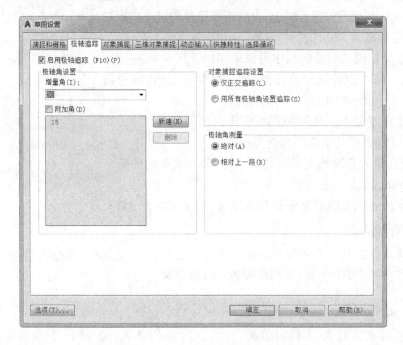"按钮、按F10键都可打开或关闭极轴追踪。

(1)极轴追踪的设置方法。

激活"草图设置"对话框,选择"极轴追踪"选项卡,如图11-19所示,利用该对话框用户可以设置极轴角及其测量基准。

图11-19 "极轴追踪"的设置

①设置增量角:选择极轴角的递增角度。实际绘图时,0°角及该递增角度的倍角均被追踪。

②增加"附加角":除了上述角度之外,用户还可以添加若干"附加"极轴角,此附加极轴角是非递增角度,即不追踪其倍角。

③选择极轴角的测量基准。可以选择以当前UCS的X轴为基准的"绝对"基准;也可以选择以最后创建的对象为基准的"相对"基准。

(2)设置极轴捕捉。

系统缺省时,捕捉类型为矩形网点捕捉,沿极轴方向没有捕捉;若要光标沿极轴精确移动,可在图1.14的"捕捉和栅格"选项卡中选择"Polarsnap",并设置适当的"极轴距离"。

(3)正交模式与极轴追踪

正交模式将光标限制在水平或垂直轴上。因此不能同时打开正交模式和极轴追踪。在正交模式打开时,系统会自动关闭极轴追踪。如果打开了极轴追踪,系统也将自动关闭正交模式。

2)对象捕捉追踪

对象捕捉追踪可用于绘制与其他实体有特定"对正"关系的对象,可根据捕捉点的位置沿

正交方向或极轴方向进行追踪,具体步骤如下:

(1)点击状态行上的"▢"和"∠"按钮,打开"对象捕捉"和"对象追踪"功能。

(2)启动一个绘图或图形编辑命令(如 Line 或 Move)。

(3)在系统提示需要输入点时,将光标移动到一个对象捕捉点处以临时获取点(不要单击它,只是暂时停顿即可获取),已获取的点将显示一个小加号(+)。获取点之后,当在绘图区移动光标时,相对该点的水平、垂直或极轴对齐路径将显示出来,将光标沿对齐路径移动,找到满足条件的位置后单击来确定点。

对象追踪的方向设置是在图 11 –19"极轴追踪"选项卡的"对象捕捉追踪设置"区域进行的,用户可根据需要选择"仅正交追踪"或"用所有极轴角设置追踪"。

注意:对象捕捉追踪应与对象捕捉配合使用。从对象的捕捉点开始追踪之前,必须先打开对象捕捉功能。

此外,有时还需输入距离[如高度(Height)、宽度(Width)、半径(Radius)、直径(Diameter)、列距/行距(Colume/Row Distance)]和角度(Angle)等,它们均有两种输入方法:一种是直接用键盘输入具体数值;另一种是输入两点,系统就以这两点间的距离或其相对于 X 轴正向的夹角为输入值。

第三节 AutoCAD 2018 绘图环境设置

在 AutoCAD 2018 中新建一图形文件后,首先需设置基本绘图环境,再利用 AutoCAD 的绘图和修改命令绘制和修改图形。基本绘图环境的设置包括设置图形界限(即图幅尺寸)、设置绘图单位、设置图层、设置绘图辅助工具等。

一、设置图形界限

在当前的"模型"或布局上,设置并控制栅格显示的界限。图形界限取决于要绘制对象的尺寸范围、图形四周的说明文字和绘图比例等。

1.命令调用方式

➡ 菜单:[格式]→[图形界限]。

➡ 命令:Limits。

2.执行过程

AutoCAD 提示:
指定左下角点或 [开(ON)/关(OFF)] < 0.0000,0.0000 >:
指定右上角点 420.0000,297.0000 > :210,297

说明:
//指定图形左下角位置,或直接按 Enter 或 Space 键采用默认值
//输入右上角点的坐标

提示:"左下角点""右上角点"输入后,系统将以此两点限定的矩形区域为绘图区域。

3.说明

"ON"——打开界限检查功能。此时,系统将不允许输入的点超出图形界限,但界限检查只检测输入点,而对象(例如圆)的某些部分可能会延伸出界限。

"OFF"——关闭界限检查功能,系统允许点及图形超界。此选项为系统缺省设置。

注意:

(1)输入左下角点或右上角点坐标时,逗号要在英文半角状态下输入才有效。

(2)一般按与实际对象1:1的比例设置图幅来画图,在图形最终输出时再设置适当的比例系数。

二、常用显示控制命令

在绘制和编辑图形的过程中,经常需要显示全图来查看整体修改效果,或放大显示图形的某个部分以编辑修改细节,或平移图形以观察图形的不同部位,这可通过显示控制命令来实现。

1. Zoom——视图缩放命令

在不改变绘图原始尺寸的情况下,将图形的显示尺寸放大或缩小。放大适于详细观察图形的局部细节,缩小适于在更大范围内观察图形的全貌。缩放命令并没有改变图形的真实大小,仅改变显示大小。

启动 Zoom 命令时,既可选择表中所示工具栏上的图标按钮,也可通过输入 Zoom 命令的快捷键"Z"及相应选项来进行图形缩放。

2. Pan——窗口平移命令

图形的缩放比例不变,平移显示窗口以观察图形的不同部位。

绘图时,也可按住三键鼠标的滚轮进行图形实时缩放和平移:向上滚动滚轮时,图形放大;向下滚动滚轮时,图形缩小;连续双击滚轮则将所有图形最大化显示;按住滚轮移动鼠标,显示窗口将进行平移。

3. Regen——视图重生成命令

命令调用方式如下:

➥ 下拉式菜单栏:"视图"→"重生成"。

➥ 命令:Regen。

执行该命令,系统将重新计算所有图形对象的屏幕坐标并重新生成整个图形。同时它还重新建立图形数据库索引,从而优化显示和对象选择功能。

当进行图形放大显示时,图形中的曲线将用折线近似显示出来,图形很不圆滑,此时执行 Regen 命令将使图形重新圆滑地显示。

表11-1表示了常用 Zoom 命令各个选项及 Pan 命令的工具栏图标、功能和用法。

表 11-1 常用显示命令

序号	命 令 名	图标	功 能	用 法
1	Zoom - Real time		实时缩放	按住鼠标左键向上或向下拖动,以实现图形的放大或缩小,此时显示中心不变
2	Zoom - Previous		缩放上一个	自动恢复显示前一视图,可依次恢复显示前10个视图
3	Zoom - Window		显示窗口范围	指定两对角点,以该矩形范围为显示范围
4	Zoom - Dynamic		动态缩放	在屏幕上动态确定显示窗口的大小和位置

续表

序号	命 令 名	图标	功 能	用 法
5	Zoom – Scale		按比例缩放	指定缩放比例(n、nX 或 nXP),以确定显示范围,此时显示中心不变。其中 n 为非零正数,表示相对图形界限的缩放比例;nX 表示相对当前视图的缩放比例;nXP 表示在布局中相对图纸空间的缩放比例
6	Zoom – Center		中心缩放	指定显示中心、缩放比例(nX)或窗口高度,以此确定显示范围
7	Zoom – Object		对象缩放	将所选一个或多个对象最大化的显示在屏幕上
8	Zoom – 2X		放大显示	自动以 2 倍比例放大显示当前图形,此时显示中心不变
9	Zoom – 0.5X		缩小显示	自动以 0.5 倍比例缩小显示当前图形,此时显示中心不变
10	Zoom – All		全部缩放	显示全图。当图形在界限内时,显示范围 = 图形界限;当图形超界时,显示范围 = 图形界限 + 图形超界部分
11	Zoom – Extents		范围缩放	以图形范围为显示范围,将整个图形最大化的显示在屏幕上
12	Pan		实时窗口平移	按住鼠标左键并移动,显示窗口平移以观察图形的不同部位,此时缩放比例不变

三、设置绘图单位

设置绘图长度单位和角度单位的格式以及它们的精度。

1. 命令调用方式

➡ 菜单:[格式]→[单位]。

➡ 命令:Units。

2. 执行过程

执行 Units 命令,打开"图形单位"对话框,如图 11 – 20 所示。选项说明如下:

1)"长度"选项

"长度"选项下拉列表用于确定测量单位的当前格式,列表中有"分数"、"工程"、"建筑"、"科学"和"小数"5 种选择。其中,"工程"和"建筑"格式提供英尺和英寸显示并假定每个图形单位表示 1 英寸。其他格式可表示任何真实世界单位。我国的工程制图通常采用"小数"格式。根据图形尺寸的精度来调整长度的精度,一般选择"0"或"0.0"。

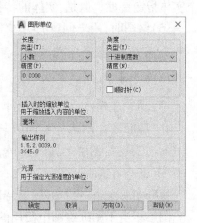

图 11 – 20 "图形单位"对话框

2)"角度"选项

"角度"选项下拉列表用于确定图形的角度单位、精度及正方向,角度默认逆时针方向为正,也可在对话框中勾选"顺时针"进行更改。

注意:设置图形单位后,AutoCAD 2018 会在状态行中以相应的坐标和角度显示格式及设置精度,实时显示十字光标所在位置的坐标值。

四、图层的创建与管理

AutoCAD 2018 允许用户把各种实体按照一定的规则分门别类地放在不同的"图层(Layer)"上,图层就像是透明的电子图纸,运用它可以很好地组织不同类型的图形信息。例如绘制机械图样时,可将粗实线、细点画线、细虚线、尺寸线、剖面线和文字等放在各自的图层上,每层可设置一定的颜色、线型和线宽等特性。一般情况下,让放在该层的对象采用"随层"的特性,即具有该层的颜色、线型和线宽,以方便图形的查询、修改、显示及打印等。AutoCAD 2018 利用图层特性管理器来建立新层、修改已有图层和设置图层状态等。有关图层的设置在下一节具体介绍。

1. 设置绘图辅助工具精确绘图

通过使用栅格捕捉、对象捕捉、正交模式和极轴追踪等绘图辅助工具,可以方便、快速、准确地绘制图形。

点击下拉式菜单"工具"→"绘图设置"选项,弹出"草图设置"对话框,可以对"捕捉和栅格""极轴追踪""对象捕捉"等进行设置。在状态行可以通过单击各状态按钮开启相应功能,关闭时再次单击图标,也可以按键盘上对应的功能键打开和关闭。

2. 图层的特点

(1)每层都要有层名。

(2)一幅图可以包含多层,系统无限制。每幅图都有一个缺省的"0"层,用户不能更改其名称,也不能删除该层。

(3)图层可以有各种状态:打开或关闭,冻结或解冻,锁定或解锁,可否打印等。

(4)图层具有特定的颜色、线型和线宽。用户创建的实体也都具有颜色、线型、线宽等特性,实体可以直接采用其所在的图层定义的相关特性,即随层(ByLayer),用户也可以专门给各个实体指定特性。但是,实体的特性往往采用"随层",以便管理。

(5)绘图时,用户创建的实体都是绘制在当前层上的。

3. 图层特性管理器

1)命令调用方式

⊙ 菜单:[格式]→[图层]。

⊙ 功能区:[默认]→[图层]→ 🗐。

⊙ 工具栏:图层工具栏中 🗐。

⊙ 命令:Layer。

执行图层命令,将打开图层特性管理器对话框,如图 11 - 21 所示。

图层相当于图纸绘图中使用的重叠图纸,是图形中使用的主要组织工具。通过创建图层,可以将类型相似的对象指定给同一图层以使其相关联。每个图形均包含一个名为"0"的图层,但无法删除或重命名图层"0"。

2)创建新图层

一个图形文件可以根据需要设置多个图层,系统无限制。

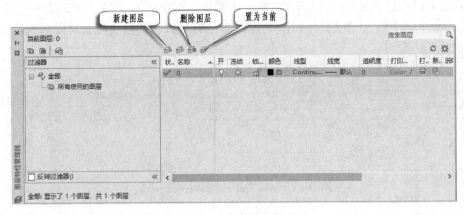

图 11 - 21　图层特性管理器

用户可以单击"新建图层"按钮"　"创建新层,该图层立刻显示在图层列表框中,并赋予缺省名,如图层 1、图层 2 等,用户可在"名称"栏中输入新层名。新图层将继承前一个图层的状态及特性设置。若用户想更改层名,选择该图层使其高亮显示,单击图层名,输入新名即可。

3)设置图层颜色

在图层特性管理器中,单击某一图层上的"颜色"图标,AutoCAD 将打开"选择颜色"对话框,选择某一颜色即可。

建议:对于多个图形文件,放同一类对象的图层,颜色尽量一致,并且尽量选择系统提供的标准颜色。

4)设置图层线型

在图层特性管理器中,单击某一图层上的线型标识(如 Continuous),将打开"选择线型"对话框,此对话框列出了当前图形文件中已有或已加载的线型,如图 11 - 22 所示。对于一个新创建的图形文件,已加载的线型只有缺省的"Continuous",若需加载其他线型,如细点画线、虚线等,需单击"加载"按钮,在随后弹出的图 11 - 23 所示的"加载或重载线型"对话框中选择所需线型,单击确定,将其加载到"选择线型"对话框中,选择该线型,单击确定。

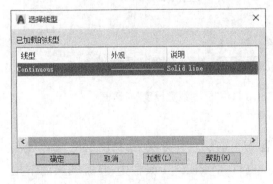

图 11 - 22　"选择线型"对话框

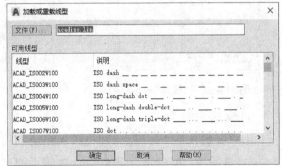

图 11 - 23　"加载或重载线型"对话框

建议:在加载线型时,建议细点画线用"JIS_08_15"或"JIS_08_25",虚线用"JIS_02_4.0",双点画线用"JIS_09_15",采用上述线型在应用公制模板绘图时不需要设置线型全局比例因子,绘制出的线型线段与间隔的比例与国标规定线型比较接近。

用户也可以自己定义线型,以满足特殊绘图需要。点击图 11 – 23 上"文件(F)..."按钮,打开"acadiso. lin"文件,如图 11 – 24 所示,可以对已有的线型线段长度及间隔进行修改,也可以生成自定义线型。

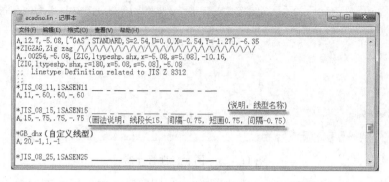

图 11 – 24　线型文件

5)设置图层线宽

在图层特性管理器中,单击某一图层上的线宽标识,将打开"线宽"对话框,如图 11 – 25 所示。在对话框的列表中选择适当的线宽值,单击确定。

建议:一般情况下,粗实线的线宽选 0.5mm,细点画线和细虚线等细线选择默认线宽。系统默认的线宽值为 0.25mm,通过线宽设置可以对默认的线宽值进行更改。

下拉式菜单[格式]→[线宽],打开"线宽设置"对话框,如图 11 – 26 所示,选择线宽默认值,单击"确定"。

图 11 – 25　"线宽"对话框

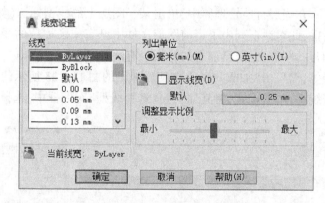

图 11 – 26　"线宽设置"对话框

6)设置当前层

用户要想在某个图层上绘图,必须将该图层置为当前层。其方法是:在图层对象管理器中,选择该图层,单击"置于当前"按钮" "即可。也可在"图层"工具栏中,打开图层的下拉列表,选择某一图层并单击鼠标左键,则该图层置为当前,这种方法更加简便实用,绘图时经常采用。

7)删除图层

在图层特性管理器中,选择一个或多个图层,单击删除按钮" "。无法删除的图层包括当前层、0 层和 Defpoints 层、锁定的图层和依赖外部参照的图层。

8）图层的各种状态

可以单击相应的图标将图层设置为打开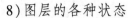或关闭，冻结或解冻，锁定或解锁，可否打印等状态。

（1）打开或关闭：当图层打开时，该图层上的所有对象可见，且可进行绘图和编辑工作；当图层被关闭时，虽然可在其上绘图，但图层上的对象都是不可见的。

（2）冻结或解冻：在被冻结的图层上，其对象不可见，且不能在该图层上绘制实体；解冻后相应限制取消。

（3）锁定或解锁：在被锁定的图层上，其对象可见，也可在其上绘制新的实体，但是锁定层上的实体不能被编辑修改；解锁后相应限制取消。

9）线型比例

国标规定，对于非连续的线型，如细点画线、细虚线和双点画线等，它们的长线和短线的长度要在一定的比例范围内。

在 AutoCAD 2018 中由于非连续线型受图形尺寸的影响，使其外观不符合要求，可通过设置线型比例来获得良好的视觉效果。

命令调用方式：

➡ 菜单：[格式]→[线型]。

➡ 命令：Ltscale。

利用菜单启动，将打开"线型管理器"对话框，如图 11 – 27 所示，点击"显示细节"，在"全局比例因子"中输入相应的比例值，单击确定。

图 11 – 27　设置全局比例因子

建议：线型比例因子可以在绘图过程中随时设置，其值一般在 0.1 ~ 1 之间选取。制图常用线型的选择与线型比例因子设置参见表 11 – 2。

表 11 – 2　制图常用线型设置举例

线型组合	制图线型	AutoCAD 线型名称及应用效果	线型比例因子
①	细点画线	CENTER	0.3
	细虚线	DASHED	0.3
②	细点画线	JIS_08_15	1
	细虚线	JIS_02_4.0	1

10）图层与对象特性工具栏

为了使查看、修改图层及其对象特性更加方便、快捷，AutoCAD 提供了"图层"和"对象特性"工具栏，如图 11 - 28、图 11 - 29 所示。

图 11 - 28 "图层"工具栏　　　　　　图 11 - 29 "对象特性"工具栏

在"图层"工具栏中可方便地打开"图层对象管理器"、查看和设置各图层的状态以及使某图层置为当前层等。在"对象特性"工具栏中，通过下拉列表，可为各对象设置不同于所在图层的颜色、线型和线宽等特性，但建议大家应尽量将"对象特性"工具栏中的颜色、线型和线宽特性都设成 Bylayer（随层），以方便管理。

第四节　AutoCAD 2018 常用绘图命令

AutoCAD 2018 大部分绘图命令可以在"绘图"工具栏中选取，也可以从功能区的"绘图"面板或"绘图"菜单中选取相应的命令，或者直接输入命令，绘图面板和绘图工具栏如图 11 - 30所示。

(a) "绘图"面板

(b) "绘图"工具栏

图 11 - 30 "绘图"命令

常用绘图命令的图标及功能说明见表 11 - 3。

表 11－3　常用绘图命令

命 令 名	图 标	功 能 说 明
Line		绘制直线段
Xline		创建无限长的直线
Pline		绘制由直线和圆弧构成的二维多段线
Polygon		绘制正多边形
Rectangle		绘制长方形
Arc		绘制圆弧
Circle		绘制圆
Spline		绘制样条曲线(可用于画波浪线)
Ellipse		绘制椭圆
Ellipse		使用起点和端点角度绘制椭圆弧
Insert		插入块
Block		定义由一些实体构成的复杂实体——块
Point		绘制点
Hatch		使用填充图案来填充封闭区域或选定对象
Gradient		使用渐变色来填充封闭区域或选定对象
Region		将封闭区域的对象转换为面域对象
Table		创建空的表格对象
Dtext	A	创建多行文字对象
Boundary		从封闭区域创建面域或多段线,通过拉伸或旋转可创建三维实体

一、点

1.命令调用方式

➡ 菜单:[绘图]→[点]。

➡ 功能区:[默认]→[绘图] → ·。

➡ 工具栏:绘图工具栏中·。

➡ 命令:Point。

2.说明

命令行输入的 Point 命令和从菜单栏里输入的单点命令相同,一次只画一个点;而从菜单栏里输入的多点和从工具栏中输入的点相同,执行一次可画多个点;从菜单栏里还可以选择"定数等分"和"定距等分",用来给某一直线或圆弧进行定数或定距等分。

AutoCAD 2018 提供了许多点的样式,可在"点样式"对话框中设定。

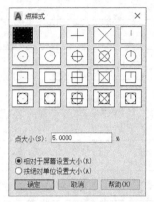

图 11 – 31 "点样式"对话框

"点样式"对话框的命令调用方式如下:

➥ 菜单:[格式]→[点样式]。

➥ 命令:Ddptype。

启动后,"点样式"对话框如图 11 – 31 所示,在该对话框中选择所需的点样式,并可设置点的大小,单击确定。一个图形文件只能用一种点样式。

二、直线

画直线命令是 AutoCAD 2018 中常用的基本绘图命令,调用该命令可以只画一条线段,也可以按照提示连续输入点,画出一条封闭或不封闭的折线,但折线中的每一条直线是一个实体。画直线时可配合使用"对象捕捉"、"对象追踪"、"极轴追踪"或"正交"等功能,来绘制具有某些几何特征的直线。

1. 命令调用方式

➥ 菜单:[绘图]→[直线]。

➥ 功能区:[默认]→[绘图]→╱。

➥ 工具栏:绘图工具栏中→╱。

命令:Line。

2. 执行过程

AutoCAD 提示:　　　　　　　　　　　　说明:

命令:_line 指定第一点:　　　　　　　//在屏幕上指定或输入直线上第一点

指定下一点或[放弃(U)]:　　　　　　//屏幕上指定或输入下一点

指定下一点或[放弃(U)]:　　　　　　//屏幕上指定或输入下一点

指定下一点或[闭合(C)/放弃(U)]:　　//屏幕上指定或输入下一点

　　　　　　　　　　　　　　　　　　//回车或右键点击确定

3. 说明

(1)U——取消上一段线。

(2)C——超过两段后,最后一段线的终点和第一段线的起点重合,构成封闭多边形。

三、圆

1. 命令调用方式

➥ 菜单:[绘图]→[圆]。

➥ 功能区:[默认]→[绘图] →⊙。

➥ 工具栏:绘图工具栏中 →⊙。

➡ 命令:Circle。

2.执行过程

AutoCAD 提示:	说明:
命令:_circle 指定圆的圆心或 [三点(3P)/两点(2P)/切点、切点、半径(T)]:	//在屏幕指定圆心或输入圆心坐标
指定圆的半径或 [直径(D)]:15	//输入半径值"15"

3.说明

画圆方式有 6 种,可直接选择具体的画圆方式,如图 2.13(a)所示,再按系统提示输入相应的参数;若用功能区画圆,可直接点击⊘图标旁的箭头选择画圆方式;若采用工具栏或命令的方式启动,画圆的方式有 5 种,需在命令提示行中输入系统提示的字符,来选择具体的画圆方式。图 11-32(b)列举了几种画圆方式。

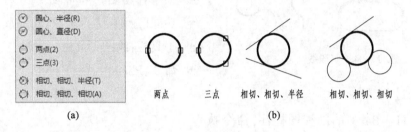

图 11-32 画圆方式

四、圆弧

1.命令调用方式

➡ 菜单:[绘图]→[圆弧]。

➡ 功能区:[默认]→[绘图]→⌒。

➡ 工具栏:绘图工具栏中→⌒。

命令:Arc。

图 11-33 画圆弧方式

2.执行过程

AutoCAD 2018 提供了多种绘制圆弧的方法,"圆弧"子菜单如图 11-33 所示,执行 Arc 命令后,AutoCAD 给出不同的提示,以便根据不同的条件绘制圆弧。

采用三点绘制圆弧提示如下:

AutoCAD 提示:	说明:
命令:_arc 指定圆弧的起点或 [圆心(C)]:	//第 1 点(起点)
指定圆弧的第二个点或 [圆心(C)/端点(E)]:	//第 2 点
指定圆弧的端点:	//第 3 点(终点)

3. 说明

图 11 - 33 中的"继续"是指在执行该命令之前刚画完的线段或圆弧的尾端继续以相切的方式画圆弧。

注意:在画圆弧时,要注意角度的方向性和弦长的正负,按逆时针方向为正绘制。

五、多段线

多段线由具有宽度的彼此相连的直线和圆弧构成,使用"多段线"命令绘制,它被作为一个单个的图形对象来处理。多段线还具有一些附加的特性:可指定线宽,各段宽度可以不相等,同一段首末端宽度也可以不相等;可用多种线型来绘制。图 11 - 34 为多段线画出的图形。

图 11 - 34　多段线

1. 命令调用方式

➡ 菜单:[绘图]→[多段线]。

➡ 功能区:[默认]→[绘图]→⤴。

➡ 工具栏:绘图工具栏→⤴。

➡ 命令:Pline。

2. 执行过程

绘制图 11 - 34 中的剖视图标注,命令执行如下:

AutoCAD 提示:	说明:
命令: _pline	
指定起点:	//屏幕指定起始点
当前线宽为 0.0000	
指定下一个点或 [圆弧(A)/半宽(H)/长度(L)/放弃(U)/宽度(W)]: w	//输入"w",设置线宽参数
指定起点宽度 <0.0000>: 0.5	//输入线宽"0.5",指定端点线宽
指定端点宽度 <0.5000>:	//回车,等线宽方式
指定下一个点或 [圆弧(A)/半宽(H)/长度(L)/放弃(U)/宽度(W)]:	//指定剖切符号粗短画的下一点
指定下一点或 [圆弧(A)/闭合(C)/半宽(H)/长度(L)/放弃(U)/宽度(W)]: w	//输入"w"
指定起点宽度 <0.5000>: 0	//输入线宽"0",即为当前图层的线宽
指定端点宽度 <0.0000>:	//回车
指定下一点或 [圆弧(A)/闭合(C)/半宽(H)/长度(L)/放弃(U)/宽度(W)]:	//在屏幕指定下一点

指定下一点或［圆弧（A）/闭合（C）/半
宽(H)/长度(L)/放弃(U)/宽度(W)］: w

//输入"w"

指定起点宽度 <0.0000>: 1

//输入线宽"1",起点线宽

指定端点宽度 <1.0000>: 0

//输入线宽"0",端点线宽

指定下一点或［圆弧（A）/闭合（C）/半
宽(H)/长度(L)/放弃(U)/宽度(W)］:

//指定下一点

指定下一点或［圆弧（A）/闭合（C）/半
宽(H)/长度(L)/放弃(U)/宽度(W)］:

//回车结束

3. 说明

(1)该命令所画图形为一个复杂实体。
(2)A——从绘制直线方式切换到绘制圆弧方式。
(3)L——从绘制圆弧方式切换到绘制直线方式。
(4)W——设置起始点和终止点的宽度。

六、样条曲线

样条曲线是通过一组拟合点或由控制框的顶点定义的平滑曲线,可以用样条曲线绘制波浪线。

1. 命令调用方式

→ 菜单:[绘图]→[样条曲线]。
→ 功能区:[默认]→[绘图]→ N。
→ 工具栏:绘图工具栏→ N。
→ 命令:Spline。

2. 执行过程

AutoCAD 提示:

说明:

命令: _spline
当前设置:方式 = 拟合　节点 = 弦
指定第一个点或 [方式(M)/节点(K)/对象(O)]:　　//指定第一点
输入下一个点或 [起点切向(T)/公差(L)]:　　//指定曲线上的下一点
输入下一个点或 [端点相切(T)/公差(L)/放弃
(U)]:　　//指定曲线上的下一点
输入下一个点或 [端点相切(T)/公差(L)/放弃　　//可继续指定曲线上下一点或
(U)/闭合(C)]:　　按回车结束

样条曲线可以使用多点拟合或控制点进行定义,如图 11 –35(a)所示,通过夹点编辑可以对曲线的形状进行修改,样条曲线应用如图 11 –35(b)所示波浪线。

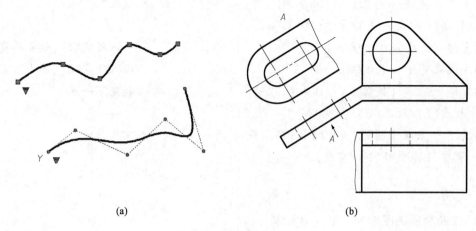

(a)　　　　　　　　　　　　　　　　(b)

图 11 - 35　样条曲线应用

七、矩形

1. 命令调用方式

➡ 菜单:[绘图]→[矩形]。

➡ 功能区:[默认]→[绘图]→▱。

➡ 工具栏:绘图工具栏中→▱。

➡ 命令:Rectangle。

2. 执行过程

AutoCAD 提示:　　　　　　　　　　　　　　　　　　　说明:

命令:_rectang

指定第一个角点或 [倒角(C)/标高(E)/圆角(F)/厚　　//指定第 1 角点
度(T)/宽度(W)]:

指定另一个角点或 [面积(A)/尺寸(D)/旋转(R)]:　　//指定第 2 角点

3. 说明

(1)该命令所画的整个矩形为一个复杂实体。

(2)C——绘制带倒角的矩形。

(3)F——绘制带圆角的矩形。

(4)W——设置线条宽度。

(5)E——平面图形的 Z 坐标高度,标高为零时位于 XOY 平面上;标高为正值时,位于 XOY 面上方;标高为负值时,位于 XOY 面下方。

(6)T——厚度为正值时,以当前标高平面为基准,沿 Z 轴正方向拉伸矩形;厚度为负值时,沿 Z 轴负方向拉伸矩形。

(7)在关闭 AutoCAD 2018 前,本次设置一直有效。

八、正多边形

1. 命令调用方式

- ➡ 菜单:[绘图]→[正多边形]。
- ➡ 功能区:[默认]→[绘图]→⬠。
- ➡ 工具栏:绘图工具栏→⬠。
- ➡ 命令:Polygon。

2. 执行过程

AutoCAD 提示:	说明:
命令:_polygon 输入边的数目⟨4⟩:6	//输入多边形的边数"6"
指定多边形的中心点或[边(E)]:	//指定或输入中心点
输入选项[内接于圆(I)/外切于圆(C)]⟨I⟩:	//选择内接或外切方式,默认方式回车
指定圆的半径:20	//输入圆的半径"20"

3. 说明

(1)E——通过确定边长来绘制正多边形,该方式是沿边长的第一给定点到第二给定点方向逆时针绘制多边形,如图 11 – 36(a)所示。

(2)I——选择内接于圆方式绘制多边形。

(3)C——选择外切于圆方式绘制多边形。

(4)该命令所画正多边形整个为一个实体。

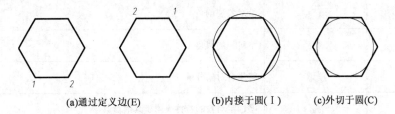

(a)通过定义边(E)　　　(b)内接于圆(I)　　　(c)外切于圆(C)

图 11 – 36　通过定义边、内接于圆、外切于圆绘制多边形

注意:当采用 I 方式和 C 方式时,多边形是通过输入多边形的外接圆或内切圆的半径来定义的,因此若已知多边形中心到顶点的距离,则选择 I 方式绘制多边形;若已知多边形中心到边的距离,则要选择 C 方式绘制多边形。

第五节　AutoCAD 2018 常用修改命令

图形修改是指对已有图形对象进行移动、复制、旋转、删除、参数修改及其他修改工作。表 11 – 4为常用的修改命令图标和功能说明。

表 11 –4　常用的修改及编辑命令

命 令 名	图 标	功能说明
Erase		从图形中删除对象
Copy		选择对象,指定基点对实体进行一次或多次复制
Mirror		将所选对象按镜像线作镜像变换
Offset		绘制与已知直线、圆(圆弧)相平行的直线、同心圆(圆弧)
Array		以矩形方式复制对象
Move		选择对象,指定基点及位移的第二点,实现图形的移动
Rotate		绕基点旋转对象
Scale		放大或缩小选定对象,使缩放后对象各部分之间的比例保持不变
Stretch		拉伸与选择窗口或多边形交叉的对象
Trim		选择一个或多个对象(剪切边)修剪指定的某些对象
Extend		延伸选定实体,使其到达一个或多个实体所限定的边界
Break		把图线在指定一点处分为首尾相接的两段
Break		在两点之间打断选定对象
Join		合并相似的对象以形成一个完整的对象
Chamfer	b	给对象加倒角
Fillet		给对象加圆角
Explode		将复合对象分解
Matchprop		将选定对象的特性应用于其他对象
Properties		查询或修改实体的特性、大小及位置,控制所选对象的特性

　　输入修改命令后,系统提示"选择对象:",此时,光标显示为拾取框(即光标中间的小正方形),它的大小可以在下拉式菜单"工具"中的"选项"对话框中的"选择"选项卡中修改,接着用户进行选择对象的操作,被选中的对象将高亮显示。

一、建立对象选择集

　　修改命令都是对已绘制的实体进行操作,需要选择目标,下面就常用的选择方法作以介绍。AutoCAD 2018 提供了多种选择对象的方法,可以一次选择一个对象,也可以一次选择多个对象。

(1)单点选择——把拾取框移动到待选对象上,单击鼠标左键,该对象即被选中。此方式为系统缺省的选择方式,用户可逐个拾取所需对象。

(2)窗口选择(Window)——缺省状态下,用户自左向右输入两对角点定义一个矩形区域或窗口,完全包含在矩形区域内的对象将被选中。

(3)交叉选择(Crossing)——缺省状态下,用户自右向左输入两对角点定义一个矩形区域或窗口,它不仅能选中完全包含在窗口内的对象,而且还能选择与窗口边界相交的所有对象。

上述三种方式为默认方式,还可通过输入命令实现不同的选择集。

(4)栏选(Fence)——可输入几段连续的折线,像一个栅栏,与折线各边相交的对象都被选中。

(5)Last——选中最新创建的对象。

(6)Previous——选中前一个选择集的对象。

(7)All——选择图形中除冻结或加锁层以外的全部对象。

(8)Remove——在建立选择集时多选了某些对象,此时,可输入该命令(R),系统进入删除选择对象模式,系统提示:"删除对象:",在该提示下,可选择需移去的对象。

(9)Add——把删除模式转化为加入模式,系统提示恢复为:"选择对象",加入模式是系统的缺省模式。

提示:

(1)在众多的选择对象的方式中,窗口选择和交叉选择是最常用的。

(2)当选择对象完毕时,要按回车键或空格键,或用鼠标右键确认,以结束对象选择。

(3)按住 Shift 键并单击已选中的对象可以将被选中的对象从选择集中移出。

二、删除

删除命令用于删除图中选定的对象。

1.命令调用方式

➡ 菜单:[修改]→[删除]。

➡ 功能区:[默认]→[修改]→✐。

➡ 工具栏:修改工具栏→✐。

➡ 命令:Erase。

2.执行过程

AutoCAD 提示:

命令:_erase

选择对象:

选择对象:

3.说明

(1)空响应结束命令。

(2)如果在删除对象后,立即发现操作失误,可用 Oops 命令来恢复删除的对象,但只能恢复最近一次 Erase 命令删除的对象,若要恢复前几次删除的对象,只能单击标准工具栏中的

"放弃"图标 。

三、偏移

偏移命令用于创建一个与选定对象平行并保持等距的新对象。新对象的位置可通过指定点或指定偏移距离两种方式来确定。用偏移命令创建平行线、同心圆和平行曲线特别方便。

1.命令调用方式

- ⊙ 菜单:[修改]→[偏移]。
- ⊙ 功能区:[默认]→[修改]→⊐。
- ⊙ 工具栏:修改工具栏→⊐。
- ⊙ 命令:Offset。

2.执行过程

图 11 – 37 表示了两种方式的执行过程,图中符号"□"表示目标拾取位置。

原图　　　　选择偏移对象　　　选取图形内任意一点　　　原图　　　　选择偏移对象　　　捕捉通过点*B*

(a)指定偏移距离方式　　　　　　　　　　　　　　　(b)通过指定点方式

图 11 – 37　偏移命令执行方式

(1)当直接输入偏移距离时,系统提示执行如下:

AutoCAD 提示:	说明:
命令:_offset	
指定偏移距离或［通过(T)］＜通过＞:10	//输入偏移距离"10"
选择要偏移的对象或 ＜退出＞:	//选择偏移复制实体
指定点以确定偏移所在一侧:	//在要复制到的一侧任意确定一点
选择要偏移的对象或 ＜退出＞:	//回车结束

(2)当选择"通过(T)"选项后,系统提示执行如下:

AutoCAD 提示:	说明:
指定偏移距离或［通过(T)］＜通过＞:T	//输入"T",选择通过方式
选择要偏移的对象或 ＜退出＞:	//选择偏移复制实体
指定通过点:	//选择偏移复制实体通过的点
选择要偏移的对象或 ＜退出＞:	//回车结束或继续偏移复制

3.说明

(1)Offset 命令和其他编辑命令不同,只能用直接点取的方式一次选择一个实体进行偏移复制。偏移复制的对象特性(如图层、颜色、线型、线宽等)与原对象的一致。

(2)用户可偏移直线、圆(弧)、椭圆(弧)、多段线、多边形等。对于直线,将平行偏移复制,直线的长度保持不变;对于圆(弧)、椭圆(弧)等对象,偏移时将同心复制,偏移前后的对象同心;多段线和多边形的偏移将逐段进行,各段长度将重新调整。

(3)当偏移一组折线或封闭图形时,该图形必须是一个复合实体,因此用 Line 命令绘制的折线,不能直接进行整体偏移,必须采用 Pedit 或 Boundary 命令转换为一个复合实体后再偏移。

四、修剪

修剪命令用于用选定的一个或多个对象(剪切边)修剪指定的某些对象(被剪切边)。

1.命令调用方式

- ➡ 菜单:[修改]→[修剪]。
- ➡ 功能区:[默认]→[修改]→-/---。
- ➡ 工具栏:修改工具栏→-/---。
- ➡ 命令:Trim。

2.执行过程

图 11-38 表示了 Trim 命令的执行过程。其命令提示如下:

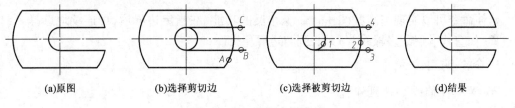

(a)原图　　　　(b)选择剪切边　　　(c)选择被剪切边　　　(d)结果

图 11-38　剪切命令举例

AutoCAD 提示:	说明:
命令: _trim	
当前设置:投影=UCS,边=无	
选择剪切边…	
选择对象或 <全部选择>: 找到 1 个	//单击 A
选择对象:找到 1 个,总计 2 个	//单击 B
选择对象:找到 1 个,总计 3 个	//单击 C
选择对象:	//空响应
选择要修剪的对象,或按住 Shift 键选择要延伸的对象,或 [栏选(F)/窗交(C)/投影(P)/边(E)/删除(R)/放弃(U)]:	//单击 1
选择要修剪的对象,或按住 Shift 键选择要延伸的对象,或 [栏选(F)/窗交(C)/投影(P)/边(E)/删除(R)/放弃(U)]:	//单击 2
选择要修剪的对象,或按住 Shift 键选择要延伸的对象,或 [栏选(F)/窗交(C)/投影(P)/边(E)/删除(R)/放弃(U)]:	//单击 3
选择要修剪的对象,或按住 Shift 键选择要延伸的对象,或 [栏选(F)/窗交(C)/投影(P)/边(E)/删除(R)/放弃(U)]:	//单击 4
选择要修剪的对象,或按住 Shift 键选择要延伸的对象,或 [栏选(F)/窗交(C)/投影(P)/边(E)/删除(R)/放弃(U)]:	//空响应

3.说明

(1)在"选择对象"时,如果未指定边界而按[Enter]键,则所有对象都将成为可能的边界,这称为隐含选择。"选择要修剪的对象"时,应注意拾取点的位置,因为拾取点所在的那一侧将被修剪掉。

(2)一个实体可以同时作为剪切边和被剪切边。直线、圆(弧)、椭圆(弧)、多段线、样条曲线和区域图案填充等均可作为剪切边界,也可以作为被剪切对象;块中的实体、形位公差、单行文本和多行文本均可作为剪切边界,但不能作为被剪切对象。

(3)边(E):剪切边与被修剪边若不直接相交,需选择该选项,以确定从延伸点处修剪。

(4)投影(P):指定投影模式,可对三维实体在某投影面上的投影进行修剪,而不强求两边在空间相交。

(5)延伸对象时可以不退出 Trim 命令,按住 Shift 键并选择要延伸的对象即可。

注意:偏移命令和修剪命令是两个非常实用的命令,绘图时应用频率很高,应多加练习掌握其应用技巧。

五、延伸

延伸命令可以实现与修剪(Trim)命令相反的功能,在指定边界后,可连续地选择不封闭的对象(如直线、圆弧、多段线等)延长到与边界相交。

1.命令调用方式

➡ 菜单:[修改]→[延伸]。

➡ 功能区:[默认]→[修改]→--/。

➡ 工具栏:修改工具栏→--/。

➡ 命令:Extend。

2.执行过程

图 11-39 表示了 Extend 命令的执行过程。其命令提示如下:

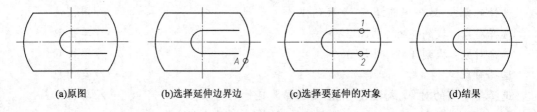

(a)原图   (b)选择延伸边界边   (c)选择要延伸的对象   (d)结果

图 11-39　延伸命令举例

AutoCAD 提示:	说明:
命令:_extend	
当前设置:投影=UCS 边=延伸	
选择边界的边…	
选择对象:找到 1 个	//单击 A 处,右侧大圆弧被选中来指定延伸边界

选择对象：	//空响应,结束边界选择
选择要延伸的对象,或按住 Shift 键选择要修剪的对象,或[投影(P)/边(E)/放弃(U)]：	//单击 1 处,选择要延伸的对象
选择要延伸的对象,或按住 Shift 键选择要修剪的对象,或[投影(P)/边(E)/放弃(U)]：	//单击 2 处,选择要延伸的对象
选择要延伸的对象,或按住 Shift 键选择要修剪的对象,或[投影(P)/边(E)/放弃(U)]：	//空响应,结束

3. 说明

(1)选择要延伸的实体时,应将拾取框靠近欲延伸的一端。

(2)有效的边界对象包括直线、二维(三维)多段线、圆(圆弧)、椭圆(椭圆弧)、样条曲线、文字、块和面域等;可被延伸的对象包括圆弧、椭圆弧、直线、不封闭的二维(三维)多段线等。

(3)在选择要延伸的对象时,按 Shift 键可将它修剪到最近的边界。

(4)延伸命令的其他选项与 Trim 命令相同,不再赘述。

六、打断

打断命令用于在两点之间打断选定对象。

1. 命令调用方式

➡ 菜单:[修改]→[打断]。

➡ 功能区:[默认]→[修改]→▢。

➡ 工具栏:修改工具栏→▢。

➡ 命令:Break。

2. 执行过程

图 11 - 40 表示了 Break 命令的执行过程。其命令提示如下:

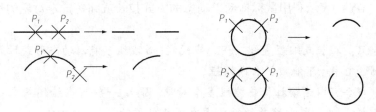

图 11 - 40　打断命令举例

AutoCAD 提示:	说明:
命令:_break	
选择对象：	
指定第二个打断点或 [第一点(F)]:f	//选择打断的第一点
指定第一个打断点：	//点选 P₁ 处
指定第二个打断点：	//点选 P₂ 处

3.说明

(1)点选对象时,点选的位置系统默认为第一打断点。若要重新指定第一打断点,则输入"f"。

(2)若所指打断点没落在实体上,将选择实体上与该点最接近的点作为断点。

(3)对于圆和圆弧,按逆时针方向删除 P_1 点到 P_2 点之间的部分。

七、拉长

拉长命令用于拉长或缩短不封闭的对象,如直线、圆弧、多段线等。

1.命令调用方式

➡ 菜单:[修改]→[拉长]。

➡ 命令:Lengthen。

2.执行过程

命令:_lengthen

选择对象或[增量(DE)/百分数(P)/全部(T)/动态(DY)]:dy

选择要修改的对象或[放弃(U)]:

指定新端点:

3.说明

(1)应先选定拉长的方式以及相应的参数,然后在欲拉长或缩短的一端选择该对象。

(2)"增量(DE)"可正可负,若为正,拉长;若为负,缩短。

(3)"百分数(P)"是以百分比的方式改变实体长度。大于 100 表示长度增加,小于 100 表示长度减少。例如:输入 150 表示比原长度增加了 50%;输入 75 表示比原长度减少了 25%。

(4)"全部(T)"表示以总长度(或角度)的方式改变实体的长度。

(5)"动态(DY)"表示利用鼠标拖动以动态的方式拉长或缩短选定对象的长度。

提示:

(1)该命令只能拉长或缩短直线、圆弧、多段线(多段线不能以动态形式拉长)等不封闭的对象,圆、多边形、文字等不能被拉长或缩短。

(2)启动该命令可以连续拉长或缩短多个对象,因此,一般可在绘图基本结束时,启动该命令,利用动态方式,统一将要修改的对象依次拉长或缩短。

八、复制

复制命令用于将选择的对象,按指定的基点进行一次或多次复制。

1.命令调用方式

➡ 菜单:[修改]→[复制]。

➡ 功能区:[默认]→[修改]→ 📇。

➡ 工具栏:修改工具栏→ 📇。

➡ 命令:Copy。

2．执行过程

图 11－41 表示了复制与阵列命令的执行过程。选定的对象为图 2.22(a) 的小圆。

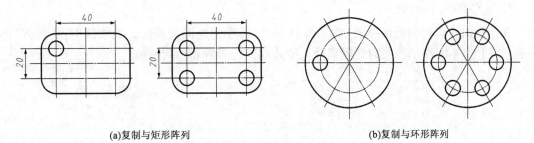

(a)复制与矩形阵列　　　　　　　　(b)复制与环形阵列

图 11－41　复制与阵列命令举例

AutoCAD 提示：	说明：
命令：_copy	
选择对象：指定对角点：找到 1 个	//选择左上小圆
选择对象：	//空响应确认
指定基点或［位移(D)］＜位移＞：	//单击左上小圆圆心
指定第二个点或 ＜使用第一个点作为位移＞：	//指定＝基点的目标点
指定第二个点或［退出(E)/放弃(U)］ ＜退出＞：	//指定基点的目标点
指定第二个点或［退出(E)/放弃(U)］ ＜退出＞：	//指定基点的目标点
指定第二个点或［退出(E)/放弃(U)］ ＜退出＞：	//空响应确定

3．说明

Copy 命令为多重复制命令，直到空响应结束该命令为止。

九、阵列

阵列命令用于对选定的对象作矩形阵列、路径阵列及环形阵列，如图 11－42 所示。

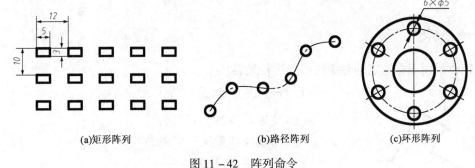

(a)矩形阵列　　　　　　　(b)路径阵列　　　　　　(c)环形阵列

图 11－42　阵列命令

1．命令调用方式

➡ 菜单：［修改］→［阵列］→▦（ ⟳ 、 ▦ ）。

➡ 功能区：［默认］→［修改］→▦（ ⟳ 、 ▦ ）。

→ 工具栏：修改工具栏→▦（▱、✣）。

→ 命令：Array。

2.矩形阵列执行过程

选择是执行阵列的图形对象[阵列图 11 –42(a)中的矩形]，回车。功能区出现"阵列"对话框，如图 11 –43 所示。在对话框里输入要阵列的行列数和行列间距。

类型	列		行 ▾		层级		特性	关闭	触摸
矩形	列数	5	行数	3	级别	1			
	介于	12	介于	10	介于	1	关联 基点	关闭 阵列	选择 模式
	总计	48	总计	20	总计	1			

图 11 –43   矩形阵列对话框

十、移动

移动命令用于将选定的对象按指定基点进行移动。

1.命令调用方式

→ 菜单：[修改]→[移动]。

→ 功能区：[默认]→[修改]→✣。

→ 工具栏：修改工具栏 ✣。

→ 命令：Move。

2.执行过程

AutoCAD 提示：
命令：_move
选择对象：找到 1 个   //选择被移动对象
选择对象：   //空响应确认
指定基点或位移：指定位移的第二点或   //指定基点，指定目标点
<用第一点作位移>：

说明：

十一、旋转

旋转命令用于将选定的对象绕基点进行旋转。

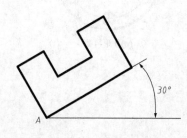

图 11 –44   旋转命令举例

1.命令调用方式

→ 菜单：[修改]→[旋转]。

→ 功能区：[默认]→[修改]→↻。

→ 工具栏：修改工具栏→↻。

→ 命令：Rotate。

2.执行过程

图 11 –44 表示旋转命令的执行过程。其命令提示如下：

AutoCAD 提示：   说明：

命令：_rotate

UCS 当前的正角方向：ANGDIR = 逆时针   ANGBASE = 0

选择对象：找到 8 个   //选择要旋转的对象

选择对象：   //空响应确认

指定基点：   //指定 A 点

指定旋转角度或 [参照(R)]：30   //输入旋转的角度"30"

3. 说明

(1)旋转角为正时,图形逆时针旋转;旋转角为负时,图形顺时针旋转。

(2)当按参照方式(输入"R"并回车)给定角度时,系统将根据随后输入的新角度和参考角度之差确定对象的实际旋转角度。

十二、镜像

镜像命令用于将所选对象按镜像线作镜像变换。

1. 命令调用方式

➡ 菜单：[修改]→[镜像]。

➡ 功能区：[默认]→[修改]→◁⍔。

➡ 工具栏：修改工具栏→◁⍔。

➡ 命令：Mirror。

2. 执行过程

图 11 - 45 表示了镜像命令的执行过程。其命令提示如下：

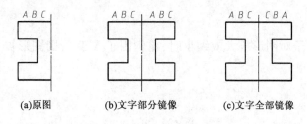

(a)原图   (b)文字部分镜像   (c)文字全部镜像

图 11 - 45   镜像命令举例

AutoCAD 提示：   说明：

命令：_mirror

选择对象：找到 8 个   //选择要镜像的实体

选择对象：   //空响应确认

指定镜像线的第一点：指定镜像线的第二点：   //用两点指定镜像线

是否删除源对象? [是(Y)/否(N)] <N>：   //回车

3. 说明

(1)镜像线可以是任意方向的,原对象可以保留或删除。

(2)当系统变量 MIRRTEXT = 0 时,文本"部分镜像",即文本只是位置发生镜像,而顺序并不发生变化,镜像后的文本可读,如图 11 – 45(b)所示;当系统变量 MIRRTEXT = 1 时,文本"全部镜像",镜像后的文本不可读,如图 11 – 45(c)所示。

十三、缩放

放大或缩小图形尺寸大小,它不同于以上各种显示命令。

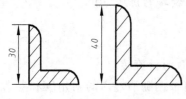

图 11 – 46 缩放命令举例

1.命令调用方式

- ➡ 菜单:[修改]→[缩放]。
- ➡ 功能区:[默认]→[修改]→▢。
- ➡ 工具栏:修改工具栏→▢。
- ➡ 命令:Scale。

2.执行过程

图 11 – 46 表示了缩放命令的执行过程。其命令提示如下:

AutoCAD 提示:	说明:
命令:_scale	
选择对象:指定对角点:找到 8 个	//选择要比例缩放的实体
选择对象:	//空响应确认
指定基点:	//指定基点
指定比例因子或[参照(R)]:R	//采用参照方式
指定参考长度 <1 >:30	//输入原值"30"
指定新长度:40	//输入新值"40"

3.说明

当选择用比例因子对图形放大或缩小时,比例因子大于 1,则图形被放大,比例因子小于 1,则图形被缩小。

十四、拉伸

拉伸命令用于将所选定的对象向指定的方向拉伸或缩短。必须用交叉方式来选择对象,完全位于窗口内的对象将发生移动,与边界相交的对象将被拉伸或缩短。命令调用方式是:

1.命令调用方式

- ➡ 菜单:[修改]→[拉伸]。
- ➡ 功能区:[默认]→[修改]→▢。
- ➡ 工具栏:修改工具栏▢。
- ➡ 命令:Stretch。

2.说明

对于文字、图块、圆等,当它们完全位于窗口内时可移动,否则它们将不移动,也不拉伸。图 11 – 47 表示了拉伸命令的执行过程。

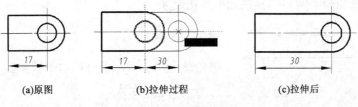

(a)原图　　　　　(b)拉伸过程　　　　　(c)拉伸后

图 11 – 47　拉伸命令举例

十五、圆角

圆角命令用于按指定的半径在直线、圆弧、圆之间倒圆角,也可对多段线倒圆角。

1. 命令调用方式

➡ 菜单:[修改]→[圆角]。

➡ 功能区:[默认]→[修改]→⬚。

➡ 工具栏:修改工具栏→⬚。

➡ 命令:Fillet。

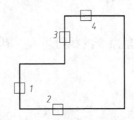
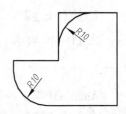

图 11 – 48　圆角命令举例

2. 执行过程

图 11 – 48 表示了圆角命令的执行过程。

其命令提示如下:

AutoCAD 提示:	说明:
命令:_fillet	
当前模式:模式 = 修剪,半径 = 0.0000	
选择第一个对象或[多段线(P)/半径(R)/修剪(T)]:r	//输入"r"设置圆角半径
指定圆角半径 <0.0000 > :10	//输入圆角半径"10"
选择第一个对象或[多段线(P)/半径(R)/修剪(T)]:	//单击点1
选择第二个对象:	//单击点2
命令:_fillet	//点击"圆角"命令
当前模式:模式 = 修剪,半径 = 10	//回车
选择第一个对象或[多段线(P)/半径(R)/修剪(T)]:t	//输入"t"
输入修剪模式选项[修剪(T)/不修剪(N) <修剪 > :n	//输入"n",改为不修剪
选择第一个对象或[多段线(P)/半径(R)/修剪(T)]:	//单击点3
选择第二个对象:	//单击点4

3. 说明

(1)应先设置修剪模式和圆角半径,再进行倒圆角的操作。

(2)将圆角半径设为 0,按住 Shift 键选择要做圆角的两条直线,可以将两不相交的直线精确相交。

(3)对平行的直线执行圆角命令时,无论当前的半径是多少,系统会自动计算两平行线间的距离,以此为直径画半圆将两直线光滑连接起来。

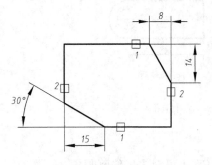

图 11 - 49   倒角命令举例

十六、倒角

倒角命令用于对两条直线边倒棱角。

1.命令调用方式

➡ 菜单:[修改]→[倒角]。

➡ 功能区:[默认]→[修改]→◣。

➡ 工具栏:修改工具栏→◣。

➡ 命令:Chamfer。

2.执行过程

图 11 - 49 表示了倒角命令的执行过程。其命令提示如下:

AutoCAD 提示:	说明:

AutoCAD 提示:

命令:_chamfer

("修剪"模式)当前倒角距离 1 = 10.0000,距离 2 = 10.0000

选择第一条直线或[多段线(P)/距离(D)/角度(A)/修剪(T)/方法(M)/多个(U)]:d   //输入"d"

指定第一个倒角距离 < 10.0000 > :8   //输入距离"8"

指定第二个倒角距离 < 8.0000 > :14   //输入距离"14"

选择第一条直线或[多段线(P)/距离(D)/角度(A)/修剪(T)/方法(M)/多个(U)]:   //点选右上角 1 处

选择第二条直线: //点选右上角 2 处,完成右上角处倒角

命令:_chamfer

("修剪"模式)当前倒角距离 1 = 8.0000,距离 2 = 14.0000

选择第一条直线或[多段线(P)/距离(D)/角度(A)/修剪(T)/方法(M)/多个(U)]:a   //输入"a"

指定第一条直线的倒角长度 < 10.0000〉:15   //输入"15"

指定第一条直线的倒角角度 < 0.0000 > :30   //输入"30"

选择第一条直线或[多段线(P)/距离(D)/角度(A)/修剪(T)/方法(M)/多个(U)]:   //点选左下角 1 处

选择第二条直线: //点选左下角 2 处,完成左下角处倒角

3.说明

(1)该命令有距离(D)和角度(A)两种倒角方式,一般应先设定倒角方式,根据提示输入参数,再进行倒角操作。

（2）无论距离倒角还是角度倒角都与选择顺序相对应。

（3）将倒角距离设为 0，通过倒角操作，可以将两不相交的直线精确相交。

十七、分解

分解命令用于将复杂实体，如矩形、多段线、尺寸、多行文字、块等，分解为简单实体，以便于对这些简单实体进行修改和编辑。

命令调用方式如下：

→ 菜单：[修改]→[分解]。

→ 功能区：[默认]→[修改]→📦。

→ 工具栏：修改工具栏→📦。

→ 命令：Explode。

十八、夹点编辑

1.夹点编辑的概念

对象的夹点就是对象的特征点，不同类型的对象具有不同的特征点，如图 11 - 50 所示。建立选择集时，出现夹点，进行夹点编辑操作可完成拉伸（Stretch）、移动（Move）、镜像（Mirror）、旋转（Rotate）、缩放（Scale）、复制（Copy）六种编辑模式操作。

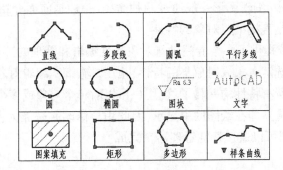

图 11 - 50　实体对象的夹点

2.夹点编辑的操作过程

（1）在未启动任何命令的情况下，选择实体对象，在被选取的实体对象上就会出现若干个带颜色（缺省为蓝色）的小方框，这些小方框是相应实体对象的特征点，称为夹点，也称为冷夹点。

（2）当光标悬停在某个夹点上，此时夹点显示红色并出现该夹点的编辑选项，这种夹点称为热夹点，此时，当前选择集即进入了夹点编辑状态，可进行拉伸、移动、镜像、旋转、缩放、复制六种编辑模式操作。

（3）若要生成多个热点，可在选择夹点的同时按下 Shift 键，然后再用光标对准某一个夹点激活它。

（4）当选择集进入夹点编辑状态时，其默认的编辑模式为拉伸模式，要选择其他编辑模式可键入模式名或单击鼠标右键从弹出的快捷菜单中选取。

3. 说明

(1)夹点编辑是一种较快捷的编辑方法,特别是用于拉长或缩短直线非常方便快捷,但要注意应用时,最好将对象捕捉关闭。拉伸或缩短斜线时,要将极轴打开,并做相应的设置以保证直线的方向不变。

(2)选中的热夹点,在默认状态下,系统认为是拉伸、移动、旋转、缩放、复制的基点,是镜像线的一点。

(3)若想退出夹点编辑状态,连续按两次或三次 Esc 键即可。

十九、特性管理器

1. 特性的概念

图形中每一条图线都具有一定的形状、位置及大小,此外还有图层、线型、线宽及颜色等特性。在使用 AutoCAD 2018 创建一个图形或文本对象的同时也创建了这些特性,因此,若要修改对象,实质上就是改变其特性。

在 AutoCAD 2018 中,特性信息都存储在该对象所属的图形文件中,用户通过编辑操作对其进行修改,从而最终达到修改图形的目的。

2. 特性管理器的作用

在 AutoCAD 2018 中,编辑图形一般通过两种途径:一种是前面介绍的基本编辑方法和夹点编辑方法;另一种则是直接编辑对象的特性。

AutoCAD 2018 系统提供了一个专门进行对象特性编辑和管理的工具——特性管理器,它用于显示、查看和修改选定对象或对象集的特性,是用户查询和编辑对象特性的主要手段。在特性管理器中,对象的所有特性均一目了然,用户可以对单个对象或多个对象的特性进行查询和编辑,且编辑的结果将立即在绘图区中显示,因此用户修改起来极为方便和准确。AutoCAD 2018 的许多修改操作都可以通过特性管理器来完成。

3. 命令调用方式

⊙ 菜单:[修改]→[特性]。

⊙ 工具栏:标准工具栏→▓。

⊙ 命令:Properties。

⊙ 快捷操作:按快捷键 Ctrl + 1 或选中状态右键。

4. 说明

(1)执行"特性"命令后,系统将显示"特性"对话框,也称为特性管理器,选定的对象不同,其显示内容也不同。选择单个对象时,特性管理器中列出该对象的全部特性;选择多个对象时,特性管理器中列出所选对象的共有特性;未选择对象时,特性管理器中显示整个图形的特性,如图 11 - 51 所示。

(2)特性管理器对话框与 AutoCAD 2018 绘图窗口是相互独立的。在打开特性管理器的同时可以在 AutoCAD 2018 中调用命令,进行绘图与图形编辑等操作。

（3）在特性管理器中，白色的选项可修改，灰色的选项不能修改。修改的方式可以通过输入一个新值或从下拉列表中选择一个值。如选择一个圆，在特性管理器的"半径"栏中输入新半径值，图形将作相应的改变。

(a)选定一个圆时　　　　　　　　(b)选定多个对象时　　　　　　　　(c)未选择对象时

图 11－51　特性管理器

提示：上述修改命令中，有些命令也可以先选对象，后执行命令，这些命令是删除、复制、阵列、移动、旋转、镜像、比例、拉伸、分解和特性管理器。

二十、特性匹配

特性匹配命令用于将选定对象的特性应用于其他对象。

1.命令调用方式

➡ 菜单：[修改]→[特性匹配]。

➡ 功能区：[默认]→[特性]→。

➡ 工具栏：标准工具栏→。

➡ 命令：Matchprop。

2.执行过程

AutoCAD 提示：	说明：
命令：'_matchprop	
选择源对象：	//选择要复制其特性的对象
当前活动设置：　颜色 图层 线型 线型比例 线宽 厚度 打印样式 标注 文字 填充图案 多段线 视口 表格材质 阴影显示 多重引线	
选择目标对象或［设置(S)］：	//选择目标对象
选择目标对象或［设置(S)］：	//继续选择目标对象,或确定

第六节　图　案　填　充

使用 AutoCAD 2018 的图案填充功能可以将特定的图案填充到一个封闭的图形区域中,例如,机械制图中表示断面的剖面符号就可以用此功能绘制。为了方便管理,建议单独设置图层放置填充图案。

一、图案填充操作

1.命令调用方式

⊕ 菜单:[绘图]→[图案填充]。

⊕ 功能区:[默认]→[绘图]→▨。

⊕ 工具栏:绘图工具栏→▨。

⊕ 命令:Bhatch。

2.操作步骤

(1)执行图案填充命令,打开如图 11 - 52 所示的"图案填充创建"选项卡。

(2)单击"图案"下拉按钮选择填充图案,确定填充图案的角度、比例。

(3)指定填充边界。单击"▨拾取点"按钮或"▨"按钮,回到图形区域,指定填充区域后,可直接预览填充效果,若不符合要求按"▨"删除图案填充,重新进行选择填充。

(4)单击"关闭图案填充创建"按钮,完成填充图案操作。

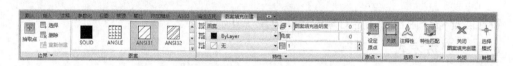

图 11 - 52　"图案填充创建"选项卡

二、选择图案类型

在"图案填充创建"选项卡中,"图案"面板显示所有预定义和自定义图案的预览图像,可以拖动滚动条选择需要的填充图案,机械制图中的金属材料剖面线一般选择图案"ANSI31",橡胶材料剖面线一般选择"ANSI37"。

图案类型选择完毕,可通过"角度"和"填充图案比例"对图案的角度和比例参数进行设置,以使填充图案的方向和间距符合要求。注意:"ANSI31"图案已有 45°倾角,因此当剖面线方向为 45°时,角度参数应设为 0;剖面线方向为 135°时,角度参数应设为 90。

三、选择填充边界

AutoCAD 2018 约定要填充图案的区域必须是封闭区域,该封闭区域的定义方式有两种:"拾取点"和"选择边界对象"。

"拾取点"方式是最简便易用的。单击"拾取点"▨后进入到图形区域,只要单击封闭区域内的任意一点,系统就会自动搜索包含该点的封闭边界。

"选择边界对象"方式是通过选择围成封闭边界的各对象来定义边界,但如果所选对象不能构成真正意义的首尾衔接的封闭边界,图案填充有时会出现意想不到的结果,因此该方式应用较少,往往作为一种辅助方法。

Bhatch 命令可以创建关联的或非关联的图案填充。若选中对话框"选项"区域中的"关联",则表示填充图案将与它们的边界联系起来,当修改边界时图案也会自动随之更新;而"创建独立的图案填充"填充图案独立于边界,不会随边界的修改而自动改变,关联选项应用如图 11 –53 所示。

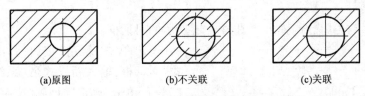

(a)原图　　　　　　　(b)不关联　　　　　　　(c)关联

图 11 –53　图案填充边界关联

四、编辑填充的图案

1.命令调用方式

➡ 菜单:[修改]→[对象]→[图案填充]。

➡ 功能区:[默认]→[修改]→ ▨。

➡ 工具栏:修改Ⅱ工具栏→ ▨。

➡ 命令:Hatchedit。

2.操作步骤

(1)执行编辑图案填充命令,提示"选择关联填充对象:"(也可先选择要编辑的图案再执行命令)。

(2)选择要编辑的填充图案或直接双击填充图案,在功能区弹出"图案填充编辑"对话框,如图 11 –54 所示。

(3)在"图案填充编辑"对话框中修改相应参数,单击"预览"按钮,查看修改效果,若满意,单击右键确认;若不满意,单击左键或 Esc 键返回对话框,继续修改。

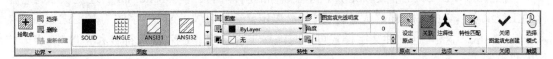

图 11 –54　"图案填充编辑"对话框

第七节　文　字　注　释

在一幅图中,除要用图形来表达一定的信息之外,往往还要用文字来加以描述,如书写技术要求、填写标题栏和明细表等。AutoCAD 2018 具有较强的文字处理功能,提供了符合国标的汉字和西文字体。在注写英文、数字和汉字时,需要设置合适的文字样式。

一、设置文字样式

1.命令调用方式

➡ 菜单:[格式]→[文字样式]。

➡ 功能区:[默认]→[注释]→**A**。

➡ 工具栏:文字工具栏→**A**。

➡ 命令:Style。

2.操作步骤

(1)执行文字样式命令,弹出如图11–55所示的对话框。

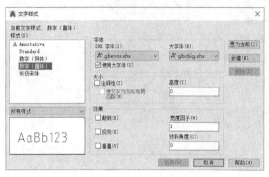

图11–55 "文字样式"对话框

(2)单击"新建"按钮,弹出"新建文字样式"对话框,输入新样式名(系统默认为"样式1"等),单击"确定",回到"文字样式"对话框。

(3)从"字体"下拉列表中选择一种字体。必要时,在"效果"区域选择文字特殊效果。

(4)单击"应用"按钮,完成一种样式的设定。

重复上述操作,可建立多个文字样式,要将应用的文字样式置为当前。

3.说明

1)字体

在字体下拉列表中列出了所有Windows标准的TrueType字体(字体名前有**T**符号)和AutoCAD 2018特有的扩展名为".shx"的向量字体(字体名前有符号)。

按国家标准规定,工程制图中的汉字应为长仿宋体,数字、特殊符号和字母一般为斜体。若"字体"选择"T仿宋体",数字、特殊符号和字母就不能倾斜;若采用符合国标的西文斜体"gbeitc.shx",则不能书写汉字,因此可分别定义这两种文字样式,一个用于书写汉字,一个用于书写数字、特殊符号和字母。

当然,AutoCAD 2018中文版提供了符合国标的斜体西文"gbeitc.shx",还提供了符合国标的工程汉字"gbcbig.shx"大字体,因此可以定义一种新文字样式,字体为gbeitc.shx + gbcbig.shx。这样,这一种文字样式可同时注写工程汉字、数字、特殊符号和字母等,字体应用效果见表11–5。

表11–5 字体效果

字 体	效 果
T仿宋,宽度因子0.7	东北石油大学
gbeitc.shx + gbcbig.shx	东北石油大学 0123456789

2)文字高度

如使用默认高度0,输入文字时,AutoCAD 2018将提示输入文字高度。如果用户指定了一个大于 0 的高度,则输入文字时不再提示指定文字的高度,而以该高度标注文字。建议使用默认高度 0。

3)效果

文字样式若采用仿宋体,宽度比例可取 0.7;若采用西文正体,倾斜角度取 15°。颠倒、反向、垂直等效果可在预览框中观察到,根据需要选用。

二、注写单行文字

按设定的文字样式,在指定位置一行一行地注写文字,一般用于小篇幅的文字。

1. 命令调用方式

- ➲ 菜单:[绘图]→[文字]→[单行文字]。
- ➲ 功能区:[默认]→[注释]→Aꓘ。
- ➲ 工具栏:文字工具栏→Aꓘ。
- ➲ 命令:Dtext。

2. 执行过程

AutoCAD 提示:	说明:
命令:_dtext	
当前文字样式:　样式 1　文字高度:20	
指定文字的起点或 [对正(J)/样式(S)]:	//用光标在屏幕上指定文字的起点
指定高度 <20>:5	//输入文字高度值为"5"
指定文字的旋转角度 <0>:	//同上"高度"类似
	//在屏幕上输入要写的文字,回车换行后可继续输入文字,直到两次回车退出写文字操作

3. 说明

(1)当选择"对正"选项时,命令行提示有 14 种文字对齐方式,详细内容请参见"帮助"。默认情况下,文字的对齐方式为左对齐。

(2)用单行文字命令注写的多行文字,每一行是一个实体,可单独对每行文字进行编辑和修改。

三、注写多行文字

1. 命令调用方式

- ➲ 菜单:[绘图]→[文字]→[多行文字]。
- ➲ 功能区:[默认]→[注释]→**A**。
- ➲ 工具栏:绘图工具栏 →**A**。
- ➲ 命令:Mtext。

2. 操作步骤

(1)执行多行文字命令。

(2)根据提示输入两对角点指定一矩形区域,用于放置多行文字。

(3)显示"文字编辑器"选项卡(图 11 - 56),在文本框内输入文本。

(4)单击"关闭文字编辑器"。

图 11 - 56 "文字编辑器"选项卡

3. 说明

(1)多行文字编辑器类似于 Word 的字处理程序,可使用不同的字体、高度、颜色等。利用堆叠 功能还可方便地书写分数、幂、公差等形式。

(2)在快捷菜单中选择"符号",可插入常用的直径、角度等符号。选择"输入文字"可将.txt 和.rtf 文件输入多行文字编辑器中。利用快捷菜单还可以变换大小写和粘贴 Word 文档等。

例:注写配合代号 $\phi50\frac{H7}{f6}$、尺寸 $\phi30p6(^{+0.035}_{-0.022})$ 和单位符号 m^2。

注写配合代号 $\phi50\frac{H7}{f6}$:进入多行文字编辑器,输入%%c50H7/f6,用鼠标选取 H7/f6 后,单击堆积按钮 即可。

注写尺寸 $\phi30p6(^{+0.035}_{-0.022})$:进入多行文字编辑器,输入%%c30p6(+0.035^ - 0.022),用鼠标选取 +0.035 ^ -0.022 后,单击堆积按钮即可。

注写单位符号 m^2:在多行文字编辑器内输入 m2^,选取 2^,单击堆积按钮。如果注写下标,只要将^符号放在下标数字的前面即可。

其他常用符号有:

%%d——角度单位"°";

%%p——正负符号"±";

%%c——直径符号"∅"。

四、编辑修改文字

可通过执行文字编辑命令和利用特性管理器两种方法来编辑修改文字。特性管理器的用法前面已经介绍,下面仅介绍编辑文字命令的使用方法。

1. 命令调用方式

➔ 菜单:[修改]→[对象]→[文字]→A̳。

➔ 工具栏:文字工具栏→A̳。

➔ 命令:Ddedit。

➔ 快捷方式:双击文字对象。

2. 操作步骤

(1)执行编辑文字命令,系统提示"选择注释对象或[放弃(U)]:"。

(2)若选择的文字是由单行文字命令建立的,则文字变为可编辑状态;若选择的文字是由多行文字命令建立,功能区显示"文字编辑"选项卡。

(3)编辑修改完毕,按回车确认或单击"关闭文字编辑器"。

第八节　AutoCAD 2018 尺寸标注

尺寸标注是工程设计中的一项重要内容,利用 AutoCAD 2018 的尺寸标注命令,可以方便快速地标注图纸中各种方向、形式的尺寸,如线性、角度、直径、半径和公差尺寸等。当用户进行尺寸标注时,AutoCAD 2018 会自动测量对象的大小,并在尺寸线上给出正确的数字,因此,这就要求用户在标注尺寸之前,必须精确地构造图形。

用 AutoCAD 2018 标注尺寸,首先要根据国标对尺寸标注的有关规定设置尺寸标注样式,然后再用尺寸标注命令进行标注。

一、设置尺寸标注样式

采用英制单位绘图,默认的标注样式是 Standard,它是基于美国国家标准协会(ANSI)标注标准的样式。若采用公制单位绘图,则默认的标注样式是 ISO－25。

1.命令调用方式

- ➡ 菜单:[标注]→[标注样式]。
- ➡ 功能区:[默认]→[注释]→◢。
- ➡ 工具栏:标注工具栏 →◢。
- ➡ 命令:Ddim。

2.设置尺寸标注"父样式"

在一幅图中,大部分尺寸的标注样式是相同的,因此首先要对这些尺寸统一设置标注样式,称为"父样式"或全局标注样式。但个别尺寸的标注样式与"父样式"有所不同,这些不同之处,就可采用"子样式"进行设置。

"子样式"从属于"父样式",但"子样式"中设置的参数又优先于"父样式"。假设当前尺寸标注样式是某个"父样式",当标注某个尺寸时,AutoCAD 2018 将进行搜索,看"父样式"下是否有与该类型尺寸相对应的"子样式",如果有,系统将按照该"子样式"中设置的模式来标注尺寸;若没有相应的"子样式",系统将按"父样式"所设置的模式来标注尺寸。下面进行尺寸标注"父样式"的设置。

(1)执行标注样式命令,弹出"标注样式管理器"对话框,单击"新建"按钮,弹出"创建新标注样式"对话框,如图 11－57 所示。

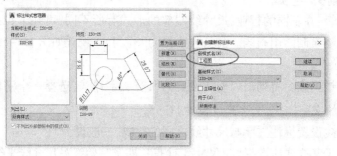

图 11－57　"标注样式管理器"对话框

(2)在"创建新标注样式"对话框中,输入新样式名,如"工程图"。基础样式为 ISO‑25,新建样式将继承 ISO‑25 样式的所有外部特征设置。在"用于"的下拉列表中选择"所有标注"来建立尺寸标注的"父样式"。

(3)单击"继续"按钮,弹出"新建标注样式"对话框,如图 2.39 所示。对话框中有 7 个选项卡,分别是线、符号和箭头、文字、调整、主单位、换算单位和公差。

(4)"线"选项卡如图 11‑58 所示。

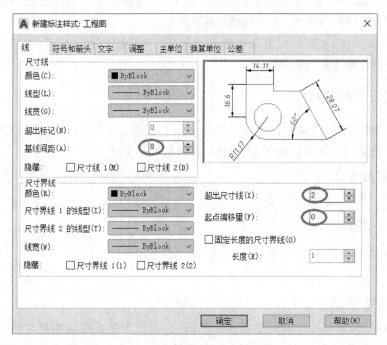

图 11‑58 "新建标注样式"对话框

尺寸线与尺寸界线的颜色、线型与线宽都设成"ByBlock",随尺寸所在层的颜色与线宽。

基线间距:指基线标注方式中两条尺寸线之间的距离。该距离应大于尺寸数字的高度,否则尺寸线与数字相交,一般设为"8"。

隐藏:控制是否完全显示尺寸线或尺寸界线,通过预览可观察结果,根据情况选取,一般情况下不选。

超出尺寸线:控制尺寸界线与尺寸线相交处尺寸界线超出尺寸线的数值,一般设为"2"。

起点偏移量:控制尺寸界线的起点与被标注对象间的间距,应选为"0"。

(5)"符号和箭头"选项卡。

第一个、第二个:在不同的行业,尺寸线端部的形式有所不同,可在下拉列表中选取,机械制图用实心箭头,建筑制图用斜线。箭头大小设为"3",参数设置如图 11‑59 所示。

(6)"文字"选项卡。

文字样式:下拉列表中将列出以前所设置的所有文字样式,选择一个字体为 gbeitc. shx + gbcbig. shx 的文字样式,文字高度设为"3.5"。

从尺寸线偏移:设置标注文字与尺寸线之间的距离,一般设为"1"。

文字对齐:对于父样式应选择"与尺寸线对齐",即文字始终沿尺寸线平行方向放置。

参数设置如图 11‑60 所示。

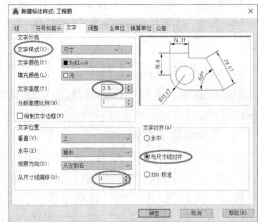

图 11-59 "符号和箭头"选项卡   图 11-60 "文字"选项卡

(7)"调整"选项卡。

在创建父样式时,各选项的设置与图 11-61 所示的默认设置一致。

使用全局比例:它是控制尺寸标注数值变量(如文本字高、箭头大小、尺寸界线超出尺寸线的距离等)大小的比例因子,这些数值变量的最终大小为原值乘以该比例因子。如用户设箭头大小为 3,全局比例因子为 2,则在标注尺寸时,所绘制出来的尺寸箭头实际大小是 6。但要注意,该设置并不影响尺寸数字本身的内容。

(8)"主单位"选项卡。

"主单位"选项卡设置如图 11-62 所示。设置尺寸数字以小数的形式标注,小数分隔符选"句点";精度视具体要求而定,一般为 0(即尺寸数字取整数)。可对尺寸数字加前缀和后缀,但在"父样式"中一般不加。

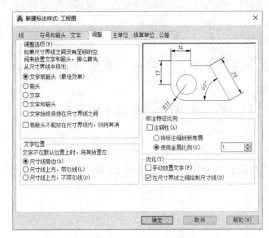

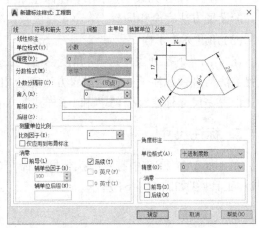

图 11-61 "调整"选项卡   图 11-62 "主单位"选项卡

测量单位比例因子:是尺寸数值与 AutoCAD 2018 自动测量尺寸的比值,实际标注数值 = 测量值 × 比例因子。如按 1:10 的比例绘制图形,比例因子编辑框内需输入"10",以保证所标注的尺寸等于实物的大小。该参数在实际标注中具有很大的使用价值。

消零:用户可以选中"前导"或"后续"复选框,以抑制尺寸数字中小数点前的"0"或小数点后数字尾部的"0"。一般选择后续消零。

"换算单位"选项卡无须设置,"公差"选项卡一般只有在"替代样式"设置中才使用。

(9)单击"确定",返回"标注样式管理器",完成名为"工程制图"的尺寸标注"父样式"的设置。

3.设置尺寸标注"子样式"

根据国标对各类尺寸标注的规定,机械制图尺寸标注需要设置"直径"、"半径"和"角度"等标注子样式。

(1)直径标注子样式。

在"标注样式管理器"中,选中"工程图",单击"新建"按钮,弹出"创建新标注样式"对话框,在"用于"下拉列表中选择"直径标注",如图 11 - 63(a)所示,单击"继续"按钮,弹出"新建标注样式管理器"。在"文字"选项卡中,"文字对齐"选择"ISO 标准";在"调整"选项卡中,选择"文字"和"手动放置文字";若文字样式选择为中文字体(如仿宋体)则要在"前缀"处输入"Φ"。单击"确定",返回"标注样式管理器",完成直径标注子样式的设置。

(a)   (b)

图 11 - 63   设置直径标注子样式

(2)半径标注子样式。

在"用于"下拉列表中选择"半径标注",在"前缀"处空白,其余的设置方法与直径标注子样式的设置方法完全相同。

(3)角度标注子样式。

在"用于"下拉列表中选择"角度标注",在文字选项卡中"文字对齐"选择"水平",其余的设置方法与直径标注子样式的设置方法完全相同。

设置完尺寸标注"父样式"和"子样式",如图 11 - 63(b),就可进行尺寸标注了。

二、标注尺寸

在 AutoCAD 2018 中有专门执行标注命令的"标注"菜单、功能区面板和"标注"工具栏。"标注工具栏"如图 11 - 64 所示。

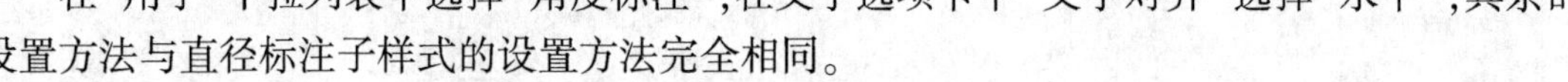

图 11 - 64   "标注"工具栏

标注命令可以实现线性标注、对齐标注、半径标注、直径标注、基线标注、连续标注、引线标注和形位公差标注等。下面以图 11 - 65 为例,介绍这些标注命令的使用方法。

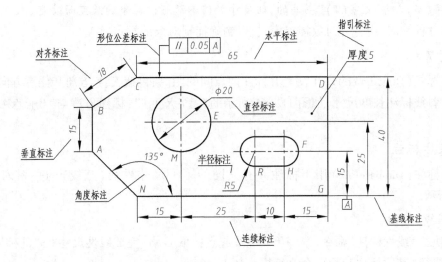

图 11-65 尺寸标注举例

1. 线性标注 ⊢⊣

线性标注（Dimlinear）用于测量并标注当前坐标系 XOY 面上两点间在 X 或 Y 方向的距离。利用该命令可标注图 2.46 所示的"垂直标注*15*"和"水平标注*65*"。

1）执行过程

AutoCAD 提示：	说明：
命令:_dimlinear	
指定第一条尺寸界线原点或<选择对象>：	//捕捉 A 点
指定第二条尺寸界线原点：	//捕捉 B 点
指定尺寸线位置或[多行文字(M)/文字(T)/角度（A）/水平（H）/垂直（V）/旋转(R)]：	//移动鼠标，尺寸线动态出现，在合适的位置上单击左键，确定尺寸线的位置系统自动测量 A 点和 B 点之间 Y 方向的距离
标注文字 =15	

用类似的操作完成"水平标注*65*"。

2）说明

多行文字(M)：输入 M 启动多行文字编辑器来注写尺寸文字。编辑器编辑区中的尖括号< >里的数字表示自动测量值。若要替换测量值，则删除，重新输入新文字。

文字(T)：在命令行中输入用于替代测量值的字符串。要恢复使用原来的测量值作为标注文字，可再次输入 T 后回车。

角度（A）：用于指定标注文字的旋转角度。0°表示文字水平放置，90°表示文字垂直放置。

水平(H)/垂直(V)：将尺寸线水平或垂直放置。使用线性标注的默认选项，可用鼠标动态确定尺寸线水平或垂直放置。

旋转(R)：指定尺寸线的旋转角度。

注意：AutoCAD 2018 有关联尺寸标注功能，即标注尺寸和被标注对象是关联的。如果尺寸是系统的测量值，改变标注对象的大小，尺寸及尺寸数值也随之改变。如果尺寸数值是通过

"多行文字(M)"或"文字(T)"书写的,则尺寸数值不随标注对象的改变而改变。

在尺寸标注时,应打开对象捕捉模式,以精确捕捉对象的端点。

2. 对齐标注

对齐标注(Dimaligned)用于测量并标注两点间的距离,包括 X、Y 方向和任意方向的距离,适合于对斜线标注长度尺寸,如图 11−65 所示的"对齐尺寸*18*",标注方法与"线性标注"的标注方法相同。

3. 基线标注

基线标注(Dimbaseline)用于标注具有共同的第一尺寸界线(基线)的一系列尺寸,如图 2.46 所示。

1)基线标注的步骤

(1)执行"线性标注"命令,第一尺寸界线起点拾取 G 点,完成线性尺寸"*15*"的标注。

(2)执行"基线标注"命令,命令行提示如下:

指定第二条尺寸界线原点或[放弃(U)/选择(S)]<选择>:

(3)分别捕捉 E 点和 D 点,系统以线性尺寸"*15*"的第一尺寸界线作为基线,完成"*25*"和"*40*"的基线标注。

2)说明

(1)图形中若不存在线性标注或角度标注,则不能进行基线标注。

(2)执行"基线标注"命令,系统默认最后一次创建的线性标注或角度标注的第一尺寸界线作为标注基准线。

(3)如果用户想自行选择基准线,则选择"选择(S)"选项。

(4)基线尺寸间距在尺寸标注样式中确定。

4. 连续标注

连续标注(Dimcontinue)用于标注首尾相接的一系列连续尺寸。先标注或存在一个线性或角度尺寸,执行"连续标注"命令,系统将上一个标注的第二尺寸界线作为后面连续标注的第一尺寸界线,通过鼠标确定第二尺寸界线的起点,完成连续标注,按回车键结束该命令。

连续标注与基线标注的方法类似,不再赘述。

5. 半径标注

半径标注(Dimradius)用于标注圆弧的半径尺寸。

半径标注的步骤如下:

(1)执行半径标注命令,命令行提示:

AutoCAD 提示:	说明:
选择圆弧或圆:	//指定要标注的圆或圆弧
指定尺寸线位置或[多行文字(M)/文字(T)/角度(A)]:	

(2)移动光标,系统会在屏幕上实时地显示尺寸线及标注文字的位置,选择合适的位置,单击鼠标左键,完成半径尺寸"*R5*"的标注。

注意:半径尺寸标注前一定要设置半径尺寸标注子样式。

6.直径标注⊘

直径标注(Dimdiameter)用于标注圆的直径尺寸。直径标注方法与半径标注类似,不再赘述。标注直径尺寸前也要设置直径尺寸标注子样式。若选择"文字"输入直径值时,要在数值前加"％％c",以显示符号"⊘"。

7.角度标注△

角度标注(Dimangular)用于测量标注两条直线间的夹角、一段弧的弧度或三点之间的夹角。

1)执行过程

AutoCAD 提示:	说明:
命令:_dimangular	
选择圆弧、圆、直线或<指定顶点>:	//选择直线 NA
选择第二条直线:	//选择直线 NG
指定标注弧线位置或[多行文字(M)/文字(T)/角度(A)]:	//移动光标,将实时显示尺寸线及标注文字的位置,选择合适的位置,单击鼠标左键
标注文字 = 135	系统自动测量两直线间的角度,完成角度尺寸标注

2)说明

执行命令后,若选择圆弧,则尺寸值为圆弧包角;若回车选择"指定顶点",可标注三点间的夹角,第一点为角度标注的顶点。

提示:当光标在不同侧时,标注的角度值不同。

8.多重引线标注

多重引线工具可用来标注倒角、公差引线、零部件的编号引线,如图 11-66 所示。

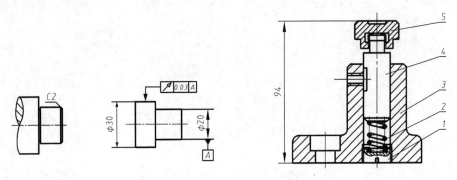

图 11-66　"多重引线"应用

1)命令调用方式

➥ 功能区:[默认]→[注释]→⟋°。

➥ 工具栏:多重引线工具栏 →⟋°。

➥ 命令:Mleader。

2）说明

多重引线工具栏如图 11 - 67 所示，可以添加引线、删除引线、多重引线对齐及多重引线合并。点击图标 ，打开"多重引线样式管理器"，如图 11 - 68 所示，可对引线样式进行设置。

图 11 - 67　"多重引线"工具栏

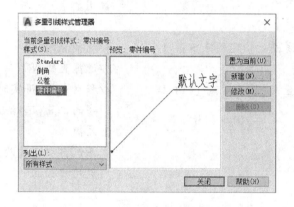

图 11 - 68　"多重引线样式管理器"对话框

图 11 - 69、图 11 - 70、图 11 - 71 为零件编号引线的各选项设置。对于倒角引线将"引线格式"选项卡中的"箭头"设为无，"内容"选项卡的文字高度设为"3.5"，其余与零件编号引线设置相同。

图 11 - 69　多重引线"引线格式"选项卡　　　　图 11 - 70　多重引线"引线结构"选项卡

9. 特殊尺寸标注

在工程制图中，为了使尺寸标注清晰，往往将直径尺寸标注在非圆视图上，由于精度要求有些尺寸需要标注尺寸公差，由于采用半剖视图表达使得图形出现不完整现象，其尺寸标注也有所不同，如图 11 - 72 所示。

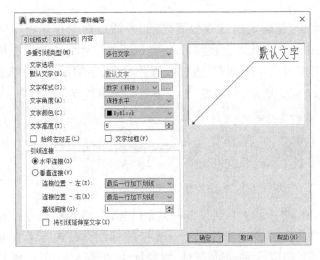

图 11-71　多重引线"内容"选项卡

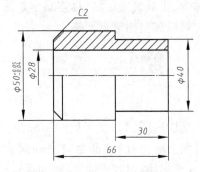

图 11-72　特殊尺寸标注举例

如果在尺寸标注父样式中作相应的设置,如加前缀"φ"或在"公差"选项卡中设置相应的尺寸公差,则该图形文件中所有的尺寸数值前都有"φ",数值后都有相同的尺寸公差,这显然是不行的。在这种情况下,可通过系统提供的尺寸"样式替代"的设置来完成这类特殊尺寸的标注。

(1)带符号的尺寸,如图 11-72 中的"φ40"。

打开"标注样式管理器",选中该图形文件的尺寸标注父样式名,如"工程图",单击"替代"按钮,进入"替代当前样式"对话框(即前述的"新建标注样式"对话框),单击"主单位"选项卡,若字体为中文,在"前缀"处直接输入"φ",否则输入"%%c"。单击"确定"。返回"标注样式管理器",再单击"关闭",完成替代样式的设定。

执行"线性标注"命令,标注 φ40 尺寸,以后再标的尺寸数值前都带有"φ",其他已标注的尺寸不发生变化。

(2)带公差的尺寸,如图 11-72 中的"$\phi50^{+0.05}_{-0.04}$"。

若以前设置过样式替代,打开"标注样式管理器",选中"样式替代",单击"修改"按钮,进入"替代当前样式"对话框,打开"主单位"选项卡,在"前缀"处直接输入"φ"或"%%c"。打开"公差"选项卡,具体选项如下:

方式:偏差注写的形式,若上下偏差对称,则选择"对称",本例选择"极限偏差"。

精度:指上下偏差值的精度,本例选择"0.00"。

上(下)偏差:输入上下偏差值,系统自动为上偏差加"+"号,为下偏差加"-"号。

高度比例:偏差数字的高度与基本尺寸数字的高度比,一般选取 0.5。

垂直位置:偏差相对于基本尺寸在垂直方向上的位置,一般选择"中"。

设置完上述参数后单击"确定"。返回"标注样式管理器",再单击"关闭",完成本次替代样式的设定执行"线性标注"命令,标注$\phi50^{+0.05}_{-0.04}$尺寸。

(3)隐藏部分尺寸界线与尺寸线,如图 11-72 中的尺寸"φ28"。

方法与上类似,在"直线和箭头"选项卡中,选择隐藏"尺寸线 1"和"尺寸界限 1","公差"选项卡中公差选"无"即可。

提示:同一类特殊尺寸应在设置替代样式后统一进行标注。标注后将父样式置为当前,则退出样式替代标注模式。

　　除"样式替代"外,类似"ø40"的尺寸,在确定尺寸线位置之前,可通过命令提示行输入"T",手动输入标注文字"％％C40",其中％％C代表直径符号ø;类似公差尺寸"$ø50^{+0.05}_{-0.04}$"在确定完尺寸界线后,命令行输入"M",调出多行文字对话框,通过数值通过"文字编辑器"的堆叠命令,生成公差标注,具体操作如图11-73所示,在堆叠时上、下偏差的小数点位要对齐,不足时可以加空格进行调整。

图11-73　"多行文字"标注公差

　　功能区[注释]面板里的标注,可在同一命令中创建多种类型的标注,将光标悬停在标注对象上时,"标注"命令将自动预览要使用的合适标注类型。支持的标注类型包括垂直标注、水平标注、对齐标注、旋转的线性标注、角度标注、半径标注、直径标注、折弯半径标注、弧长标注、基线标注和连续标注。如果需要,可以使用命令行选项更改标注类型。

三、修改尺寸标注

　　当标注布局不合理时,会影响表达信息的准确性,应对标注进行局部调整,如编辑标注文字、移动尺寸线和尺寸界限的位置等。

1.修改尺寸标注样式

　　通过修改"标注样式"对话框中的有关参数和选项来统一修改所标注的尺寸,如统一改变字体、字高、箭头大小、测量单位比例等,但它不能对某个尺寸单独进行编辑修改。要想对单个尺寸进行编辑修改可以使用"特性管理器"进行修改。

2.修改尺寸数值

　　双击尺寸数值,进入"文字编辑"窗口,可直接进行编辑。

3.调整尺寸布局

　　单击尺寸,通过出现的夹点,对尺寸线及文字位置进行重新布置。

第九节　AutoCAD 2018 块与属性

　　块是一种图形集合体,AutoCAD 2018把块作为一个单独的、完整的来操作。AutoCAD 2018可以把一些重复使用的图形定义为块,并随时将块以不同的比例和旋转角插入到当前图形的任意位置。图形中的块可以进行整体移动、旋转、删除和复制等编辑操作,也可"分解"(Explode)以便对其中的某个实体对象进行编辑修改;块可存储到磁盘中,以备其他图形或用户调用;还可给块定义属性,属性随块一起被插入,并且可输入不同的属性值。

一、块的优点

1.建立图形库

　　将一些重复出现的图形(如常用符号、标准件、部件)定义为块,并构建成图形库,在设计过程中直接插入所需的块,可提高设计和绘图效率。

2. 便于图形修改

修改图块后,对块进行重定义,以前插入的所有该图块都将被更新。

3. 节省存储空间

把对象作为块来储存,不必记录重复的对象构造信息,从而大大节省存储空间。

4. 可附带属性信息

属性是从属于块的文字信息,能随块的每次插入而改变,既可以象普通文本一样显示,也可以不显示,还可将数据传给数据库或被提取生成材料表。

二、块与图层、颜色、线型的关系

块可以由绘制在若干层上的实体组成,每层可以有不同的颜色和线型,系统将这些信息保存在块定义中,插入块时,AutoCAD 2018 有如下约定:

(1)块中位于"0"层上的实体被绘制在当前层上,并具有当前层的颜色和线型。

(2)对于块中其他层上的实体,若当前图形中有与块中图层同名的图层,则块中该层上的实体绘制在图中同名的层上,并按图中该层的颜色与线型绘制;否则,其他层中的实体仍在原来的层上绘出,并给当前图形增加相应的层。

三、创建块

1. 命令调用方式

➥ 菜单:[绘图]→[块]→[创建]。

➥ 功能区:[默认]→[块]→🔳。

➥ 工具栏:绘图工具栏→🔳。

➥ 命令:Bmake 或 Block。

2. 操作步骤

(1)执行块定义命令,系统将弹出图 11 - 74 所示的"块定义"对话框。

(2)在"名称"框中输入块的名称。若在图形文件中从未定义或使用过块,在"名称"的下拉列表中空白,若定义或使用过,则显示块的名称。

(3)在"基点"区单击"拾取点"按钮,返回图形界面,在屏幕上拾取基点。也可在 X、Y、Z 编辑框中直接输入坐标值。基点是块插入时的基准点,其位置主要根据图形的结构特点进行选择,一般选在块的中心或左下角。在块插入时,块将以"基点"为基准,放在图形中用户指定的插入点位置,且插入的块可围绕该点旋转。

图 11 - 74　"块定义"对话框

(4)在"对象"区可点击"选择对象"按钮,系统进入图形界面,在屏幕上选取组成块的实体对象,选择完毕后,按回车键或按鼠标右键返回对话框。其他各选项说明如下:

保留(R):创建块以后,不删除选定的对象,将其保留在图形中。

转换为块(C):创建块后,将选定的对象转换成图形中的一次块引用。

删除(D):创建块后,从图形中删除选定的对象。若用户想恢复,执行"Oops"命令即可。

名称(N)、基点、对象是进行块定义时的必选项,其他选项根据需要设置,如图 11 – 74 所示。单击"确定",完成块定义。

四、插入块

插入块命令用于将定义的块以一定的比例和旋转角度插入到当前文件中的指定位置。

1. 命令调用方式

➥ 菜单:[插入]→[块]。

➥ 功能区:[默认]→[块]→。

➥ 工具栏:绘图工具栏 →。

➥ 命令:Insert。

2. 操作步骤

(1)执行块插入命令,将弹出图 11 – 75 所示的"插入"对话框。

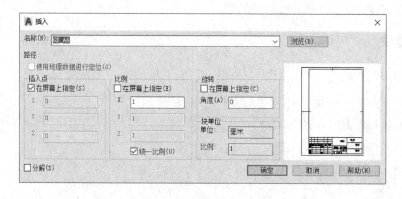

图 11 – 75　块"插入"对话框

(2)在名称列表中选择要插入的块,也可单击"浏览"按钮,系统将打开标准的"选择图形文件"对话框,用户可选择作为块插入的图形文件名,而后系统将自动在当前图中生成相应的同名内部块,并在"路径:"后显示所选图形文件的路径。

(3)在"插入点"区,选择"在屏幕上指定(S)",单击"确定"后,系统返回图形界面,在屏幕上用鼠标指定插入点。建议利用该方式选择插入点。当然也可通过在 X、Y、Z 编辑框中输入坐标值确定插入点的位置。

(4)缩放比例:确定块插入后 X、Y、Z 方向的比例因子。比例因子 >1 时,图形放大;0 < 比例因子 <1 时,图形缩小;比例因子 >0 时,图形走向不变;比例因子 <0 时,图形将进行对称变换。

(5)旋转:确定块插入后的旋转角。如果在对话框中勾选"在屏幕上指定(C)",则确定块插入后,在图形界面进行灵活的动态选择;否则直接在对话框中输入旋转角度值即可。

(6)统一比例:若选择该项,则 X、Y、Z 三个方向的比例因子将取相同值。

（7）分解：选择该项，则块在插入后，将自动分解为单个实体，以便用户修改。此时，X、Y、Z 三个方向的比例因子必须是相等的。

提示：如要使某个图形文件作为块被其他图形或其他用户调用，需预先用 Base 命令或菜单［绘图］→［块］→［基点］为其设置插入基点，否则将以（0,0,0）点为插入基点，插入时非常不便。

五、存储外部块

当用户使用块命令定义一个图块时，该块只存储在当前的图形文件中，而且只能在该图形文件中使用，这种块称为内部块。为使其他用户和其他图形文件能共享该块，就必须使用 Wblock 命令把块的定义存储到磁盘中，形成一个 ＊.dwg 文件，称为外部块。

1. 命令调用方式

只能直接输入命令名 Wblock，回车，弹出"写块"对话框，如图 11 -76 所示。

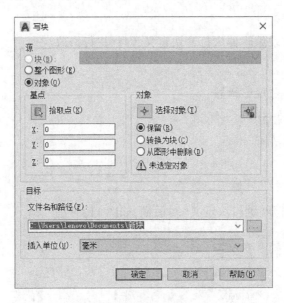

图 11 -76　"写块"对话框

2. 说明

（1）用 Wblock 命令定义的外部图块实际就是普通的 dwg 文件。只是用 Wblock 命令将整个图形定义为外部块写入一个新文件时，系统自动删除原文件中未用的层、块、线型等，然后再存储到磁盘中。因此，与原文件相对比，新文件大大减少了所占字节数。

（2）在"源"区，用户可通过三种方式指定要保存为外部图块的实体。

①块：把当前图中已经建立的内部图块保存到图形文件中。

②整个图形：将当前整个图形视为一个块，保存到图形文件中。

③对象：将需要的实体存到图形文件中。此时系统要求用户指定块的基点、选择块所包含的对象。此时的操作过程与 Block 命令类似。

（3）在"目标"区，用户可指定目标文件的名称、位置（或路径）及插入单位。

六、块的分解

块插入后,是一个复合实体,编辑时,只要点选块中的任一实体,整个块就被选中,便于用户对块进行整体的修改,如平移、旋转、复制等。但用户若想对块中的某个对象进行修改时,就必须先把块分解,这可通过 Explode 命令或 Xplode 命令来完成,也可在插入块时利用"插入"对话框中的"分解"复选框进行。

在命令行输入 Explode 或单击修改工具栏中的图标 ，可启动分解命令,系统要求"选择对象:",选择要分解的图块即可。

当分解的块对象是从"随层"对象生成时,它将返回原始层,并具有该层实体的颜色和线型;当分解块的对象是从"随块"对象生成时,将返回到原始层,并显示为白色、实线型的实体;当分解一个嵌套块时,它只能分解最外一层的图块;当分解一个带有属性的块时,任何分配的属性值都将丢失并重新显示属性定义。

七、编辑块

编辑块命令用于在块编辑器中打开块定义,对块进行修改。

1.命令调用方式

- ➡ 菜单:[工具]→[块编辑器]。
- ➡ 功能区:[默认]→[块]→ 。
- ➡ 工具栏:标准工具栏→ 。
- ➡ 命令:Bedit。

2.说明

执行 Bedit 命令,打开"编辑块定义"对话框,如图 11 -77 所示。

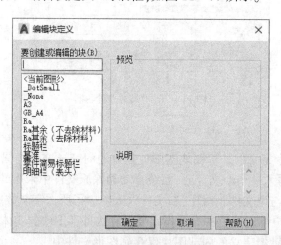

图 11 -77 "编辑块定义"对话框

从对话框左侧选择要编辑的块,点击"确定"按钮,AutoCAD 2018 进入块编辑模式,如图 11 -78 所示。此时用户可以直接对块进行编辑,编辑块后,单击相应工具栏中"保存块",对块进行保存,也可直接单击工具栏中"关闭块编辑器"按钮,软件打开"提示信息"框,询问是否将修改保存到该图块。

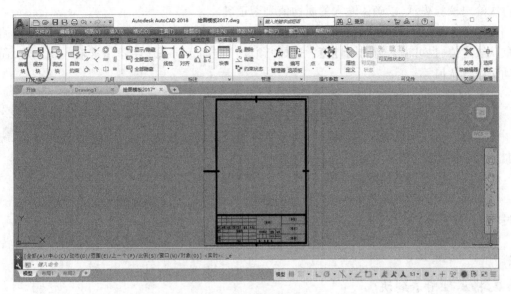

图 11－78　块编辑模式

八、属性

属性是附加在块上的各种文本数据,当插入图块时,系统将显示或提示输入属性数据。属性有两种基本作用:

(1)在插入附着有属性信息的块时,根据属性定义的不同,系统自动显示预先设置好的文本字符串,或者提示用户输入字符,为块对象附加各种注释信息。

(2)可以从图形中提取属性信息,并保存在单独的文本文件中,供用户进一步使用。

块根据需要可以附带属性,要先定义属性,再将属性及有关图形一起定义成块,也可只将属性定义成块。

1.属性定义

1)命令调用方式

⊙ 菜单:[绘图]→[块]→[定义属性]。

⊙ 功能区:[默认]→[块]→✎。

⊙ 命令:Attdef。

2)说明

执行命令,系统弹出"属性定义"对话框,如图 11－79所示。

(1)"模式"区。可设置属性的模式,包括四个复选框,选择各复选框后,其意义分别如下:

不可见——属性显示方式为不可见,即属性随块被插入后,该属性值在图中不显示。

固定——定义的属性值为一常量,在插入块时其值固定不变。

验证——在插入图块时,系统将对用户输入的属性

图 11－79　"属性定义"对话框

值再次给出校验提示，以确认输入的属性值是否正确。

预设——在定义属性时，用户可以为属性指定一个缺省值，当插入图块时，可直接用回车来默认缺省值，也可输入新的属性值。选择"预设"后，插入时系统将不请求输入属性值，而是自动采用默认值。

（2）"属性"区。设置属性参数，包括标记、提示及默认。

①标记——用户必须设置属性标记，属性标记可以是除空格和感叹号"！"外的任意字符。

②提示——在插入块时，属性提示便于引导用户正确输入属性值。如不设置此项，系统将以属性标记作为提示。

③默认——设置属性的缺省值。

（3）"插入点"区。确定属性文本插入点。用户可在 X、Y、Z 编辑框中输入点的坐标，一般通过单击"在屏幕上指定"按钮，在绘图区选择。

（4）"文字选项"区。用于确定属性文本的定位方式、文字样式、字体高度及旋转角度等。

2. 将属性附着到块

完成属性定义后，必须将它附着到块上才能成为真正有用的属性。在定义块时将需要的属性一起包含到选择集中，这样属性定义就与块关联了。以后每次插入块时，系统都会提示输入属性值，从而为块赋予不同的属性值。如果定义了多个属性，则选择属性的顺序决定了在插入块时提示属性信息的顺序。

注意：一定要先定义属性，后与图形一起定义为块；也可先定义图形块，在块编辑中对块添加属性。

3. 编辑属性

1）单个属性编辑

➜ 菜单：[修改]→[对象]→[属性]→[单个]。

➜ 功能区：[默认]→[块]→✍。

➜ 工具栏：修改Ⅱ工具栏→✍。

➜ 命令：Eattedit。

执行该命令后，根据提示选择要编辑的属性，系统弹出"增强属性编辑器"对话框，如图 11－80 所示。可修改属性值、属性文字的特性和文字选项等。

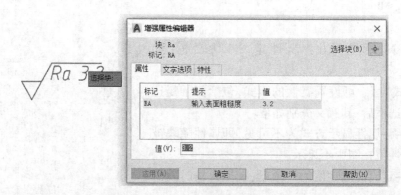

图 11－80 "增强属性编辑器"对话框

2）块属性管理器

　➡ 菜单：[修改]→[对象]→[属性]→[块属性管理器]。

　➡ 功能区：[默认]→[块]→ ⬚。

　➡ 工具栏：修改Ⅱ工具栏→ ⬚。

　➡ 命令：Battman。

执行该命令，弹出"块属性管理器"对话框，如图 11 − 81 所示。可修改属性标记、属性提示、属性值、属性文字选项、属性特性等。

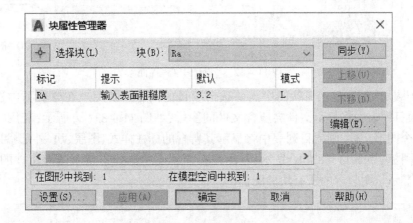

图 11 − 81　"块属性管理器"对话框

第十节　AutoCAD 2018 设计中心

　　利用 AutoCAD 2018 里的"设计中心"能够方便地将位于本地计算机、局域网或因特网上其他图纸里的"块"、"图层"和"标注样式"等插入或添加到正在设计的图纸。若打开多个图形文件，在这些文件之间可以通过简单的拖放操作实现图形的复制和粘贴，粘贴内容除图形外，还包括相关的图层、线型和字体等。通过这些手段，实现了资源的重复利用和共享，提高了图形管理和图形设计的效率。

一、命令调用方式

　➡ 菜单：[工具]→[选项板]→设计中心。

　➡ 工具栏：标准工具栏→ ▦。

　➡ 命令：Adcenter。

二、说明

命令调用后打开"设计中心"界面，如图 11 − 82 所示。

"树状图"区用于显示用户计算机或网络驱动器中的文件夹和图形文件的层次结构、打开的图形的列表、自定义内容以及上次访问过的位置的历史记录等。

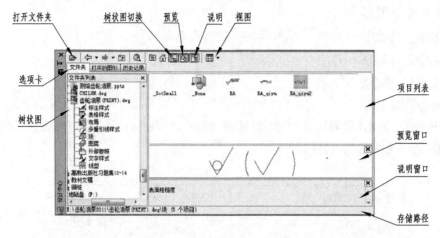

图 11 - 82   "设计中心"界面

"项目列表"区用于显示树状图中当前选定项目的内容。若用户在树状图中选定了一个文件夹,则项目列表中将显示文件夹所含文件的图标,如图 11 - 83(a)所示;若用户在树状图中选定了一个图形文件,则项目列表中将显示其所含的标柱样式、图层、块、外部参照及文字样式等内容的图标,如图 11 - 83(b)所示;若用户在树状图中选择了某个图形文件的块,则在项目列表中将显示该图包含的所有块的图标。

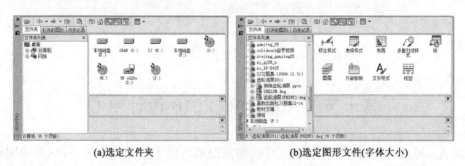

(a)选定文件夹   (b)选定图形文件(字体大小)

图 11 - 83   选定不同内容时对应的项目列表

"预览窗口"用于显示在项目列表中所选对象的预览图像,一般图形文件、块和外部参照可以获得预览图像,而其他项目则没有,此时预览窗口显示为空。

"说明窗口"用于显示在项目列表中所选对象的说明信息,若无说明信息,则为空。

三、复制命名对象的方法

通过 AutoCAD 2018 设计中心可以将图块、图层、文字样式、标注样式、外部参照等命名对象及用户自定义的其他图形内容复制到当前图中。

首先在树状图中查找到包含所需设置的图形文件,然后在项目列表中选择某项,再通过下述任意一种方法,即可将所选内容添加到当前图中。

(1)双击所选内容。

(2)直接用鼠标拖到当前图中。

(3)单击鼠标右键在快捷菜单中选取"添加"。

(4)单击鼠标右键在快捷菜单中选取"复制",而后再在当前图中执行"粘贴"。

第十一节 AutoCAD 2018 三维绘图

随着计算机应用技术的发展,三维造型设计越来越广泛地应用于各类工程设计中。虚拟制造技术、工艺过程数值模拟、有限元分析、仿真技术等都是以三维设计为基础的。在机械行业,像数控加工、加工中心等现代化的加工方法,其应用也要建立在三维实体模型的基础上。

AutoCAD 2018 为用户提供了比较完善的三维绘图功能,三维对象通过模拟表面(三维厚度)来表示物体,创建三维对象的过程称为三维建模。从二维或三维空间中使用二维绘图命令绘制的图形大多可以转换为三维图形。三维绘图既可以在"二维草图与注释"环境下创建三维模型,也可以在"三维建模"环境下创建三维模型。一般在"三维建模"环境下创建三维模型更加方便,本章内容均在此模型环境下运行。

本节主要介绍三维实体模型的创建、编辑、观察方法和技巧。

一、用户坐标系

AutoCAD 2018 二维平面绘图时,通常只使用世界坐标系(WCS 即三维笛卡儿坐标系)的 XY 平面,很少有进行坐标变换的必要。但在绘制三维图形时,坐标变换则是必须掌握的基本技能。用户可根据需要定义一个任意的坐标系,称为用户坐标系(UCS),其原点可在世界坐标系(WCS)的任意位置,其坐标轴可随用户的选择任意旋转和倾斜。用户坐标系的 X 轴、Y 轴和 Z 轴之间的相对关系仍和世界坐标系一样由右手规则确定。

AutoCAD 2018 的大多数绘图编辑命令取决于 UCS 的位置和方向。在缺省情况下,二维实体对象绘制在当前 UCS 的 XY 平面上;用拉伸(Extrude)命令构建三维实体时,二维对象的拉伸方向沿 UCS 的 Z 轴进行;创建三维实体(长方体、圆锥体、圆柱体、球体、圆环体和楔体)的位置也与 UCS 的设置相关。

点击"视图"菜单中"显示"菜单或"视图"功能菜单下的"UCS 图标","View Cube","导航栏"等图标,可隐藏或显示三种图标。如图 11 - 84 所示或在命令行输入"UCS"命令。

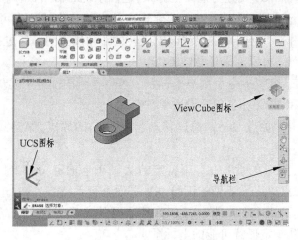

图 11 - 84 图标的显示

为使绘制的三维实体在空间按用户希望的位置和方向布置,可行的途径之一就是设置用户坐标系的位置和方向,其常用方法是"工具"下拉菜单"新建 UCS"菜单或利用"常用"功能

菜单下的"坐标"工具栏或"可视化"功能菜单下的"坐标"工具栏(图 11-85)或在命令行输入
"UCS"命令。

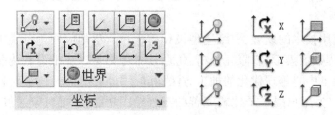

图 11-85 "坐标"工具栏

在命令行输入"UCS"命令,执行过程如下:

命令: UCS
当前 UCS 名称: *没有名称*
指定 UCS 的原点或 [面(F)/命名(NA)/对象(OB)/上一个(P)/视图(V)/世界(W)/X/
Y/Z/Z 轴(ZA)] <世界>:

下面对常用的 UCS 选项加以说明:

(1)在原点处显示 UCS 图标 ⊥:在当前 UCS 的原点 (0,0,0) 处显示该图标。如果原点超出视图,它将显示在视口的左下角。

(2)显示 UCS 图标 ⊥:显示 UCS 图标。

(3)隐藏 UCS 图标 ⊥:关闭 UCS 图标的显示。

(4)UCS 图标特性 ⊡:控制 UCS 图标的样式、大小和颜色。

(5)UCS ⊥:执行"UCS"命令,和在命令行输入"UCS"命令功能相同。

(6)命名 UCS(U) ⊡:列出、重命名和并恢复先前定义的用户坐标系,并控制视口的 UCS 和 UCS 图标设置。

(7)世界(W) ⊙:将 UCS 设置为世界坐标系,返回系统的初始状态。

(8)X/Y/Z ⊡⊡⊡: 分别绕 X、Y、Z 轴旋转当前 UCS。旋转角度可以为正值,也可以为负值,AutoCAD 2018 用右手定则来确定绕该轴旋转的正角度方向。通过指定原点和一次或多次绕 X、Y 或 Z 轴的旋转,可以定义任意的 UCS。

(9)UCS 上一个 ⊡:恢复上一个用户坐标系。可以再当前任务中逐步返回最后 10 个 UCS 设置。对于模型空间和图纸空间,UCS 设置单独存储。

(10)UCS 的原点 ⊥:原点 UCS。通过移动当前 UCS 的原点,保持其 X、Y 和 Z 轴方向不变,从而定义新的 UCS。

(11)Z 轴(ZA) ⊥:Z 轴矢量 UCS。用特定的 Z 轴正半轴定义 UCS。此时需要指定两点:第一点为新原点,第二点决定了 Z 轴的正向,XY 平面垂直于新的 Z 轴。

(12)三点(3) ⊡:三点 UCS。指定新 UCS 原点及其 X 和 Y 轴的正方向,Z 轴由右手定则确定。可以使用此选项指定任意可能的坐标系。

(13)视图 ⊡:将用户坐标系的 XY 平面与垂直于观察方向的平面对齐。原点保持不变,但 X 轴和 Y 轴分别变为水平和垂直。

(14)对象 ⊡:将用户坐标系与选定的对象对齐。UCS 的正 Z 轴与最初创建对象的平面垂直对齐。

(15)面：将用户坐标系与三维实体上的面对齐。通过单击面的边界内部或面的边来选择面。UCS X 轴与选定原始面上最靠近的边对齐。

二、创建三维实体

AutoCAD 提供了两种创建实体的方法：根据基本实体命令（长方体、圆柱体、圆锥体、球体、棱锥体、楔体和圆环体）创建实体；沿路径"拉伸"二维对象或者绕轴"旋转"二维对象来创建实体。第一种方法适合创建基本立体，而形状稍复杂些的简单体根据结构特征（是拉伸体还是回转体）选择第二种方法。当然基本体也可用第二种方法创建，因此，利用"拉伸"或"旋转"二维对象来创建三维实体是常用的有效方法。创建三维实体的工具栏如图 11 - 86 所示。

1. 创建基本立体

"建模"工具栏 11 - 86(a)所示中 7 个工具图标是分别用来创建长方体、圆柱体、圆锥体、球体、棱锥体、楔体和圆环体，以上基本形体的命令较简单，根据提示即可完成，但要注意除圆球和圆环以外其高度方向为 Z 轴方向，高度值为正时，从 XY 面沿 Z 轴正向拉伸，为负时，向 Z 轴的负向拉伸。

2. 拉伸（Extrude）

拉伸选定对象（增加厚度）创建实体如图 11 - 86(b)所示。可拉伸的对象必须是一个二维的、闭合的复合实体，例如多段线、多边形、矩形、圆、椭圆、闭合的样条曲线、圆环和面域。不能拉伸三维对象、包含在块中的对象、有交叉或横断部分的多段线和非闭合多段线。可以沿路径拉伸对象，也可以指定高度值和斜角。

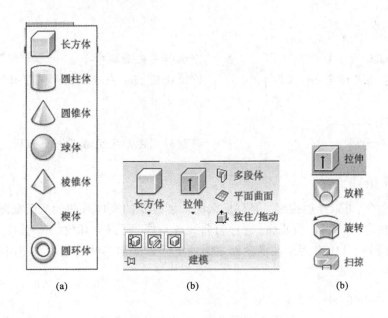

图 11 - 86 "建模"工具栏

3. 旋转（Revolve）

将闭合对象绕指定轴旋转一定角度形成回转体如图 11 - 86(c)所示。可以选择当前 UCS

的 X 轴或 Y 轴、直线和两个指定的点作为回转轴。能旋转的二维闭合对象可以是多段线、多边形、矩形、圆、椭圆和面域。

注意:用 Line 命令画出的封闭图形,不能被直接拉伸或旋转,必须将其定义成多段线或面域,再拉伸或旋转。

(1)定义多段线:选择菜单"绘图"→"边界",弹出"边界创建"对话框,在"对象类型"的下拉列表中选择"多段线"(也可在此通过选择"面域"来定义一个面域),单击"拾取点"按钮,返回图形界面,在封闭图形内拾取一点,单击右键即可,如图 11 - 87 所示。

图 11 - 87　定义边界对话框

(2)定义面域

命令:_region　　　　　　　　　　//执行定义面域命令
选择对象:指定对角点:找到 4 个　　//选择用 Line 命令画的封闭图形
选择对象:　　　　　　　　　　　//回车确认
已提取 1 个环。
已创建 1 个面域。　　　　　　　　将该封闭图形定义成了一个面域

4.放样(Loft)

使用放样命令,可以通过指定一系列横截面来创建新的实体或曲面。横截面定义了结果实体或曲面的轮廓(形状)。横截面(通常为曲线或直线)可以是开放的(例如圆弧),也可以是闭合的(例如圆)。LOFT 用于在横截面之间的空间内绘制实体或曲面。使用放样命令时,至少必须指定两个横截面。

5.扫掠(Sweep)

使用扫掠命令,可以通过沿开放或闭合的二维或三维路径扫掠开放或闭合的平面曲线(轮廓)创建新实体或曲面。扫略沿指定的路径以指定轮廓的形状绘制实体或曲面。可以扫掠多个对象,但是这些对象必须位于同一平面中。

选择要扫掠的对象时,该对象将自动与用作路径的对象对齐。

三、编辑三维实体

将简单的三维实体,通过布尔运算(并集、差集、交集)可以创建更复杂的形体。通过三维实体的圆角、倒角操作或编辑修改面、边、体,可以对实体作进一步修改。

在构建组合形体时,有时还可通过"三维阵列"和"三维镜像"进行复制操作,通过"三维旋转"和"对齐"调整基本形体的相对位置等。此工具栏在"修改"下拉菜单的"实体编辑"中,"实体编辑"和"修改"工具栏如图 11-88 所示。

1. 并集(Union)

并集是将两个或两个以上实体(或面域)合并成为一个复合对象。得到的复合实体包括所有选定实体所封闭的空间;得到的复合面域包括子集中所有面域所封闭的面积。

图 11-88　"实体编辑"工具栏

2. 差集(Subtract)

差集是从一组实体中减去与另一组实体间的公共部分,从而得到一个新的实体。执行时首先选择被减实体,然后再选择要减去的实体。差集运算主要用于创建形体上的孔或槽。

3. 交集(Intersect)

交集是用两个或多个实体的公共部分创建实体,删除非重合部分。

4. 剖切(Slice)

剖切是将实体沿剖切平面切开,可选择保留其中一部分或两部分。

5. 三维镜像(Mirror3d)

三维镜像是将所选对象相对镜像面作镜像复制,可保留或删除原实体。镜像平面可由对象(圆、圆弧或二维多段线线段)、最近的镜像面、Z 轴(及其外一点)、视图、XY 平面、YZ 平面、ZX 平面、三点等确定。

6. 三维旋转(Rotate3d)

三维旋转是将所选实体绕指定轴旋转一定角度。轴可由所选对象直线、二维多段线线段、圆或圆弧(此时轴为垂直于圆所在的平面且通过圆心的直线)、最近的轴、视图(此时轴为与当前视口的观察方向一致的直线)、与 X 轴、Y 轴、Z 轴平行的直线或任意两点等确定。

7. 三维对齐(Align)

三维对齐是在二维和三维空间中将对象与其他对象对齐。对齐对象时需要确定三对点,每对点都包括一个源点和一个目标点。其中第一对点定义对象的移动,第二对点定义 2D 或 3D 变换和对象的旋转,第三对点定义对象的不确定的 3D 变换。

8. 三维阵列(Darray3d)

三维阵列是将所选对象作三维矩形阵列复制(需指定行数、列数、层数及相应间距)或绕轴作三维环形阵列复制(需指定复制个数、填充角度、是否旋转对象、确定轴方向及位置的两点)。

以上三维操作(阵列、镜像、旋转和对齐)都可以通过选择菜单"修改"中相应的命令执行。其他实体编辑命令详见帮助。

四、观察三维实体的方法和工具

视点是指用户观察图形的方向。例如绘制长方体时,如果使用平面坐标系即 Z 轴垂直于屏幕,此时仅能看到物体在 XY 平面上的投影(矩形)。若调整视点至适当位置,如坐标系的左上方,将看到一个三维的长方体。

1. 使用标准视图观察三维实体

为了便于观察和编辑三维模型,AutoCAD 2018 为用户提供了一些标准视图,具体有 6 个正交视图和 4 个等轴测图,单击"视图"下拉菜单中"三维视图"工具栏或功能区"常用"选项卡中"视图"面板,或在"可视化"功能区中单击"视图"面板,如图 4.40(a)所示。也可通过"视图"选项卡,在"视口工具"面板中,单击工具栏中的"导航栏",从图标 选择动态观察工具。使用这些动态观察工具,可以拖动鼠标来模拟相机绕物体运动时所观察到的三维物体。"视图"和"动态观察器"工具栏如图 11 – 89(b)所示。

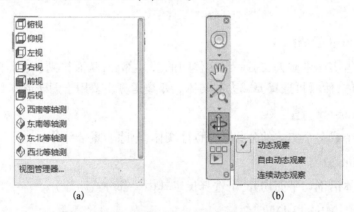

图 11 – 89　"视图"和"动态观察器"的工具栏

1)俯视图

恢复预定义的正交俯视图。用于观察三维实体在 XY 面上的视图。

2)西南等轴测视图

恢复预定义的西南等轴测视图。

3)动态观察

在图形中单击并向左或向右水平拖动光标,可沿 XY 平面旋转对象。如果上下垂直拖动光标,即可沿 Z 轴旋转对象。

4)自由动态观察

自由动态观察视图显示了一个转盘,可通过在转盘的不同位置按住左键并拖动鼠标,在三维空间动态地转动实体,以便从不同方向观察对象的各个部位。此时,上下转动滚轮,视图进行放大或缩小;按住滚轮拖动,视图移位。

5）连续动态观察

连续动态观察器可以连续的进行动态观察三维模型。需在连续地动态观察移动的方向上单击并拖动,然后释放鼠标按钮,系统便自动使轨道沿该方向继续移动,产生动画效果。

2. 使用 ViewCube 3D 导航立方体

通过"视图"选项卡,在"视口工具"面板中,单击工具栏中的"ViewCube"［图 11 – 90（a）］,即可显示图 11.90（b）所示的 3D 导航立方体,可以快速帮助用户调整模型的视点,还可以更改模型的视图投影、定义和恢复模型的主视图,以及恢复随模型一起保存的已命名 UCS。

此导航立方体主要有顶部的房子标记、中间的导航立方体、底部的罗盘和最下侧的 UCS 菜单 4 部分组成。当沿立方体移动鼠标指针时,分布在导航立体棱、边、面等位置上的热点会亮显。单击一个热点,就可以切换到相关的视图。

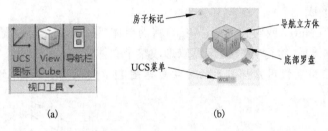

(a)　　　　　　　　　　　(b)

图 11 – 90　"ViewCube"显示图

五、三维实体的显示方式

AutoCAD 2018 为三维实体提供了各种显示方式,可以通过"视图"下拉菜单"视觉样式"工具栏或选择单击"常用"选项卡中"视图"面板中的"视觉样式"下拉箭头,从出现的下拉列表中选择相应的命令。在"视觉样式"中有"二维线框""概念""隐藏""真实""着色""带边框着色""灰度""勾画""线框""X 射线"等。"视觉样式"工具栏如图 11 – 91 所示。

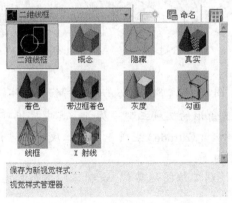

图 11 – 91　"视觉样式"工具栏

（1）"二维线框"视觉样式　——通过使用直线和曲线表示边界的方式显示对象。

（2）"概念"视觉样式　——使用平滑着色和古氏面样式显示对象。古氏面样式在冷暖颜色而不是明暗效果之间转换。效果缺乏真实感,但是可以更方便地查看模型的细节。

（3）"隐藏"视觉样式　——使用线框表示法显示对象,而隐藏表示背面的线。

（4）"真实"视觉样式　——将使用平滑着色和材质来显示对象。

(5)"着色"视觉样式 ——使用平滑着色显示对象。

(6)"带边框着色"视觉样式——使用平滑着色和可见边显示对象。

(7)"灰度"视觉样式 ——使用平滑着色和单色灰度显示对象。

(8)"勾画"视觉样式 ——使用线延伸和抖动边修改器显示手绘效果的对象。

(9)"线框"视觉样式 ——通过使用直线和曲线表示边界的方式显示对象。

(10)"X 射线"视觉样式 ——以局部透明度显示对象。

六、三维建模绘制实例

三维实体造型的思路如下:

(1)将复杂立体分解成几个简单体或基本体的组合。

(2)在屏幕的适当位置创建这些简单体或基本体,简单立体上的孔或槽可通过布尔运算或编辑实体本身来形成。

(3)用移动命令(Move)或对齐命令(Align)将简单体"装配"到正确位置。

(4)组合所有立体后,执行"并集"运算以形成整个立体。

【例 11 -1】 应用变换用户坐标系的方法创建图 11 -92(g)所示立体的三维实体模型。

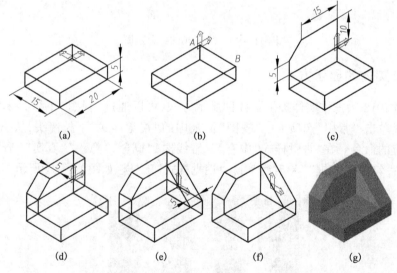

(a)   (b)   (c)

(d)   (e)   (f)   (g)

图 11 -92 应用 UCS 的变换绘制三维实体

该立体由底板、立板及三角形的侧板三部分构成。其中底板可直接用"Box(长方体)"命令生成,立板和侧板用拉伸命令(Extrude)生成。由于三块板的方位不同,作图前需要调节用户坐标系的方位。作图步骤如下:

(1)设置绘图环境。与绘制二维图形类似,绘制三维图形前也应设置图形界限、图层、标注样式等,此处不再赘述。

(2)采用"Box(长方体)"命令生成底板,如图 11 -92(a)所示。

(3)采用"Zaxis(Z 轴矢量 UCS)"选项,变换 UCS 的方位,如图 11 -92(b)所示。命令的执行过程如下:

命令:ucs
当前 UCS 名称:*世界*

输入选项［新建（N）/移动（M）/正交（G）/上一个（P）/恢复（R）/保存（S）/删除（D）/应用（A）/? /世界（W）］＜世界＞：n

指定新 UCS 的原点或［Z 轴（ZA）/三点（3）/对象（OB）/面（F）/视图（V）/X/Y/Z］＜0,0,0＞：za

指定新原点 ＜0,0,0＞：　　　　　　　　　//捕捉角点 A 为新坐标原点

在正 Z 轴范围上指定点 ＜298.6478,119.2837,1.0000＞：　　　　　　　　　//捕捉角点 B 设置新 Z 轴方向

（4）用"Pline（多段线）"绘制立板的底面轮廓。也可用"Line（直线）"命令绘制,而后用"Boundary（边界）"或"Region（面域）"命令创建为多段线或面域,如图 11 - 92（c）所示。

（5）采用拉伸命令（Extrude）将该封闭线框拉伸为立体,如图 11 - 92（d）所示。命令的执行过程如下：

命令：extrude

当前线框密度：ISOLINES = 4

选择对象：找到 1 个　　　　　　　　　//选择立板的底面封闭线框

选择对象：　　　　　　　　　　　　　//空响应,结束对象选择

指定拉伸高度或［路径（P）］：5　　　　//指定立板的厚度为 5

指定拉伸的倾斜角度 ＜0＞：　　　　　　//空响应,默认倾斜角度为 0,命令结束

（6）重复步骤（3）、（4）、（5）,绘制侧板,如图 11 - 92（e）所示。

（7）用并集命令（Union）将三个立体合并为一个实体,如图 11 - 92（f）所示。

（8）采用体着色命令（Shademode ）将立体着色,如图 11 - 92（g）所示。

提示：着色前一定要将立体的颜色改为彩色,面与面的层次才分明,着色效果明显;若为黑色,则黑乎乎一片,无层次感。

此时,用户可用"3dorbit（三维动态观察器）"观看三维实体的各个侧面或作进一步的编辑。

创建三维实体时,也可在一个坐标系中将各个方向的基本立体全都生成出来,而后再应用三维操作及编辑命令调整它们的相对位置,最后运用布尔运算创建组合体。

【例 11 - 2】　创建图 11 - 93 所示立体的三维实体模型。

该立体可分为底板、对称的套筒及支撑板三部分。

（1）绘制平面图形,并将底板和支撑板的外轮廓定义为多段线或面域,如图 11 - 94（a）所示。

（2）将视图切换为西南等轴测视图,以利观察。然后将上步所得封闭线框拉伸为立体,包括套筒和底板上的孔也要创建为同等大小的实体圆柱。为定位方便,将套筒上两个圆柱的拉伸高度设置为 9,如图 11 - 94（b）所示。

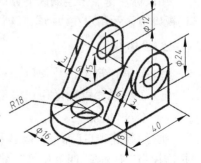

图 11 - 93　组合体

(3)选择两圆柱,点击鼠标左键将其下底面圆心夹点激活(变红),直接拖动鼠标捕捉支撑板的下底面圆心,从而使套筒和支撑板准确定位,如图 11 - 94(c)所示。

(4)使用三维旋转命令(Rotate3d),将支撑板及套筒绕底边 AB 旋转 90°立起来;然后利用移动命令(Move)将支撑板及套筒以点 B 为基点移动至底板的角点 C 处,如图 11 - 94(d)所示。

(5)利用三维镜像命令(Mirror3d)将支撑板及套筒相对底板的前后对称面进行镜像;然后进行布尔运算将底板、支撑板及套筒的外圆柱"合并"起来,再用"差集"将底板上的孔、支撑板上的孔挖切出来,如图 9 - 94(e)所示。

(6)将实体"着色",如图 11 - 94(f)所示。

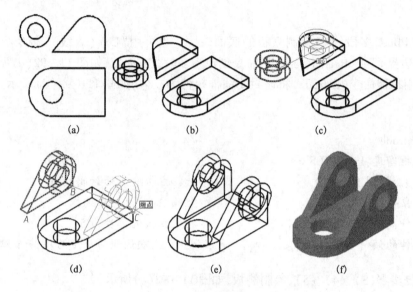

图 11 - 94　组合体的绘图过程

七、由三维实体生成二维图形的方法和技巧

下面主要介绍如何由三维实体模型生成二维工程图形。

在 AutoCAD 2018 中用户可以创建三维模型的二维视图,如三视图、轴测图等。具体步骤如下:

1.进入布局空间

用鼠标左键点击绘图区下方的"布局"按钮,进入布局(图纸空间),屏幕上会出现一个视口,视口中显示用户在模型空间创建的三维实体。

2.新建视口

➡ 菜单:[视图]→[视口]→[新建视口]。

➡ 工具栏:"可视化"→"模型视口" 🖼。

➡ 命令:Vports。

执行"新建视口"命令,弹出"视口"对话框,如图 11 - 95 所示。在"新建视口"选项卡中,"标准视口"中选择"四个相等",建立四个相等的视口,分别将它们设成"主视图、俯视图、左视图和东南等轴测"。

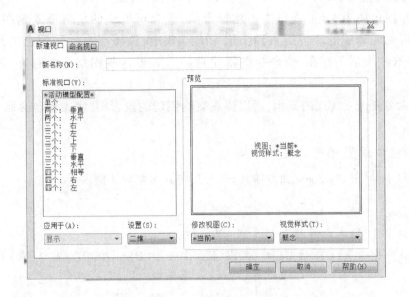

图 11-95　"新建视口"对话框

在"设置(S)"中选择"三维","视觉样式"中选择"二维线框",单击"确定"。命令行提示如下:

指定第一个角点或 [布满(F)] <布满>: 　　　　　　//回车确认布满

3. 加载 Hidden 线型

打开"线型管理器"看是否有 Hidden 线型,如果没有则加载,以备系统自动定义虚线图层。

4. 在各视口中创建实体的轮廓图(投影图)

→ 菜单:[绘视图]→[建模]→[设置]→[轮廓(p)]。

双击左键分别激活;给定边长为 3 各视口,并执行设置轮廓命令(Solprof)或工具栏图标"■"获取实体的投影轮廓。

执行过程:

命令: solprof
选择对象: 找到 1 个 ;选择三维实体
选择对象: 　　　　　　　　　　　　　　　　　　　//空响应确认
是否在单独的图层中显示隐藏的剖面线? [是(Y)/否(N)] <是>: 　　//空响应默认
是否将剖面线投影到平面? [是(Y)/否(N)] <是>: 　　　//空响应默认
是否删除相切的边? [是(Y)/否(N)] <是>: 　　　　//空响应默认
已选定一个实体。 　　　　　　　　　　　　　　　//结束命令

此时系统将自动生成各视口的可见轮廓线图层 PV – viewport handle 和不可见轮廓线(虚线)图层 PH – viewport handle。其中 viewport handle 为视口句柄,即视口代号,由系统自动生

成，可在图纸空间使用 LIST(列表)命令选择视口，来查看该视口的句柄。

例如，若在句柄为 4B 的视口中创建投影图，包含可见线的块将插入到图层 PV－4B 中，包含不可见轮廓线的块将插入到图层 PH－4B 中，该图层自动采用已加载的 Hidden 线型。如果这些图层不存在，该命令将创建它们。如果这些图层已经存在，块将添加到图层上。

Solprof 命令不改变图层的显示，所以要观察刚创建的投影图，需关掉包含原三维实体的图层。

5. 为各视口设置相同的显示分辨率

在各视口中分别执行 Zoom 命令输入 nXP，其中 n 为缩放比例因子。

命令：zoom
指定窗口角点，输入比例因子 (nX 或 nXP)，或
[全部(A)/中心点(C)/动态(D)/范围(E)/上一个(P)/比例(S)/窗口(W)] ＜实时＞：
1.5XP

6. 进入图纸空间，绘制点画线、标注尺寸

标注时，可直接应用对象捕捉拾取实体上的各种特征点，标注各类尺寸。

7. 关闭轴测图中的虚线图层，以增加轴测图的立体效果

注意：模型空间和图纸空间的切换方法有两种：一种是点击状态行中的"模型"或"图纸"按钮进行切换。另一种是在模型空间，双击布局边框的外侧；在图纸空间，双击某视口内部，即可进行切换。

必须使状态行中的"图纸"空间转换为"模型"空间，如图 11－96 所示。

图 11－96　状态行显示状态

图 11－97(a)是一个创建好的三维实体；图 11－97(b)是采用上述方法创建的实体投影轮廓图；图 11－97(c)是在图纸空间绘制点画线、标注尺寸后的完整的三视图及轴测图，轴测图中的虚线图层已经关闭。

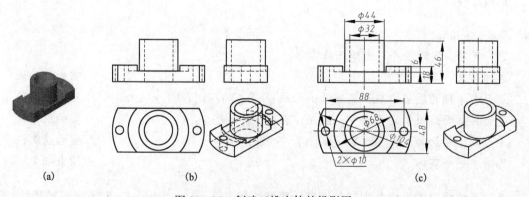

(a)　　　　(b)　　　　(c)

图 11－97　创建三维实体的投影图

第十二节 典型化工设备图的绘制

前面几节主要讲述了 AutoCAD 2018 基本绘图命令及编辑命令的有关知识。下面将通过一个工程中典型的化工设备图 φ1800×7000 二次脱水罐(图 11-98)的绘制过程,讲述如何综合利用各种绘图命令来绘制表达化工设备的各种基本视图、局部视图及剖视图等,并介绍尺寸标注的方法和步骤等内容。通过这些内容的学习能够使 AutoCAD 2018 绘图及尺寸标注等各方面得到更深入的综合训练,获得更多的实用技巧。

一、绘图初始环境设定

1.图幅尺寸

根据脱水罐的实际大小及结构的复杂程度,选择绘图比例为 1:15,则所需图纸为 A1 号图纸,因此设定图幅尺寸为 A1 号图纸大小。注意:以下绘图尺寸均为缩小后的尺寸。

命令:_limits

重新设置模型空间界限:

指定左下角点或 [开(ON)/关(OFF)] <0.0000,0.0000>:　　//默认图纸的左下角点坐标为(0,0)

指定右上角点 <420.0000,297.0000>:841,594　　//设定右上角点坐标为(841,594),即 A1 号图纸

2.显示所设图幅

命令: <栅格 开>　　//单击右下角状态栏中的栅格按钮,显示栅格

命令:_zoom

指定窗口角点,输入比例因子(nX 或 nXP),或[全部(A)/中心点(C)/动态(D)/范围(E)/上一个(P)/比例(S)/窗口(W)] <实时>:a

正在重生成模型。　　//全屏显示所设图幅

3.设置绘图单位、精度和文字样式

执行 Units 命令,或打开[格式]下拉菜单选择[单位],设定长度类型为"小数"、精度为0;角度类型为"十进制度数"、精度为0。

执行 Style 命令,或打开[格式]下拉菜单选择[文字样式],设定文字样式为"宋体",高度为0。

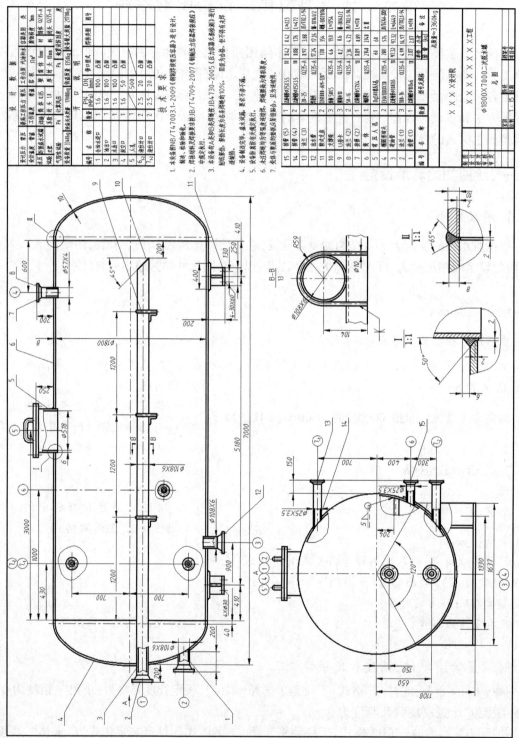

图11-98 二次脱水罐装配图

4.设置图层、颜色、线型及线宽

执行图层设定命令 Layer,打开图层特性管理器,设定图层特性如下:

图层	颜色	线型	线宽
0	白色	Continuous	0.5 mm
点画线	红色	Center	缺省
双点画线	白色	phantom	缺省
细实线	蓝色	Continuous	缺省
虚线	紫色	dashed	缺省
尺寸线	蓝色	Continuous	缺省
剖面线	白色	Continuous	缺省

二、绘制图纸边框线和图框线

将细实线层设为当前图层,启动画矩形命令绘制图纸边框线和图框线。

命令: _rectang
指定第一个角点或 [倒角(C)/标高(E)/圆角　　　//左下角点坐标为(0,0)
(F)/厚度(T)/宽度(W)]: 0,0
指定另一个角点: 841,594　　　　　　　　//右上角点坐标为(841,594)

将当前图层置为 0 层,启动画矩形命令绘制图框线。

命令: _rectang
指定第一个角点或 [倒角(C)/标高(E)/圆角
(F)/厚度(T)/宽度(W)]: from
基点: 0,0　　　　　　　　　　　　　　//以坐标原点为基点
<偏移>: 25,10　　　　　　　　　　　//图框线的左下角点坐标
指定另一个角点: 831,584　　　　　　　//图框线的右上角点坐标

打开极轴追踪、对象捕捉功能,设定对象捕捉方式:端点、交点及垂足。绘制标题栏。

命令: _line 指定第一点: from
基点:　　　　　　　　　　　　　　　//单击图框线的右下角点 B
<偏移>: @ -180,0　　　　　　　　　//得 A 点
指定下一点或 [放弃(U)]:　　　　　　//捕捉图框线上边线的垂足,单
　　　　　　　　　　　　　　　　　　击鼠标左键

细实线的左侧为绘图区域,右侧为书写技术要求、标题栏等区域,如图 11 - 99 所示。

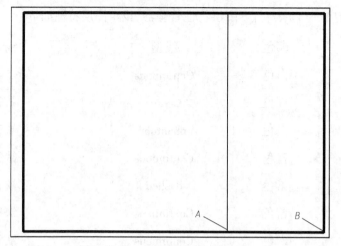

图 11 - 99   图纸边框线和图框线

三、绘制主视图主要外形轮廓

该脱水罐为常压卧式容器,中间筒体结构为圆柱体,两端为椭圆形封头。主视图基本采用全剖绘制。绘制时应注意筒体和钢板厚度采用夸大画法,为使将来用绘图仪输出时两条粗实线不连在一起,任意两条粗实线间间距不得小于 1.4mm。

打开极轴追踪、对象捕捉功能,设定对象捕捉方式:端点、交点、圆心及垂足。将点画线图层置为当前层,启动画线命令 Line,绘出中心线 A 和 C,再启动偏移命令 Offset,绘出圆柱体转向轮廓线、左椭圆封头的对称中心线 B 及椭圆的辅助线 E、F(线 E、F 相对于线 B 左右对称),启动画椭圆命令 Ellipse 绘制出椭圆,再用修剪 Trim 命令修剪掉多余线,启动镜像命令得到右侧封头,如图 11 - 100 所示。

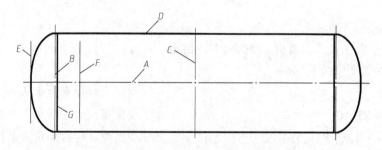

图 11 - 100   脱水罐外轮廓线

命令:_line 指定第一点: //单击水平对称线的左端点
指定下一点或 [放弃(U)]: <正交 开>   //单击水平对称线的右端点
指定下一点或 [放弃(U)]:   //按回车键(画出点画线 A)
命令:_line 指定第一点: //单击竖直对称线的上端点
指定下一点或 [放弃(U)]:   //单击竖直对称线的下端点
指定下一点或 [放弃(U)]:   //按回车键(画出点画线 C)
命令:_offset

指定偏移距离或［通过(T)］<302>：203　　　//输入点画线 C 到点画线 B 的距离

选择要偏移的对象或 <退出>：　　　　　　//选择点画线 C

指定点以确定偏移所在一侧：　　　　　　　//在点画线 C 的左侧单击一点

选择要偏移的对象或 <退出>：　　　　　　//按回车键(得点画线 B)

命令：_offset

指定偏移距离或［通过(T)］<203>：200　　　//输入点画线 C 到点画线 G 的距离

选择要偏移的对象或 <退出>：　　　　　　//选择点画线 C

指定点以确定偏移所在一侧：　　　　　　　//在点画线 C 的左侧单击一点

选择要偏移的对象或 <退出>：　　　　　　//按回车键

得点画线 G,再将点画线 G 调入 0 图层并修剪,即得粗实线 G。

命令：_offset

指定偏移距离或［通过(T)］<200>：60　　　//输入点画线 A 到直线 D 的距离

选择要偏移的对象或 <退出>：　　　　　　//选择点画线 A

指定点以确定偏移所在一侧：　　　　　　　//在点画线 A 的上面单击一点

选择要偏移的对象或 <退出>：　　　　　　//选择点画线 A

指定点以确定偏移所在一侧：　　　　　　　//在点画线 A 的下面单击一点

选择要偏移的对象或 <退出>：　　　　　　//按回车键(得圆柱体上下轮廓)

得点画线 D,再将点画线 D 调入 0 图层并修剪,即得粗实线 D。

命令：_offset

指定偏移距离或［通过(T)］<60>：31　　　//输入点画线 B 到直线 E 的距离

选择要偏移的对象或 <退出>：　　　　　　//选择直线 B

指定点以确定偏移所在一侧：　　　　　　　//在直线 B 的左侧单击一点

选择要偏移的对象或 <退出>：　　　　　　//选择直线 B

指定点以确定偏移所在一侧：　　　　　　　//在直线 B 的右侧单击一点

选择要偏移的对象或 <退出>：　　　　　　//按回车键(得画椭圆的辅助线 E、F)

命令：_ellipse

指定椭圆的轴端点或［圆弧(A)/中心点(C)］：　//单击 A 和 E 的交点

指定轴的另一个端点：　　　　　　　　　　//单击 A 和 F 的交点

指定另一条半轴长度或［旋转(R)］：　　　　//单击 B 和 D 的交点

命令：_trim

当前设置：投影 = UCS 边 = 延伸

选择剪切边 …　　　　　　　　　　　　　//单击点画线 B

选择对象：找到 1 个　　　　　　　　　　//回车,结束剪切边的选择

选择要修剪的对象或［投影(P)/边(E)/　　　//单击椭圆的右侧线

放弃(U)］

命令：_mirror

选择对象:找到 3 个   //选择直线 B、G 和半椭圆弧,回车

指定镜像线的第一点: //单击 C 和 D 的交点

指定镜像线的第二点: //单击 C 和 A 的交点

要删除源对象吗?〔是(Y)/否(N)〕<否> //按回车键

命令:_offset

指定偏移距离或〔通过(T)〕<2>:2 //输入脱水罐的壁厚,回车

选择要偏移的对象或 <退出>:   //选择椭圆封头

指定点以确定偏移所在一侧: //单击封头内侧,将封头向内偏移

选择要偏移的对象或 <退出>:… //分别将脱水罐的外轮廓线向内偏
                移,形成内轮廓,按回车键,结束命令

利用偏移命令得到脱水罐的内轮廓线,删除多余辅助线,如图 11－101 所示。

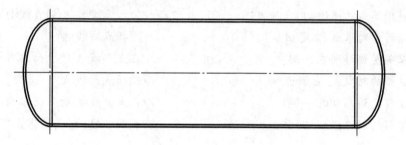

图 11－101 脱水罐体

四、绘制人孔

(1)直线 A 和直线 B 是罐体的内外轮廓线,利用偏移命令偏移直线 B 和左封头的焊缝线分别绘出人孔的底线 D 和轴线 C(暂时为粗实线),再利用偏移命令分别绘出其他线条,如图 11－102(a)所示。

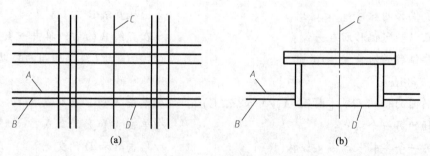

(a)   (b)

图 11－102 人孔绘制过程(一)

命令:_offset

指定偏移距离或〔通过(T)〕<2>:200 //输入封头左焊缝线到人孔轴线的距离

选择要偏移的对象或 <退出>:   //罐体的左焊缝线

指定点以确定偏移所在一侧: //单击左焊缝线右侧

选择要偏移的对象或 <退出>:   //按回车键(得人孔轴线 C)

命令：_offset

指定偏移距离或［通过（T）］＜2＞：2　　　　　//罐体内轮廓线 B 到人孔底部的距离

选择要偏移的对象或＜退出＞：　　　　　　　　//选择直线 B

指定点以确定偏移所在一侧：　　　　　　　　　//单击 B 的下面

选择要偏移的对象或＜退出＞：　　　　　　　　//按回车键(得人孔的底线 D)

命令：_offset

指定偏移距离或［通过（T）］＜2＞：17　　　　//输入人孔内半径

选择要偏移的对象或＜退出＞：　　　　　　　　//人孔的轴线 C

指定点以确定偏移所在一侧：　　　　　　　　　//单击轴线 C 的左侧

选择要偏移的对象或＜退出＞：　　　　　　　　//人孔的轴线 C

指定点以确定偏移所在一侧：　　　　　　　　　//单击轴线 C 的右侧

选择要偏移的对象或＜退出＞：　　　　　　　　//按回车键(得人孔的内壁)

命令：_offset

指定偏移距离或［通过（T）］＜2＞：19　　　　//输入人孔外半径

选择要偏移的对象或＜退出＞：　　　　　　　　//人孔的轴线 C

指定点以确定偏移所在一侧：　　　　　　　　　//单击轴线 C 的左侧

选择要偏移的对象或＜退出＞：　　　　　　　　//人孔的轴线 C

指定点以确定偏移所在一侧：　　　　　　　　　//单击轴线 C 的右侧

选择要偏移的对象或＜退出＞：　　　　　　　　//按回车键(得人孔的外壁)

命令：_offset

指定偏移距离或［通过（T）］＜2＞：17　　　　//A 到人孔上端面的距离

选择要偏移的对象或＜退出＞：　　　　　　　　//选择直线 A

指定点以确定偏移所在一侧：　　　　　　　　　//单击 A 的上面

选择要偏移的对象或＜退出＞：　　　　　　　　//按回车键(得人孔的上端面)

（2）利用修剪命令 Trim 修剪图形,且将轴线 C 调入 0 点画线层。按照同样的方法,可绘制人孔法兰盘的轮廓线,在此不再叙述,如图 11 - 102(b)所示。

（3）可继续利用偏移和修剪命令绘出手柄矩形 E,下面利用另一种方法,即画线命令结合正交偏移捕捉绘出手柄的矩形 E,如图 11 - 103(a)所示。

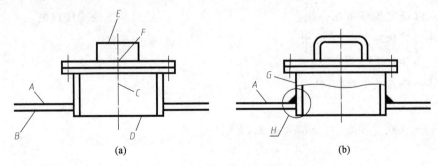

图 11 - 103　人孔绘制过程(二)

命令：_line 指定第一点：from　　　　　　　　//使用正交偏移捕捉

基点：   //捕捉交点 F

<偏移>：@ -9,0   //输入第一点相对坐标

指定下一点或 [放弃(U)]：@0,7   //输入第二点相对坐标

指定下一点或 [放弃(U)]：@18,0   //输入第三点相对坐标

指定下一点或 [闭合(C)/放弃(U)]：   //捕捉垂足,单击左键

指定下一点或 [闭合(C)/放弃(U)]：   //按回车键

（4）利用倒圆角命令为手柄矩形倒圆角,再用偏移命令绘出手柄的内轮廓线；利用画曲线命令绘出波浪线,然后修剪图形；利用画线命令结合正交捕捉和极轴追踪绘出角焊三角形,修剪并利用图案填充命令对三角形涂黑,利用画圆命令绘出圆 I,如图 11-103(b)所示。

命令：_fillet

当前模式：模式 = 修剪,半径 = 10

选择第一个对象或 [多段线(P)/半径(R)/修
剪(T)]：r

指定圆角半径 <10>：2   //设定圆角半径为2

命令：_fillet

当前模式：模式 = 修剪,半径 = 2.0000

选择第一个对象或 [多段线(P)/半径(R)/修   //选择矩形的左边
剪(T)]：

选择第二个对象：   //选择矩形的上边

命令：_fillet

当前模式：模式 = 修剪,半径 = 2.0000

选择第一个对象或 [多段线(P)/半径(R)/修   //选择矩形的右边
剪(T)]：

选择第二个对象：   //选择矩形的上边

命令：_offset

指定偏移距离或 [通过(T)] <2>：2   //输入手柄内外轮廓线的距离

选择要偏移的对象或 <退出>：   //分别选择手柄外轮廓各线

指定点以确定偏移所在一侧：   //分别单击轮廓线内侧

选择要偏移的对象或 <退出>：   //按回车键

命令：_spline

指定第一个点或 [对象(O)]：

指定下一点：

指定下一点或 [闭合(C)/拟合公差(F)] <
起点切向>：

指定下一点或 [闭合(C)/拟合公差(F)] <   //按回车键,结束绘制波浪线
起点切向>：

利用 Trim 命令修剪图形如图 11-103(b)所示。

命令：_line 指定第一点：from

基点：　　　　　　　　　　　　　　　//选择直线 A 和直线 G 的交点

<偏移>：@ - 3,0　　　　　　　　　//输入相对于该交点的相对坐标

指定下一点或 [放弃(U)]：　　　　　//打开极轴追踪极轴角设为45度,输入另一点

指定下一点或 [放弃(U)]：　　　　　//按回车键(修剪成角焊三角形)

命令：_bhatch

选择内部点：正在选择所有对象…　　//选择 solid 图案,单击三角形内任意一点

正在选择所有可见对象…

正在分析所选数据…

正在分析内部孤岛…

选择内部点：　　　　　　　　　　　//按回车键(完成图案填充)

命令：_mirror

选择对象：指定对角点：找到 2 个　　//选择角焊处图形

选择对象：　　　　　　　　　　　　//按回车键,结束选择

指定镜像线的第一点：　　　　　　　//单击人孔轴线上第一点

指定镜像线的第二点：　　　　　　　//单击人孔轴线上第二点

是否删除源对象? [是(Y)/否(N)] <N>：//按回车键

五、绘制放空孔和油出孔

在图 11 - 104 中直线 A 和 B 是脱水罐的外壁和内壁的轮廓线,放空孔的轴线 C 和底线 D 分别由右封头焊缝线和罐体内壁轮廓线 B 偏移得到,再根据图纸分别偏移轴线 C 和直线 D 相应的距离,得放空孔的其他线条,然后修剪图形并把各种类型的线放入相应的图层中。作图过程与人孔的画法相似,这里从略。其中图中 H 线的画法是:打开极轴追踪,设定极轴角为45°,利用画线命令,第一点捕捉直线 E 和 F 的交点单击,第二点追踪45°线单击,再修剪即可。油出孔(图 11 - 105)的绘图方法与放空孔一样,在此不再赘述。

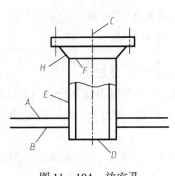

图 11 - 104　放空孔

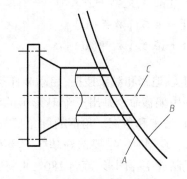

图 11 - 105　油出孔

六、绘制含油水进口和出水口

它们的端部与放空孔相似,因此可分别通过对原有图形进行复制、旋转、移动等操作绘图(注意:在作移动时一定要选好基准)。下面详细介绍一下油水进口在罐体内的部分的绘制过

程。由于该管具有细长的特点,按原比例画图形显示不清楚,因此把该管作了变形,其目的是使大家看清楚各部分结构的画法。

(1)在绘制油水进口管时可先利用偏移命令绘出直线 A,再利用延伸命令 Extend 将端部原有的内外壁转向线 C 和 D 延伸至直线 A;利用画线命令,结合极轴追踪,绘出右端的 45°斜线;利用样条曲线命令画波浪线,最后修剪各部分,如图 11 - 106 所示。

命令:_extend
当前设置:投影 = UCS 边 = 延伸
选择边界的边 …
选择对象:找到 1　　　　　　　　　　//选择 A 线
选择对象:　　　　　　　　　　　　//按回车键
选择要延伸的对象或 [投影(P)/边(E)/放弃(U)]:　//依次选择 C、D 右端,则它
　　　　　　　　　　　　　　　　　们分别延长至 A
选择要延伸的对象或 [投影(P)/边(E)/放弃(U)]:　//按回车键

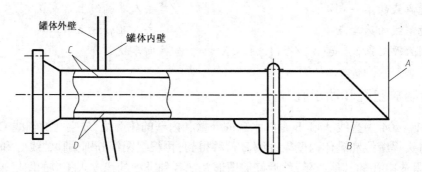

图 11 - 106　含油水进口

打开极轴追踪,设定极角为 45°,打开对象捕捉。

命令:_line 指定第一点:　　　　　　//单击 A 和 B 的交点
指定下一点或 [放弃(U)]:　　　　　　//追踪135°极轴追踪线,单击
指定下一点或 [放弃(U)]:　　　　　　//按回车键

关闭极轴追踪和对象捕捉,启动画样条曲线 Spline 命令画波浪线,修剪。

(2)利用偏移命令画出三个 U 形卡的对称中心线,之后再利用偏移命令、画圆命令及剪切命令绘制 U 形卡和角钢。角钢的圆角部分是四分之一圆弧。利用多重复制绘出其他两个 U 形卡和角钢,复制时一定要选好基准。具体步骤从略。

(3)复制放空孔图形,旋转 180°,再将其移动至相应的位置上即完成出水口图形。

七、绘制 B - B 放大图

选择合适的位置绘出圆的对称中心线,利用画圆命令绘出圆 A,同样的方法分别绘出其他三个同心圆,偏移直线 B 得直线 C,利用画线命令绘出直线 D 的左半部分,利用拉长命令绘出右半部分,偏移直线 D 得 E,利用画线命令绘出直线 F 及其他与之平行的线,利用打断命令打

断圆 G 、H 和直线 D,画出波浪线,修剪如图 11 - 107 所示,最后写出文字。

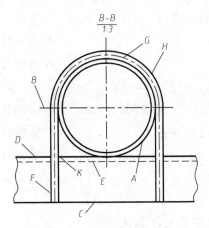

图 11 - 107 U 形卡放大图

注意:U 形卡和两处焊缝均为局部放大图,绘图时,要按照各图示比例相应尺寸绘制。下面是主要的绘图过程。

命令:_circle 指定圆的圆心或 [三点(3P)/两点(2P)/相切、相切、半径(T)]:   //单击点画线交点

指定圆的半径或 [直径(D)] <2.7000>:18

命令:_offset

指定偏移距离或 [通过(T)] <通过>:35   //输入 B 到 C 的距离

选择要偏移的对象或 <退出>:   //单击直线 B

指定点以确定偏移所在一侧: //单击 B 的下面

选择要偏移的对象或 <退出>:   //按回车键

命令:_line 指定第一点: //单击圆 A 的下象限点

指定下一点或 [放弃(U)]:   //在左侧单击一点

指定下一点或 [放弃(U)]:   //按回车键

命令:_lengthen

选择对象或 [增量(DE)/百分数(P)/全部(T)/动态(DY)]:DY

选择要修改的对象或 [放弃(U)]:   //单击直线 D 的右端

指定新端点: //在右侧合适的位置单击一点

选择要修改的对象或 [放弃(U)]:   //按回车键

命令:_break 选择对象:

指定第二个打断点 或 [第一点(F)]:F   //重新指定第一打断点

指定第一个打断点: //圆 G 的左象限点(必须先选择左象限点)

指定第二个打断点: //圆 G 的右象限点(G 的下半圆被剪掉)

命令：_break 选择对象：

指定第二个打断点 或 ［第一点(F)］：F   //重新指定第一打断点

指定第一个打断点：   //选择 D 与 F 的交点

指定第二个打断点：   //选择 K 点

命令：_offset

指定偏移距离或 ［通过(T)］ <35.0000>：2   //输入 D 到 E 的距离

选择要偏移的对象或 <退出>：   //选择 D

指定点以确定偏移所在一侧：   //单击 D 的下面得直线 E

选择要偏移的对象或 <退出>：   //按回车键

命令：_dtext

当前文字样式：Standard 文字高度：3.0000

指定文字的起点或 ［对正(J)/样式(S)］：   //在放大图上方合适位置上单击
一点

指定高度 <2.0000>：3   //文字高度

指定文字的旋转角度 <0>：   //回车默认 0°

输入文字：B-B

输入文字：1：3

输入文字：   //按回车键

八、绘制另一放大图 I

这里重点讲解焊口形状的画法和剖面线的填充，如图 11-108 所示。

(1)绘出内外壁轮廓线后，焊口的形状可用多种方法绘出，现在我们用画线命令结合正交偏移捕捉的方法画焊口形状。

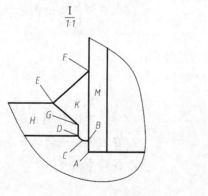
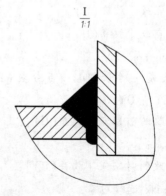

图 11-108 焊口的画法

打开正交、对象捕捉、对象追踪。

命令：_line 指定第一点：from   //使用正交偏移捕捉

基点：   //单击 A 点

<偏移>:@ 0,1	//输入 B 点相对于 A 点的相对坐标,得 B 点
指定下一点或[放弃(U)]:1	//向左追踪,输入点 A 到点 B 的距离,得 C 点
指定下一点或[放弃(U)]:	//打开极轴,设极轴角 45°,利用极轴追踪和对象追踪捕捉 D 点单击
指定下一点或[闭合(C)/放弃(U)]:2	//向上追踪,输入点 D 到点 G 的距离,得 G 点
指定下一点或[闭合(C)/放弃(U)]:	//设极轴角 140°,利用极轴追踪和对象追踪捕捉 E 点单击
指定下一点或[闭合(C)/放弃(U)]:	//设极轴角 45°,利用极轴追踪和对象追踪捕捉 F 点单击
指定下一点或[闭合(C)/放弃(U)]:	//按回车键

(2)填充剖面线。

命令:_bhatch	//在填充图案对话框中选择 ANSI31 图案,角度 0°,单击拾取点
选择内部点:	//单击 H 内一点
正在选择所有对象…	
正在分析所选数据…	
正在分析内部孤岛…	
选择内部点:	//按回车键,返回对话框,单击预览
<按 Enter 键或单击鼠标右键返回对话框>	//预览填充效果,按回车键,返回对话框,单击确定
命令:_bhatch	//在填充图案对话框中选择 ANSI31 图案,角度 90°,单击拾取点
选择内部点:	//单击 M 内一点
正在选择所有对象…	
正在分析所选数据…	
正在分析内部孤岛…	
选择内部点:	//按回车键,返回对话框,单击预览
<按 Enter 键或单击鼠标右键返回对话框>	//预览填充效果,按回车键,返回对话框,单击确定
命令:_bhatch	//在填充图案对话框中选择 SOLID 图案,角度 0°,单击拾取点
选择内部点:	//单击 K 内一点
正在选择所有对象…	
正在分析所选数据…	

正在分析内部孤岛...

选择内部点:　　　　　　　　　　　　　//按回车键,返回对话框,单击预览

<按 Enter 键或单击鼠标右键返回对话框>　　//预览填充效果,按回车键,返回对
　　　　　　　　　　　　　　　　　　　　　话框,单击确定

A 向视图和其他局部放大图的画图方法与前面介绍的方法相同,在此不再叙述,读者可自行绘制。

九、尺寸标注

AutoCAD 2018 绘图软件的适用范围非常广泛,它不仅适用于机械设计,在建筑、电子等行业也广泛应用,因此在对机械图样标注尺寸前要创建新的尺寸标注样式。具体创建方法前面已详述,在这里要强调的是,在绘图时应按尺寸和比例准确作图,在创建新的标注样式时将比例因子设为绘图比例的倒数,例如绘图比例为 1∶15,则标注尺寸的比例因子取 15。如果不准确作图,在标注尺寸时每一个都将重新输入尺寸数字,非常麻烦。

将新建尺寸样式置为当前。打开对象捕捉,设置捕捉类型为:端点、交点、圆心。下面仅通过对 A 向视图(图 11-109)和 B-B 放大图(图 11-110)的典型尺寸进行标注,详述各类尺寸的标注方法。

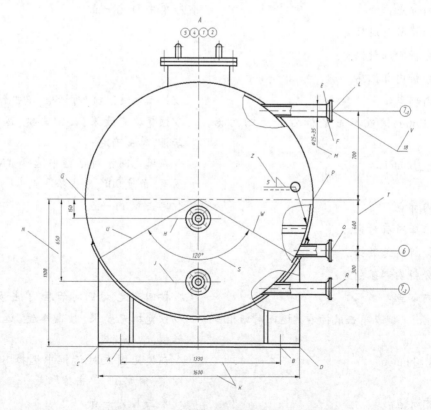

图 11-109　脱水罐的 A 向视图的尺寸标注

1.线性标注——标注尺寸 K、M

命令：_dimlinear

指定第一条尺寸界线原点或 <选择对象>：　　　　//单击 A 点

指定第二条尺寸界线原点：　　　　　　　　　　//单击 B 点

指定尺寸线位置或[多行文字(M)/文字(T)/　　　//重新输入尺寸数字
角度(A)/水平(H)/垂直(V)/旋转(R)]:t

输入标注文字 <1300>：1330　　　　　　　　//输入正确尺寸

指定尺寸线位置或[多行文字(M)/文字(T)/　　　//选择合适的位置单击
角度(A)/水平(H)/垂直(V)/旋转(R)]：

标注文字 =1330

命令：_dimlinear

指定第一条尺寸界线原点或 <选择对象>：　　　　//单击 C 点

指定第二条尺寸界线原点：　　　　　　　　　　//单击 D 点

指定尺寸线位置或[多行文字(M)/文字(T)/　　　//重新输入尺寸数字
角度(A)/水平(H)/垂直(V)/旋转(R)]:t

输入标注文字 <1637>：1600　　　　　　　　//输入正确尺寸

指定尺寸线位置或[多行文字(M)/文字(T)/　　　//选择合适的位置单击
角度(A)/水平(H)/垂直(V)/旋转(R)

标注文字 =1600

命令：_dimlinear

指定第一条尺寸界线原点或 <选择对象>：　　　　//单击 E 点

指定第二条尺寸界线原点：　　　　　　　　　　//单击 F 点

指定尺寸线位置或[多行文字(M)/文字(T)/　　　//重新输入尺寸数字
角度(A)/水平(H)/垂直(V)/旋转(R)]:t

输入标注文字 <96>：φ25×35　　　　　　　//输入正确尺寸

指定尺寸线位置或[多行文字(M)/文字(T)/　　　//选择合适的位置单击
角度(A)/水平(H)/垂直(V)/旋转(R)]：

2.基线标注——标注尺寸 N

命令：_dimlinear

指定第一条尺寸界线原点或 <选择对象>：　　　　//单击 G 点

指定第二条尺寸界线原点：　　　　　　　　　　//单击 H 点

指定尺寸线位置或[多行文字(M)/文字(T)/
角度(A)/水平(H)/垂直(V)/旋转(R)]：　　　　//选择合适位置单击

标注文字 =150

命令：_dimbaseline

指定第二条尺寸界线原点或［放弃(U)/选择　　//单击 J 点
(S)］＜选择＞：

标注文字 ＝650

指定第二条尺寸界线原点或［放弃(U)/选择　　//单击 C 点
(S)］＜选择＞：

标注文字 ＝1108

指定第二条尺寸界线原点或［放弃(U)/选择　　//按回车键
(S)］＜选择＞：

3. 连续标注——标注尺寸 T

命令：_dimlinear

指定第一条尺寸界线原点或 ＜选择对象＞：　　//单击 L 点

指定第二条尺寸界线原点：　　//单击 P 点

指定尺寸线位置或［多行文字(M)/文字(T)/　　//选择合适的位置单击
角度(A)/水平(H)/垂直(V)/旋转(R)］：

标注文字 ＝700

命令：_dimcontinue

指定第二条尺寸界线原点或［放弃(U)/选择　　//单击 Q 点
(S)］＜选择＞：

标注文字 ＝400

指定第二条尺寸界线原点或［放弃(U)/选择　　//单击 R 点
(S)］＜选择＞：

标注文字 ＝300

指定第二条尺寸界线原点或［放弃(U)/选择　　//按回车键
(S)］＜选择＞：

选择连续标注：　　//按回车键

4. 角度标注——标注角度尺寸 S

命令：_dimangular

选择圆弧、圆、直线或 ＜指定顶点＞：　　//单击直线 U

选择第二条直线：　　//单击直线 W

指定标注弧线位置或［多行文字(M)/文字　　//选择合适位置单击
(T)/角度(A)］：

标注文字 ＝120

5. 直径和半径的标注

直径和半径的标注如图 11 - 110 所示。

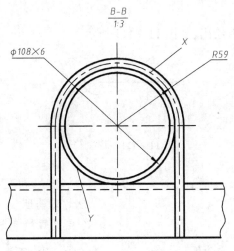

图 11 - 110　U 形卡的尺寸标注

命令：_dimdiameter

选择圆弧或圆：　　　　　　　　　　　　　　//单击圆 Y

标注文字 = 108

指定尺寸线位置或 [多行文字(M)/文字(T)/　　//重新输入直径尺寸

角度(A)]:t

输入标注文字 <108> : φ108 ×6

指定尺寸线位置或 [多行文字(M)/文字(T)/　　//选择合适位置单击

角度(A)]:

命令：_dimradius

选择圆弧或圆：　　　　　　　　　　　　　　//单击半圆 X

标注文字 = 59

指定尺寸线位置或 [多行文字(M)/文字(T)/　　//选择合适位置单击

角度(A)]:

6. 引线标注——标注序号 V 和焊接符号 Z

引线标注如图 11 - 99 所示。

命令：_qleader

指定第一条引线点或 [设置(S)] <设置> ：　　//按回车键设置引线标注的样式

指定第一条引线点或 [设置(S)] <设置> ：　　//单击 L 点

指定下一点：　　　　　　　　　　　　　　　//单击 V 点

输入注释文字的第一行 <多行文字(M)> : 18　//输入序号

输入注释文字的下一行：　　　　　　　　　　//按回车键

在化工设备图中经常需要标注焊接符号,为了避免重复性工作,可以把该符号画出将其定义成块或带属性的块,保存起来,需要时应用块插入即可,非常方便。下面我们就以焊接符号

Z 为例讲述块操作的过程。

现将焊接符号 Z 的图形绘出,如图 11 – 111 所示。

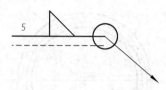

图 11 – 111　焊接符号

命令: _attdef　　　　　　　　　　//定义属性

起点:　　　　　　　　　　　　　//定义焊缝参数 5 为属性

命令: _block 指定插入基点:　　　　//定义块,单击圆心点

选择对象: 指定对角点: 找到 6 个　//选择全部图形

选择对象:　　　　　　　　　　　//按回车键

命令: _wblock　　　　　　　　　//写块(保存块)

命令: _insert　　　　　　　　　　//将块插入所需图形中

最后,画标题栏、明细表、数据表和开口说明表,在表内填写文字,且书写技术要求。

附　　录

附录1　螺　　纹

附表 1-1　普通螺纹(摘自 GB/T 193—2003、GB/T 196—2003)

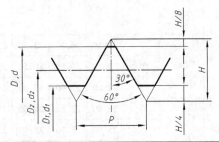

标记示例

　　细牙普通螺纹,公称直径24mm,螺距为1.5mm,右旋,中径公差带代号5g,顶径公差带代号6g,短旋合长度的外螺纹,其标记为:

$$M24 \times 1.5 - 5g6g - S$$

mm

公称直径 D、d		螺距 P		粗牙小径 D_1、d_1	公称直径 D、d		螺距 P		粗牙小径 D_1、d_1
第一系列	第二系列	粗牙	细牙		第一系列	第二系列	粗牙	细牙	
3		0.5	0.35	2.459		22	2.5	2、1.5、1	19.294
	3.5	0.6		2.850	24		3		20.752
4		0.7	0.5	3.242		27	3		23.752
	4.5	0.75		3.688					
5		0.8		4.134	30		3.5	(3)、2、1.5、1	26.211
6		1	0.75	4.917		33	3.5	(3)、2、1.5	29.211
	7	1		5.917	36		4	3、2、1.5	31.670
8		1.25	1、0.75	6.647		39	4		34.670
10		1.5	1.25、1、0.75	8.376	42		4.5	4、3、2、1.5	37.129
12		1.75	1.5、1.25、1	10.106		45	4.5		40.129
	14	2	1.5、1.25、1	11.835	48		5		42.587
16		2	1.5、1	13.835		52	5		46.587
	18	2.5	2、1.5、1	15.294	56		5.5		50.046
20		2.5		17.294		60	5.5		54.046
						64	6		57.670

注:(1)优先选用第一系列,括号内尺寸尽可能不用。

　　(2)公称直径 D、d 第三系列未列入。

　　(3)注解:M14×1.25 仅用于发动机的火花塞。

附表 1-2　梯形螺纹(摘自 GB/T 5796.2—2005、GB/T 5796.3—2005)

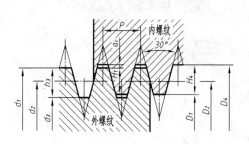

标记示例

公称直径 40mm,导程 14mm,螺距 7mm,中径公差带代号为 7H 的双线左旋梯形内螺纹,其标记为:

Tr40×14(P7)LH-7H

mm

公称直径 D、d		螺距	中径	大径	小径		公称直径 D、d		螺距	中径	大径	小径	
第一系列	第二系列	P	$d_2 = D_2$	D_4	d_3	D_1	第一系列	第二系列	P	$d_2 = D_2$	D_4	d_3	D_1
8		1.5	7.25	8.30	6.20	6.50			3	24.50	26.50	22.50	23.00
	9	1.5	8.25	9.30	7.20	7.50		26	5	23.50	26.50	20.50	21.00
		2	8.00	9.50	6.50	7.00			8	22.00	27.00	17.00	18.00
10		1.5	9.25	10.30	8.20	8.50			3	26.50	28.50	24.50	25.00
		2	9.00	10.50	7.50	8.00	28		5	25.50	28.50	22.50	23.00
	11	2	10.00	11.50	8.50	9.00			8	24.00	29.00	19.00	20.00
		3	9.50	11.50	7.50	8.00			3	28.50	30.50	26.50	29.00
12		2	11.00	12.50	9.50	10.00		30	6	27.00	31.00	23.00	24.00
		3	10.50	12.50	8.50	9.00			10	25.00	31.00	19.00	20.50
	14	2	13.00	14.50	11.50	12.00			3	30.50	32.50	28.50	29.00
		3	12.50	14.50	10.50	11.00	32		6	29.00	33.00	25.00	26.00
16		2	15.00	16.50	13.50	14.00			10	27.00	33.00	21.00	22.00
		4	14.00	16.50	11.50	12.00			3	32.50	34.50	30.50	31.00
	18	2	17.00	18.50	15.50	16.00		34	6	31.00	35.00	27.00	28.00
		4	16.00	18.50	13.50	14.00			10	29.00	35.00	23.00	24.00
20		2	19.00	20.50	17.50	18.00			3	34.50	36.50	32.50	33.00
		4	18.00	20.50	15.50	16.00	36		6	33.00	37.00	29.00	30.00
	22	3	20.50	22.50	18.50	19.00			10	31.00	37.00	25.00	26.00
		5	19.50	22.50	16.50	17.00			3	36.50	38.50	34.50	35.00
		8	18.00	23.00	13.00	14.00		38	7	34.50	39.00	30.00	31.00
24		3	22.50	24.50	20.50	21.00			10	33.00	39.00	27.00	28.00
		5	21.50	24.50	18.50	19.00			3	38.50	40.50	36.50	37.00
		8	20.00	25.00	15.00	16.00	40		7	36.50	41.00	32.00	33.00
									10	35.00	41.00	29.00	30.00

附表 1 – 3　55°非密封的管螺纹（摘自 GB/T 7307—2001）

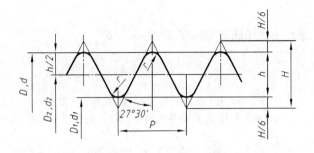

$1\frac{1}{2}$ 左旋内螺纹：G1 $\frac{1}{2}$ – LH(右旋不标)

$1\frac{1}{2}$ A 级外螺纹：G1 $\frac{1}{2}$ A

$1\frac{1}{2}$ B 级外螺纹：G1 $\frac{1}{2}$ B

mm

尺寸代号	每 25.4mm 内的牙数 n	螺距 P	牙高 h	圆弧半径 $r\approx$	基本直径		
					大径 $d = D$	中径	小径
1/16	28	0.907	0.581	0.125	7.723	7.142	6.561
1/8	28	0.907	0.581	0.125	9.728	9.147	8.556
1/4	19	1.337	0.856	0.184	13.157	12.301	11.445
3/8	19	1.337	0.856	0.184	16.662	15.806	14.950
1/2	14	1.814	1.162	0.249	20.955	19.793	18.631
5/8	14	1.814	1.162	0.249	22.911	21.749	20.587
3/4	14	1.814	1.162	0.249	26.441	25.279	24.117
7/8	14	1.814	1.162	0.249	30.201	29.039	27.877
1	11	2.309	1.479	0.317	33.249	31.770	30.291
$1\frac{1}{8}$	11	2.309	1.479	0.317	37.897	36.418	34.939
$1\frac{1}{2}$	11	2.309	1.479	0.317	41.910	40.431	38.952
$1\frac{2}{3}$	11	2.309	1.479	0.317	47.803	46.324	44.845
$1\frac{3}{4}$	11	2.309	1.479	0.317	53.746	52.267	50.788
2	11	2.309	1.479	0.317	59.614	58.135	56.656
$2\frac{1}{4}$	11	2.309	1.479	0.317	65.710	64.231	62.752
$2\frac{1}{2}$	11	2.309	1.479	0.317	75.184	73.705	72.226
$2\frac{3}{4}$	11	2.309	1.479	0.317	81.534	80.055	78.576
3	11	2.309	1.479	0.317	87.884	86.405	84.926
$3\frac{1}{2}$	11	2.309	1.479	0.317	100.330	98.851	97.372
4	11	2.309	1.479	0.317	113.030	111.551	110.072
$4\frac{1}{2}$	11	2.309	1.479	0.317	125.730	124.251	122.772
5	11	2.309	1.479	0.317	138.430	136.951	135.472
$5\frac{1}{2}$	11	2.309	1.479	0.317	151.130	149.651	148.172
6	11	2.309	1.479	0.317	163.830	162.351	160.872

注：本标准适用于管接头、旋塞、阀门及附件。

附录2 常用标准件

附表 2-1 六角头螺栓——A 级和 B 级(摘自 GB/T 5782—2016)

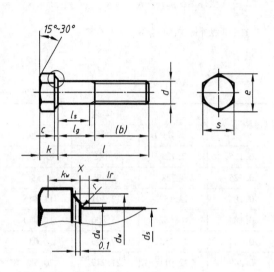

标记示例

螺纹规格为 M12,公称长度 $l = 80$mm,性能等级为 8.8 级、表面不经处理、产品等级为 A 级的六角头螺栓的标记为:

螺栓 GB/T 5782 M12×80

mm

螺纹规格 d				M1.6	M2	M2.5	M3	M4	M5	M6	M8	M10	M12	M16	M20	M24	M30	M36	M42	M48	M56	M64
螺距 P				0.35	0.4	0.45	0.5	0.7	0.8	1	1.25	1.5	1.75	2	2.5	3	3.5	4	4.5	5	5.5	6
b 参考	$l \leqslant 125$			9	10	11	12	14	16	18	22	26	30	38	46	54	66	—	—	—	—	—
	$125 < l \leqslant 200$			15	16	17	18	20	22	24	28	32	36	44	52	60	72	84	96	108	—	—
	$l > 200$			28	29	30	31	33	35	37	41	45	49	57	65	73	85	97	109	121	137	153
d_a	max			2	2.6	3.1	3.6	4.7	5.7	6.8	9.2	11.2	13.7	17.7	22.4	26.4	33.4	39.4	45.6	52.6	63	71
c	min			0.10	0.10	0.10	0.15	0.15	0.15	0.15	0.15	0.15	0.2	0.2	0.2	0.2	0.2	0.3	0.3	0.3	0.3
	max			0.25	0.25	0.25	0.4	0.4	0.5	0.5	0.6	0.6	0.6	0.8	0.8	0.8	0.8	1	1	1	1
d_s	公称 = max			1.6	2	2.5	3	4	5	6	8	10	12	16	20	24	30	36	42	48	56	64
	产品等级	A	min	1.46	1.86	2.36	2.86	3.82	4.82	5.82	7.78	9.78	11.73	15.73	19.67	23.67	—	—	—	—	—	—
		B		1.35	1.75	2.25	2.75	3.7	4.7	5.7	7.64	9.64	11.57	15.57	19.48	23.48	29.48	35.38	41.38	47.38	55.26	63.26
d_w	产品等级	A	min	2.27	3.07	4.07	4.57	5.88	6.88	8.88	11.63	14.63	16.63	22.49	28.19	33.61	—	—	—	—	—	—
		B		2.30	2.95	3.95	4.45	5.74	6.74	8.74	11.47	14.47	16.47	22	27.7	33.25	42.75	51.11	59.95	69.45	78.66	88.16

续表

螺纹规格 d			M1.6	M2	M2.5	M3	M4	M5	M6	M8	M10	M12	M16	M20	M24	M30	M36	M42	M48	M56	M64
螺距 P			0.35	0.4	0.45	0.5	0.7	0.8	1	1.25	1.5	1.75	2	2.5	3	3.5	4	4.5	5	5.5	6
e	产品等级 A	min	3.41	4.32	5.45	6.01	7.66	8.79	11.05	14.38	17.77	20.03	26.75	33.53	39.98	–	–	–	–	–	–
	产品等级 B		3.28	4.18	5.31	5.88	7.5	8.63	10.89	14.2	17.59	19.85	26.17	32.95	39.55	50.85	60.79	71.3	82.6	93.56	104.86
lr		max	0.6	0.8	1	1	1.2	1.2	1.4	2	2	3	3	4	4	6	6	8	10	12	13
k	公称		1.1	1.4	1.7	2	2.8	3.5	4	5.3	6.4	7.5	10	12.5	15	18.7	22.5	26	30	35	40
	产品等级 A	max	1.225	1.525	1.825	2.125	2.925	3.65	4.15	5.45	6.58	7.68	10.18	12.715	15.215	–	–	–	–	–	–
		min	0.975	1.275	1.575	1.875	2.675	3.35	3.85	5.15	6.22	7.32	9.82	12.285	14.785	–	–	–	–	–	–
	产品等级 B	max	1.3	1.6	1.9	2.2	3	3.74	4.24	5.54	6.69	7.79	10.29	12.85	15.35	19.12	22.92	26.42	30.42	35.5	40.5
		min	0.9	1.2	1.5	1.8	2.6	3.26	3.76	5.06	6.11	7.21	9.71	12.15	14.65	18.28	22.08	25.58	29.58	34.5	39.5
k_w	A	min	0.68	0.89	1.1	1.31	1.87	2.35	2.7	3.61	4.35	5.12	6.87	8.6	10.35	–	–	–	–	–	–
	B	min	0.63	0.84	1.05	1.26	1.82	2.28	2.63	3.54	4.28	5.05	6.8	8.51	10.26	12.8	15.46	17.91	20.71	24.15	27.65
r		min	0.1	0.1	0.1	0.1	0.2	0.2	0.25	0.4	0.4	0.6	0.6	0.8	0.8	1	1	1.2	1.6	2	2
s	公称 = max		3.2	4	5	5.5	7	8	10	13	16	18	24	30	36	46	55	65	75	85	95
	A	min	3.02	3.82	4.82	5.32	6.78	7.78	9.78	12.73	15.73	17.73	23.67	29.67	35.38	–	–	–	–	–	–
	B	min	2.9	3.7	4.7	5.2	6.64	7.64	9.64	12.57	15.57	17.57	23.16	29.16	35	45	53.8	63.1	73.1	82.8	92.8
螺纹长度 b			9	10	11	–	–	–	–	–	–	–	–	–	–	–	–	–	–	–	–

注:A 和 B 为产品等级,A 级用于 $d \leqslant 24$mm 和 $l \leqslant 10d$ 或 $\leqslant 150$mm(按较小值)的螺栓,B 级用于 $d > 24d$ 或 $l > 10d$ 或 $l > 150$mm(按较小值)的螺栓。本表仅按商品规格和通用规格列出。上表部分摘录,为尽可能不采用括号内的规格。

附表 2－2　双头螺柱

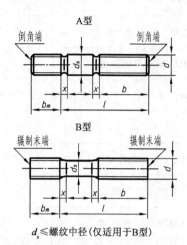

A型

倒角端　倒角端

B型

辗制末端　辗制末端

$d_s \leqslant$ 螺纹中径(仅适用于B型)

GB 897—1988($b_m = 1d$)
GB 898—1988($b_m = 1.25d$)
GB 899—1988($b_m = 1.5d$)
GB 900—1988($b_m = 2d$)

标记示例

两端均为粗牙普通螺纹,$d = 10\text{mm}$,$l = 50\text{mm}$,性能等级为4.8级,不经表面处理,B型,$b_m = 1d$的双头螺柱:

螺柱 GB 897　M10×50 旋入端为粗牙普通螺纹,紧固端为螺距$P = 1\text{mm}$的细牙普通螺纹,$d = 10\text{mm}$,$l = 50\text{mm}$,性能等级为4.8级,不经表面处理,A型,$b_m = 1.25d$的双头螺柱:

螺柱 GB 898　AM10 M10×1×50

mm

螺纹规格 d	b_m 公称				d_s		X max	b	l 公称
	GB897-88	GB898-88	GB899-88	GB900-88	max	min			
M5	5	6	8	10	5	4.7		10	16 ~ (22)
								16	25 ~ 50
M6	6	8	10	12	6	5.7		10	20、(22)
								14	25、(28)、30
								18	(32) ~ (75)
M8	8	10	12	16	8	7.64		12	20、(22)
								16	25、(28)、30
								22	(32) ~ 90
M10	10	12	15	20	10	9.64		14	25、(28)
								16	30、(38)
								26	40 ~ 120
								32	130
M12	12	15	18	24	12	11.57	2.5P	16	25 ~ 30
								20	(32) ~ 40
								30	45 ~ 120
								36	130 ~ 180
M16	16	20	24	32	16	15.57		20	30 ~ (38)
								30	40 ~ 50
								38	60 ~ 120
								44	130 ~ 200
M20	20	25	30	40	20	19.48		25	35 ~ 40
								35	45 ~ 60
								46	(65) ~ 120
								52	130 ~ 200

注:(1)P表示螺距。

(2)l的长度系列:16,(18),20,(22),25,(28),30,(32),35,(38),40,45,50,(55),60,(65),70,(75),80,90,(95),100 ~ 200(十进位)。括号内数值尽可能不采用。

附表 2 – 3　Ⅰ型六角螺母—A 和 B 级(摘自 GB/T 6170—2015)

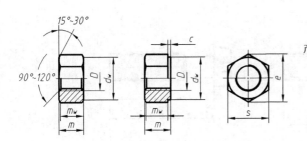

标记示例

螺纹规格为 M12,性能等级为 8 级,表面不经处理,
产品等级为 A 级的Ⅰ型六角螺母的标记为:

螺母　GB/T 6170　M12

mm

螺纹规格 D		M 1.6	M 2	M 2.5	M 3	M 4	M 5	M 6	M 8	M 10	M 12
螺距 P		0.35	0.4	0.45	0.5	0.7	0.8	1	1.25	1.5	1.75
c	max	0.2	0.2	0.3	0.4	0.4	0.5	0.5	0.6	0.6	0.6
	min	0.10	0.10	0.10	0.15	0.15	0.15	0.15	0.15	0.15	0.15
d_a	max	1.84	2.3	2.9	3.45	4.6	5.75	6.75	8.75	10.8	13
	min	1.60	2.0	2.5	3.00	4.0	5.00	6.00	8.00	10.0	12
d_w	min	2.4	3.1	4.1	4.6	5.9	6.9	8.9	11.6	14.6	16.6
e	min	3.41	4.32	5.45	6.01	7.66	8.79	11.05	14.38	17.77	20.03
m	max	1.3	1.6	2	2.4	3.2	4.7	5.2	6.8	8.4	10.8
	min	1.05	1.35	1.75	2.15	2.9	4.4	4.9	6.44	8.04	10.37
m_w	min	0.8	1.1	1.4	1.7	2.3	3.5	3.9	5.1	6.4	8.3
s	max	3.20	4.00	5.00	5.50	7.00	8.00	10.00	13.00	16.00	18.00
	min	3.02	3.82	4.82	5.32	6.78	7.78	9.78	12.73	15.73	17.73

螺纹规格 D		M 16	M 20	M 24	M 30	M 36	M 42	M 48	M 56	M 64
螺距 P		2	2.5	3	3.5	4	4.5	5	5.5	6
c	max	0.8	0.8	0.8	0.8	0.8	1	1	1	1.0
	min	0.2	0.2	0.2	0.2	0.2	0.3	0.3	0.3	0.3
d_a	max	17.3	21.6	25.9	32.4	38.9	45.4	51.8	60.5	69.1
	min	16.0	20.0	24.0	30.0	36.0	42.0	48.0	56.0	64.0
d_w	min	22.5	27.7	33.3	42.8	51.1	60.0	69.5	78.7	88.2
e	min	26.75	32.95	39.55	50.85	60.79	71.03	82.6	93.56	104.86
m	max	14.8	18	21.5	25.6	31	34	38	45	51
	min	14.1	16.9	20.2	24.3	29.4	32.4	36.4	43.4	49.1
m_w	min	11.3	13.5	16.2	19.4	23.5	25.9	29.1	34.7	39.3
s	max	24.00	30.00	36	46	55.0	65.0	75.0	85.0	95.0
	min	23.67	29.16	35	45	53.8	63.8	73.1	82.8	92.8

注:(1) A 级用于 $D \leqslant 16mm$ 的螺母;B 级用于 $D > 16mm$ 的螺母。本表仅按商品规格和通用规格列出。
　　(2) 螺纹规格为 M8 ~ M64、细牙、A 级和 B 级的Ⅰ型六角螺母,请查阅 GB/T 6170—2015。

附表2－4　开槽圆柱头螺钉(摘自 GB/T 65—2016)

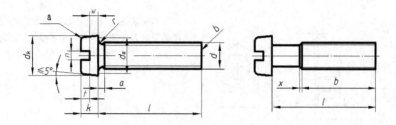

标记示例

螺纹规格 d = M5、公称长度 l = 20 mm、性能等级为 4.8 级、表面不经处理的 A 级开槽圆柱头螺钉的标记:

螺钉　GB/T 65　M5×20

mm

螺纹规格 d		M1.6	M2	M2.5	M3	(M3.5)	M4	M5	M6	M8	M10
螺距 P		0.35	0.4	0.45	0.5	0.6	0.7	0.8	1	1.25	1.5
a	max	0.7	0.8	0.9	1	1.2	1.4	1.6	2	2.5	3
b	min	25	25	25	25	38	38	38	38	38	38
d_a	max	2.0	2.6	3.1	3.6	4.1	4.7	5.7	6.8	9.2	11.2
d_K	公称 = max	3.00	3.80	4.50	5.50	6.00	7.00	8.50	10.00	13.00	16.00
	min	2.86	3.62	4.32	5.32	5.82	6.78	8.28	9.78	12.73	15.73
k	公称 = max	1.10	1.40	1.80	2.00	2.40	2.60	3.30	3.90	5.0	6.0
	min	0.96	1.26	1.66	1.86	2.26	2.46	3.12	3.6	4.7	5.7
t	nom	0.4	0.5	0.6	0.8	1	1.2	1.2	1.6	2	2.5
	max	0.60	0.70	0.80	1.00	1.20	1.51	1.51	1.91	2.31	2.81
	min	0.46	0.56	0.66	0.86	1.06	1.26	1.26	1.66	2.06	2.56
r	min	0.10	0.10	0.10	0.10	0.20	0.20	0.25	0.40	0.40
t	min	0.45	0.60	0.70	0.85	1.00	1.10	1.30	1.60	2.00	2.40
w	min	0.40	0.50	0.70	0.85	1.00	1.10	1.30	1.60	2.00	2.40
x_b	max	0.90	1.00	1.10	1.25	1.50	1.75	2.00	2.50	3.20	3.80

注:(1)尽可能不采用括号内的规格。

　　(2)公称长度在 40mm 以内的螺钉,制出全螺纹。

附表 2－5 平垫圈 A 级(摘自 GB/T 97.1—2002)

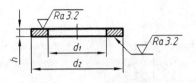

标 记 示 例

标准系列、公称规格 8mm、由钢制造的硬度等级为 200 HV 级、不经表面处理、产品等级为八级的平垫圈的标记:

垫圈 GB/T 97.1 8

mm

规格(螺纹大径)	2	2.5	3	4	5	6	8	10	12	14	16	20	24	30
内径 d_1 公称(min)	2.2	2.7	3.2	4.3	5.3	6.4	8.4	10.5	13	15	17	21	25	31
外径 d_2 公称(max)	5	6	7	9	10	12	16	20	24	28	30	37	44	56
厚度 h 公称	0.3	0.5	0.5	0.8	1	1.6	1.6	2	2.5	2.5	3	3	4	4

附表 2－6 标准型弹簧垫圈(摘自 GB/T 93──1987)

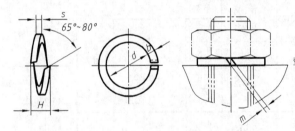

标 记 示 例

规格 16mm,材料为 65Mn,表面氧化的标准型弹簧垫圈:

垫圈 GB/T 93 16

mm

规格（螺纹大径）		4	5	6	8	10	12	16	20	24	30
d	min	4.1	5.1	6.1	8.1	10.2	12.2	16.2	20.2	24.5	30.5
	max	4.4	5.4	6.68	8.68	10.9	12.9	16.9	21.04	25.5	31.5
$S(b)$	公称	1.1	1.3	1.6	2.1	2.6	3.1	4.1	5	6	7.5
	min	1	1.2	1.5	2	2.45	2.95	3.9	4.8	5.8	7.2
	max	1.2	1.4	1.7	2.2	2.75	3.25	4.3	5.2	6.2	7.8
H	min	2.2	2.6	3.2	4.2	5.2	6.2	8.2	10	12	15
	max	2.75	3.25	4	5.25	6.5	7.75	10.25	12.5	15	18.75
$m \leqslant$		0.55	0.65	0.8	1.05	1.3	1.55	2.05	2.5	3	3.75

附表 2 – 7　键和键槽的剖面尺寸（摘自 GB/T 1095—2003）

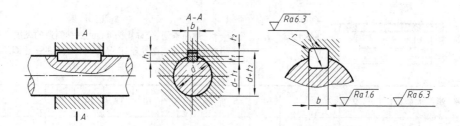

mm

轴	键	键						槽					
		宽度 b						深度				半径 r	
公称直径 d	键尺寸 $b \times h$	基本尺寸 b	极限偏差					轴 t_1		毂 t_2			
			松联结		正常联结		紧密键联结	基本尺寸	极限偏差	基本尺寸	极限偏差	min	max
			轴 H9	毂 D10	轴 N9	毂 Js9	轴和毂 P9						
自 6~8	2×2	2	+0.025 0	+0.060 +0.020	−0.004 −0.029	±0.0125	−0.006 −0.031	1.2	+0.1 0	1	+0.1 0	0.08	0.16
>8~10	3×3	3						1.8		1.4			
>10~12	4×4	4	+0.030 0	+0.078 +0.030	0 −0.030	±0.015	−0.012 −0.042	2.5		1.8			
>12~17	5×5	5						3.0		2.3		0.16	0.25
>17~22	6×6	6						3.5		2.8			
>22~30	8×7	8	+0.036 0	+0.098 +0.040	0 −0.036	±0.018	−0.015 −0.051	4.0		3.3			
>30~38	10×8	10						5.0		3.3			
>38~44	12×8	12	+0.043 0	+0.120 +0.050	0 −0.043	±0.0215	−0.018 −0.061	5.0	+0.2 0	3.3	+0.2 0	0.25	0.40
>44~50	14×9	14						5.5		3.8			
>50~58	16×10	16						6.0		4.3			
>58~65	18×11	18						7.0		4.4			
>65~75	20×12	20	+0.052 0	+0.149 +0.065	0 −0.052	±0.026	−0.022 −0.074	7.0		4.9			
>75~85	22×14	22						9.0		5.4		0.40	0.60
>85~95	25×14	25						9.0		5.4			
>95~110	28×16	28						10.0		6.4			

注：在工作图中轴槽深用 t_1 或 $(d-t_1)$ 标注，轮毂槽深用 $(d+t_2)$ 标注。平键轴槽的长度公差带用 H14。

附表 2 – 8　普通平键的型式和尺寸（摘自 GB/T 1096—2003）

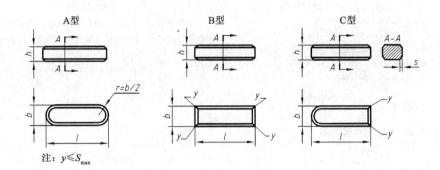

注：$y \leq S_{\max}$

标记示例

圆头普通平键（A 型），$b = 18\text{mm}$，$h = 11\text{mm}$，$L = 100\text{mm}$：GB/T 1096 键 $18 \times 11 \times 100$。
方头普通平键（B 型），$b = 18\text{mm}$，$h = 11\text{mm}$，$L = 100\text{mm}$：GB/T 1096 键 B18 × 11 × 100。
单圆头普通平键（C 型），$b = 18\text{mm}$，$h = 11\text{mm}$，$L = 100\text{mm}$：GB/T 1096 键 C18 × 11 × 100。

mm

b	2	3	4	5	6	8	10	12	14	16	18	20	22	25
h	2	3	4	5	6	7	8	8	9	10	11	12	14	14
倒角或倒圆 s_r	0.16 ~ 0.25			0.25 ~ 0.40			0.40 ~ 0.60					0.60 ~ 0.80		
L	6 ~ 20	6 ~ 36	8 ~ 45	10 ~ 56	14 ~ 70	18 ~ 90	22 ~ 110	28 ~ 140	36 ~ 160	45 ~ 180	50 ~ 200	56 ~ 220	63 ~ 250	70 ~ 280
L 系列	6,8,10,12,14,16,18,20,22,25,28,32,36,40,45,50,56,63,70,80,90,100,110,125,140,160,180,200,220,250,280 18,20,22,25,28,32,36,40,45,50,56,63,70,80,90,100,110,125,140,160,180,200,220,250,280													

注：材料常用 45 钢，图中各部尺寸的尺寸公差未列入。

附表 2 – 9　圆柱销（摘自 GB/T 119.1—2000）——不淬硬钢和奥氏体不锈钢

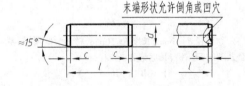

末端形状允许倒角或凹穴

标记示例

公称直径 $d = 8\text{mm}$，长度 $l = 30\text{mm}$，公差为 m_6，材料为钢，不经淬火，，不经表面处理的圆柱销，其标记为：

销　GB/T 119.1　8m6 × 30

mm

d 公称　m6/h8	0.6	0.8	1	1.2	1.5	2	2.5	3	4	5
$c \approx$	0.12	0.16	0.2	0.25	0.3	0.35	0.4	0.5	0.63	0.8
l（商品规格范围公称长度）	2 ~ 6	2 ~ 8	4 ~ 10	4 ~ 12	4 ~ 16	6 ~ 20	6 ~ 24	8 ~ 30	8 ~ 40	10 ~ 50
l（系列）	2, 3, 4, 5, 6, 8, 10, 12, 14, 16, 18, 20, 22, 24, 26, 28, 30, 32, 35, 40, 45, 50, 55, 60, 65, 70, 75, 80, 85, 90, 95, 100, 120, 140, 160, 180, 200									

附表 2-10　圆锥销(摘自 GB/T 117—2000)

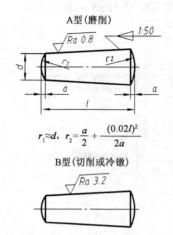

A型(磨削)

$r_1 \approx d, \quad r_2 = \dfrac{a}{2} + \dfrac{(0.02l)^2}{2a}$

B型(切削或冷镦)

标记示例

公称直径 $d = 10$mm,长度 $l = 60$mm,材料为 35 钢,热处理硬度(28~38)HRC,表面氧化处理的 A 型圆锥销,其标记为:

销　GB/T 117　A10×60

mm

d(公称)	0.6	0.8	1	1.2	1.5	2	2.5	3	4	5
$a \approx$	0.08	0.1	0.12	0.16	0.2	0.25	0.3	0.4	0.5	0.63
l(商品规格范围公称长度)	4~8	5~12	6~16	6~20	8~24	10~35	10~35	12~45	14~45	18~60
d(公称)	6	8	10	12	16	20	25	30	40	50
$a \approx$	0.8	1	1.2	1.6	2	2.5	3	4	5	6.3
l(商品规格范围公称长度)	22~90	22~120	26~160	32~180	40~200	45~200	50~200	55~200	60~200	65~200
l(系列)	2, 3, 4, 5, 6, 8, 10, 12, 14, 16, 18, 20, 22, 24, 26, 28, 30, 32, 35, 40, 45, 50, 55, 60, 65, 70, 75, 80, 85, 90, 95, 100, 120, 140, 160, 180, 200									

附表 2-11　开口销(摘自 GB/T 91—2000)

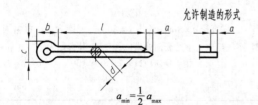

允许制造的形式

$a_{\min} = \dfrac{1}{2} a_{\max}$

标记示例

公称直径 $d = 5$mm,长度 $l = 50$mm,材料为低碳钢,不经表面处理的开口销,其标记为:

销　GB/T 91　5×50

mm

d(公称)		0.6	0.8	1	1.2	1.6	2	2.5	3.2	4	5	6.3	8	10	12
c	max	1.0	1.4	1.8	2	2.8	3.6	4.6	5.8	7.4	9.2	11.8	15	19	24
	min	0.9	1.2	1.6	1.7	2.4	3.2	4	5.1	6.5	8	10.3	13.1	16.6	21.7

附录3　公差与配合

附表 3-1　公称尺寸 3～500mm 的标准公差数值(摘自 GB/T 1800.2—2009)

公称尺寸 mm		标准公差等级																	
大于	至	IT1	IT2	IT3	IT4	IT5	IT6	IT7	IT8	IT9	IT10	IT11	IT12	IT13	IT14	IT15	IT16	IT17	IT18
		μm											mm						
—	3	0.8	1.2	2	3	4	6	10	14	25	40	60	0.1	0.14	0.25	0.4	0.6	1	1.4
3	6	1	1.5	2.5	4	5	8	12	18	30	48	75	0.12	0.18	0.3	0.48	0.75	1.2	1.8
6	10	1	1.5	2.5	4	6	9	15	22	36	58	90	0.15	0.22	0.36	0.58	0.9	1.5	2.2
10	18	1.2	2	3	5	8	11	18	27	43	70	110	0.18	0.27	0.43	0.7	1.1	1.8	2.7
18	30	1.5	2.5	4	6	9	13	21	33	52	84	130	0.21	0.33	0.52	0.84	1.3	2.1	3.3
30	50	1.5	2.5	4	7	11	16	25	39	62	100	160	0.25	0.39	0.62	1	1.6	2.5	3.9
50	80	2	3	5	8	13	19	30	46	74	120	190	0.3	0.46	0.74	1.2	1.9	3	4.6
80	120	2.5	4	6	10	15	22	35	54	87	140	220	0.35	0.54	0.87	1.4	2.2	3.5	5.4
120	180	3.5	5	8	12	18	25	40	63	100	160	250	0.4	0.63	1	1.6	2.5	4	6.3
180	250	4.5	7	10	14	20	29	46	72	115	185	290	0.46	0.72	1.15	1.85	2.9	4.6	7.2
250	315	6	8	12	16	23	32	52	81	130	210	320	0.52	0.81	1.3	2.1	3.2	5.2	8.1
315	400	7	9	13	18	25	36	57	89	230	140	360	0.57	0.89	1.4	2.3	3.6	5.7	8.9
400	500	8	10	15	20	27	40	63	97	250	155	400	0.63	0.97	1.55	2.5	4	6.3	9.7

注:(1)IT01 和 IT0 的标准公差未列入。

(2)基本尺寸小于或等于 1mm 时,无 IT14 至 IT18。

附表 3-2　优先配合中轴的极限偏差(摘自 GB/T 1800.2—2009)

μm

公称尺寸 mm		公差带											
大于	至	c	d	f	g	h				k	n	p	s	u
		11	9	7	6	6	7	9	11	6	6	6	6	6
—	3	−60 −120	−20 −45	−6 −16	−2 −8	0 −6	0 −10	0 −25	0 −60	+6 0	+10 +4	+12 +6	+20 +14	+24 +18
3	6	−70 −145	−30 −60	−10 −22	−4 −12	0 −8	0 −12	0 −30	0 −75	+9 +1	+16 +8	+20 +12	+27 +19	+31 +23
6	10	−80 −170	−40 −76	−13 −28	−5 −14	0 −9	0 −15	0 −36	0 −90	+10 +1	+19 +10	+24 +15	+32 +23	+37 +28
10	14	−95 −205	−50 −93	−16 −34	−6 −17	0 −11	0 −18	0 −43	0 −110	+12 +1	+23 +12	+29 +18	+39 +28	+44 +33
14	18													
18	24	−110 −240	−65 −117	−20 −41	−7 −20	0 −13	0 −21	0 −52	0 −130	+15 +2	+28 +15	+35 +22	+48 +35	+54 +41
24	30													+61 +48

公称尺寸 mm		公差带												
		c	d	f	g	h				k	n	p	s	u
30	40	−120 / −280	−80 / −142	−25 / −50	−9 / −25	0 / −16	0 / −25	0 / −62	0 / −160	+18 / +2	+33 / +17	+42 / +26	+59 / +43	+76 / +60
40	50	−130 / −290												+86 / +76
50	65	−140 / −330	−100 / −174	−30 / −60	−10 / −29	0 / −19	0 / −30	0 / −74	0 / −190	+21 / +2	+39 / +20	+51 / +32	+72 / +53	+106 / +87
65	80	−150 / −340											+78 / +59	+121 / +102
80	100	−170 / −390	−120 / −207	−36 / −71	−12 / −34	0 / −22	0 / −35	0 / −87	0 / −220	+25 / +3	+45 / +23	+59 / +37	+93 / +71	+146 / +124
100	120	−180 / −400											+101 / +79	+166 / +124
120	140	−200 / −450	−145 / −245	−43 / −83	−14 / −39	0 / −25	0 / −40	0 / −100	0 / −250	+28 / +3	+52 / +27	+68 / +43	+117 / +92	+195 / +170
140	160	−210 / −460											+125 / +100	+215 / +190
160	180	−230 / −480											+133 / +108	+235 / +190
180	200	−240 / −530	−170 / −285	−50 / −96	−15 / −44	0 / −29	0 / −46	0 / −115	0 / −290	+33 / +4	+60 / +31	+79 / +50	+151 / +122	+265 / +236
200	225	−260 / −550											+159 / +130	+287 / +258
225	250	−280 / −570											+169 / +140	+313 / +284
250	280	−300 / −620	−190 / −320	−56 / −108	−17 / −49	0 / −32	0 / −52	0 / −130	0 / −320	+36 / +4	+66 / +34	+88 / +56	+190 / +158	+347 / +315
280	315	−330 / −650											+202 / +170	+382 / +350
315	355	−360 / −720	−210 / −350	−62 / −119	−18 / −54	0 / −36	0 / −57	0 / −140	0 / −360	+40 / +4	+73 / +37	+98 / +62	+226 / +190	+426 / +390
355	400	−400 / −760											+244 / +208	+471 / +435
400	450	−440 / −840	−230 / −385	−68 / −131	−20 / −60	0 / −40	0 / −63	0 / −155	0 / −400	+45 / +5	+80 / +40	+108 / +68	+272 / +232	+530 / +490
450	500	−480 / −880											+292 / +252	+580 / +540

附表 3 − 3 优先配合中孔的极限偏差(摘自 GB/T 1800. 2—2009)

μm

公称尺寸 mm		公差带												
		C	D	F	G	H				K	N	P	S	U
大于	至	11	9	8	7	7	8	9	11	7	7	7	7	7
−	3	+120 / +60	+45 / +20	+20 / +6	+12 / +2	+10 / 0	+14 / 0	+25 / 0	+62 / 0	0 / −10	−4 / −14	−6 / −16	−14 / −24	−18 / −28

续表

公称尺寸 mm		C	D	F	G	H				K	N	P	S	U
3	6	+145 +70	+60 +30	+28 +10	+16 +4	+12 0	+18 0	+30 0	+75 0	+3 -9	-4 -16	-8 -20	-15 -27	-19 -31
6	10	+170 +80	+76 +40	+35 +13	+20 +5	+15 0	+22 0	+36 0	+90 0	+5 -10	-4 -19	-9 -24	-17 -32	-22 -37
10	14	+240 +110	+117 +65	+53 +20	+28 +7	+21 0	+33 0	+52 0	+130 0	+6 -15	-7 -28	-14 -35	-27 -48	-33 -45
14	18	+240 +110	+117 +65	+53 +20	+28 +7	+21 0	+33 0	+52 0	+130 0	+6 -15	-7 -28	-14 -35	-27 -48	-33 -45
18	24	+145 +70	+60 +30	+28 +10	+16 +4	+12 0	+18 0	+30 0	+75 0	0 -10	-4 -14	-6 -16	-14 -24	-40 -61
24	30	+145 +70	+60 +30	+28 +10	+16 +4	+12 0	+18 0	+30 0	+75 0	0 -10	-4 -14	-6 -16	-14 -24	-40 -61
30	40	+280 +110	+142 +80	+64 +25	+34 +9	+25 0	+39 0	+62 0	+160 0	+7 -18	-8 -33	-17 -42	-34 -59	-51 -76
40	50	+290 +130	+142 +80	+64 +25	+34 +9	+25 0	+39 0	+62 0	+160 0	+7 -18	-8 -33	-17 -42	-34 -59	-61 -86
50	65	+330 +140	+174 +100	+76 +30	+40 +10	+30 0	+46 0	+74 0	+190 0	+9 -21	-9 -39	-21 -51	-42 -72	-76 -106
65	80	+340 +150	+174 +100	+76 +30	+40 +10	+30 0	+46 0	+74 0	+190 0	+9 -21	-9 -39	-21 -51	-48 -78	-91 -121
80	100	+390 +170	+207 +120	+90 +36	+47 +12	+35 0	+54 0	+87 0	+220 0	+10 -25	-10 -45	-24 -59	-58 -93	-111 -146
100	120	+400 +180	+207 +120	+90 +36	+47 +12	+35 0	+54 0	+87 0	+220 0	+10 -25	-10 -45	-24 -59	-66 -101	-131 -166
120	140	+450 +200	+245 +145	+106 +43	+54 +14	+40 0	+63 0	+100 0	+250 0	+12 -28	-12 -52	-28 -68	-77 -117	-155 -195
140	160	+460 +210	+245 +145	+106 +43	+54 +14	+40 0	+63 0	+100 0	+250 0	+12 -28	-12 -52	-28 -68	-85 -125	-175 -215
160	180	+480 +230	+245 +145	+106 +43	+54 +14	+40 0	+63 0	+100 0	+250 0	+12 -28	-12 -52	-28 -68	-93 -133	-195 -235
180	200	+530 +240	+285 +170	+122 +50	+61 +15	+46 0	+72 0	+115 0	+290 0	+13 -33	-14 -60	-33 -79	-105 -151	-219 -265
200	225	+550 +260	+285 +170	+122 +50	+61 +15	+46 0	+72 0	+115 0	+290 0	+13 -33	-14 -60	-33 -79	-113 -159	-241 -287
225	250	+570 +280	+285 +170	+122 +50	+61 +15	+46 0	+72 0	+115 0	+290 0	+13 -33	-14 -60	-33 -79	-123 -169	-267 -313
250	280	+620 +300	+320 +190	+137 +56	+69 +17	+52 0	+81 0	+130 0	+320 0	+16 -36	-14 -66	-36 -88	-138 -190	-295 -347
280	315	+650 +330	+320 +190	+137 +56	+69 +17	+52 0	+81 0	+130 0	+320 0	+16 -36	-14 -66	-36 -88	-150 -202	-330 -382
315	355	+720 +360	+350 +210	+151 +62	+75 +18	+57 0	+89 0	+140 0	+360 0	+17 -40	-16 -73	-41 -88	-169 -226	-369 -426
355	400	+760 +400	+350 +210	+151 +62	+75 +18	+57 0	+89 0	+140 0	+360 0	+17 -40	-16 -73	-41 -88	-187 -244	-414 -471
400	450	+840 +440	+385 +230	+165 +68	+83 +20	+63 0	+97 0	+155 0	+400 0	+18 -45	-17 -80	-45 -108	-209 -272	-467 -530
450	500	+880 +480	+385 +230	+165 +68	+83 +20	+63 0	+97 0	+155 0	+400 0	+18 -45	-17 -80	-45 -108	-229 -292	-517 -580

参 考 文 献

[1] 周瑞芬,曹喜承.化工制图.北京:中国石化出版社.2012.

[2] 周瑞芬,关丽杰.AutoCAD 2018 绘图实用教程.北京:石油工业出版社.2020.

[3] 侯洪生,闫冠.机械工程图学 4 版.北京:科学出版社.2016.

[4] 王春华,郭凤,关丽杰,等.现代工程图学.北京:中国石化出版社.2012.

[5] 韩玉秀.化工制图.2 版.北京:高等教育出版社,2009.

[6] 杨树才.化工制图.3 版.北京:化学工业出版社,2015.

[7] 胡建生.工程制图.7 版.北京:化学工业出版社,2021.

[8] 何铭新,钱可强,徐祖茂.机械制图.7 版.北京:高等教育出版社,2016.

[9] 徐祖茂,杨裕根,姜献峰.机械工程图学.3 版.上海:上海交通大学出版社,2015.

[10] 周桂英,张惠云,陈建平,等.机械制图(非机类).天津:天津大学出版社,2006.

[11] 刘衍聪.工程图学教程.北京:高等教育出版社,2011.

[12] 刘仁杰,马丽敏.工程制图.北京:机械工业出版社,2010.

[13] 鲁屏宇.工程图学.3 版.北京:机械工业出版社,2019.

[14] 冯秋官,仝基斌.工程制图.2 版.北京:机械工业出版社,2016.